长江径潮流河段防护工程抛投水下运动和实施效果评价研究

赵钢 王茂枚 朱昊 徐毅 王俊 ◎著

河海大学出版社

·南京·

内 容 提 要

本书为长江径潮流河段防护工程抛投水下运动和实施效果评价研究成果,全面系统地介绍了感潮河段防护工程水下抛投精准定位、抛石着床后输运演化机理、防护工程实施效果评价技术及基于动力地貌模拟的防护工程效果综合评价等内容。

本书可供从事河道整治工程前期研究、设计、施工的技术人员使用,也可供高等院校相关专业师生参考。

图书在版编目(CIP)数据

长江径潮流河段防护工程抛投水下运动和实施效果评价研究 / 赵钢等著. -- 南京:河海大学出版社,2022.12
 ISBN 978-7-5630-7866-0

Ⅰ.①长… Ⅱ.①赵… Ⅲ.①长江-感潮河段-河道整治-研究 Ⅳ.①TV882.2

中国版本图书馆 CIP 数据核字(2022)第 245772 号

书 名	长江径潮流河段防护工程抛投水下运动和实施效果评价研究 CHANGJIANG JINGCHAOLIU HEDUAN FANGHU GONGCHENG PAOTOU SHUIXIA YUNDONG HE SHISHI XIAOGUO PINGJIA YANJIU
书 号	ISBN 978-7-5630-7866-0
责任编辑	陈丽茹
特约校对	李春英
装帧设计	徐娟娟
出版发行	河海大学出版社
地 址	南京市西康路1号(邮编:210098)
网 址	http://www.hhup.com
电 话	(025)83737852(总编室)
	(025)83722833(营销部)
经 销	江苏省新华发行集团有限公司
排 版	南京布克文化发展有限公司
印 刷	苏州市古得堡数码印刷有限公司
开 本	787毫米×1092毫米 1/16
印 张	18.75
字 数	452千字
版 次	2022年12月第1版
印 次	2022年12月第1次印刷
定 价	128.00元

前言 Preface

"共抓大保护，不搞大开发"是习近平总书记为长江经济带发展定下的总基调、大前提。在首届中国国际进口博览会上，习近平总书记宣布，支持长江三角洲区域一体化发展并上升为国家战略。党中央、国务院明确要求充分发挥长江经济带区位优势，以生态优先、绿色发展为引领，依托长江黄金水道，推动长江协调发展和沿江地区高质量发展。为深入贯彻落实党和国家战略，保障长江经济带高质量发展，加强长江治理保护势在必行。

自20世纪90年代以来，长江中下游河道已发生崩岸数百起，甚至在一年内连续发生数十次。长江中下游干流河道两岸岸线总长约4 250 km，其中35.7%（2007年统计数据）的岸段属于崩岸段，河道治理刻不容缓。随着国家经济以及水利事业的快速发展，长江的保护和治理逐渐受到重视，岸坡防护、河势控导等工程持续在长江中下游地区开展。大量河道整治工程的实施，提高了江岸的防洪安全能力，降低了长江崩岸的发生频率。目前长江中下游河道总体趋于稳定，但局部地区的河段依然处于急剧动荡的状态，时常发生崩岸，严重危害两岸的堤防和航道安全。因此，河道整治工程，特别是抛石护岸工程的实施对河势稳定及岸线安全具有重要意义。此外，长江下游地区为全国重要的经济发展区，经济的飞速发展，对防洪、航运等提出了更高的要求，长江下游的岸线稳定和河势控制势在必行。

抛石护岸是国内外应用最广泛的护岸形式，目前国内外对抛石护岸的研究主要集中于抛石施工工艺、施工方法、工程设计和破坏机理等方面，在针对工程实施后抛石的三维位移变化规律研究方面涉及较少，另外常规监测技术单一，难以实现对抛石区域的全覆盖精确测量，因而长期以来难以对抛石工程实施效果进行有效评价。针对以上研究中存在的不足，笔者近年来开展了大量抛石护岸检测工作，积累了许多有效的抛石检测技术及方法，这为水下抛石的变化规律研究提供了可靠的数据源。

本书依托张家港老海坝节点综合整治抛石护岸工程及南京新济洲河段河道整治工

程,通过理论分析、现场试验和数学模型等手段,针对抛石入水后沉降漂移、着床后漂移稳定、稳定后输运演化分布、河势响应变化以及工程实施后评价等多个阶段,研究了抛石水下运动规律及实施效果评价,形成了水下抛投施工预测和实施效果精确评价成套技术,以期为长江大保护战略作出贡献。

目录 Contents

第 1 章 绪论 ··· 1

  1.1 研究背景及意义 ·· 1

    1.1.1 研究背景 ·· 1

    1.1.2 研究意义 ·· 2

  1.2 国内外研究概况 ·· 2

    1.2.1 抛投体水下运动规律研究 ·· 2

    1.2.2 抛投体输运演化研究方法 ·· 7

    1.2.3 河道演化模拟研究方法 ·· 8

    1.2.4 水下护岸施工效果评价及稳定性分析 ···························· 10

第 2 章 感潮河段水沙特征及河势演变特征分析 ································ 13

  2.1 河道基本概况 ·· 13

    2.1.1 南京河段 ·· 13

    2.1.2 镇扬河段 ·· 14

    2.1.3 扬中河段 ·· 15

    2.1.4 澄通河段 ·· 15

    2.1.5 河口段 ·· 17

  2.2 水沙运动条件 ·· 18

    2.2.1 径流与潮流 ·· 18

    2.2.2 泥沙运动特征 ·· 20

    2.2.3 河道断面垂向流速分布特征 ······································ 23

  2.3 老海坝河段近期演变特征 ·· 37

2.3.1 河床平面形态变化 ·· 37
　　2.3.2 河道断面形态变化 ·· 43
　　2.3.3 河床冲淤变化 ·· 49
2.4 工程概况及岸线条件 ·· 53
　　2.4.1 南京新济洲河段抛石护岸工程 ··· 53
　　2.4.2 张家港老海坝河段抛石护岸工程 ·· 54
2.5 本章小结 ·· 55

第 3 章 抛投体水下漂移着床运动规律 ·· 57
3.1 抛石漂移距理论公式 ·· 57
　　3.1.1 抛石水中漂移距离 ·· 57
　　3.1.2 抛石着床稳定距离 ·· 60
3.2 抛石水下运动规律研究 ·· 62
　　3.2.1 抛石漂移路径获取方法 ··· 62
　　3.2.2 单块石水下漂移运动规律 ·· 65
　　3.2.3 群体块石水下漂移运动规律 ·· 72
3.3 砂枕漂移距理论公式 ·· 75
　　3.3.1 砂枕水中漂移距离 ·· 75
　　3.3.2 砂枕着床稳定移距 ·· 87
　　3.3.3 砂枕的漂距公式推导 ··· 89
3.4 砂枕水下运动规律研究 ·· 90
　　3.4.1 现场试验 ··· 90
　　3.4.2 砂枕漂距公式分析及验证 ·· 94
3.5 本章小结 ··· 101

第 4 章 基于水动力模拟的抛投体漂距预测 ·· 102
4.1 研究区水动力模型构建 ·· 102
　　4.1.1 模型的基本原理 ··· 103
　　4.1.2 模型构建 ··· 106
　　4.1.3 模型的率定验证 ··· 107
4.2 漂距预测 ·· 117
　　4.2.1 水动力模拟与分析 ·· 118
　　4.2.2 抛投体实时漂距预测及验证 ··· 123
　　4.2.3 抛投体未来漂距预测方法 ·· 137
4.3 本章小结 ·· 138

第 5 章 基于随机行走方法的抛石输运演化机理 ·· 139
5.1 随机行走及随机过程理论 ··· 139

        5.1.1 随机理论引入 ························· 139
        5.1.2 连续时间随机行走理论 ··················· 140
    5.2 基于观测数据的随机行走模型应用 ················· 141
        5.2.1 蒙特卡罗模拟方法 ····················· 141
        5.2.2 模型计算结果 ······················· 146
        5.2.3 空间适宜度分析 ······················ 156
    5.3 抛石空间分布预测及稳态条件下等待时间分布规律 ·········· 157
        5.3.1 不同输运条件下抛石的空间分布差别 ············· 157
        5.3.2 不同粒径抛石在河流中空间分布差别 ············· 158
        5.3.3 稳态条件下抛石粒子等待时间分布规律 ············ 159
    5.4 本章小结 ····························· 162

第6章 感潮河段防护工程效果评价及标准分析 ············ 163

    6.1 基于多波束测深系统的水下抛石监测 ················ 163
        6.1.1 多波束测深系统简介 ···················· 163
        6.1.2 多波束数据采集与处理 ··················· 167
        6.1.3 两种测量手段在抛石护岸水下质量检测中的应用 ········ 170
        6.1.4 点云几何特征在抛石护岸中的应用 ·············· 175
    6.2 点云密度对水下抛石效果的影响分析 ················ 180
        6.2.1 水下抛投验收标准及效果指标 ················ 181
        6.2.2 抛石效果的统计对比方法 ·················· 183
        6.2.3 不同点云密度抛石效果对比分析 ··············· 184
        6.2.4 点云密度对抛石效果评价的不确定性分析 ··········· 190
    6.3 抽取断面对抛投效果评价的影响 ·················· 194
        6.3.1 研究方案 ························· 194
        6.3.2 数据分析 ························· 196
    6.4 基于GIS空间分析的水下抛石效果评价 ··············· 197
        6.4.1 方案设计 ························· 198
        6.4.2 数据分析 ························· 199
    6.5 施工期老海坝水下抛石检测效果 ·················· 204
        6.5.1 抛石增厚空间分析 ····················· 205
        6.5.2 抛石均匀度分析 ······················ 207
        6.5.3 水下抛石护岸三维形态监测 ················· 207
    6.6 新型抛石工艺在深水区应用效果对比 ················ 216
        6.6.1 方案设计 ························· 216
        6.6.2 抛石效果评价指标及计算方法 ················ 217
        6.6.3 抛石效果对比分析与讨论 ·················· 218
    6.7 本章小结 ····························· 221

第7章 基于动力地貌数值模拟的防护工程效果分析 … 223

7.1 水沙耦合数学模型 … 224
7.1.1 坐标转换关系的基本方程 … 224
7.1.2 水流动力模型 … 225
7.1.3 泥沙地貌模型 … 226
7.1.4 数值解法 … 228
7.1.5 边界条件 … 230

7.2 模型的建立及验证 … 231
7.2.1 大通至长江口二维潮流模型的建立 … 231
7.2.2 江阴至徐六泾水沙模型的建立 … 235

7.3 抛石护岸后水流条件变化分析 … 238
7.3.1 研究方案及计算条件 … 239
7.3.2 工程对潮位影响分析 … 240
7.3.3 工程对流速影响分析 … 242
7.3.4 工程对分流比影响分析 … 244

7.4 抛石护岸后河床冲淤演变分析 … 245
7.4.1 抛石对河床冲淤的影响 … 245
7.4.2 抛石对河床平面形态的影响 … 251
7.4.3 抛石对河道断面的影响 … 253

7.5 河床冲淤变化影响因素研究 … 254
7.5.1 水下地形变化 … 254
7.5.2 岸坡坡度变化 … 256
7.5.3 河床冲淤变化 … 259
7.5.4 影响因素分析 … 262

7.6 抛石护岸影响综合评价模型 … 264
7.6.1 评价方案的设计 … 264
7.6.2 综合评价模型的建立 … 267
7.6.3 综合评价模型的应用 … 270

7.7 本章小结 … 273

第8章 主要结论 … 275

参考文献 … 279

第 1 章　绪论

1.1　研究背景及意义

1.1.1　研究背景

自 20 世纪 90 年代以来,长江中下游河道已发生崩岸数百起,甚至在一年内连续发生数十次崩岸。长江中下游干流河道两岸岸线总长约 4 250 km,其中 35.7%(2007 年统计数据)的岸段属于崩岸段,河道治理刻不容缓。新中国成立后,随着国家经济以及水利事业的快速发展,特别是在 1998 年大洪水的警示作用下,长江的保护和治理逐渐受到重视,岸坡防护、河势控导等工程持续在长江中下游开展,实施了大量河道整治工程,提高了江岸的防洪安全能力,降低了崩岸的发生频率。目前长江中下游河道总体趋于稳定,但局部地区的河段时常发生崩岸,严重危害两岸的堤防和航道安全。例如在北门口、石首河段等,岸线的不断崩退,不仅对该区域产生了严重的影响,还大大加剧了下游河道崩岸的发展,仅 2001 年汛期,北碾子湾河段崩岸险情就发生了 10 多次,严重影响堤防防洪安全。2017 年 11 月扬中河段指南村附近发生崩岸,数百米堤防塌入水下,是 1998 年大洪水以来长江堤防最危急时刻。因此,河道整治工程,特别是抛石护岸工程的实施对河势稳定及岸线安全具有重要意义。此外,长江下游地区为全国重要的经济发展区,经济的飞速发展对防洪、航运等提出了更高的要求,长江下游的岸线稳定和河势控制势在必行。

护岸工程是河道整治中一项基本的工程,它在防洪、控制河势等方面都起着很重要的作用。水下抛石护岸形式历史悠久,因其取材方便、施工简单、造价低廉,并且在河床变形时能自动调整而适用于各种河流的水流条件,所以在世界各国河流护岸中应用最为普遍。长江下游感潮河段受上游径流和潮汐的双重影响,水流条件十分复杂,加之水深流急,使得水下抛石的施工质量较为低下。因此,开展抛石水下运动规律以及河势变化对其响应机理的研究,不仅可以提高工程质量、降低施工成本,而且可以为工程的加固、运行维护等提供科学指导。

1.1.2 研究意义

虽然水下抛石护岸形式应用广泛,但抛石施工的岸线一般较长,水上定位及计量比较困难,抛投料难以精确沉至设计区域。目前针对抛石漂移距已有一定的研究成果,众多学者提出了计算抛石水下漂移距离的理论公式,然而这些公式中的经验参数大多基于数值解或者室内物理模型试验得出,由理论公式得到的抛石漂移距与天然水流条件下抛石漂移距存在一定误差。此外,目前的已有抛距公式主要针对单颗块石,而实际施工中抛石为混合群抛石,虽然已有学者用单块石漂移距来代表混合群抛石的漂移距,但并未明晰群体抛石碰撞机制。同时,为了提高抛石定位的精度,还需考虑群抛石的散落范围与水流条件的内在联系。实际上,抛石在接近河床时在水流方向仍有较大的水平速度,石块触底后极易发生滑动或翻滚而偏离设计区域,影响施工质量。此外,当抛石处于稳态条件之后仍然会发生空间分布上的动态输运行为,已有的研究方法很难定量分析其输运行为的演化机理。

因此,目前长江水下平顺抛石质量评定标准中断面增厚率控制在70%,河势急剧变化区增厚率控制在65%。但是在实际检测过程中,有些区域的水下抛石,即使在保证设计抛投数量、抛石定位准确的情况下,由于抛石触底后继续运动,导致抛石工程往往很难达到增厚率标准。特别是在河道冲淤变化剧烈的河段,水流对河床的淘刷作用较快,抛石结束后受水流及波浪影响,抛石护岸实施后河势变化情况尚不明确。并且由于抛石护岸为水下隐蔽工程,涉及局部微地形的变化监测,监测难度大、成本高,已有相关研究较少。

本书以老海坝为例,阐述了长江径潮流河段水沙运动及河势演变特征,并对水下抛投施工质量及实施效果进行研究。老海坝河段是长江下游澄通河段重要的河势控制节点,也是重要的深水航道码头集中区。近几十年来,受如皋中汊和浏海沙水道汇流顶冲,坍岸严重,经抛石治理,现河势已基本稳定。深槽离岸较近,每年不断冲刷,深泓线越来越向岸逼近,河势不稳,严重威胁近岸工矿企业的防洪安全。为维护老海坝河段河势和航道稳定,保障沿线码头运行安全,自2014年开始进行节点整治工程,抛石护岸工程为其中的重要内容。然而,该整治区位于长江下游近口河段,水流受上游径流影响的同时还受潮汐影响,水流动力变化频繁,用传统方法难以获得统一的抛距曲线。同时,由于该河段水深流急,且河床冲淤变化剧烈,在此复杂河势情景下,抛石水下运动规律及其输运演化机理研究显得尤为重要。

1.2 国内外研究概况

1.2.1 抛投体水下运动规律研究

1. 抛石水下运动规律

抛石护岸因其取材、施工简易成为长江下游河道护岸工程中最普遍采用的结构形式,我国在大量抛石护岸工程的实践中积累了丰富的经验。但是,由于长江下游水深流急且抛石施工机械化程度较低,加之相关测量仪器不能满足需求,抛石护岸工程的质量较低。为此,众多学者针对抛石护岸工程进行了有益的探索。20世纪60年代初,为了研究河流冲刷下块石在河床上的位移过程,长江科学院开展了定性的水槽实验,得到了单体块石、群体块石在沙质河床上的位移规律,以及不同抛石厚度和防护面积下防冲效果。20世纪70年代初,为了解决平顺抛石护岸设计与施工中存在的问题,长江科学院分别在实验室的直槽与弯槽中进行了定性实验,实验中将水流流速设置为小于块石的起动流速,同时大于河床的扬动流速,以此定性模拟了因近岸河床变形而发生的抛石位移情况。丁凯等采用探地雷达等设备对水下抛石段开展研究,并对数据采集方法和探测技术进行了探讨。李先炳、雷国刚等详细论述了水下抛石施工质量控制的内容及质量评定的标准,旨在通过准确定位、掌握抛投落距、划分网格、确定抛投量等方法,提高抛石厚度的均匀性。张光保等运用高密度电法探明水下抛石体厚度及滑动面,并根据水下床面的电阻率分布差异,确定抛石体水平方向的分布范围。余金煌等运用水域高密度地震影像法检测深水域水下抛石体厚度,利用了水中无面波干扰的特点,通过实时数据处理,利用密集显示波干扰界面的方式来形成彩色数字剖面,从而再现地下结构形态。邹双朝等以监测导线、监测断面、冲刷面积等为研究对象,对抛石防护的效果进行分析,结果表明工程实施后岸坡的冲刷强度明显减弱。

　　国外也将抛石护岸广泛应用于河道整治工程中,例如,美国密西西比河自1964年逐步开始采用抛石丁坝作为中下游河道整治工程中的主要形式,德国也在莱茵河河道整治工程中主要应用抛石护岸形式。2009年,美国海岸线发生侵蚀退化,进而影响到了许多湖泊,多种岸线稳定技术不利于海岸线环境且由于波浪力作用无法实施,或者由于成本太高无法大规模使用,因此构建了抛石防波堤来稳定海岸以及改善栖息地,取得了较好的成效。抛石护岸作为一种防冲护岸形式,其稳定性一直是抛石护岸设计及质量控制中的重点关注内容。Froehlich等研究了抛石护岸工程在提高顺直河道岸坡稳定性上的运用,提出了一种新的块石粒径、岸坡坡度等设计参数的计算方法,在以后的研究中又通过建立数学模型描述抛石护岸的作用过程,该模型可以用来评估抛石护岸的合适厚度、护岸运行期间块石的流失量和岸坡的侵蚀情况。Hagerty等研究表明渗流作用是抛石护岸发生失稳的一个重要因素。Das等摒弃了以往抛石护岸设计中采用统一的块石中值粒径的方法,而是采用三种中值粒径块石混合使用的方法,通过实验室水槽实验,研究了不同岸坡坡度下,抛石护岸工程的稳定性。Wörman等研究了山区河流采用大粒径块石对抛石护岸出现破坏时间长度的影响,并根据河道泥沙运动特征,预测了气候变化条件下的抛石护岸出现破坏的可能性。抛石护岸工程的破坏常常是由水下抛石运动造成的,Yalin和Lagasse等将抛石护岸的破坏模式归纳为四种,分别是直接块石侵蚀破坏、块石滑动破坏、整体滑动坍塌破坏和边坡失稳。Lauchlan等研究了护岸产生滑动或坍塌破坏模式下,抛石厚度对护岸稳定性的影响,研究表明抛石厚度增加可以提高抛石护岸的整体稳定性,延迟出现滑动或坍塌破坏的时间,同时也表明河床纵向坡度对护岸稳定性影响显著,即抛石护岸的稳定性与河床地形密切相关。而后Jafarnejad等采用蒙特卡洛法模拟了洪水不确定条件下,分别发生直接块石侵蚀破坏、滑动坍塌破坏和边坡失效的可能性,文中采用冲淤厚度是否大于抛石初始最大沉降量,作为护岸是否发生滑坡或坍塌破坏的判别标准。

由于抛石施工中所用块石的形状、大小差异较大,以及天然河道内的水流情况非常复杂,给数学处理上带来非常大的困难,往往难以得到满意的结果。目前工程多采用一系列的经验和半经验公式对抛石水下漂距进行估算,这些经验公式基于一系列的假定对复杂条件进行简化,公式中所涉及系数的取值往往带有很强的经验性。早在 20 世纪 70 年代,梁润利用动量方程推导了抛石着床稳定的移动距离计算方法,通过模型试验获取了式中关键系数,并得出抛石坠落至床面后必然有一稳定移距而后才趋于稳定,稳定移距随抛石直径的增大而增大。姚仕明等通过室内试验资料分析结合动水运动力学平衡方程获得了抛石落距的计算公式。尹立生利用室内试验资料从椭圆流速分布的角度出发建立抛石位移计算公式。韩海骞对钱塘江河口闻家堰段护底抛石进行了研究,假定块石受到了重力、水流阻力、水流冲击力,通过受力分析得到了块石的沉降速度和水平速度随时间的变化方程,并推导得到块石的漂距公式。长江水利委员会在《长江中下游护岸工程技术要求》中推荐的抛石漂距计算公式为 $S = k u_m H / M^{1/6}$,式中 S 为漂距,k 为系数(由经验确定),u_m 为表面流速,H 为水深,M 为块石质量,此公式基于量纲分析得到,目前大部分抛石施工工程采用了此公式进行漂距计算。之后,长江科学院经过多次抛石室内试验,得到抛石漂移距离计算公式为 $S = k \dfrac{UH}{\sqrt{\dfrac{\gamma_s - \gamma}{\gamma} g d}}$,其中 k 为考虑各种因素的综合系数,需要根据不同水流条件和块石形状进行测定,潘庆燊在不同水流条件和不同块石形状的条件下进行大量抛石试验,得出 $k = 1$。以上得到的漂距计算公式均假定流速沿水深方向均匀分布,没有考虑流速沿水深方向实际分布的影响,为了考虑对流速实际分布的影响,詹义正取水流流速垂向分布为指数分布,以及块石在水流方向做变加速运动的情况下,对抛石漂距进行了理论推导,得到了相应的漂距计算公式。李小超等在水槽内开展了大量的单颗粒抛石漂距实验,结果表明水流垂向流速分布符合指数分布,根据块石受力分析推导了块石水下漂移距离公式,其中关键参数则通过物理模型试验获得。目前块石水中漂移的研究绝大多数集中于单颗粒块石漂距的研究,而对于群体块石漂移特性的研究鲜有报道。韩海骞利用现场抛投试验与室内水槽试验相结合的方法对群体抛石的漂移特性以及防护效果进行分析,并通过量纲分析得到块石分布规律。李小超等采用一次抛投的块石总体积表征不同的机械抛投方式,通过实验室水槽实验对不同块石、不同抛投体积条件下群抛进行了模拟,得到块石群抛分布面积与一次抛投块石总体积、平均粒径、基于表面流速的弗劳德数、垂向流速分布指数、水深的关系式,计算值与实测值误差较小。陈凯华通过分析块石水下运动受水流的影响,建立了数值模型,模拟了块石在水下分层特征。

综上所述,抛石水下运动规律是一个多因素影响的复杂问题,目前虽然很多学者提出了理论公式或者开展了室内水槽试验进行规律探讨,但是尚未出现可准确模拟各种水下抛石运动轨迹并预测抛石落点的方法,特别是在长江下游大水深、大流速条件下很多经验公式误差较大,抛石施工的质量不高。例如,长江下游张家港老海坝岸段河道整治工程中,抛石施工区域最大水深达 60 m 以上,平均流速在 0.52 m/s~1.78 m/s,施工过程中通过对不同粒径的块石在不同流速、不同水深下的试抛结果表明,实测值与常用的理论漂距计算公式偏差较大。此外,抛石落至床面后还存在第二次抗冲稳定移动过程,如何准确计算稳定移距并模拟块石着床后的移动轨迹还鲜有报道。

2. 砂枕抛投水下运动规律

砂枕主要是由单层聚丙烯圆筒编织布扎制,其内部充填砂浆,因此具有良好的柔韧性和施工便捷等优点。砂枕不必像抛石那样开山取石,只需使用具有反滤及排水功能的土工织物袋,将充填疏浚弃用的泥沙充填至枕袋,加工成砂枕,便可取代块石,成为新的护岸材料。此外,使用砂枕进行抛投护岸,对环境的影响也较小。

袋装砂在长江口深水航道治理工程中使用效果较好,能够保持良好的分流口河势,使得护底工程进展十分顺利,且工程质量优良,如今砂袋已成为深水航道治理工程中不可替代的材料。从长管袋在河南黄河河道整治工程中应用分析,使用长管袋有利于保护生态环境,而且较为经济,在河道整治和防洪抢险中有着广阔的应用前景。珠江三角洲小榄水道航道整治护岸工程中,采用砂枕护脚施工工艺,抛筑断面比较理想,能够满足工程需要。安徽省长江东梁山崩岸治理工程使用了充砂管袋护岸技术,砂袋能适应不同水下地形条件,紧贴河床、整体覆盖,防止冲刷、稳定河势,施工质量易控制,工程效果较好,提高了护岸的防护效果,保护了生态与环境,具有较强的实用和推广价值。

大量工程应用实践证明,砂枕可就地取材,节约资源,能有效适应地基变形,抗冲刷能力强,结构稳定,工程造价低,施工效率高。近几十年来,砂枕已广泛应用于我国围堤、水利大堤及岸坡防护等工程中。砂枕用于岸坡防护时,最低水位以上部分需采用铺护方式进行护岸,可节省工程量和工程投资,增加防护效果;水下部分岸坡需采用抛护方式,抛护砂枕以大、中、小按一定比例组合,填补袋间出现的空隙,以起到良好的防护效果。

彭成山等认为水深、流速对砂袋的沉降位移有较大的影响,而砂袋自身的尺寸对漂距影响较小。孙东坡等通过不同设计条件的砂袋抛掷沉降数值模拟计算表明,砂袋的漂距主要与水深和流速有关。袋装砂筑堤抛填过程,由于施工区域水深、流急,袋装砂在抛落过程中发生偏移,使得抛填精度难以控制。陶润礼等基于RANS方程和VOF方法,建立了小型砂袋抛填的数学模型,对小型砂袋抛填水下轨迹进行了数值模拟与分析,认为砂袋偏移量随水深和流速的增大而增大。

砂枕在水面抛放后,受重力和水流阻力的作用,在水中下沉的同时,还产生顺水流方向的落距,因而砂枕落点距离与水深、流速、砂枕重量有关。李小超等分析,抛体的漂距随水深和流速的增加而增大,随抛体质量(粒径)的增加而减小。

水流冲击作用是抛投产生漂移的主要原因,作用大小和水流流速有关,而天然河流的实际流态往往属于三维性很强的复杂水流,流速并不是均匀分布的,因此,分析流速对砂枕漂距的影响,就得考虑水流流速沿垂线的分布规律与砂枕漂移距之间的关系。许光祥等通过实例计算分析,发现流速垂线分布对漂距的影响较为明显。此外,流速垂线分布对漂速变化过程的影响较大,垂向流速分布越不均匀,漂移速度越大;表层流速越大,漂移速度越大。但是垂向流速分布对近底漂速的影响较小。

国内更早的抛体施工中,假定流速沿水深方向均匀分布,推求出漂距计算公式,韩海骞在钱塘江河口闸家堰段护底抛体研究中,没有考虑流速沿水深方向实际分布的影响,假设抛体在下落、漂移的过程保持匀速运动,推导出抛体的漂距公式。镇江市的和畅洲左汊口门控制工程在施工前进行现场抛投试验,找出塑枕抛投落距的规律性,总结出简单易行的塑枕抛投落距公式 $L=k\cdot vh$,但是工程中仅采用了水面流速,也没有考虑垂向流速对漂距的影响。

随着对抛体漂距预测精准度要求变高,一些学者开始考虑流速实际分布的影响,但是漂距公式是从水槽试验推导出的。李小超等通过在水槽内开展抛体漂距试验,发现水流的垂向流速分布呈指数型,从而推导出相应的抛体漂距公式。

还有一些学者基于抛体为球状的假定,推导抛体的漂距公式,姚仕明等通过建立球体在动水中运动方程,获得了指数流速分布下的抛体落距计算公式;尹立生从椭圆流速分布公式出发,通过建立球状抛体的位移平衡方程,求解出了漂距计算公式,但是均未考虑砂枕漂移的过程中还存在二次漂距。

李寿千在长江扬中河段开展抛体原位试验,推导出涨潮、落潮下的抛体漂距公式,但是推导的漂距公式也仅仅考虑了抛体入水后第一阶段的位移,没有计算抛体的二次漂距,因此不能通过此公式进行抛体的水下精准预测。此外,尽管有学者曾考虑过抛体的漂距应为抛体在水下的移距和稳定移距之和,但仅限用于球状的抛石,由于砂枕的密度与抛石不同,形状更是与球体相差甚远,所以也不能直接将球体的漂距公式用于砂枕漂距的计算。

3. 垂向流速分布对抛投体运动规律的影响

河道中流速沿垂线的分布规律是研究许多河床动力学问题的关键。已有研究表明渠紊流流速呈对数分布,还有一些学者认为明渠水流呈指数、椭圆、抛物线等分布形式。李艳红提出表面区尾流函数,对对数分布进行了修正,提出第一个椭圆经验分布公式,结合含沙量对流速垂向分布公式进行验证,发现含沙量较低时,中上流层呈对数分布,近底流层呈指数分布;含沙量较高时,流速呈指数分布。张红武以紊流涡团模式为基础,开展了理论及实验研究,推导出了流速垂线分布的统一公式,证明垂线平均流速与水面流速的比值随含沙量而变化。惠遇甲分析指出垂线流速分布可以用指数流速分布公式和对数流速分布公式表示。周家俞等提出了新的指数型流速分布公式。刘春晶等通过实验和分析,认为含尾流函数的对数流速公式可以比全水深对数公式更精准地描述明渠均匀流的流速分布,但在工程中可采用全水深的对数公式。

尽管明渠外区尾流定律的引入,很好地弥补了对数律在明渠外区的不足之处,但通过与实测的流速资料对比分析,发现实际流速分布与尾流分布拟合度不高,所以一些学者开始采用函数拟合的方法来研究探讨外区的流速分布。胡云进等发现明渠底部内区流速分布符合对数律,而外区则符合抛物线律。

一些学者结合 Prandtl 掺混长度理论,得到了幂指数流速分布公式,相比于传统的指数律和对数律,该公式解决了表面流速梯度不为零的问题,能够较好地反映实测流速分布情况。陈健健通过低水、中水、高水期选点法测验结果做流速计算,对各垂线相对位置测点结果统计分析比较,得出测流断面流速呈对数型流速分布,且水面的流速大于河底,从水面开始,随水深增加流速逐渐减小。

长江口河段水流的垂线流速分布规律较复杂,通常认为长江口顺直河段的垂线流速分布呈二次函数型,而漫滩、滩槽交互区等动量交换强烈的区域,垂向流速接近"S"形分布,可按不同水深进行分层,通过最小二乘法拟合出各层的平均流速。

1.2.2 抛投体输运演化研究方法

三峡蓄水后,长江上游来沙量逐年减少,长江中下游河道冲淤演变剧烈,河势稳定受到严重影响。因此研究河道泥沙运动、冲淤动态及其效应对河流治理、水资源优化配置以及环境的可持续发展具有重要意义。大江大河是人类可利用水资源的主要来源区域,其河流中砾石及泥沙的输运行为和径流特性研究对水资源开发利用、水旱灾害防治和经济社会可持续发展具有重要意义。在三峡工程建成后长江流域形成新的水沙条件,近 50 年来大江大河源区的气候出现了敏感性变化,国内的水资源河网结构及径流特性也发生了改变,研究河流中颗粒流的输运行为,具有改善生态环境、促进经济发展等重要价值。

抛石着床后还存在输运行走的行为,其运动受多种因素的影响十分复杂,既有一定的规律性,同时也有一定的随机性,目前还未有针对块石着床后输运机制方面的研究。抛石的输运行为在广义上可近似于河流中推移质泥沙的输运过程,因此,推移质输运模型往往被用来研究抛石的输运过程。河流治理开发的实际需求推动了泥沙学科的发展,学科发展又助推了河流治理开发工程实践的进步。河流中颗粒运动的研究起源于地貌学,此后逐渐演变成水力学的一个分支,泥沙及抛石颗粒的运动是一个跨尺度、随机性很强以及多物理过程相耦合的复杂过程。传统的研究方法无法准确地描述抛石及泥沙运动这一复杂过程的运动特征及其背后的力学机理。考虑到以上问题,国内外研究人员尝试以新的角度对抛石这类颗粒的运动开展研究。基于颗粒速度分布函数及其演化方程的概率统计方法理论,既能反映颗粒运动的个性,又能体现出颗粒运动的共同特征。近些年来随机动力学理论在气体分子运动领域以及颗粒流领域中得到了广泛的应用。

科学与工程中最基本的随机输运过程是扩散过程,扩散过程的经典模型是布朗运动,该理论已经十分成熟地应用于众多科学领域。随着泥沙运动理论的进步,越来越多的学者将注意力聚焦于尺度较小但条件更为复杂的系统。这些系统呈现了偏离布朗运动的特征和非标准统计物理的结果,因此,不能再以布朗运动和标准的统计分布来对其建模。人们把所有这些非布朗运动的扩散过程统称为"反常扩散"。由于河床环境的异质性,抛石颗粒的输运行为往往也是偏离常规的统计物理结果而表现出反常输运行为,应用随机行走及随机过程理论是一个新颖且可行的研究思路。

随机行走模型是应用各种统计方法研究粒子扩散问题最直观的模型,主要是通过分析反常扩散过程的统计规律,借助非常规统计方法建立随机行走模型。近 30 年来,该方法迅速应用在多学科交叉领域中,加深了人们对客观规律的理解。在反常扩散的统计方法研究中,使用最多的是 Lévy 分布,已成功应用到湍流、地下水水流、生物流体、半导体等介质的反常扩散现象分析中,扩展高斯分布在分形结构多孔介质中的反常扩散过程最能体现出其优点,Mittag-Leffler 分布在反常扩散、信号处理等领域也有了突破性成果。随机行走理论最早是由 Einstein 在研究流体中分子运动时提出的,他使用两个确定的变量:固定的等待时间和确定的跳跃步长,对平衡态流体的布朗运动行为进行了研究,初次提出了随机行走的理念。同年,Pearson 正式命名了随机行走理论。在最初的理论中,随机行走的行为并没有考虑跳跃与等待的分布情况,而仅以固定的步长和时间作为考虑因素。Montroll 和 Weiss 在此基础上建立了连续时间随机行走理论。在连续时间随机行走框架中,一次成功的行走被分解为两部分:(1) 随机的空间跳跃间隔;(2) 两次成功跳跃之间的等待时间,两者分布由各自的概率密度分布支配。Scher 首次将其应用于半导体领域,研究发现非晶格半导体中的带电粒子运动行为能够用一个长尾分布的连续时间随机行走模型描述。本研究应用连续时间随机行走理论,研究抛石在河道中随水流运动的时间-空间分布状况,通过引入等待时间及跳跃步长分布模拟抛石在河道中的"反常输运"行为,并通过现场观测的数据进一步验证了连续时间随机行走模型在抛石输运行为预测中的有效性。

1.2.3　河道演化模拟研究方法

自 20 世纪 50 年代以来,为认清长江河道的特性和演变规律,长江水利委员会耗费大量人力、物力对河道进行观测,获得了大量的资料,并基于这些资料进行了深入研究,取得了一定成果。近年来,河道的演变逐渐受到人类的影响,与此同时,极端气候频繁发生,更是给河床河势演变方面的研究带来了挑战。近年来,国内外很多学者对此进行了深入的分析。郑惊涛通过调研分析和物理模型相结合的方法,研究了长江中游典型弯道段浅滩成因及演变机理。李明等分析了三峡工程蓄水后长江中下游不同分汊段的演变规律。姜果等采用二维水流泥沙数学模型计算了护岸工程对水流结构的影响,为抛石护岸工程方案的制定和后期维护提供了科学依据。Nistoran 通过建立一维水动力和泥沙输运模型来评估多瑙河河段的河床演变情况。Islam 基于卫星遥感图像对印度的 Farakka 大坝实施前后引起的河道弯曲处的曲率变化进行了研究,其研究成果在工程后期得到验证。沙红良等在比较了三峡蓄水前后大通水文站水沙变化的基础上,利用 2018 年及 2019 年汛前和汛后地形监测数据分析了长江下游扬中河段冲淤变化,划分了崩岸预警等级并提出解决措施。董耀华根据 2016—2019 年长江防汛与河道实测资料分析提出河道防洪问题的原驱动力是河势变化及洪水特性,河流工程影响研究需借助定床与动床上的泥沙运动开展机理研究。Najafzadeh 等通过实验数据与经验公式对比,准确预测了抛石工程受漫顶水流冲刷的影响。周倩倩等采用二维水流数学模型对王家滩河道整治工程实施后船舶航行条件进行了研究。由此可见,目前采用水沙数值模拟方法研究抛石护岸工程对河势影响的成果较少,以上关于河势的演变规律,大部分将上游水沙条件的变化作为变量条件,而将河道整治工程作为变量条件来研究河床河势演变规律的案例却鲜有报道。

数学模型是通过数学方法对自然界的规律进行概化模拟并计算,以获得自然演变过程,并通过其指导人类生产实践活动的总称。其中水动力数学模型是模拟精度最高的模型之一。水动力数值模型自 20 世纪 50 年代开始发展,大量的一维模型得到应用,二维模型也逐渐发展,部分学者将其和工程结合取得了一定的成效。随着计算机技术的快速发展,一维、二维数值模型的模拟精度大幅度提升,三维模型也得到了飞速发展,大量学者将其应用于洪水预报、水库模拟、溃坝等方面的研究,并取得了良好的经济和社会效益。赖锡军等在水情复杂的洞庭湖地区建立了全局水动力模型,涵盖了水系和湖泊两部分,具备动态边界、河道分区计算、引水分流、溃堤实时模拟等功能,并对湖区地形等进行了详细描述。侯精明等采用地表水动力数学模型计算分析了洪水致灾过程,结果显示该模型具有较高的精度和运算效率,具有广阔的应用前景。

国内水动力数值模拟的理论研究也取得了丰富的研究成果。胡四一等提出建立有限体积高性能统一框架,并给出了处理复杂流态过渡、模拟陆地动边界等功能的计算公式。李褆来等利用 OpenMP 建立数学模型并开展试验对模型参数进行调整,较明显地缩短了模型计算时间。赵旭东等针对水动力数值模型运算时间大大增加的趋势,提出了模型实现 GPU 多线程运行、优化存储器等方法,明显提高了模型运行效率。李大鸣等提出对网格进行错位计算的方法,改进了相同层网格计算误差较大的缺点,并结合水平有限元和垂向有限差分的分层方法建立了三维水流泥沙数学模型,在海河下游进行了模拟,模拟精度较好。卢吉基于改进型 Boussinesq 方程建立综合水动力模型,并在长江口地区应用,结果和实测资料吻合良好。水动力数值模型发展至今,已在大量地区得到了验证,具有极大的实际应用价值。

自 20 世纪 70 年代,泥沙数学模型得到快速发展。目前,一维泥沙模型和二维泥沙模型已经比较成熟,三维泥沙模型也逐渐应用于工程实践中,其中二维数值模拟的发展最为成熟,也相对较为完善。国内外众多学者将二维泥沙模型应用于泥沙的运动、河床河岸的侵蚀淤积、工程对环境的影响、分汊河道的整治及演变趋势等方面的研究,应用范围较为广泛。近年来,随着计算机技术的发展,水流泥沙耦合数学模型得到了快速的发展,如 Fluent 模型、POM 模型、Delft 3D 模型、RMA 模型、MIKE 模型等,广泛应用于各个领域。MIKE 模型由丹麦水力研究所(DHI)开发,有着强大的处理能力,可很好地模拟水动力及泥沙输运,并在众多工程实践及科学研究中得到了成功的应用。枚龙应用 MIKE 3 模型模拟了橄榄坝电站修建运行后清水下泄对澜沧江曼厅大沙坝的冲刷与淤积过程。詹杰民等建立了泥沙输运和床面冲淤的垂向二维模型,其计算结果与实测资料基本相同,结果较为可靠。

此外,也有许多学者通过对泥沙输运的理论探讨,提高了模型的精度。徐国宾等提出采用非等流量划分及非均匀沙的方法建立二维泥沙数学模型,以此提高了模型在复杂河床条件下的计算精度。张红艺等考虑水流挟沙力、河床糙率、异重流等因素对模型的影响作用修正模型参数,在此基础上建立了高含沙水库数学模型,计算结果与实测泥沙资料较为吻合。但是,由于泥沙的自身特性,其输运机理研究至今还没达到一定的精度。其模拟精度在水动力条件简单的区域相对较好,然而在那些水沙条件复杂、河床地形多变等情况下,其误差依旧较大。关于泥沙输运的机理研究还有很大的进步空间。河势演变作为水动力学及河流动力学的研究重点,多年来的研究主要集中于上游水沙条件的变化,但以河道整治工程作为变量条件来研究河床河势的演变规律的案例却很少。水动力泥沙耦合模型在许多地区得到了良好的验证,证明了模型的可靠性。因此,将护岸工程和数值模型进行结合,研究护岸工程对河道演变的影响,可以有效地为工程实践提供理论指导。

综上可知,以往对于水下抛石防护效果的研究大多采用监测数据进行对比分析,较少采用基于过程的数值模型进行计算分析,这主要是受困于计算效率和计算成本。然而计算机技术在当今时代发展十分迅速,计算机计算能力大约每隔两年就能提高一倍,这使得利用复杂的基于过程的数值方法可以成为一种广泛的研究手段。近年来,水沙数值模型成为解决河道水沙问题、河床河势演变问题的最常用的手段和工具之一。水沙数值模型的计算速度快、耗时短、成本比较低,并且能够人为操控和改变边界条件,能够模拟真实条件下和理想条件下的水沙运动情况,因此得到了广泛的应用。常用软件包括 Delft Hydraulics 开发的 Delft 3D、DHI 开发的 MIKE 系列等,也可以通过海洋环流数学模型如 ROMS、POM 等耦合地貌演变进行计算。在实际物理过程中,水动力时间尺度远小于动力地貌时间尺度,基于物理过程的模型(Process-based model)可尽可能地描述出相关过程,精细计算水动力、波浪、泥沙和地形冲淤等模块并将其耦合。Delft 3D 模型就是典型的例子,通过数值求解代表水动力和沉积物输送过程的数学方程,以确定基于沉积物质量平衡的形态变化。这些模型常用于短期的精细模拟,有助于了解系统的自然演变和人类活动的影响规律。本书主要采用耦合了水动力、地貌的开源软件——Delft 3D 进行研究。

1.2.4 水下护岸施工效果评价及稳定性分析

护岸工程是河道整治的重要组成部分,在长江河道治理中采用较多的护岸形式有平顺抛石、混凝土铰链排、四面六边体框架群、软体排、柴排、石笼、模袋等。抛石护岸作为传统的护岸形式,能适应各种岸坡地形需要,是一种有效的防冲护岸技术,而且取材容易、工程造价较低、施工难度较小,在长江中下游的河道治理中运用普遍。水下抛石具有很高的水力糙率,可以减少波浪与水流的冲刷作用,为此,除重点用于堤防岸坡之外,对桥墩的保护同样具有等效功能。但若在抛护量不足情况下,易在中上层形成空当而破坏上部的护坡工程。为了提高水下抛石施工质量,关于抛石护岸施工工艺的研究和应用不断涌现。李先炳、雷国刚等详细论述了水下抛石施工质量控制的内容及质量评定的标准,旨在通过准确定位、掌握抛投落距、划分网格、合理挂挡、定量抛投等方法,提高抛石厚度的均匀性。近年来,网兜抛石和沉箱式抛石等新型抛石方法在长江航道整治中得到了运用,可以有效地提高抛石定位的准确性,一定程度上克服了采用传统散抛石方法施工中存在的容易受天气、水流条件影响等弊端。但由于抛石护岸工程为水下隐蔽工程,抛石施工受水流影响较大,施工期间河床调整也影响抛石的准确性。尤其对深槽段的抛石施工,由于受水流淘刷,河床形成陡坡,抛石时易造成聚堆。在抛石施工中常存在以下问题:① 水下抛石厚度、均匀度难以及时有效地进行检验,难以及时调整抛投施工参数和水上作业定位的位置;② 如果抛石量不足或抛投不均匀,工程实施后,水流持续冲刷使水流绕到工程后面,已完成的工程量往往前功尽弃;③ 抛石工程的实施虽然会使工程范围内的横向河床变形受到抑制,但仍存在垂向与纵向的冲刷,进而对护岸工程产生破坏性的影响;④ 抛石施工结束后,采用断面抽检、断面套比的方法进行抛石施工质量评定,难以检测块石覆盖均匀度。

通过水槽实验,对抛石的运动过程有了定性的认识,但对于天然河道中的抛石护岸,由于无法观察到抛石的运动过程,因此较难判断抛石护岸是否发生部分或者整体位移。为了了解护岸工程的块石在床面上的分布情况,曾用潜水员直接摸探、使用摸探打印器探测、水下机器人探测等方法,但是这种探测方法,只能显示当时水下局部河床的表面情况,并且工作量很大,精度较差。特别是到了中枯水期,护岸段河床开始回淤,常在已抛的块石上覆盖一层泥沙,使摸探测量得出一些假象;同时,护岸段一般都是水流湍急的情况,摸探实测也较困难。因此,这种方法难以判断块石覆盖物的范围、厚度以及坡度等。20世纪60年代以后,地层剖面仪广泛应用于海洋地质调查、港口建设、航道疏浚、海底管线布设以及海上石油平台建设等方面。长江科学院试用浅地层剖面仪探测水下块石分布,该测量法利用声波探测浅地层剖面结构和构造,以声学剖面图形反映浅地层组织结构,基本能够确定抛石体的形态和厚度,但是容易受噪声干扰,影响数据质量。丁凯等采用地质雷达、水上地震影像法等探测手段对长江堤防某隐蔽工程水下抛石段进行试验。在水下无抛石区域和抛石较少区域,波形相位存在强吸收、顶部绕射减少、频谱分化的情况。当淤泥覆盖抛石时,波形振幅增大,频率降低,相位呈连续的低密度团。因此可以根据波形和频率的差异性来判断抛石赋存形态。喻伟等通过检测点绘制抛石坡度线,将实际抛石坡度线与设计剖面线作对比,取两者相应位置的高差作为抛石厚度,但是没有考虑泥沙冲淤的影响。雷国刚等通过对照抛石前后地形线,判断工程施工抛投位置是否准确,以及实际的增厚效果是否满足设计与规范要求。余金煌等运用高密度电法检测水下抛石体赋存的层位。根据水下地形的电阻率分布差异,确定抛石体水平方向的分布范围以及所在层位。余金煌等运用水域高密度地震映像法检测深水域水下抛石体厚度,利用了水中无面波干扰的特点,通过实时数据处理,利用密集显示波干扰界面的方式来形成彩色数字剖面,从而再现水下结构形态。邹双朝等分别通过分析监测导线、横断面和冲刷坑面积的变化对护岸工程的监测成果进行分析。但断面监测无法实现高精度、全覆盖测量,潜水员水下探摸也无法获得直观、全面描述。传统测量技术采用逐点测量方法,仅仅将测得的断面数据绘制成断面图,进行数据分析时,也只是将若干期的同一断面在一幅断面图中进行对比,并不能直观地获取整个区域水下抛石的三维信息。多波束测深系统能够精确、快速地对水下目标进行全覆盖测量,能够测出沿航线一定宽度内水下目标的大小、形状和高低起伏变化并生成三维水下地形图,可以直观清晰地显示水下地形地貌,因此在水下抛石形态监测中具有明显优势。

我国大量引进先进多波束测深系统,并将其应用于河流、湖泊水下地形测量中,为河床河势分析提供了数据支撑。目前,多波束测深新技术仍然在不断地更新。国外已有多种典型代表性的多波束测深系统的产品,如 Kongsberg Simrad 公司的 Simrad 多波束测深系统、Atlas 公司的 ATLAS Fansweep 多波束测深系统、GIC 公司的 SeaBeam 多波束测深系统、RESON 公司的 SeaBat 多波束测深系统等。

钱海峰等基于水下地形实测资料,分析了护岸工程实施前后河床地形及剖面变化情况。屈贵贤等对长江下游大通—江阴河段六个时期的河道地形图进行了分析处理,建立了河道水下地形数据库,对河段的冲淤变化及其成因机制进行了系统分析。以上研究方法均基于实测水下地形资料,需要长时间的数据收集和积累,且水下地形资料搜集难度大,耗费的时间和精力较多,给研究工作带来了诸多不便。此外,水下抛石护岸工程的监测评价也停留在施工过程控制和断面测量上,部分学者根据实测水下地形资料对抛石工程实施前后河床冲淤变化情况进行评价。目前国际组织对工程问题治理的评价指标分为执行指标、状态指标和影响指标。关于抛石护岸工程的评价在执行指标、状态指标方面均有许多研究成果,但在抛石工程实施后的影响评价这一方面还存在较大的空白。而对抛石护岸工程的影响进行充分的了解和分析,研究并评价其效益,指导护岸工程的设计、施工、监测验收等,能够真正发挥护岸工程的效益。

综上所述,国内已见多波束测深系统在水下抛石检测中的运用,目前针对多波束测深数据抽稀方法多有研究,但是采用空间数据叠加分析方法定量评价水下抛石效果鲜有报道。国外研究主要集中于测深数据三维可视化及测量技术的研发,但缺乏采用空间数据叠加分析方法的抛石效果定量评价研究。笔者提出基于曲面对比的施工效果评价方法,首次确定了检测曲面最佳点云密度,研发了适用于深水情形的水下软基潜堤沉降变形预测方法,探明深水潜堤软基施工及运营期的沉降过程,构建了深水潜堤稳定评价体系,保障了水下岸坡的长效稳定。

第 2 章 感潮河段水沙特征及河势演变特征分析

2.1 河道基本概况

长江感潮河段自安徽大通至长江口,全长约 700 km,流经安徽、江苏、上海三地,具有丰水、多沙、中潮、规律分汊的特点。长江潮流界位于江阴附近,江阴以下径流与潮流相互作用,水动力条件极为复杂,河槽分汊多变。长江江苏河段分属于长江下游和河口地区,干流总长 432.5 km,流域面积 3.86 万 km²,是南水北调东线、江水东引、引江济太三大调水体系的水源地,也是长江经济带、长三角城市群发展的战略基础支撑。长江江苏段河道形态宽窄相间,江心洲发育,汊道众多,呈藕节分汊型,河道岸坡以砂质岸坡和土质岸坡为主。北岸至启东市的圆陀角和上海市的崇明之间入海,南岸至太仓市浏河口东和上海市交界处进入上海境内。

目前河段河势基本稳定,其中由节点控制的束窄段较稳定,两节点之间的分汊河段变形强烈,深槽浅滩交相易位。河道中洲滩众多,且变化频繁,洲滩淤长、扩大、冲退、下移以及并岸等时有发生,不同时期呈现不同的变化特点。根据江苏省长江干流河道平面形态特点及行政区划,长江感潮河段划分为南京、镇扬、扬中、澄通及河口五个河段,分别进行规划、整治和管理。

2.1.1 南京河段

南京河段上起慈湖河口,下至三江口,全长约 92.3 km。慈湖河口至下三山为新济洲汊道段,下三山至三江口自上而下有七坝、下关、西坝和三江口四个束窄段。相邻两束窄段间水域开阔,出现分汊河道。第一、二束窄段间有梅子洲汊道,为双分汊河型,左汊为主汊,分流比 90% 左右,左右汊分流比变化不大;第二、三束窄段有八卦洲汊道,为弓形分汊,左汊为支汊,随着分流比的减少左汊呈缓慢萎缩趋势,八卦洲右岸处于弯道凹岸,河床江岸局部冲刷；第三、四束窄段间原有兴隆洲汊道，1985年左汊堵塞以后西坝以下成为单一的龙潭弯道。南京河段经过不断整治后，总体河势基本稳定。长江南京河段区域如图2.1所示。

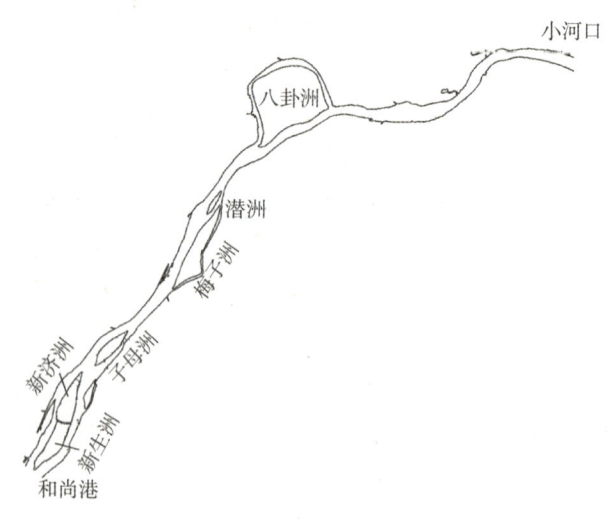

图 2.1　长江南京河段区域

2.1.2　镇扬河段

镇扬河段上起三江口，下迄五峰山，河段全长约73.3 km。河段自上而下由单一微弯和弯曲分汊河型组成，按河道平面形态的不同分为仪征水道、世业洲汊道、六圩弯道、和畅洲汊道以及大港水道。仪征水道自三江口至泗源沟，长10.5 km，向左微弯，长期以来变化不大。世业洲汊道自泗源沟至瓜州渡口，长27.7 km，右汊为主汊，长15.8 km，为曲率比较适度的弯曲河道，平均河宽约1 450 m。左汊为支汊，长13.5 km，为顺直型河道，平均河宽约880 m。世业洲汊道在20世纪70年代前一直处于相对稳定状态，70年代后左汊进入缓慢发展的阶段，20世纪90年代以来，左汊发展的速度加快，至2007年左汊分流比已达36%左右，河道条件向不利方向发展。六圩弯道自瓜州渡口至沙头河口，长约15.1 km，为两端窄、中部宽的左向弯道，左侧为深泓，右侧为征润洲边滩，以前该段河床江岸冲刷最为严重，经多年整治护岸，河床冲刷、江岸崩塌强度明显缓和。和畅洲汊道自沙头河口至大港青龙山，左汊长10.9 km，右汊长10.2 km，为镇扬河段演变最为剧烈的汊道。近期演变的主要情况为左右汊主次急剧变化，和畅洲左汊分流量不断扩大，右汊相

图 2.2　镇扬河段河势

继萎缩,经过近10年时间和畅洲左汊控制整治工程的实施,目前左汊分流比已达60%以上,左汊分流量增势有所缓和。大港水道为右向弯道,长约8 km,总体上相对稳定少变。镇扬河段河势如图2.2所示。

2.1.3 扬中河段

扬中河段上起五峰山下至鹅鼻嘴,全长91.7 km。上承镇扬河段,下接澄通河段,入流段与出口段为微弯型单一河道,由五峰山和鹅鼻嘴两组节点控制,整体上呈四岛三汊格局,其中四岛依次为太平洲、落成洲、炮子洲和禄安洲四个江心岛。扬中河段上游和畅洲汇流口至五峰山为镇扬河段的大港水道,大港水道因受右岸微弯型山丘节点的控制,深槽紧靠右岸,40多年来,河势稳定少变,给扬中太平洲汊道提供了较为稳定的入流条件。五峰山以下河道展宽形成太平洲汊道,太平洲洲体(扬中市)长约31 km,最宽处11 km,是长江下游最大的江心洲,其左汊为主汊,江宽水深,多年来分流比维持在90%左右,右汊是支汊,窄浅而弯曲。太平洲右汊河势相对较为稳定,右汊夹江水流在出口处被炮子洲分为两股水流,左侧水流与太平洲左汊水流汇合后,再一次被禄安洲分为大江和小江,其中禄安洲小江分流比近年增至10%左右,两股水流汇合进入江阴水道(江阴段)。江阴段全长24 km,呈单一微弯形态,多年来河势相对稳定。扬中河段河势如图2.3所示。

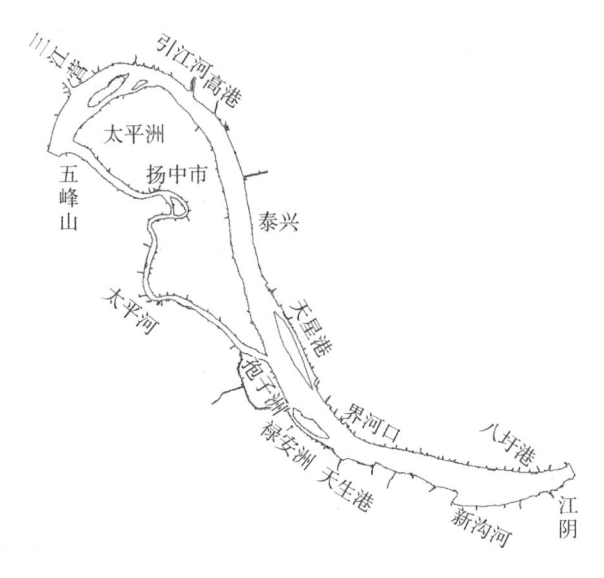

图 2.3 扬中河段河势

2.1.4 澄通河段

澄通河段总长度约96.8 km,属于长江下游感潮河段,由福姜沙汊道段、如皋沙群汊道段和通州沙汊道段组成。福姜沙汊道进口受到南岸鹅鼻嘴和北岸炮台圩两个节点的控制,河宽相对较窄,河道顺直,进口处水流条件较好。水流向下被福姜沙分为南、北两汊,主流进入北汊,北汊下段又被双涧沙分为福中水道和福北水道,主泓走福中水道,福北水道主流贴靠北岸。如皋沙群段上游始于护漕港,下迄十三圩港,由于人类活动和沙体自然演变的影响,现主要由双涧沙、民主沙、长青沙和横港沙等组成,20 世纪 60 年代以来,天生港水道萎缩,如皋中汊不断发展,中汊水深不断加大,水流出中汊后,与浏海沙水道主流汇合,进入浏海沙水道下段,顶冲九龙港至十一圩港一带。通州沙水道上接如皋沙群汊道段,下接长江口,河宽加大,河道最宽处约 10 km,水下暗沙发育。水流被通州沙分成东水道和西水道,主流走通州沙东水道。近年来通州沙西水道呈现萎缩趋势,河道分流比不足 10%。随着通州沙整治工程的实施,目前向通州沙东水道和西水道分流稳定的双分汊河道发展。澄通河段河势如图 2.4 所示。

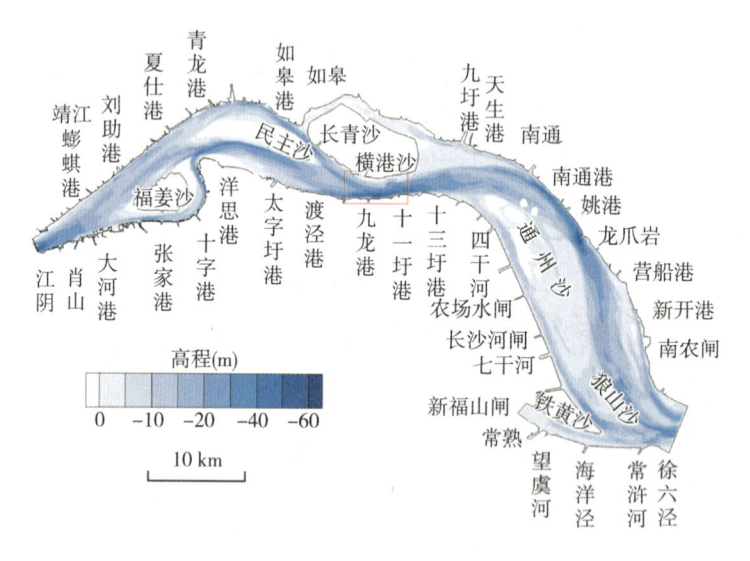

图 2.4 澄通河段河势

澄通河段历史演变剧烈,河道水流动力轴线摆动较大,主流不稳,同时河势急剧变化,沙洲淤积、合并、扩大、切割变化频繁,滩槽多变。17 世纪前后澄通河段水动力轴线逐渐由顺直向微弯发展,20 世纪 40 年代主流动力轴线弯曲曲率发展至最大,主流改道,从海北港沙南水道向南进入浏海沙水道。由于主流的长期顶冲作用,老海坝一带曾发生岸线的严重崩塌后退,河槽不断冲深,目前最深处水深将近 70 m。主流在十三圩港附近受挑流作用,进入通州沙东水道。

澄通河段总体径流占据绝对的优势,但在个别的支汊,其径流作用较小,受到的潮汐作用偏大,如天生港水道上段、福山水道,河段内泥沙呈现出向上搬运的特点,逐渐淤积萎缩。澄通河段平均江面宽度 3~4 km,最宽可达十几千米,导致水中沙体淤积、切割、合并、冲蚀变化大。同时受径流强度变化影响,河道内主流摆动强度也较大,更利于水下暗沙切割。徐六泾节点形成以后,断面宽度由以前的 13 km 减少为现在的 5 km,导致进入澄通河段的潮量大幅度减少,潮流动力的减弱对沙洲的发展合并起到了重要作用。随着沿江经济的快速发展,河道整治工程的大量实施以及上游来水来沙条件的变化,澄通河段在自然和人类活动的综合影响下,河道演变呈现出和历史不同的发展趋势。近几十年来,随着河宽的缩窄,河道的纳潮量不断减少,河道比降趋缓,大量泥沙不断淤积,逐渐向近河口类型河道发展。随着整治工程的逐步实施，河段内的进潮量会进一步减少，继续向河宽缩窄、水深加大、沙洲淤涨的方向发展。澄通河段总体上处于河宽缩窄、河道水深加大的演变过程中。

2.1.5 河口段

长江河口段自徐六泾至河口 50 号灯标，长约 181.8 km。进口徐六泾河宽仅 5.7 km，出口口门宽约 90 km，呈喇叭形三级分汊。第一级徐六泾以下，崇明岛将长江分为南支和北支；第二级是南支在吴淞口由长兴岛和横沙岛分为南港和北港；第三级是南港在横沙岛尾由九段沙分为南槽和北槽，形成北支、北港、北槽、南槽四口入海之势。长江口南支河道位于长江口南岸与崇明岛之间，上起徐六泾，下至吴淞口，与南、北港相连，全长 70.5 km，是长江口的主流通道，承接着长江 98% 以上的下泄流量，以七丫口为界分为上、下两段。南支河段上段全长约 35.0 km，河段中有白茆沙（水下暗沙）及白茆沙南、北水道，为双分汊河型；南支河段下段全长约 35.5 km，为多分汊河型，是长江河口最不稳定的河段。北支河槽地形总体上窄下宽，上游青龙港断面河宽仅约为 1.4 km，河床较高，河槽往下逐渐放宽，滩槽交替多变，心滩发育，下游河宽相对较大，入海口连兴港断面河宽可达 11 km，河段平均水深相对较深。长江口径流量大，潮流强，上游来沙量也较多，在径流和潮流动力相互作用下，河口分汊，主流摆动，滩槽变化频繁。长江河口段河势如图 2.5 所示。

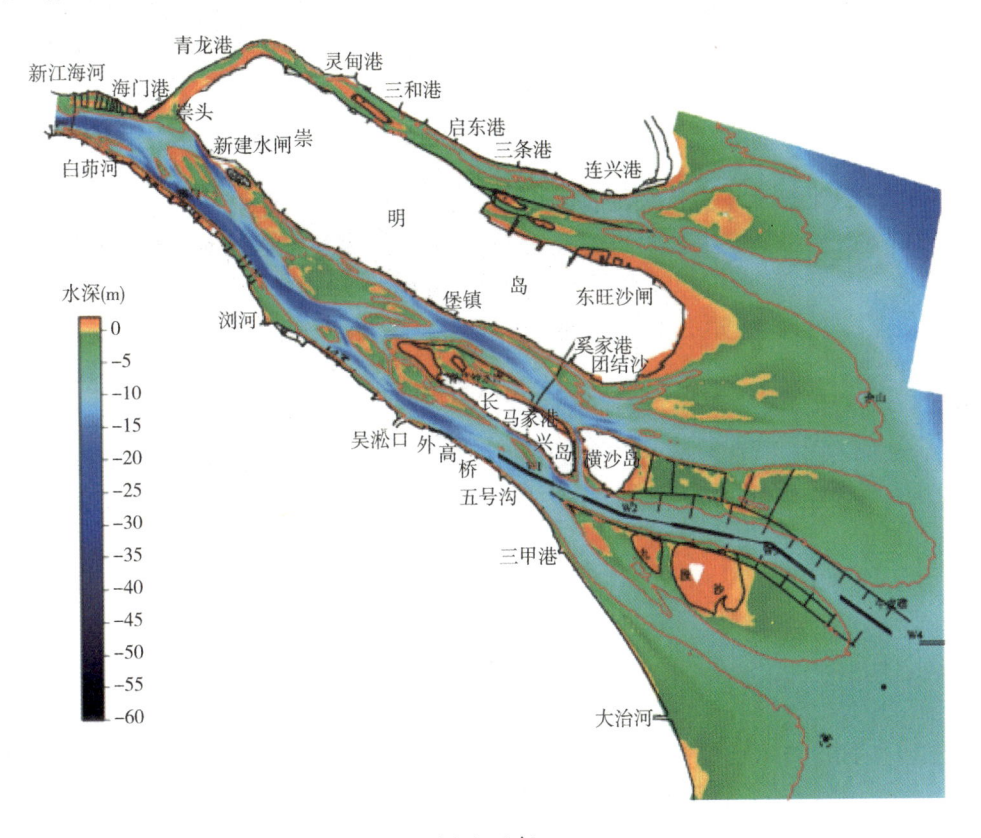

(a) 2002 年

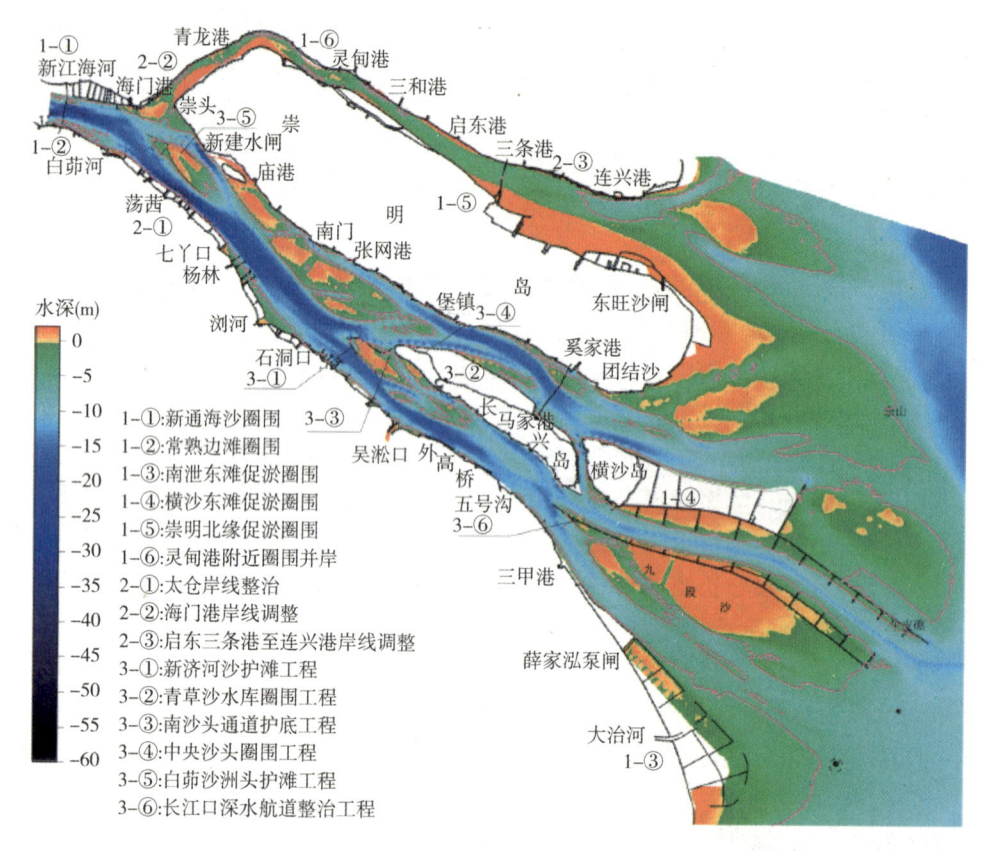

(b) 2018 年

图 2.5　长江河口段河势

长江口近期来水来沙条件和边界条件都有较大的变化。长江三峡水库运行后,长江中下游来水来沙条件有了显著的变化。三峡水库的调度使得内径流过程具有新的特点,即汛期径流减小,枯水期增大,年输沙量和含沙量也大幅减小,这种影响一直波及长江口。根据《长江口综合整治开发规划》和地区发展需要,长江口实施了一系列圈围工程和航道整治工程,极大地改变了其边界条件。长江口地貌表明,以 $-5\ \text{m}$ 为特征等高线以下的基本河槽,是承受各种来水来沙条件和潮汐动力条件下水流泥沙运动作用的河床基本部分,是无时无刻不在发生床面运动和冲淤变化的部位,作为堆积地貌的基础,它的冲淤变化常常影响着堆积形态的稳定性,所以说基本河槽的形态及其变化是长江口河床演变分析中的首要方面。

2.2　水沙运动条件

2.2.1　径流与潮流

大通水文站(以下简称"大通站")是长江下游干流最后一个水文控制站,集水面积约

为 1.7×10^6 km²,占长江流域的 94.7%。大通以下支流汇入水量较少,因此分析澄通河段的来水来沙条件常采用大通站资料。据 1950—2020 年间实测资料统计,大通站年平均流量 28 472 m³/s,年平均径流总量 8 979 亿 m³(图 2.6),径流特征值见表 2.1。由图表可知,大通站年内水量分配不均,汛期水量集中,约是全年总水量的 70% 左右,三峡蓄水前后大通站径流量及其年内分布变化不大(图 2.7)。

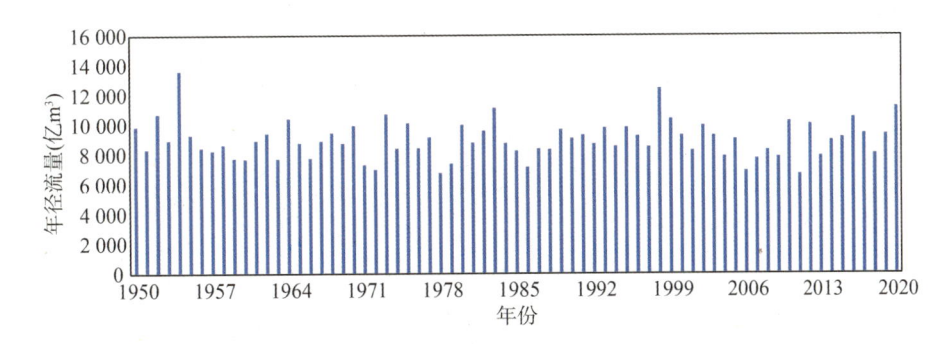

图 2.6　大通站年径流量变化图

表 2.1　大通站 1950 年至 2018 年径流特征值

类别	历史最大	历史最小	多年平均
流量(m³/s)	92 600(1954-08-01)	4 620(1979-01-31)	28 472
径流总量(×10⁸ m³)	13 454(1954 年)	6 788(1978 年)	8 979

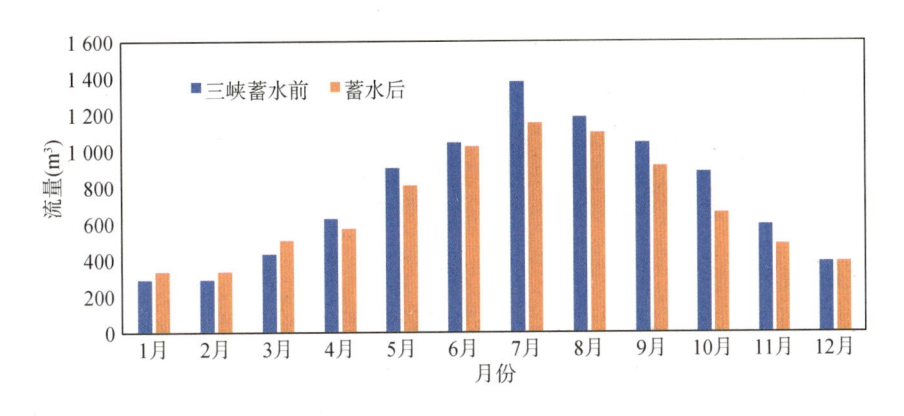

图 2.7　三峡蓄水前后大通站月均径流量变化图

大通以下潮流运动可分为三种形式,江阴以上以单向流为主,江阴至徐六泾段以往复流为主,江阴以下河口段转为旋转流。潮流在上溯过程中,受河床边界阻力和径流作用,涨潮历时沿程递减,平均落潮历时是涨潮历时的 2 倍左右,因此落潮流是塑造本河段河床形态的主要动力。涨潮流历时洪季偏短、枯季偏长,大潮的涨潮历时长于小潮;落潮流历时洪季长于枯季,大潮长于小潮。同时涨潮流流路和落潮流流路差异大,涨潮流流路北偏,落潮流流路南偏,导致下游河道产生规律分汊,沙洲多靠北岸。江阴实测潮位过程如图 2.8 所示。

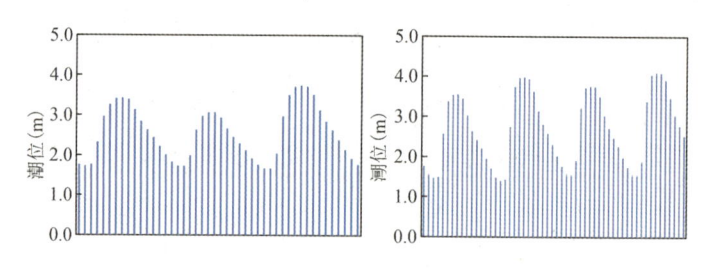

(a) 2017 年枯季(左图为 2 月 7—8 日小潮期,右图为 2 月 12—13 日大潮期)

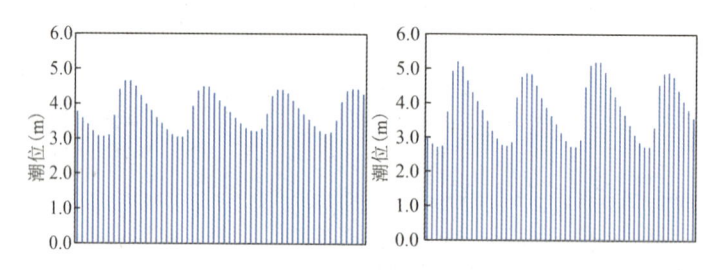

(b) 2017 年洪季(左图为 7 月 30—31 日小潮期,右图为 8 月 10—11 日大潮期)

图 2.8　江阴实测潮位过程

长江下游潮流界和潮区界的位置受到径流和潮流的相互影响,潮流界一般位于江阴以上,随着大通流量的加大,潮流界相应下移,到芦泾港至西界港一带(大通流量约 60 000 m³/s 时)。张家港老海坝节点基本处于长江口潮流界范围内,距上游江阴潮位站直线距离约 30 km。观测资料统计分析表明,江阴站最高潮位通常出现风、暴、潮、洪三碰头或四碰头时,历时最高水位约 7.2 m,多年平均潮差 1.65 m,涨潮历时 3 h 41 min,落潮历时 8 h 45 min。

2.2.2　泥沙运动特征

1. 大通泥沙特征

根据大通站 1956—2018 年实测泥沙资料统计(图 2.9),年平均输沙量 3.86 亿吨,年平均含沙量 0.432 kg/m³,大通站泥沙特征值见表 2.2。来沙量洪枯季差别明显(见图 2.10),洪季约占全年输沙量的 87%,枯季约占 13% 左右;7、8 月份输沙量较大,1、2 月份明显偏小。大通站实测输沙量在 1986 年和 2003 年后出现了大幅度减小。三峡工程蓄水后,沙量的季节分配比例有所调整,洪季输沙量所占比例 1950—1985 年约 88.4%,到 1986—2002 年下降至 87.8%,2003—2018 年继续下降至 80.5%;枯季 11—次年 4 月输沙量所占的比例相应增加。

表 2.2　大通站 1956 年至 2018 年泥沙特征值

类别	历史最大	历史最小	多年平均
输沙量($\times 10^8$ t)	6.78(1964 年)	0.85(2006 年)	3.86
含沙量(kg/m³)	3.24(1959-08-06)	0.016(1993-03-03)	0.432

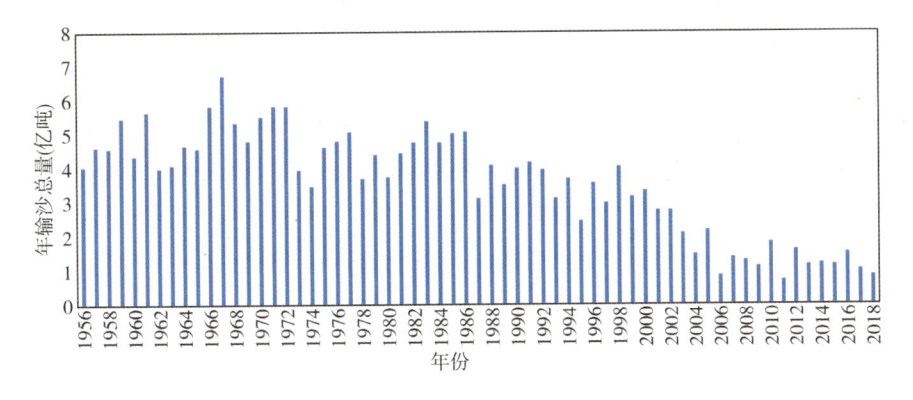

图2.9 大通站年输沙量变化图

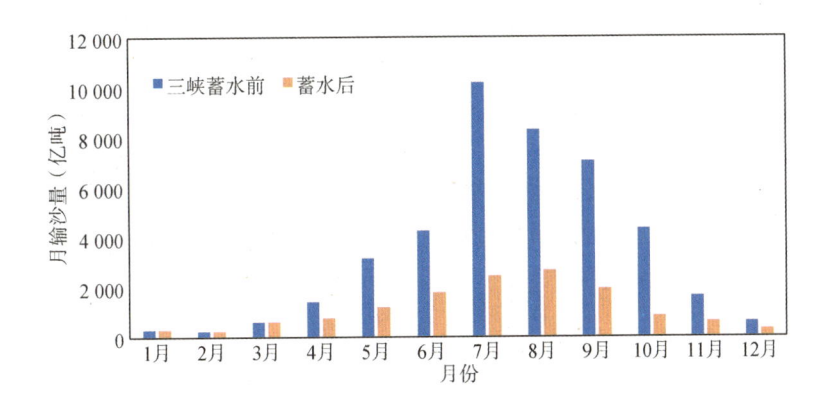

图2.10 三峡蓄水前后大通站月均输沙量变化图

2. 老海坝河段泥沙特征

(1) 悬沙特征

老海坝河段所属浏海沙水道的泥沙主要来自上游，含沙量受上游来沙影响，洪季含沙量高于枯季，大潮含沙量大于小潮。根据近年实测资料，河段内枯水期含沙量在 0.01 kg/m³～0.20 kg/m³ 之间，洪水期含沙量在 0.05 kg/m³～0.60 kg/m³ 之间。悬移质基本由粉沙组成，粒径 0.001 mm～0.062 mm 的颗粒平均含量在 90% 左右，中值粒径为 0.01 mm 左右。大潮、中潮和小潮期中值粒径一般相差较小，涨急、落急时刻中值粒径比涨憩、落憩时刻略大，总的来看，老海坝河段悬移质的中值粒径沿程变化不大。

以2017年枯季和洪季老海坝附近采砂点为例(采砂点位置见图2.11，悬移质中值粒径见表2.3)。悬移质中值粒径一般不超过 0.03 mm，涨落潮期间中值粒径差异不大。

表2.3 2017年洪、枯季各测点垂线悬移质中值粒径　　　　　　　　单位：mm

季节	A 大潮	A 小潮	B 大潮	B 小潮	C 大潮	C 小潮
洪季	0.011	0.007	0.008	0.009	0.008	0.007
枯季	0.019	0.012	0.013	0.011	0.011	0.010

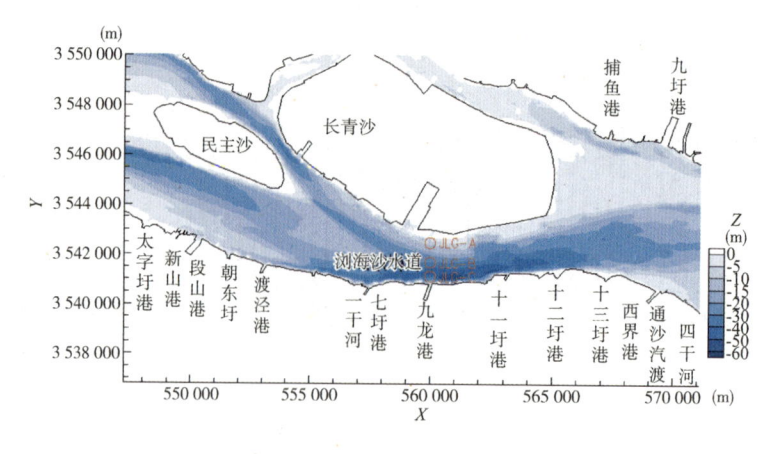

图 2.11 采砂点位置示意图

（2）河床底质

浏海沙河段底质粒径差异较大。近年对研究河段的河床床面底质采样结果显示,研究河段,粒径变化范围从 0.01 mm 以下的粉质黏土到 0.5 mm 以上的中砂,局部地方床面以碎石为主。一般来说,深槽底沙中值粒径大于洲滩,主槽底沙中值粒径平均在 0.15 mm～0.3 mm,以中细砂尤其是细砂为主,而边滩以及洲滩中值粒径一般在 0.1 mm 以内,一般以细砂和粉质黏土为主。

以 2017 年 8 月洪季采砂点的底质中值粒径（表 2.4）及级配曲线（图 2.12）为例。测点床沙级配大、小潮期间差异不大,中值粒径一般以 0.2 mm 左右的中细砂为主。

表 2.4　2017 年洪、枯季各测点床面底质中值粒径　　　　　单位:mm

季节	A 大潮	A 小潮	B 大潮	B 小潮	C 大潮	C 小潮
洪季	0.156	0.155	0.178	0.182	0.153	0.198
枯季	0.218	0.153	0.226	0.224	0.171	0.178

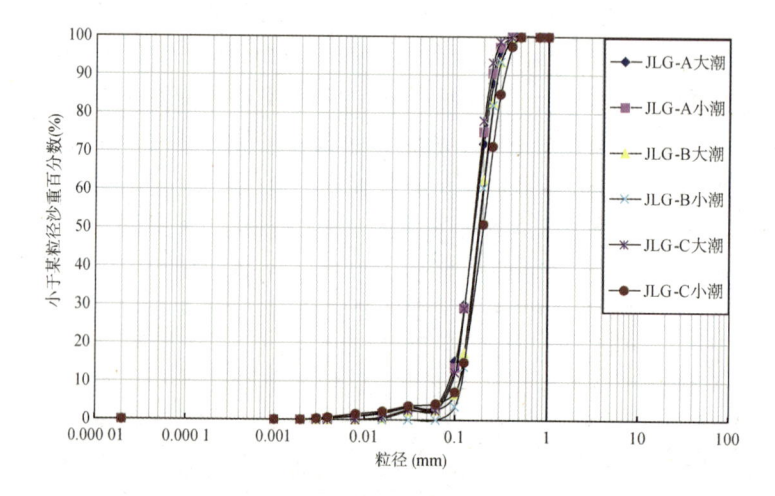

图 2.12　床沙级配曲线

2.2.3 河道断面垂向流速分布特征

1. 现场流速获取

(1) 八卦洲河道流速监测

在八卦洲洲头使用声学多普勒流速剖面仪(ADCP)测量垂向各层流速,于 2018 年 9 月 11 日至 9 月 14 日期间每次砂枕抛投试验前测得多组流速数据,每组流速数据重复测量上千次。将各组流速数据进行处理后,计算出每层流速的平均值,分析垂向各层流速变化规律。现选取每日一组流速数据进行分析,如图 2.13 所示。

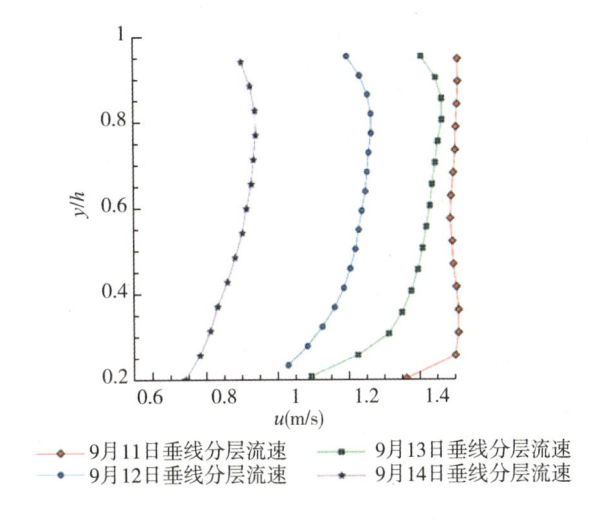

图 2.13 各点垂线流速分布

图 2.13 中,y 为河底到水中各点的距离,h 为水深,y/h 为相对水深,u 为各个测点垂向各层的瞬时流速。本次使用船载式 ADCP,根据每个测点水深大小,以步长为 2 m,垂向从水面以下 1.2 m 处开始,分成若干单元,测量流速,故测得的表层流速是在距离水面 2.2 m 的位置,因距水面较近,可将表层流速视为表面流速。此外,由于在使用船载式 ADCP 测量垂线流速时,靠近水底的部分会有盲区,因此只能测得水底附近位置的流速(底层流速),但是可直接将底层流速视作床面流速。因此,在接下来的垂线流速分布公式拟合中,均是将表层流速视作表面流速,将底层流速视为床面流速。

由图 2.13 可知,各点水面流速较大,离河底越近,流速越小;表层流速越大,相应的垂向各层流速也越大。

(2) 老海坝河段流速监测

采用 ADCP 对洪水期老海坝河段近岸的流速垂线分布进行现场监测,测量采用的 ADCP 为美国 SonTek 公司生产的 Riversurveyor M9,测量深度范围为 0.2~80 m,最小水深分层厚度为 0.001 m,流速分辨率为 0.001 m/s,同时配置了多频换能器,测量单元大小、采样频率、工作频率和工作模式都能够自动转换,通过优化系统配置,可以用最高分辨率完成监测断面的流速测量。在张家港海力 6 号码头至 11 号码头前沿共布设测流垂线 8 条,为获取各测流垂线时均流速的垂线分布,采用船载式测流方式,将船体锚定测流。

老海坝河段九龙港近岸垂线流速随时间变化如图 2.14 所示，可以反映具有不同水深的每个单元的深度和水平速度，以及河床底部的波动以及上、下盲区的位置。图中上、下空白区为上、下盲区。

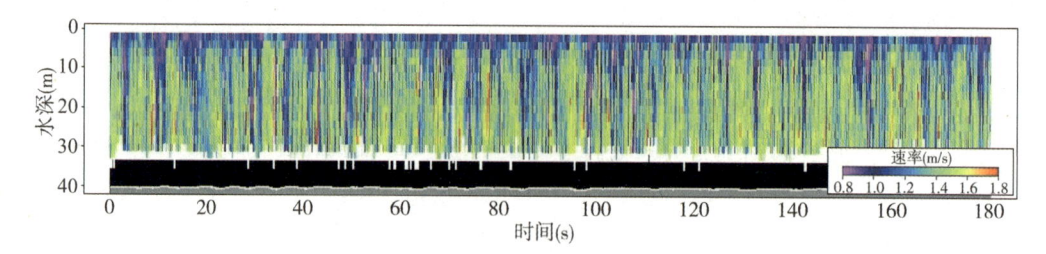

图 2.14 固定测点流速测量

测量时船载 ADCP 每秒记录一次各水深处的瞬时流速，为了获得时均速度分布，需要对测量时间内获取的多组瞬时速度进行算数平均。不同水深处的时均流速值可由式（2.1）得到：

$$\overline{u}_i = \frac{1}{n}\sum_{j=1}^{n} u_{i,j} \tag{2.1}$$

式中：u_i 为水深分层为第 i 层的水流时均流速；n 为测量时间内瞬时流速的测次；$u_{i,j}$ 为第 i 层水深处第 j 测次的瞬时流速。

瞬时流速标准差按式（2.2）计算：

$$\sigma_i = \sqrt{\frac{1}{n}\sum_{j=1}^{i}(\overline{u}_i - u_{i,j})^2} \tag{2.2}$$

每个监测点监测时间为 3 min，每秒获取一次监测点不同水深处的流速数据。以水深 35 m 处的测点为例，水深分层厚度设置为 2 m，共分成 18 个单元，但由于在水面及近河床区域存在一定的测量盲区，因此实际有效水深单元为 15 个，该测点不同水深单元处的瞬时流速见表 2.5。根据式（2.1）、式（2.2）计算得出的不同水深处的时均流速和标准差见表 2.6，标准差均在 5% 以内。可见采用各水深处的时均流速进行水流流速垂向分布特征分析是可行的。

表 2.5 测点各层水深瞬时流速 单位：m/s

采样	单元						
	1	2	3	…	13	14	15
1	1.446	1.448	1.433	…	1.432	1.396	1.208
2	1.468	1.459	1.406	…	1.383	1.252	1.28
3	1.454	1.467	1.335	…	1.308	1.351	1.327
4	1.437	1.453	1.296	…	1.397	1.383	1.243
5	1.392	1.438	1.371	…	1.427	1.407	1.299
…	…	…	…	…	…	…	…

(续表)

采样	单元						
	1	2	3	...	13	14	15
178	1.347	1.430	1.535	...	1.342	1.261	1.216
179	1.456	1.413	1.486	...	1.285	1.239	1.198
180	1.503	1.382	1.434	...	1.337	1.311	1.225

表 2.6 各水深单元流速均值与标准差

水深单元	均值(m/s)	标准差(%)
1	1.45	3.4
2	1.44	2.9
3	1.43	3.5
4	1.42	4.0
5	1.41	3.7
6	1.41	2.6
7	1.39	3.3
8	1.40	3.8
9	1.39	3.6
10	1.39	3.3
11	1.38	3.4
12	1.35	4.2
13	1.33	4.5
14	1.32	4.4
15	1.20	4.6

2. 流速分布形式分析

天然河道中水流时均流速的垂线分布一般采用对数型分布、指数型分布、抛物线型分布和二次抛物线型等计算公式,常用的有对数型分布公式和指数型分布公式。对数流速分布公式最先由 Prandtl 根据动量传递理论得到,但仅适用于均匀流。

(1) 抛物线

将以上各点垂线流速用最小二乘法拟合,判断其是否符合抛物线分布,初拟方程式如下:

$$u = A\left(\frac{y}{h}\right)^2 + B\left(\frac{y}{h}\right) + C \quad (2.3)$$

式中:A、B、C 均为水面流速 u_m 的函数,y 为河底到各点的距离,h 为水深,u 为各点瞬时流速。通过最小二乘法进行曲线拟合,得出各测点的 A、B、C 值,A、B、C 与 u_m 的关系如图 2.15、图 2.16、图 2.17 所示:

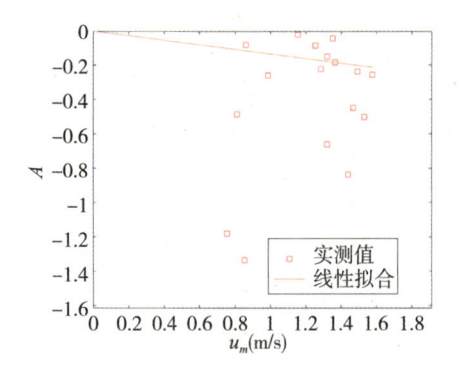

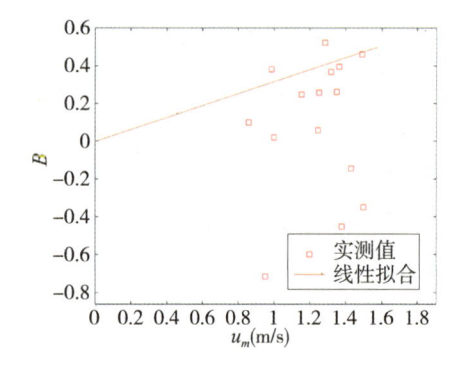

图 2.15　A 与 u_m 关系图

图 2.16　B 与 u_m 关系图

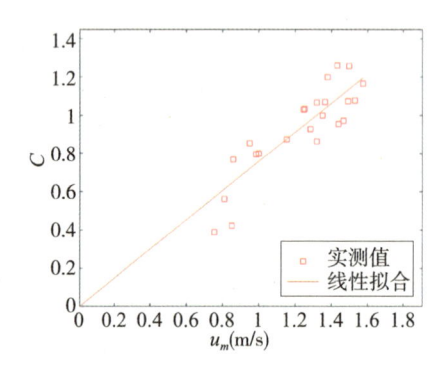

图 2.17　C 与 u_m 关系图

拟合后可得出 A、B、C 与 u_m 呈线性分布,设

$$\begin{aligned} A(u_m) &= a_1 u_m + a_2 \\ B(u_m) &= b_1 u_m + b_2 \\ C(u_m) &= c_1 u_m + c_2 \end{aligned} \tag{2.4}$$

将式(2.4)代入式(2.3)可得出

$$u = \left[a_1\left(\frac{y}{h}\right)^2 + b_1\left(\frac{y}{h}\right) + c_1\right]u_m + \left[a_2\left(\frac{y}{h}\right)^2 + b_2\left(\frac{y}{h}\right) + c_2\right] \tag{2.5}$$

当 $u_m = 0$ 时,显然 $u = 0$,因此

$$\left[a_2\left(\frac{y}{h}\right)^2 + b_2\left(\frac{y}{h}\right) + c_2\right] = 0 \tag{2.6}$$

可得出 $a_2 = b_2 = c_2 = 0$,推出

$$\frac{u}{u_m} = a_1\left(\frac{y}{h}\right)^2 + b_1\left(\frac{y}{h}\right) + c_1 \tag{2.7}$$

由 A、B、C 与 u_m 关系图的斜率可知 $a_1 = -0.134$,$b_1 = 0.316$,$c_1 = 0.760$,推出流速

u 与表面流速 u_m、y、h 的关系式如下：

$$\frac{u}{u_m} = -0.134\left(\frac{y}{h}\right)^2 + 0.316\left(\frac{y}{h}\right) + 0.760 \tag{2.8}$$

经过皮尔逊相关性检验,发现 A、B 与 u_m 的相关性不高,仅 C 与 u_m 的相关性显著,拟合效果不好,故此公式不适合用于水流复杂的河段,由此可知八卦洲河段垂线流速不符合抛物线分布。

（2）对数函数

砂枕抛投试验前测取多组垂线流速数据,现分别在水深大于 40 m 和水深小于 40 m 处各选取 3 个测点,共 6 组数据,其中每组测点的垂线流速数据均为相应测点不同水深处重复测量流速的平均值。有研究表明,一些明渠流速的垂向分布呈对数函数,故尝试用最小二乘法进行拟合如下：

$$\frac{u}{u_m} = k_1 \ln\left(\frac{y}{h}\right) + k_2 \tag{2.9}$$

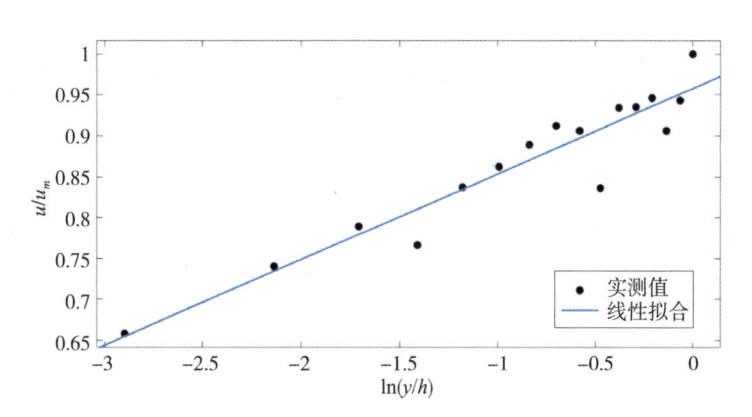

(a) $h \geqslant 40$ m, $R^2 = 0.900$, $RMSE = 0.030$, $SSE = 0.012$, $k_1 = 0.105$, $k_2 = 0.958$

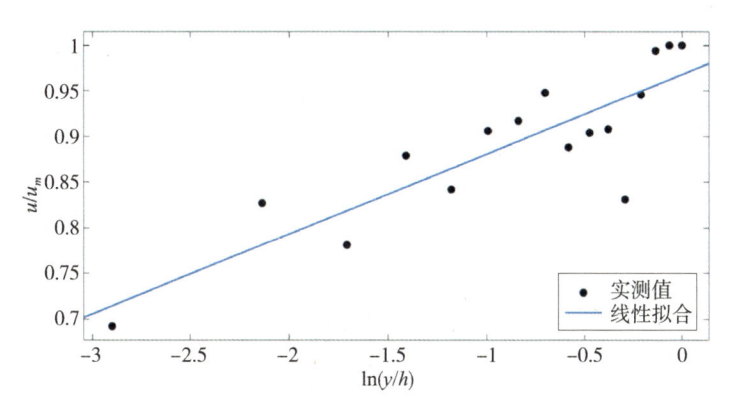

(b) $h \geqslant 40$ m, $R^2 = 0.741$, $RMSE = 0.044$, $SSE = 0.027$, $k_1 = 0.087$, $k_2 = 0.968$

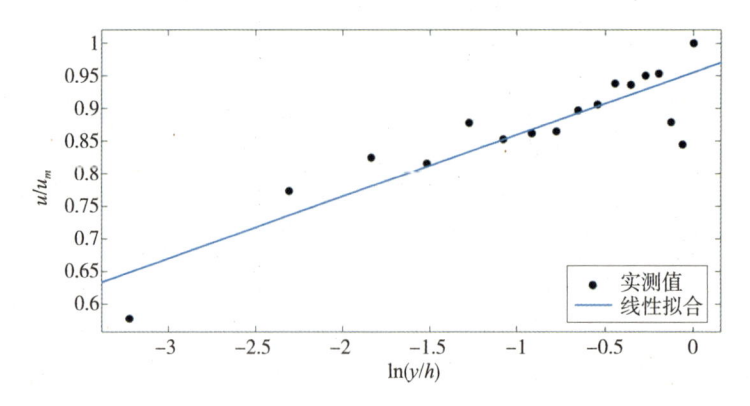

(c) $h \geqslant 40$ m, $R^2=0.794$, $RMSE=0.044$, $SSE=0.029$, $k_1=0.095$, $k_2=0.955$

图 2.18　$h \geqslant 40$ m 不同水深的垂线流速对数函数拟合

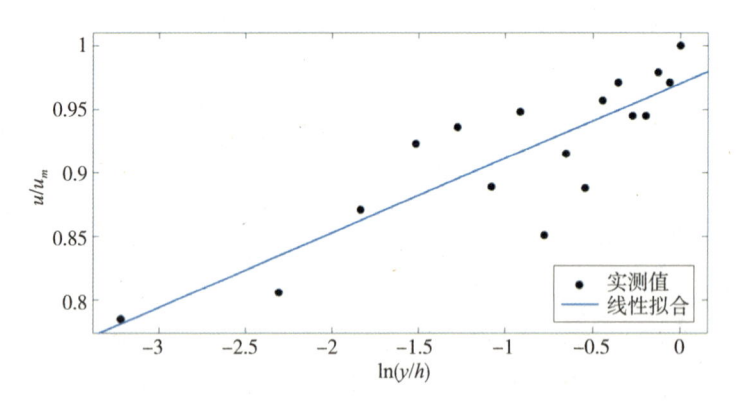

(a) $h<40$ m, $R^2=0.730$, $RMSE=0.033$, $SSE=0.016$, $k_1=0.059$, $k_2=0.970$

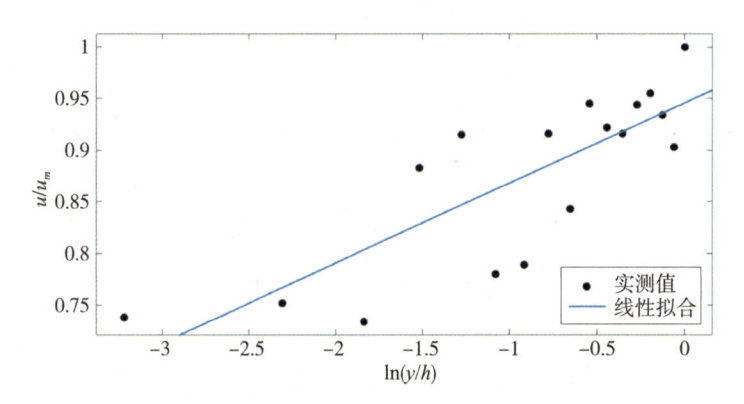

(b) $h<40$ m, $R^2=0.656$, $RMSE=0.051$, $SSE=0.039$, $k_1=0.078$, $k_2=0.946$

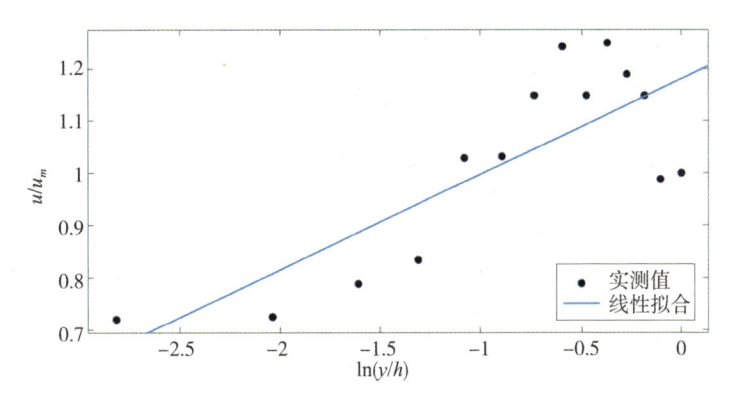

(c) $h<40$ m, $R^2=0.641$, $RMSE=0.116$, $SSE=0.160$, $k_1=0.183$, $k_2=1.180$

图 2.19 $h<40$ m 不同水深的垂线流速对数函数拟合

由图 2.18 可知,$h\geqslant40$ m 时,$R^2>0.7$,拟合效果较好;从图 2.19 可看出,$h<40$ m 时,R^2 均在 0.7 左右,拟合效果不是很理想,考虑到个别点的测量误差较大,但是由于各点均匀分布在直线两侧,整体可看作 u/u_m 与 $\ln(y/h)$ 为线性相关。为减小测量误差带来的影响,选取 $R^2>0.75$ 的水流数据拟合参数,取均值可得 $k_1=0.100$,$k_2=0.957$,推出对数函数:

$$\frac{u}{u_m} = 0.100 \times \ln\left(\frac{y}{h}\right) + 0.957 \qquad (2.10)$$

(3) 指数函数

Keulegan 在研究中引入平板边界层理论,提出了明渠断面流速对数分布。随着对流速公式中的系数 k、B 取值范围的研究,对数流速分布公式更为完整,能够更好地符合实测数据。对数型流速分布公式可写为:

$$\frac{u}{u_*} = \frac{1}{\kappa}\ln\left(\frac{yu_*}{\nu}\right) + B \qquad (2.11)$$

式中:y 为距离河底的高度;u 为 y 处的流速;u_* 为水流摩阻流速;ν 为运动黏滞系数;κ 为卡门常数;B 为积分常数。

指数分布的一般形式为:

$$\frac{u}{u_{\max}} = \left(\frac{y}{h}\right)^m \qquad (2.12)$$

式中:u 为距床面高度为 y 处的流速;h 为水深;$u_{\max}$ 为 $y=h$ 处的最大流速;m 为指数。

将流速 u 沿垂线积分,可得垂线平均流速 U 为:

$$U = \frac{u_{\max}}{h}\int_0^h \left(\frac{y}{h}\right)^m = \frac{u_{\max}}{1+m} \qquad (2.13)$$

$$u_{\max} = (1+m)U \qquad (2.14)$$

若已知垂线各点实测流速值,则相应 y 处的 m 值可从下式求得:

$$m = \frac{\ln \dfrac{u}{u_{\max}}}{\ln \dfrac{y}{h}} \tag{2.15}$$

将 8 个固定测点流速实测数据与指数型和对数型公式计算结果进行对比,两种分布形式计算结果的均方差、纳什效率系数见表 2.7。结果表明,指数型分布均方差最小,纳什效率系数最接近 1。这表明老海坝近岸侧附近的水流流速垂线分布与指数分布拟合度较好,更接近指数分布形式。

表 2.7 不同流速分布形式计算结果对比

测点	指数 均方差	指数 纳什效率系数	对数 均方差	对数 纳什效率系数
1	0.039	0.82	0.06	0.5
2	0.042	0.73	0.15	0.36
3	0.046	0.69	0.09	0.46
4	0.033	0.8	0.08	0.47
5	0.026	0.91	0.11	0.4
6	0.035	0.82	0.08	0.46
7	0.045	0.68	0.15	0.36
8	0.036	0.81	0.12	0.39

各测点试验数据与指数型分布公式计算结果对比见图 2.20。老海坝河段水流流速垂向分布呈指数型分布,经计算指数 m 的取值范围为 1/12~1/6。根据不同水深处的流速分布对比可知,水深越大,流速垂向分布拟合程度相对越好。根据惠遇甲等相关研究,长江水流流速分布指数取值范围为 1/12~1/6,本次试验结果与经验值接近。

通过现场流速测量的方法,对老海坝河段近岸的流速垂线分布特征进行研究,结果表明老海坝河段近岸不同水深测点的垂向流速分布实测数据与指数型流速分布公式的计算结果误差较小,纳什效率系数均接近 1,总体拟合度较好,流速服从指数分布。

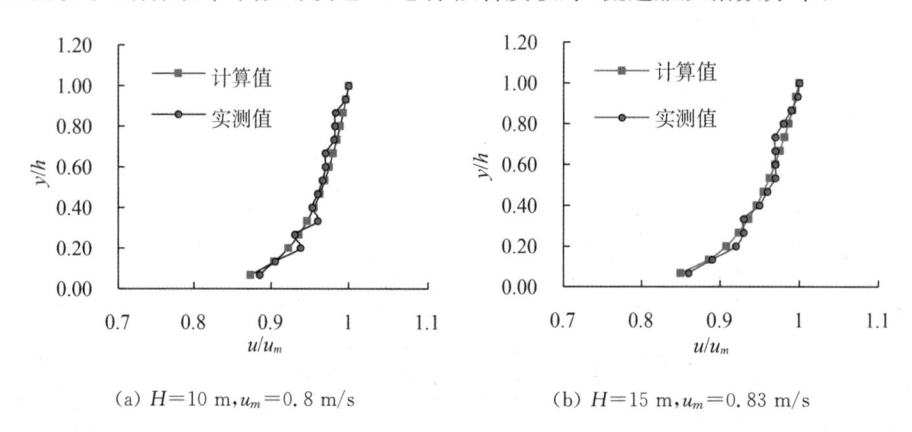

(a) $H=10$ m, $u_m=0.8$ m/s

(b) $H=15$ m, $u_m=0.83$ m/s

(c) $H=20$ m, $u_m=1.12$ m/s

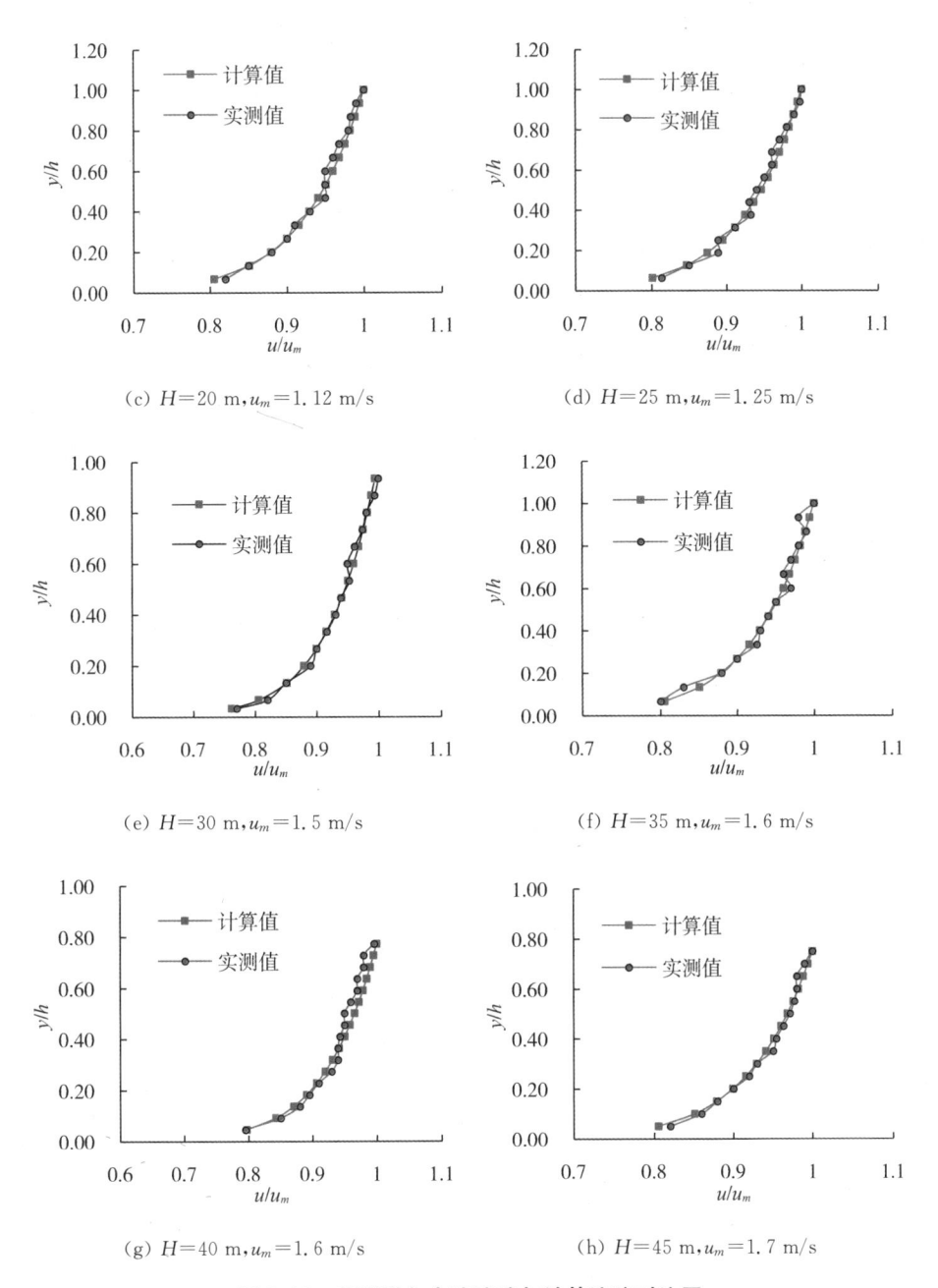

(d) $H=25$ m, $u_m=1.25$ m/s

(e) $H=30$ m, $u_m=1.5$ m/s

(f) $H=35$ m, $u_m=1.6$ m/s

(g) $H=40$ m, $u_m=1.6$ m/s

(h) $H=45$ m, $u_m=1.7$ m/s

图 2.20 实测垂向水流流速与计算流速对比图

尽管有研究证明指数函数与对数函数在描述明渠垂线流速分布上是相互统一的,二者可进行相互转换,但是转换过程较复杂,容易造成更大的误差。由于现有的很多研究成果表明,在明渠中施工抛投块石瞬间,局部水体为高含沙水流,故垂线流速分布采用指数流速分布公式:

$$\frac{u}{u_m} = k\left(\frac{y}{h}\right)^m \tag{2.16}$$

$h<40$ m 及 $h\geqslant 40$ m 时不同水深的垂线流速分布指数拟合如图 2.21、图 2.22 所示。

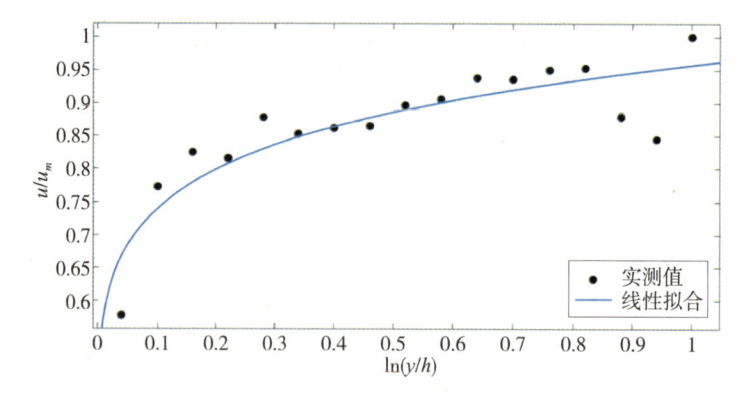

(a) $h<40$ m $R^2=0.769, RMSE=0.047, SSE=0.033, k=0.958, m=0.112$

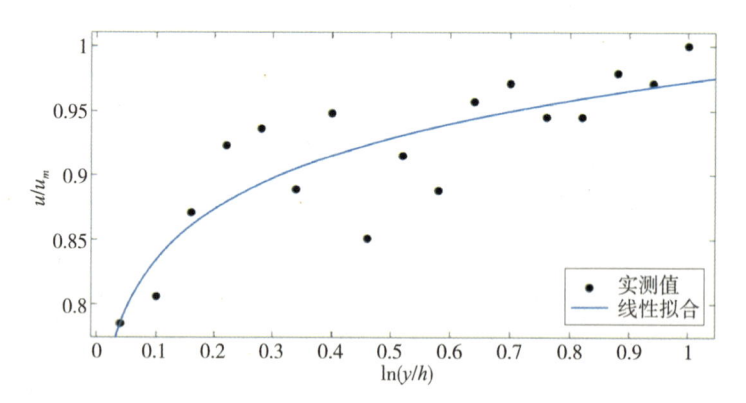

(b) $h<40$ m $R^2=0.730, RMSE=0.033, SSE=0.016, k=0.972, m=0.066$

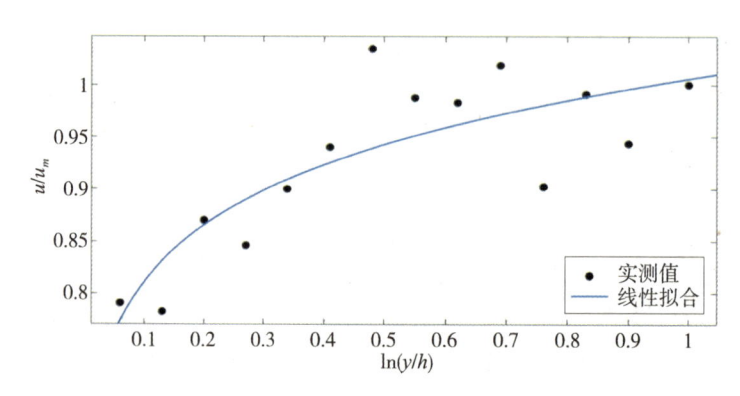

(c) $h<40$ m $R^2=0.692, RMSE=0.047, SSE=0.027, k=1.006, m=0.094$

图 2.21 $h<40$ m 不同水深的垂线流速分布指数拟合

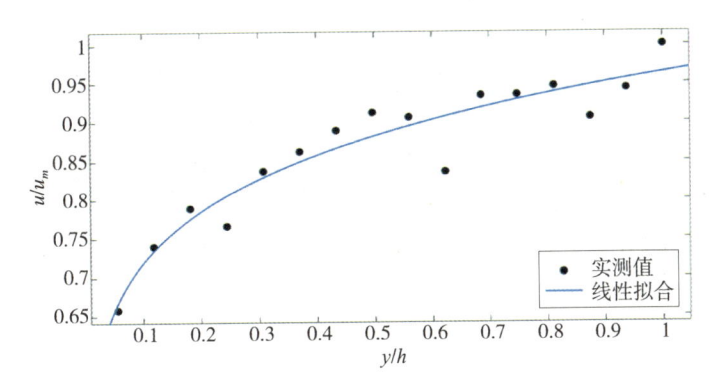

(a) $h \geqslant 40$ m $R^2=0.900, RMSE=0.030, SSE=0.012, k=0.964, m=0.127$

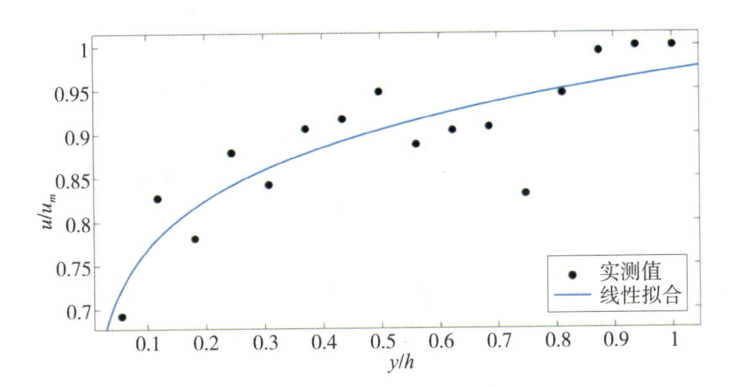

(b) $h \geqslant 40$ m $R^2=0.738, RMSE=0.044, SSE=0.027, k=0.972, m=0.102$

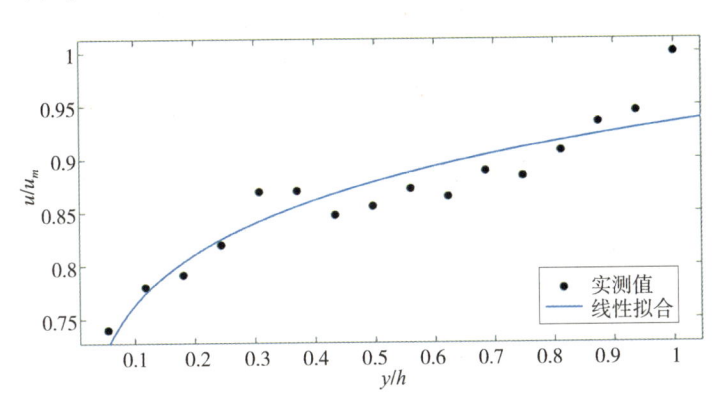

(c) $h \geqslant 40$ m $R^2=0.851, RMSE=0.026, SSE=0.009, k=0.934, m=0.088$

图 2.22 $h \geqslant 40$ m 不同水深的垂线流速分布指数拟合

除了图 2.21(c),R^2 均大于 0.7,拟合效果较好。为减小测量误差带来的影响,在 $h<40$ m 与 $h \geqslant 40$ m 情况下,分别选取 $R^2>0.75$ 的水流数据拟合参数,取 k、m 均值,即 $k=0.952, m=0.109$,可推出:

$$\frac{u}{u_m} = 0.952 \left(\frac{y}{h}\right)^{0.109} \tag{2.17}$$

3. 垂线分层流速

对垂线流速进行分层分析，由图 2.23 可以看出，因为八卦洲右缘深槽地形复杂，存在强烈的动量交换，可将其视为复式河槽进行研究。普通的简单曲线无法拟合该分布曲线，因此只能将垂线流速进行分层，分别对垂向的 6 个点进行拟合，分析各层流速分布规律。先使用线性内插法推求相对水深 y/h 分别为 0.05、0.2、0.4、0.6、0.8、0.99 处各点的垂线流速，并按 y/h 值的大小分组，建立 u_h 和 u_m 的关系。图 2.23 为不同层水深处的流速与水面流速的关系，从散点分布看，二者呈线性相关。采用最小二乘法按式(2.18)进行拟合如下：

$$u_h = \alpha_h u_m \tag{2.18}$$

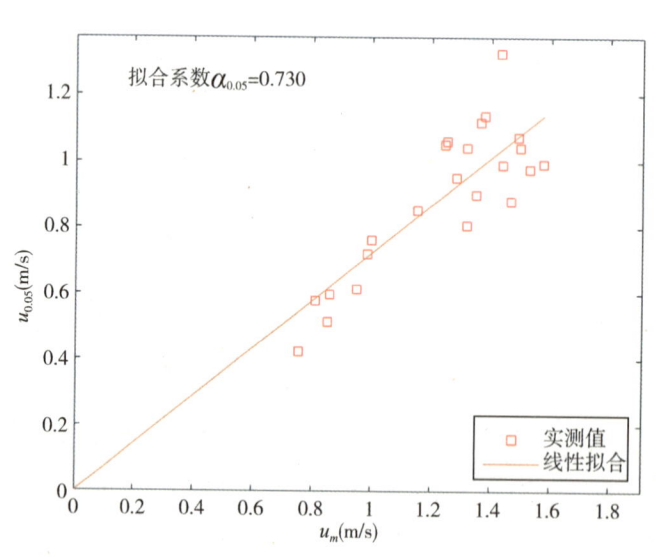

（a）$y/h=0.05$ 时各点的流速与水面流速拟合关系图

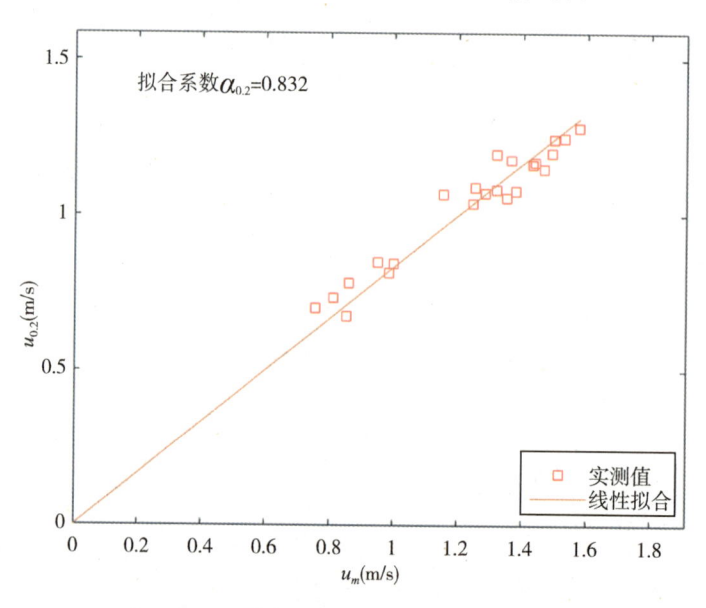

（b）$y/h=0.2$ 时各点的流速与水面流速拟合关系图

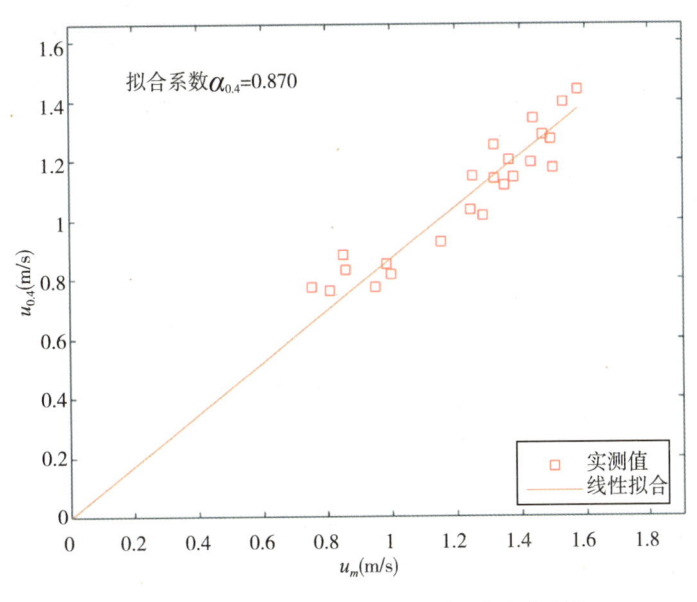

(c) $y/h=0.4$ 时各点的流速与水面流速拟合关系图

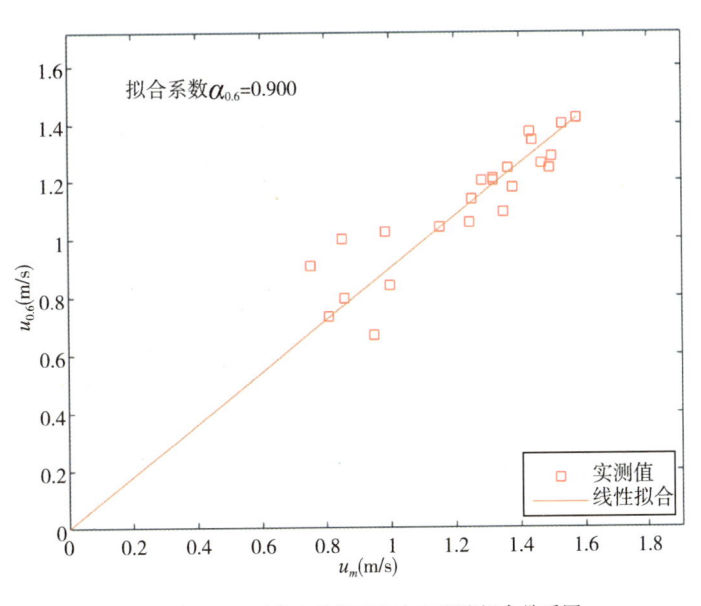

(d) $y/h=0.6$ 时各点的流速与水面流速拟合关系图

(e) $y/h=0.8$ 时各点的流速与水面流速拟合关系图

(f) $y/h=0.99$ 时各点的流速与水面流速拟合关系图

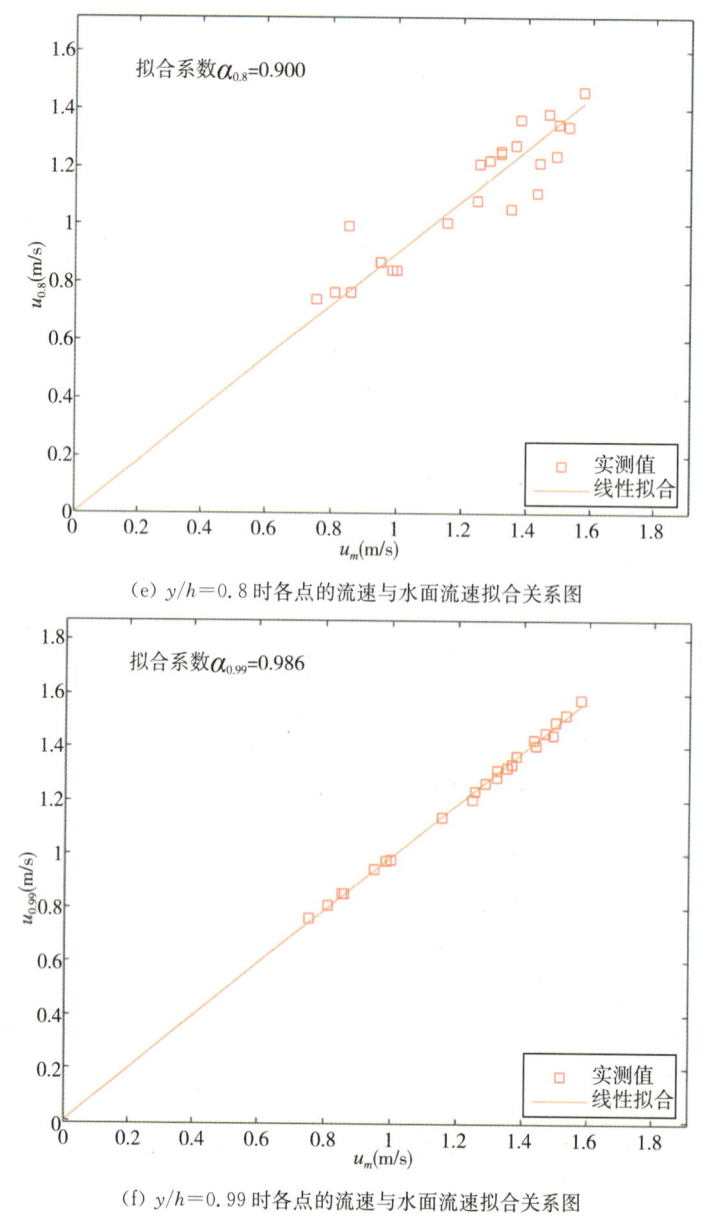

图 2.23 不同水深各点的流速与水面流速拟合关系图

从天然河道水流的垂线流速分布的本质着手,将水流进行垂向分层,根据各层拟合出的流速与水面流速的关系,可推出各层流速分布公式如下:

$$\begin{aligned}
u_{0.99} &= 0.986 u_m \\
u_{0.8} &= 0.9 u_m \\
u_{0.6} &= 0.9 u_m \\
u_{0.4} &= 0.87 u_m \\
u_{0.2} &= 0.832 u_m \\
u_{0.05} &= 0.73 u_m
\end{aligned} \quad (2.19)$$

已知任意一点水面流速的情况,可根据式(2.19)求出 u_m,再计算各层的流速,推求流速垂线分布,在工程应用中极其方便。综上分析,八卦洲试验区垂向流速分布公式可使用垂向分层流速公式或指数流速公式进行计算。

2.3 老海坝河段近期演变特征

老海坝河段位于澄通河段浏海沙水道南岸,隶属于如皋沙群汊道段,上接如皋沙汊道汇流处,下与南通河段相连,全长约 7.9 km。河道进口河宽相对较宽,约 3.1 km,出口处九龙港至十一圩逐渐缩窄,宽约 1.7 km。老海坝河岸主要由颗粒较细的砂性土组成,抗冲性差,由于受如皋中汊发展的影响,南岸主流顶冲点从老海坝一带下移到九龙港一带,水下岸坡冲刷严重。1970 年来老海坝河段开始大量实施河道整治工程,如修建丁坝、水下抛石防护、混凝土灌注桩加固等,目前河势总体稳定。为进一步稳定河势,防止岸坡冲刷后退,于 2014—2016 年实施了老海坝节点综合整治工程,对一干河至十二圩港附近近岸至深泓宽约 100~150 m、长约 6 800 m 的岸线进行了抛石防护,抛石厚度为 2~2.5 m。其中一干河至九龙港段水下抛石总量约为 85.6 万 m³,九龙港至十二圩港附近水下抛石总量约为 137.6 万 m³。

2.3.1 河床平面形态变化

1. −50 m 等深线水平进退变化

图 2.24 为研究区抛石施工期 2014 年 12 月至 2015 年 3 月的 −50 m 等深线变化图。施工期间监测频次约 40 天 1 次,共 3 次。从图中可以看出 −50 m 的冲刷深槽随着施工的进展逐渐缩小。施工初期即 2014 年年底,8 号至 9 号码头区域 −50 m 深槽面积最大,

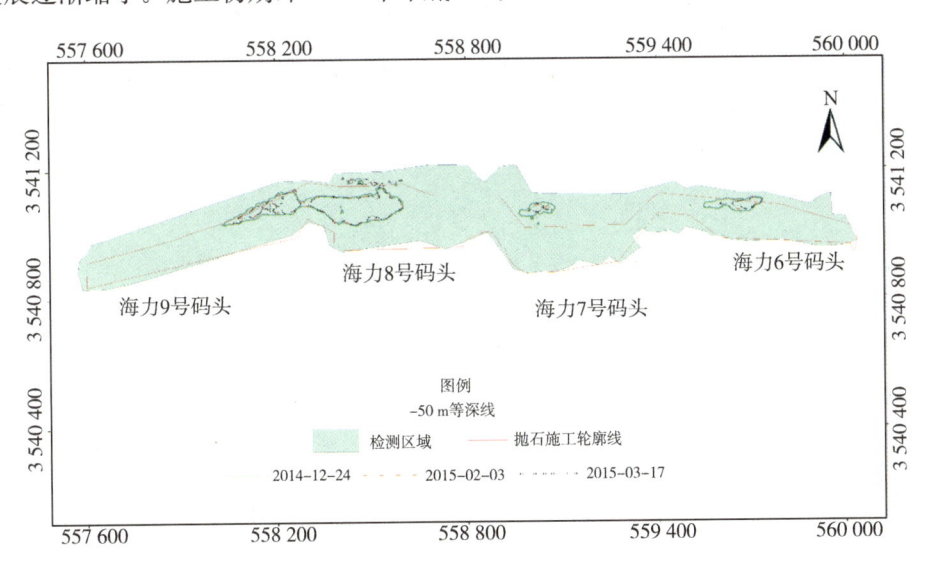

图 2.24 抛石施工期 −50 m 等深线变化图(单位:m²)

拟抛石区域外侧深槽零散分布,7号码头和6号码头分别存在小面积−50 m深槽。监测区域总面积445 440 m²,−50 m深槽的面积大约为38 650 m²,占监测区域总面积的8.7%。抛投至次年2月份即2015年2月,9号码头处的−50 m等深线较之前一次监测更加狭长,6号码头与7号码头−50 m深槽面积明显减小。−50 m等深线包络面积减小到28 496 m²,占监测区域总面积的6.4%。抛投至2015年3月份,工程基本完工,9号码头和8号码头之间的−50 m等深线从中间分化,分别向西、东方向侵退。这说明随着抛石施工的进行,水下地形处于淤积状态。

图2.25和图2.26分别为研究区抛石施工结束后2015年与2016年的−50 m等深线变化图。由图2.25可知2015年7月份,9号码头处−50 m等深线向抛石区域外侧扩展,7号码头处的−50 m等深线向上游延伸,6号码头更是出现新的−50 m冲刷深槽。这说明2015年5—7月份,9号、7号和6号码头处于冲刷状态。至2015年12月份,9号码头处−50 m等深线从中间分化、缩小,8号码头区域−50 m等深线向抛石施工位置方向大规模侵退,7号码头处−50 m等深线亦向下游侵退。这说明2015年7—12月份,6~9号码头区域处于淤积状态。

从图2.26可以看出2016年5月份,9号和8号码头处的−50 m等深线完全消失,6号和7号码头区域−50 m等深线包络面积基本变化不大。这说明2016年3—5月份8号码头和9号码头区域处于持续淤积状态。至7月份,8号码头抛石区域再次出现−50 m冲刷深槽。

2. −40 m等深线水平进退变化

图2.27为研究区抛石施工期2014年12月至2015年3月的−40 m等深线变化图。从图上可以看出,在施工期间−40 m等深线基本没有较大变化,仅在上游9号码头、中下游7号码头和6号码头区域存在些许侵退的痕迹。这说明在2014年12月—2015年5月,抛石区域−40 m地形基本稳定,部分区域存在少量淤积。

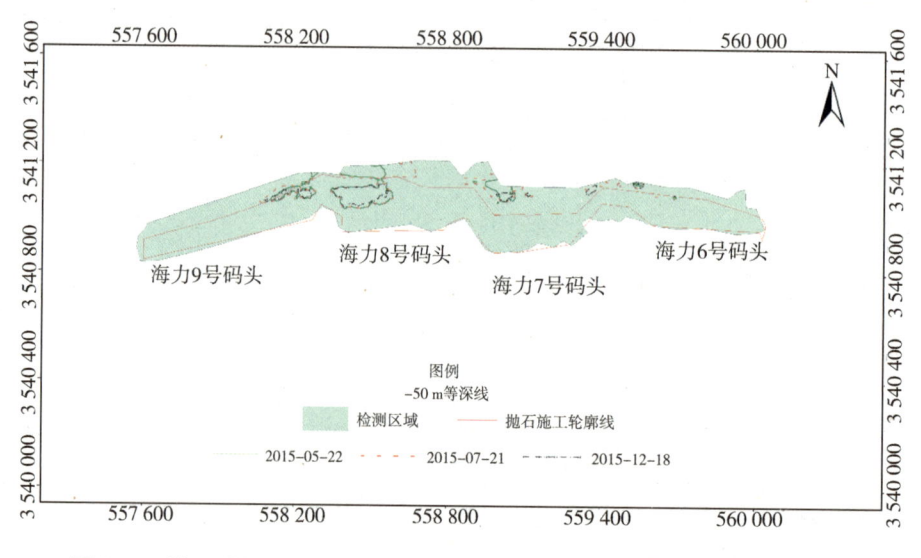

图2.25 竣工后(2015-05-22—2015-12-18)−50 m等深线变化图(单位:m²)

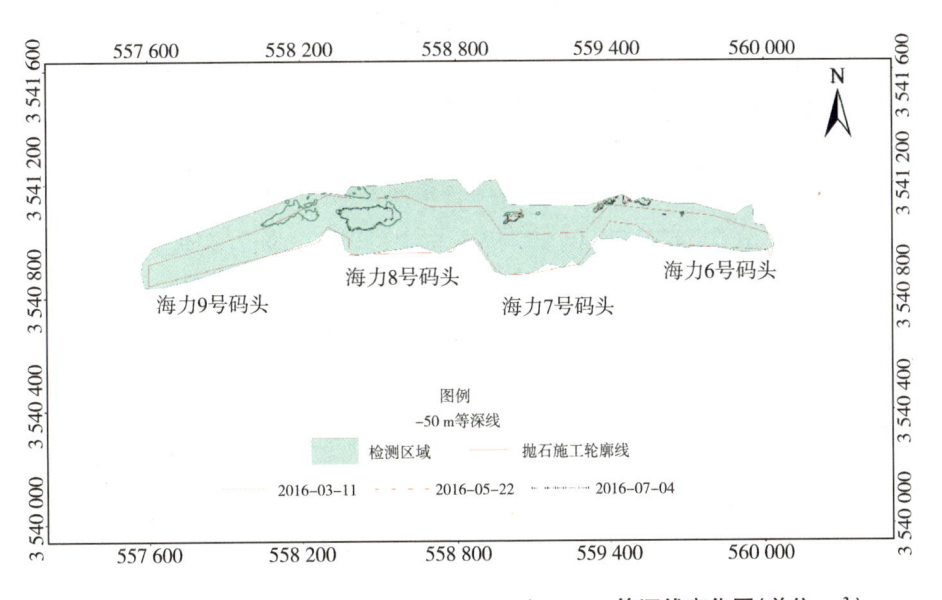

图 2.26　竣工后(2016-03-11—2016-07-04)−50 m 等深线变化图(单位:m²)

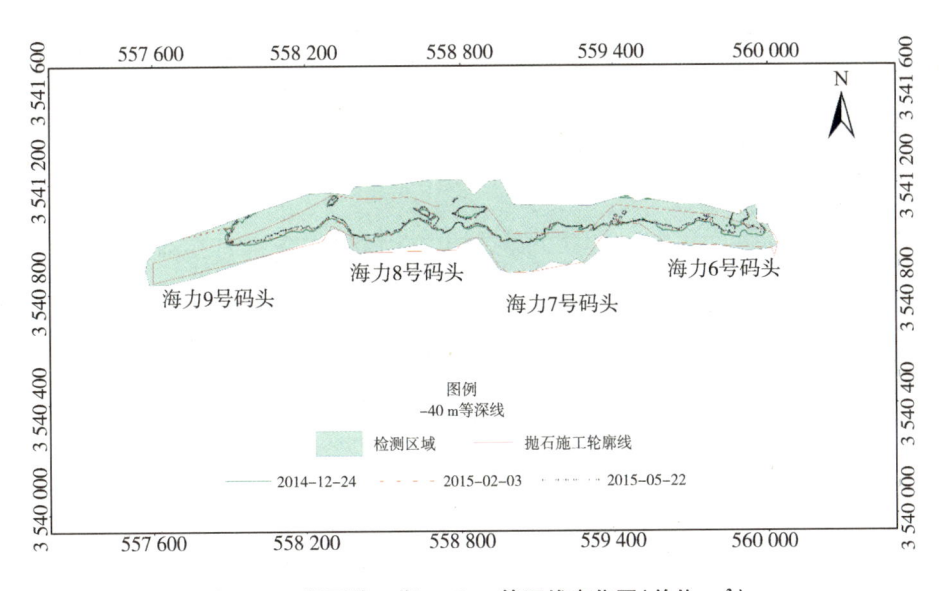

图 2.27　抛石施工期−40 m 等深线变化图(单位:m²)

图 2.28 和图 2.29 分别为研究区抛石施工结束后 2015 年与 2016 年的−40 m 等深线变化图。图 2.28 表明,抛石完工后,2015 年 5 月—2015 年 7 月期间,−40 m 等深线无明显变化,2015 年 7 月—2015 年 12 月期间,在海力 8 号码头处,−40 m 等深线向北岸大面积扩张,向北岸平均延伸距离约 100 m,说明 2015 年 7 月—2015 年 12 月这段时间,海力 8 号码头区域存在大面积淤积。

距离抛石工程完工一年,再次进行定期检测。从图 2.29 上可以看出,在 2016 年 3 月—2016 年 5 月期间,−40 m 等深线在研究区的下游无明显变化,而在研究区的中游和上游均存在不同程度的变化。−40 m 等深线在海力 9 号码头附近不再连续,而是从中间断开,分别向上、下游侵退。海力8号码头下游至7号码头上游拐点处的−40 m等深线向南岸缩小。2016年5月—2016年7月期间,海力8号码头与9号码头之间的抛石区域水下地形变化较大,其他区域水下地形基本稳定。9号码头附近原本断开的−40 m等深线相向延展直至闭合成一条等深线,8号码头与7号码头之间的区域−40 m等深线从中间分化,向西侵退,平均侵退距离约100 m。这说明在2016年3月—2016年5月期间,海力9号码头抛石区域存在强烈淤积,8号码头与7号码头之间存在轻微冲刷。2016年5月—2016年7月期间,9号码头附近抛石区域水下地形存在强烈冲刷,8号码头与7号码头之间抛石区域水下地形存在强烈淤积。

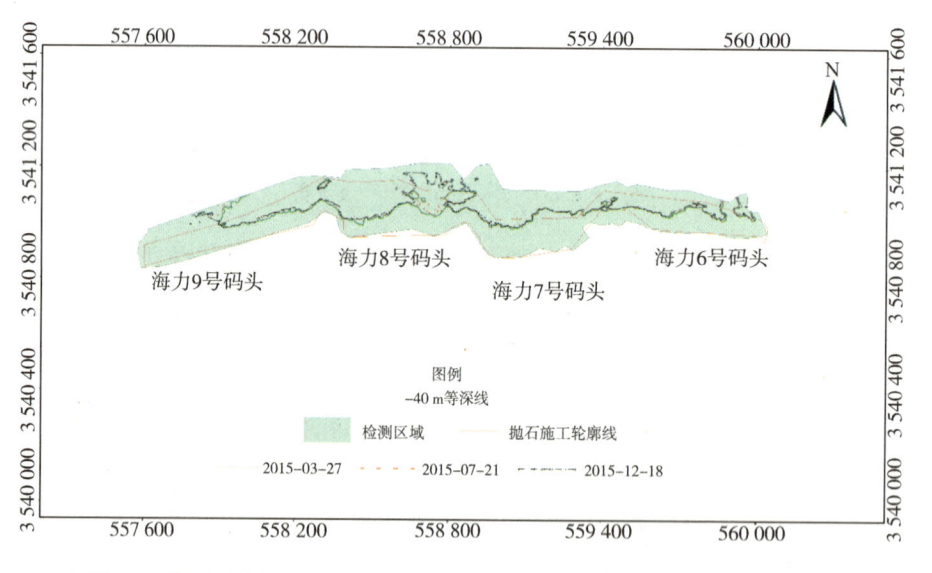

图2.28 竣工后(2015-05-22—2015-12-18)−40 m等深线变化图(单位:m²)

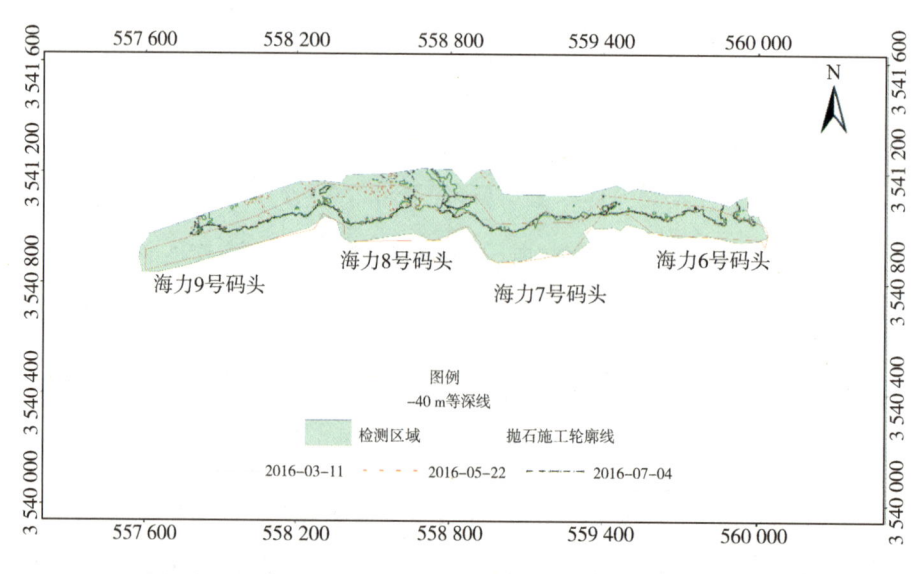

图2.29 竣工后(2016-03-11—2016-07-04)−40 m等深线变化图(单位:m²)

3. −30 m 等深线水平进退变化

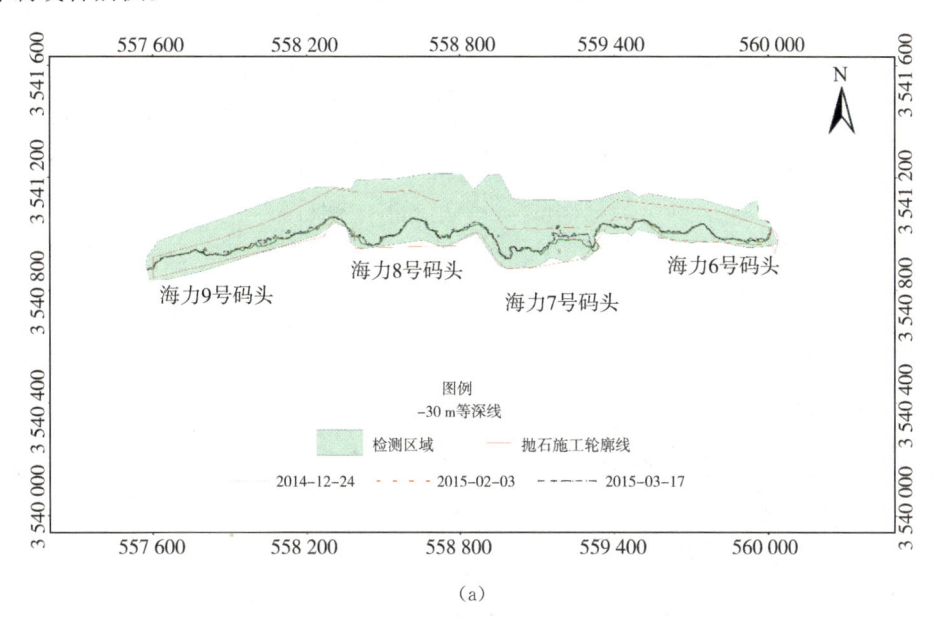

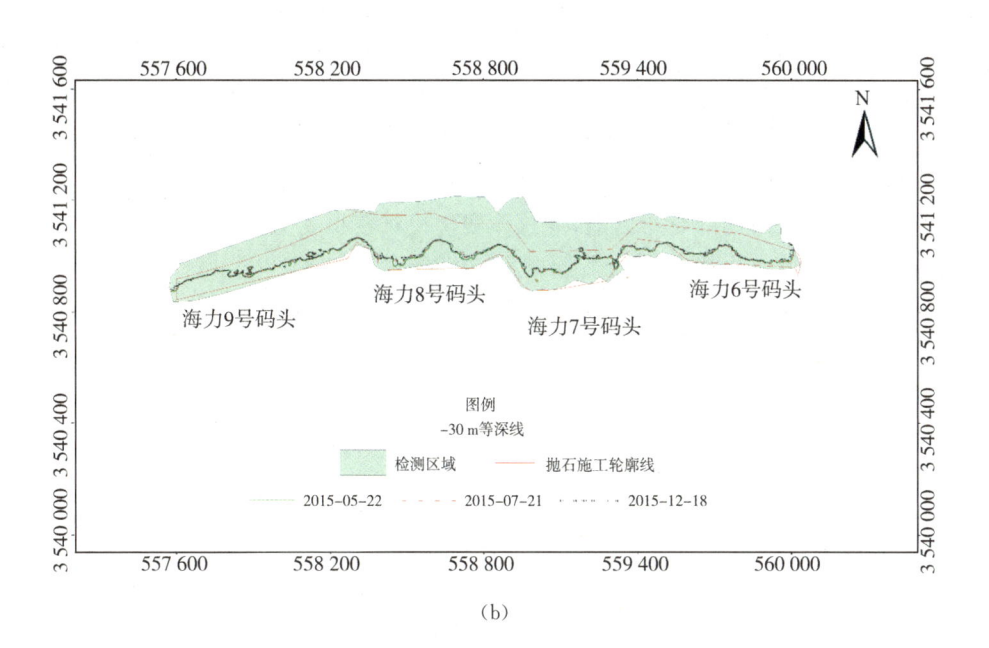

图 2.30 为研究区自 2014 年 12 月到 2016 年 7 月的 −30 m 等深线变化图。根据图 2.30 可知，−30 m 等深线在抛石工程施工期与竣工后的一年时间内均未存在较大的变化。这说明研究区在抛石工程实施前后，−30 m 等深线处的水下地形相对平坦，没有发生冲刷或者淤积。

(a)

(b)

(c)

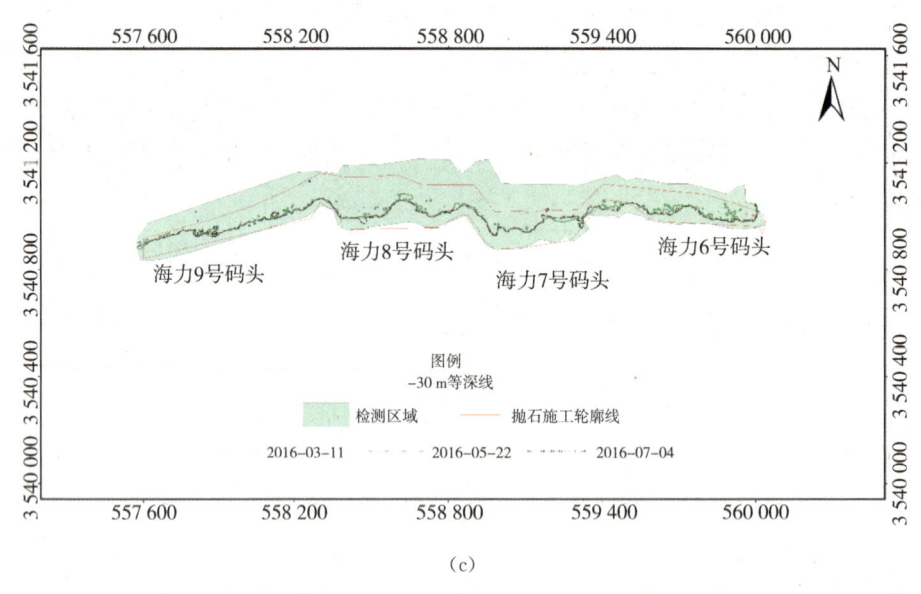

图 2.30　研究区(2014年12月—2016年7月)—30 m等深线变化图(单位:m²)

4. 抛石工程实施后等深线变化

根据2011年、2014年、2016年和2018年河段实测水下地形资料,绘制河段—10 m、—30 m和—50 m等深线分布图,如图2.31所示。老海坝河段南岸一干河至十二圩港附近—10 m和—30 m等深线紧贴南岸,水下岸坡较陡,在九龙港至十一圩港之间形成了—50 m的冲刷坑。2011年和2014年—50 m冲刷坑上下不贯通,面积相对较小,2016年冲刷坑上下贯通,面积扩大,形成了一个长约3 150 m、宽约200 m的—50 m深槽,可能与2016年长江大水有关。—30 m深槽主要分布在一干河至十二圩港附近,2014—2018年向上、下游均有所延伸。其中南岸近岸—30 m等深线沿岸线平顺分布,变化幅度很小,表明南岸一侧—30 m深槽位置稳定,没有明显地进逼南岸。北侧—30 m等深线局部向南侧小幅移动,深槽具有进一步向窄深方向发展的趋势。—10 m等深线南岸一侧2011—2018年变化很小,北岸局部有所后退,但总体变化相对较小。综上所述,老海坝河段近年来平面变化总体不大,岸线基本稳定,深槽有所发展。

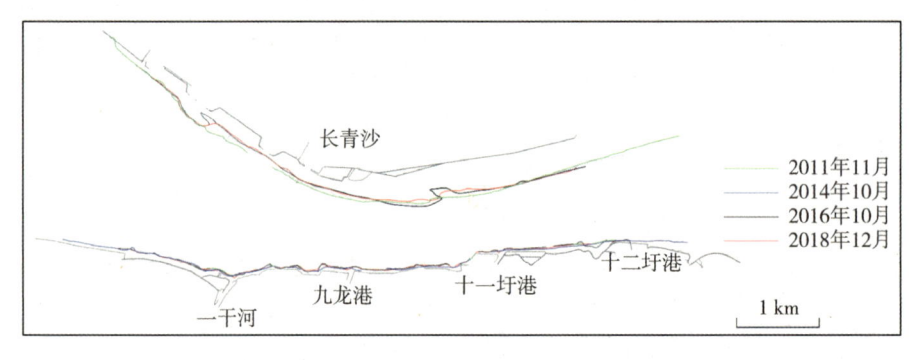

(a) —10 m等深线

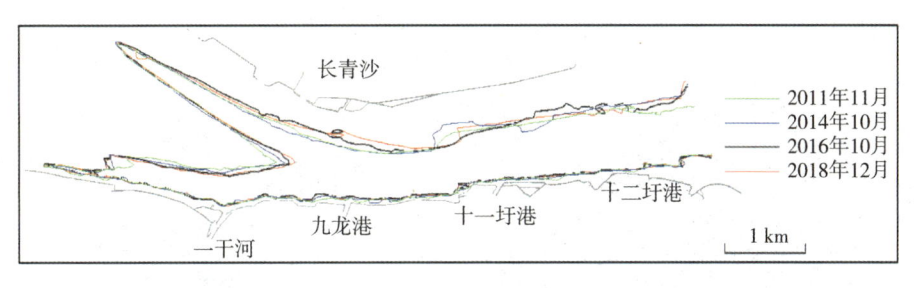

(b) －20 m 等深线

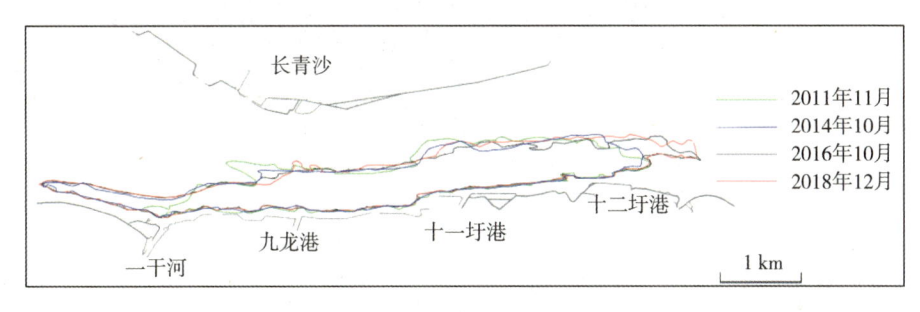

(c) －30 m 等深线

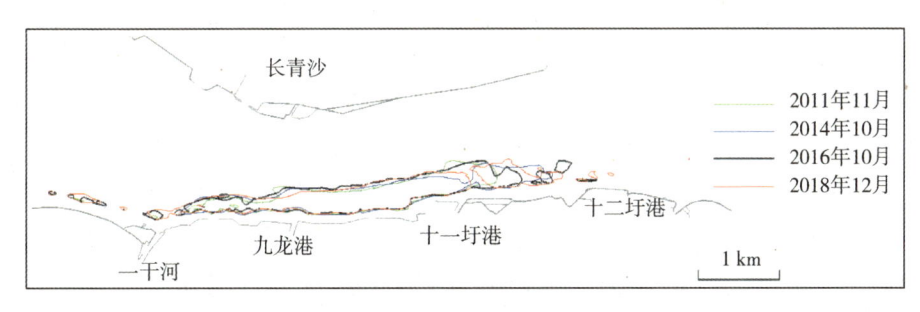

(d) －40 m 等深线

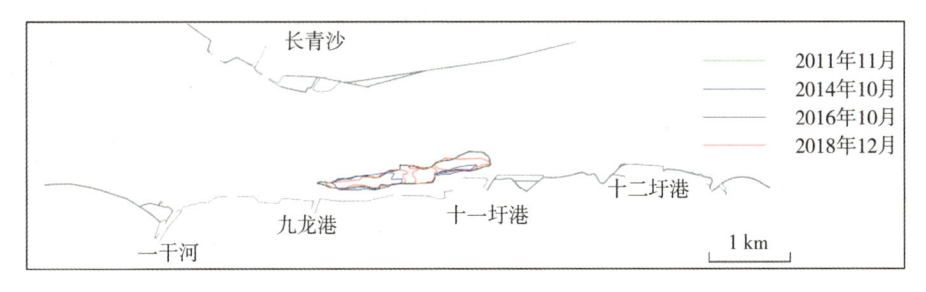

(e) －50 m 等深线

图 2.31　河段等深线变化

2.3.2　河道断面形态变化

1. 浏海沙河段河床变化

为了分析浏海沙河段河床断面变化情况，从上游至下游共布置了 11 个监测断面，其中 L4 至 L10 断面位于抛石区附近，断面布置如图 2.32 所示。

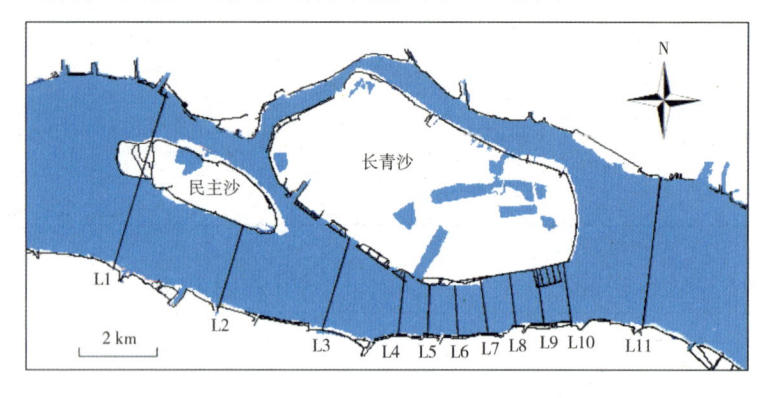

图 2.32 老海坝附近河段监测断面布置

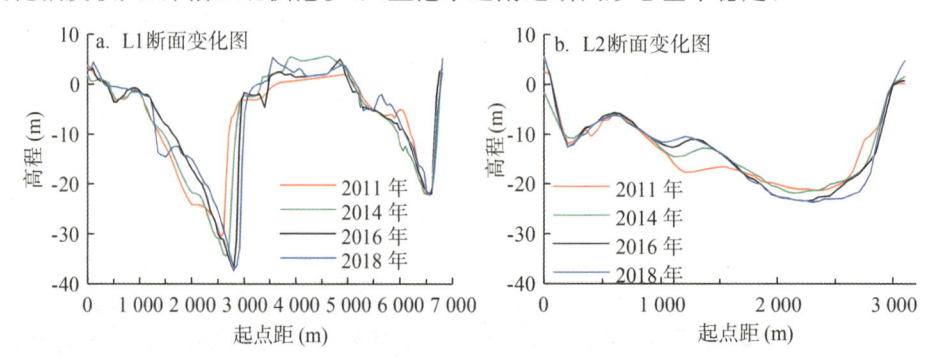

根据断面高程变化(图 2.33)可知，浏海沙水道断面形态近年来基本稳定，表明河段河势总体稳定。L1 断面位于民主沙头部附近，浏海沙水道一侧深槽变动较大，2011—2018 年深槽持续向民主沙一侧移动，河床冲刷明显，民主沙一侧水下岸坡较陡，如皋水道深槽基本稳定。L2、L3 断面 2011—2014 年变化幅度较大，2016—2018 年断面形态基本稳定，冲淤变化幅度相对较小。浏海沙水道与如皋中汊汇流段主深槽紧靠浏海沙水道南岸，主深槽内河床自 2014 年以来呈持续冲刷趋势，2014—2018 年总冲刷深度 8 m 左右，但南岸岸滩相对稳定。

在一干河至十一圩港段，沿抛石工程岸段布置了 L4 至 L10 共 7 个断面，由断面变化图可以看出，该段断面形态主要呈"V"形，深槽紧靠南岸，最深处距南岸的距离为 200～300 m。总体来看，L4 至 L10 断面南岸岸滩 2011—2014 年变化幅度相对较大，2016—2018 年南岸岸滩相对稳定，深槽至北岸河床有冲有淤，总体变幅较大。L5 至 L7 断面 200～500 m 范围深槽冲淤变幅基本在 3～4 m，2011—2014 年深槽有冲有淤，2014—2016 年深槽冲淤变化相对较小，2016—2018 年深槽以淤积为主；500 m 以外至长青沙洲堤，断面也以动态调整为主，有冲有淤，局部最大冲淤幅度在 10 m 左右。断面 L4、L8 至 L10 的断面变化相对较大，其中 L8 断面形态由偏"U"形变为"V"形，2011—2016 年深槽持续冲深，河底高程达到 -65 m，2016—2018 年深槽回淤明显，最深处高于 -60 m 高程，南岸岸坡 2014 年以后基本稳定。L11 断面位于浏海沙水道出口附近，深槽区域水下地形复杂，且变化幅度较大，深槽以北横港沙、天生港水道附近断面形态基本稳定。

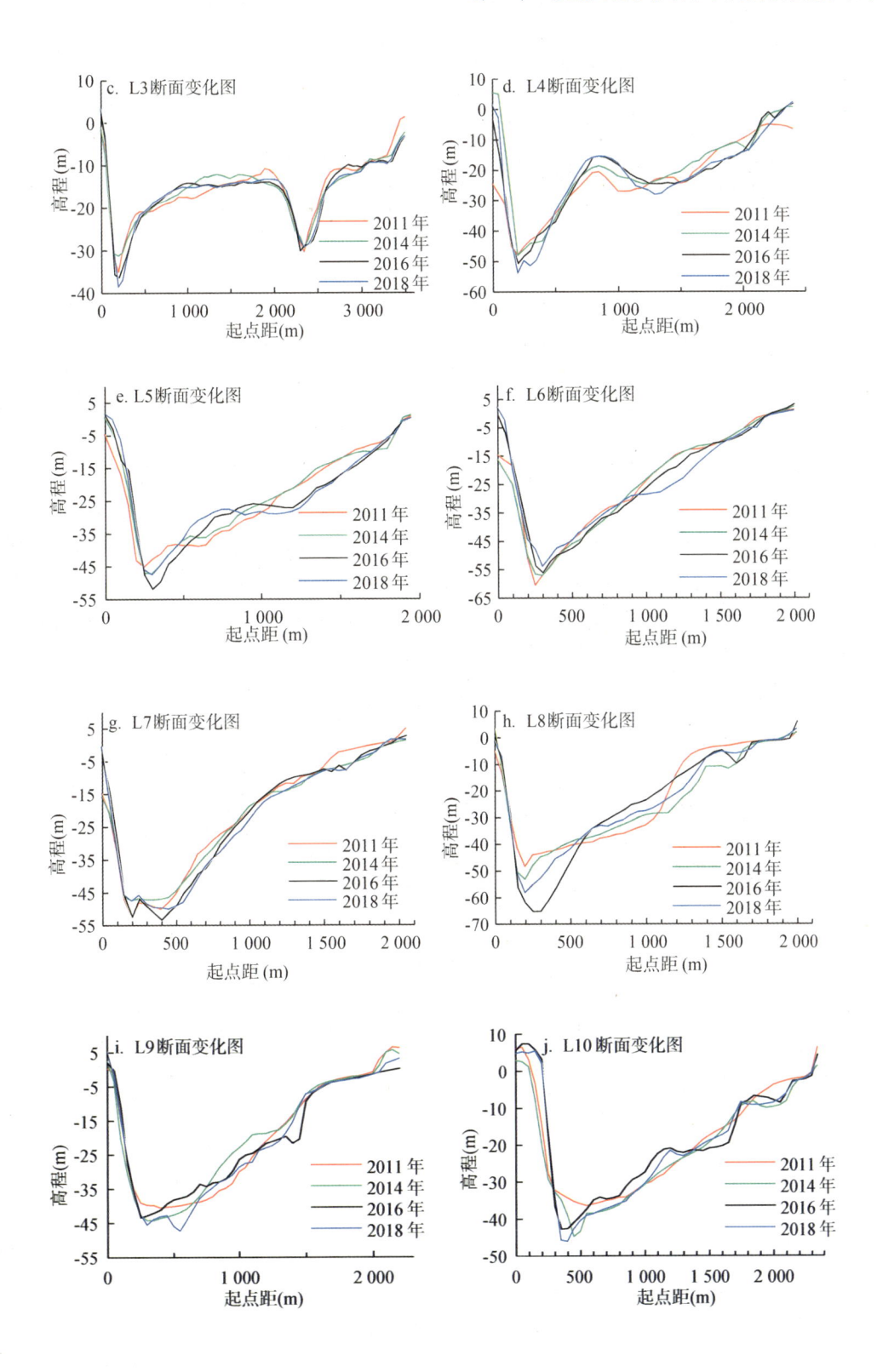

c. L3断面变化图
d. L4断面变化图
e. L5断面变化图
f. L6断面变化图
g. L7断面变化图
h. L8断面变化图
i. L9断面变化图
j. L10断面变化图

k. L11 断面变化图

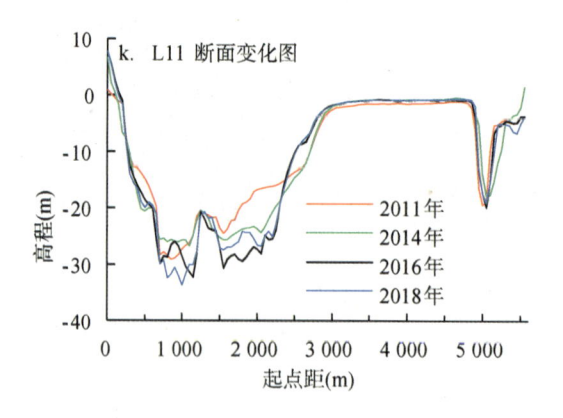

图 2.33 监测断面高程变化图

自上游至下游,断面形态从双深槽的 W 形逐渐过渡到单一深槽的 V 形。深槽窄深,南岸岸坡陡峭,最大坡比接近 1∶3。近年来 L6 断面相对稳定,岸坡变化不大,深槽呈小幅回淤趋势。其余断面深槽均有一定程度的刷深,其中断面 L7 处的深槽冲淤调整最为明显,2016 年 L7 断面深槽最深处水深约 65.2 m,与 2014 年相比,冲深超过 20 m,2018 年此处深槽出现回淤,最深处已不足 60 m。可见 L7 断面处河槽抗冲刷能力较差,深槽及深槽北侧河床易冲易淤,深槽冲则北侧岸滩淤,深槽淤则北侧岸滩冲,南岸岸坡则相对稳定。L3、L4、L10 断面河床有冲有淤,深槽以微冲为主,北侧岸坡以微淤为主,冲淤变化幅度 5 m 左右。总体来看,河道断面横向调整不明显,但纵向冲淤变化相对较大。李明等指出,在河道侧蚀受到明显限制的情况下,相对宽深比指标,形心相对深度更能定量反映断面几何特征的变化。因此,本书采用断面形心相对深度指标定量分析河段的断面变化特征,将 0 m 以下过水断面按 50 m 间距进行分割,各条块的面积近似等于条块平均高度乘以条块宽度,单个条块的形心深度近似等于 0.5 倍的条块平均高度,整个过水断面的形心深度按式(2.20)计算。

$$H_c = \sum \frac{h_i}{2} A_i \Big/ \sum A_i \tag{2.20}$$

式中:H_c 为过水断面形心深度;h_i 为单个条块的平均高度;A_i 为各矩形条的面积。

断面形心相对深度 H_c/H 增大,形心下沉,表明深槽下切,断面形态锐化;H_c/H 减小,形心上浮,表明深槽淤积,断面形态坦化。取断面 L3、L4、L6、L8、L10 的形心变化进行比较,见图 2.34。研究河段断面形心相对深度变化趋势不同,表明河段上下游的深槽的冲淤变化趋势不同,上游 L3、L4 断面形心相对深度各年变化很小,结合断面图可知,该段冲淤变化相对较小,河床相对稳定。L6 至 L10 断面形心相对深度变化相对明显,2016 年、2018 年 L6 断面形心相对深度明显减小,深槽有所淤积,断面呈坦化趋势。L8、L10 均出现先减小后增大再减小的往复变化趋势,但 L8 断面形心相对深度的变化幅度明显大于断面 L5。可见近年河槽冲淤变化最剧烈的位置是在九龙港至十一圩港段,一干河至九龙港段河槽相对稳定,并略有淤积,十一圩港以下虽有冲淤变化,但深槽总体变化幅度相对不大。

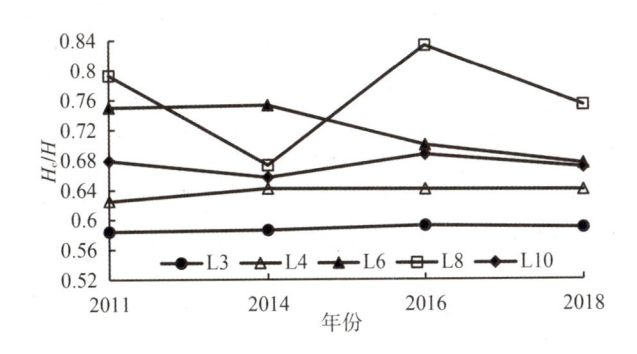

图 2.34　各断面形心相对深度变化

2. 抛石区附近河道断面变化

一干河至九龙港段抛石前后的冲淤变化较为剧烈，根据图 2.33 可知，冲淤变化剧烈区域主要位于海力 8 号码头前沿，为进一步深入分析海力 8 号码头前沿岸坡及河床的变化情况，拟对海力 8 号码头前沿河床进行断面分析。在海力 8 号码头前沿共布置 5 条监测断面，断面间距为 100 m，如图 2.35 所示。根据 2014 年 12 月—2020 年 2 月共 20 次的多波束水下地形监测数据及工程前 2013 年 8 月实测数据，绘制断面变化图，如图 2.36 所示，其中 2015 年 7 月以后为老海坝一期工程完工后的地形数据。

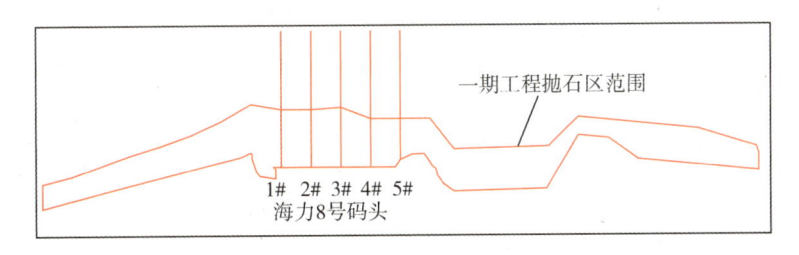

图 2.35　海力 8 号码头前沿监测断面布置

由图 2.36 可知，海力 8 号码头前沿断面年内冲淤变化幅度较大，年际间变化相对较小。与抛石前相比，抛石护岸工程实施后，海力 8 号码头前沿抛石区河底高程明显增高，从 20 次的监测结果来看，虽然抛石区局部出现了剧烈的冲淤变化，但是剧烈冲刷后断面高程基本仍高于抛石施工前的河底高程，表明抛石护岸工程的实施在一定程度上抑制了抛石区河床的进一步冲深，具有一定的防护效果。

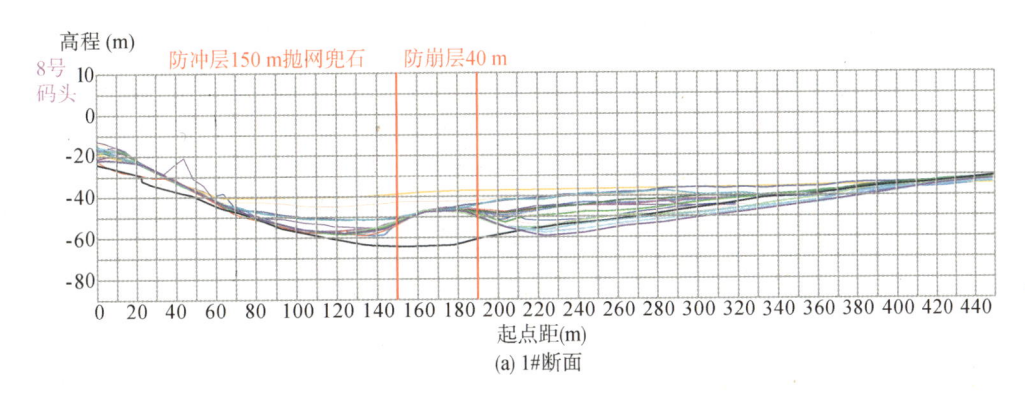

(a) 1#断面

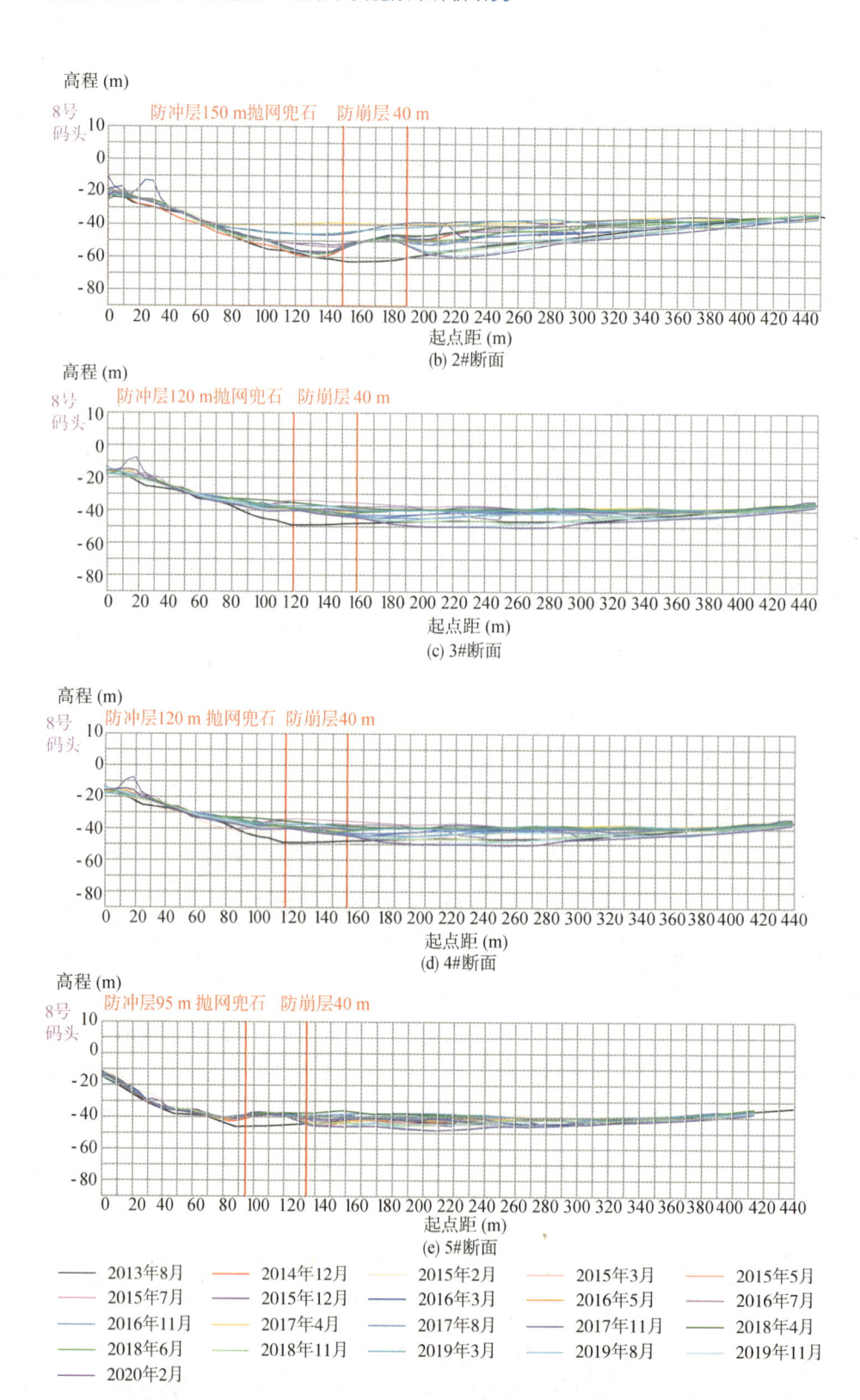

图 2.36　海力 8 号码头前沿监测断面变化图

海力 8 号码头前沿断面 1♯、2♯防崩层河床高程抬升了 10 余米,抬升后多数监测月份的断面形态呈微"W"形,深槽分布在防崩层两侧,监测时段内防崩层整体的冲淤变化幅度相对较小,除个别月份外,冲淤变化幅度基本都在 5 m 以内。与防崩层相比,防冲层的断面高程变化较大。根据图 2.36 可知,断面 2♯～4♯附近抛石区防冲层呈现近岸区域岸坡冲淤变化小、深槽区域冲淤变化幅度大的现象,深槽最大冲淤变化幅度接近 20 m,断面变化剧烈的位置主要位于距离 8 号码头前沿宽 80～160 m,长约 200 m 的范围内,2016 年 11 月—2017 年 4 月淤积幅度最大,最大淤积厚度接近 20 m,平均淤积速率约 0.13 m/d,2017 年 4 月—2017 年 8 月冲刷幅度最大,最大冲刷深度约 17 m,平均冲刷速率约 0.14 m/d。其次,2016 年 3 月—2016 年 5 月也出现了较大幅度的淤积,最大淤积厚度接近 13 m,平均淤积速率约 0.22 m/d,2016 年 5 月—2016 年 11 月冲刷幅度较大,最大冲刷深度约 17 m,其中 2016 年 5 月—2016 年 7 月两个月内最大冲刷深度约 12 m,平均冲刷速率约 0.2 m/d。并且 2016 年 5 月—2016 年 7 月的冲刷速率较快,2016 年 7 月—2016 年 11 月冲刷速率明显放缓,冲刷后 2016 年 11 月的断面与完工后 2015 年 7 月相比,整体出现了小幅冲深,平均冲刷厚度约 1.0 m,但断面高程仍高于抛石前 2013 年 12 月的河底高程。此后,2016 年 11 月—2017 年 4 月,8 号码头前沿深槽再次出现大幅淤积,2017 年 4 月—2017 年 8 月深槽再次出现大幅冲刷,2017 年 8 月—2017 年 11 月深槽出现淤积,2017 年 11 月—2018 年 4 月深槽冲刷,2018 年 4 月—2018 年 11 月深槽维持冲刷态势,但是冲刷幅度较小,2018 年 11 月—2019 年 3 月深槽淤积明显,2019 年 3 月—2019 年 8 月深槽冲刷,2019 年 8 月—2020 年 2 月深槽冲淤变化不大。

综合来看,海力 8 号码头前沿冲淤变化剧烈的区域是位于断面 1♯～3♯防冲层宽 80～160 m 范围内,汛期发生冲刷、非汛期发生淤积的可能性较大,但在非汛期 2017 年 11 月—2018 年 4 月也出现了较大幅度的冲刷。抛石区防崩层、防冲层的 0～80 m 岸坡段及 3♯～5♯范围内冲淤变化幅度相对较小。

2.3.3 河床冲淤变化

老海坝河段位于浏海沙水道凹岸侧,受如皋中汊和浏海沙水道的汇流顶冲影响,深泓逼岸,2011—2018 年的河势图如图 2.37 所示,一干河至十一圩港段水深普遍在 −50 m 左右,最深处接近 70 m。2011—2018 年河段深泓基本稳定,河床形态平面变化不大。

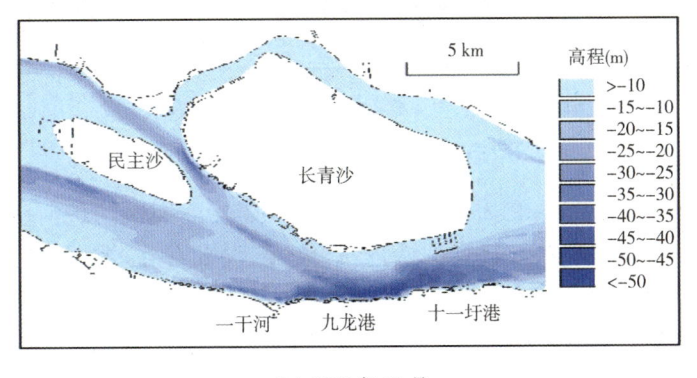

(a) 2011 年 11 月

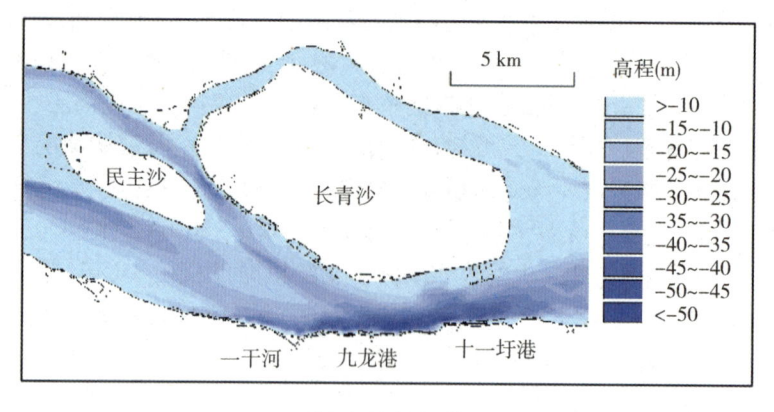

(b) 2014 年 10 月

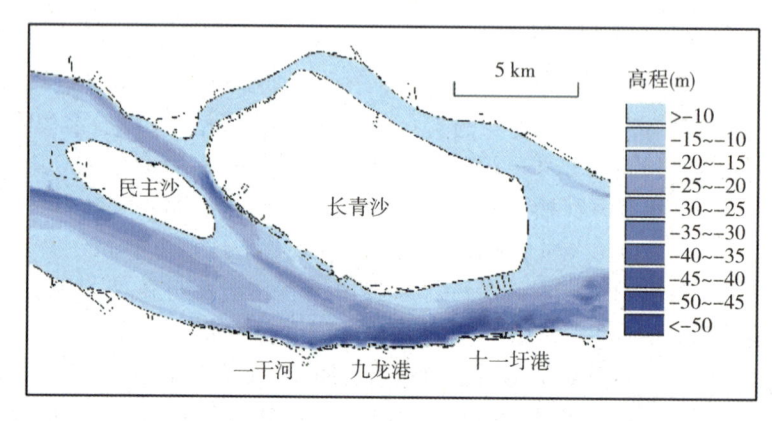

(c) 2016 年 10 月

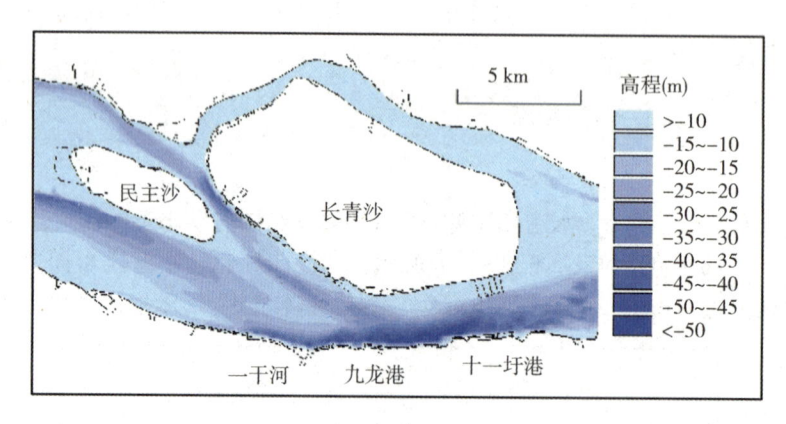

(d) 2018 年 12 月

图 2.37　不同年份老海坝河段河势图

　　河床冲淤变化情况如图 2.38 所示,2014—2018 年,研究区附近河段有冲有淤,整体冲淤变化幅度不大,冲淤变化范围主要为 $-4 \sim 4$ m,局部存在较大的冲淤变幅。其中浏海沙水道民主沙头部附近,2014 年以来深槽紧靠民主沙一侧,民主沙一侧持续冲刷,且深槽不断向下游发展,河床冲深较大,水下岸坡变陡,冲刷由民主沙头部向尾部发展。一干河至十一圩港近岸区域 2014—2016 年局部冲淤变化幅度相对较大,最大冲淤变幅均在

12 m 左右，2016—2018 年冲淤变化幅度相对较小，主要集中在 −4~4 m 之间。综合来看，浏海沙水道民主沙附近深槽持续冲刷，其他区域冲淤往复，河势总体稳定。

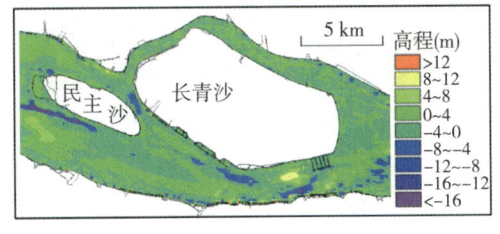

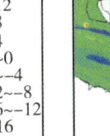

(a) 2014 年 10 月—2016 年 10 月

(b) 2016 年 10 月—2018 年 12 月

图 2.38　河床冲淤变化

工程岸段位于张家港市一干河至二干河之间，位于微弯河段凹岸，同时受如皋中汊水流顶冲及浏海沙水道顺流冲刷的影响，是著名的易坍江险工段。20 世纪 80 年代以来，经过连续抛石治理，遏制了坍江发展，使主流走向基本稳定，但因河势、水流条件未得到根本改善，导致该段沿线近岸河床冲刷加剧，岸坡变陡。九龙港附近 −50 m 深槽表现为上淤下冲，十一圩港上游附近 −50 m 深坑近年持续扩大下延，并向近岸方向逼近。为了详细了解老海坝河段的冲淤变化情况，现对 2005—2014 年近岸的冲淤变化量进行计算。

1. 一干河至九龙港段近岸水域河床冲淤变化

选择一干河至九龙港河段长度约 2.76 km，平均宽度约 600 m 的近岸河床作为计算区域，见图 2.39，河床冲淤计算结果见表 2.8。2005—2009 年，一干河至九龙港段近岸河床变化总体以冲刷为主，虽然部分深度区间河床有时也有淤积现象出现，但总体上冲刷量明显大于淤积量。2005—2009 年计算范围内累计冲刷量约为 203 万 m³，淤积主要出现在 −40 m 以下的深槽区域，累计淤积量约为 20 万 m³。2011—2014 年河床仍以冲刷为主，−20 m 以下区域发生普遍冲刷，累计冲刷量达 135.6 万 m³。由此可见，一干河至九龙港段近岸河床近期处于持续冲刷状态，且冲刷方量相对较大。

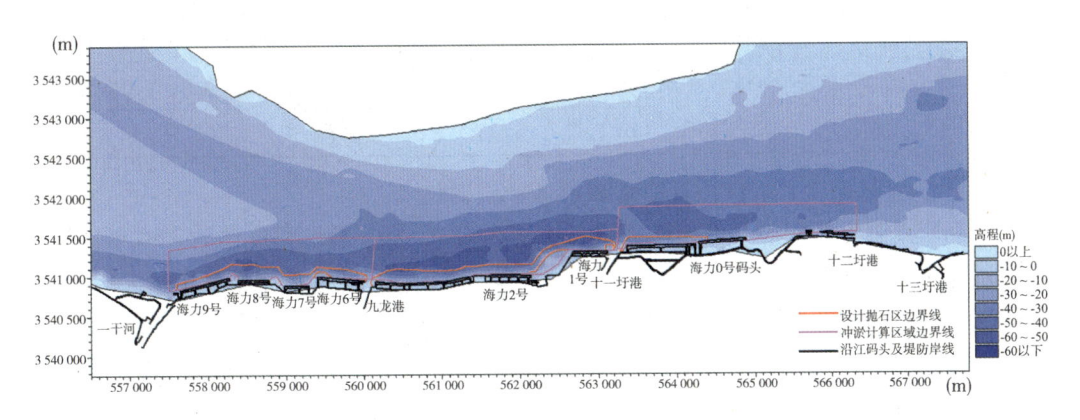

图 2.39　老海坝工程区范围及位置示意图

表2.8 一干河至九龙港河床冲淤变化计算成果表

年份	冲淤量(×10⁶ m³)						
	0 m以上	0～-10 m	-10～-20 m	-20～-30 m	-30～-40 m	-40～-50 m	-50 m以下
2005—2006	-1.036	-0.602	-0.467	0.262	0.012	-0.279	0.038
2006—2008	-0.783	-0.238	-0.541	-0.33	-0.019	0.249	0.096
2008—2009	-0.212	0.045	-0.036	-0.237	-0.084	0.093	0.007
2009—2011	-7.532	-1.949	-1.860	-1.662	-1.712	-0.352	0.003
2011—2014	-1.284	0.006	0.063	-0.172	-0.646	-0.538	0.000

2. 九龙港至十一圩港段近岸水域河床冲淤变化

九龙港至十一圩港段河床冲淤计算区域长度约为2.8 km,平均宽度约为580 m,河床冲淤计算结果见表2.9。2005—2014年九龙港至十一圩港段近岸河床变化冲淤互现,冲刷强度最大的年份为2005—2006年,冲刷量达387万 m³；2006—2008年计算区域内河床变化以淤积为主,淤积量近85万 m³；2008—2009年计算区域内河床普遍冲刷,冲刷量近90万 m³；2011—2014年河床有冲有淤,以淤积为主,淤积量约87万 m³。从河床冲淤变化在深度区间上的分布看,冲刷主要发生在-30 m以下深槽区域,0～-20 m岸坡区域有冲有淤,除2005—2006年岸坡冲淤变化较大以外,2006年以后岸坡冲淤变化幅度均相对较小。

表2.9 九龙港至十一圩港河床冲淤变化计算成果表

年份	冲淤量(×10⁶ m³)						
	0 m以上	0～-10 m	-10～-20 m	-20～-30 m	-30～-40 m	-40～-50 m	-50 m以下
2005—2006	-3.87	-0.664	-0.363	-0.105	-0.076	-1.258	-1.404
2006—2008	0.847	-0.077	0.041	0.063	0.126	0.428	0.243
2008—2009	-0.896	-0.033	-0.025	-0.028	-0.17	-0.252	-0.393
2009—2011	-1.206	-0.638	-0.611	-0.692	-0.629	0.510	0.854
2011—2014	0.869	0.005	0.017	0.022	-0.168	0.316	0.677

3. 十一圩港至十二圩港段近岸水域河床冲淤变化

十一圩港至十二圩港以下计算区域长度约为3.08 km,平均宽度约为460 m。其河床冲淤计算成果见表2.10。2005年以来,十一圩港至十二圩港近岸河床除2009—2011年出现明显淤积以外,其他年份均以冲刷为主,累计冲刷量与一干河至九龙港段相比,相对较小。其中2011—2014年河床冲刷量最大,达269万 m³。从河床冲淤变化在深度区间上的分布看,-30～-50 m的深槽区域为主要冲刷区域,0～-20 m岸坡区域总体冲淤变化幅度较小。

表 2.10   十一圩港至十二圩港河床冲淤变化计算成果表

年份	冲淤量($\times 10^6$ m³)						
	0 m 以上	0~-10 m	-10~-20 m	-20~-30 m	-30~-40 m	-40~-50 m	-50 m 以下
2005—2006	-1.654	-0.11	-0.034	-0.007	-0.174	-0.936	-0.393
2006—2008	-0.031	-0.006	0.001	-0.037	-0.313	0.277	0.047
2008—2009	-2.315	-0.003	0.022	0.016	-0.571	-1.54	-0.239
2009—2011	2.981	0.026	0.371	0.471	0.993	1.115	0.005
2011—2014	-2.69	-0.022	-0.188	-0.295	-1.62	-0.56	0

总体来看，2005—2014 年，老海坝江段自一干河至十二圩港处于冲刷状态，以-30 m 以下深槽冲刷为主。工程岸段近年各等深线变化情况如下：-10 m 等深线总体变化不大；-20 m 等深线在海力 9 号码头至海力 8 号码头段有一定冲刷后退，最大后退发生在海力 8 号码头前沿；-30 m 等深线总体变化幅度不大；一干河与九龙港之间的-40 m 坑有所扩大，并向岸发展，九龙港附近-40 m 坑向北发展，九龙港至十一圩港变化不大，十一圩港至海力 0 号码头段-40 m 等深线持续受冲下延；9 号码头和 8 号码头之间有一个-50 m 深坑，近年有所下延，九龙港附近-50 m 槽表现为上淤下冲，十一圩港上游附近-50 m 深坑近年持续扩大下延，并向近岸方向逼近。从河床的平面变化上来看，深槽南移趋势明显，可能对工程岸段岸滩稳定带来不利影响。

2.4 工程概况及岸线条件

2.4.1 南京新济洲河段抛石护岸工程

南京新济洲河段位于长江下游南京河段进口段，上起猫子山，下至下三山，全长约 25 km，距长江口约 400 km，自上而下分布有新生洲、新济洲、新潜洲等江心洲，为多分汊型河道，新生洲与新济洲上、下顺列，左汊为支汊，右汊为主汊。新生洲、新济洲右汊内又分布有子母洲，新济洲尾部偏靠右岸位置分布有新潜洲。河段除左岸驷马山河以西属安徽省外，两岸均属南京市辖区，南京河段是长江中下游十四个重点治理河段之一。

近 30 年，新济洲河段河道演变主要表现在：

（1）小黄洲尾部大幅下延，新生洲头冲淤交替，总体呈现头尾相连的趋势，分流段河道中部形成水下沙埂，逐步转化为分汊段。

（2）新生洲左汊先兴后衰，分流比大幅度减小，河道由单一河型转化为复式河型，深槽总体呈现右摆、萎缩的趋势，石跋河边滩大幅淤涨。

（3）新生洲、新济洲右汊先衰后兴，1991 年以后发展为主汊，目前发展的趋势仍未停止，七坝段顶冲压力增加。

（4）中汊一度淤浅萎缩，现又呈发展趋势。

（5）新潜洲形成并发展壮大，洲头及右岸岸线大幅度后退，右汊深槽下延、右摆。

南京新济洲河段历史上曾是长江下游演变较剧烈的河段之一，1998 年以前，河道基本上处于自然演变状态。受上游马鞍山河段小黄洲汊道河势变化的影响，新济洲、新生洲左中右三汊交替兴衰，主流摆动频繁，导致新济洲河段及下游河段崩岸频繁，严重威胁到堤防安全及河势稳定，同时也影响两岸国民经济设施的正常运行。1998 年大水后，国家加大了长江堤防建设的投入，2001—2004 年，上游马鞍山河段先后实施了和县江堤加固工程及一期河道整治工程，南京河段实施了二期河道整治工程，通过这些工程，小黄洲汊道分流比得到了初步控制，新济洲河段铜井河口、西江横埂、新济洲尾右缘、七坝等崩岸险工段得到了治理，这些工程的实施，对初步稳定新济洲河段的河势发挥了重要作用。但是近年来，由于局部河势的变化，新济洲河段出现了一系列不利于河势稳定、防洪安全的新变化，因此迫切需要进行河道整治。通过新济洲河段综合整治工程，使新济洲河段向稳定的双分汊河道转化，遏制新济洲右汊分流比继续增加的态势，加强七坝节点对河势的控制作用；在保障河势稳定、防洪安全的前提下，统筹考虑两岸岸线开发利用的要求，遏制左岸驷马山河至林山圩段近岸水域条件恶化的态势，适当改善右岸新潜洲右汊的水域条件。南京新济洲河段河道整治工程护岸总长 26.84 km，其中新护 11.82 km，加固 15.02 km；新生洲导流鱼嘴长 1.5 km；新生洲与新济洲间中汊锁坝长 710 m，铰链混凝土沉排 25.74 万 m²、砂肋软体排 43.51 万 m²。其中水下抛石 203.40 万 m³，具体工作量如表 2.11 所示。

表 2.11　南京新济洲河段河道整治工程抛石护岸段水下工程量表

项　目	长度(m)	抛石工程量 （万 m³）	平均宽度 （m）	单位长度抛石量 （m³/m）
新生洲右汊右岸	1 420	11.91	83.9	83.9
新潜洲头	2 475	16.26	65.7	79.2
新潜洲右汊右岸	3 070	25.62	75.44	83.5
陈顶山-七坝	1 900	12.83	58.30	67.5
护底	260	74.49	—	—

2.4.2　张家港老海坝河段抛石护岸工程

历史上老海坝河段演变较为剧烈，老海坝河段的河床冲刷与如皋沙汊道的演变密切相关。20 世纪 70 年代初，主流进入浏海沙水道，直接顶冲右江岸老海坝一带，造成老海坝江岸全线崩塌。九龙港以下岸段因为在顶冲区以下，受水流直接冲刷作用较弱，河岸与上游相比较为稳定。随后，如皋中汊分流开始增加，到 70 年代末中汊分流比已接近 10%。随着如皋中汊分流越来越多，浏海沙水道主流顶冲点由以前的老海坝上段移动到下游九龙港至十一圩。由于顶冲区域的下移，九龙港以下近岸河床冲刷强度明显增强，江岸堤防安全受到直接影响。1990 年以来，如皋中汊的发展趋于缓和，分流比渐渐趋于稳定，但是九龙港至十一圩主流顶冲区域的河床冲刷强度依然较大，河床被普遍刷深，深泓右移，前沿由 −30 m 发展到 −50 m 的贯通深潭，多处出现 −60 m 深潭。2014 年逐月河势监测资料表明,张家港市老海坝河段河势变化极为剧烈,个别位置冲淤厚度的月际变化超过 10 m,目前岸坡已处于临界状态。抛石护岸工程的实施可以增强岸坡的抗冲能力,对维持河势稳定、保障防洪安全和两岸工矿企业及码头安全具有重要意义。

张家港老海坝节点综合整治工程位于长江下游澄通河段浏海沙水道右岸,隶属长江澄通河段中部如皋沙群段,工程范围为张家港市一干河至九龙港至二干河以下 1 260 m 之间的岸线,里程总长约 7 250 m,沿岸线走势长度约 6 800 m。张家港老海坝节点综合整治工程分两期实施,一期工程主要内容如图 2.40 所示,主要包括两个方面,一是对河床深槽及岸坡进行抛石防护,阻止水流对河床和岸坡的进一步冲刷。其中在距离码头平台外边线 25～100 m 宽范围内为带状防冲层,防冲层外侧为宽 20～120 m 的带状防崩层,抛石厚度 2.5 m。在距海力 8 号码头平台外边线 150 m 范围内设置长 418 m 的网兜石护面,抛厚 2 m。二是对部分不满足抗滑稳定性要求的岸坡进行抛石压载,压载平台宽 8～15 m,边坡 1∶3,并在 8 号码头堤外侧设置连排灌注桩,长度约 214 m,以消除滑坡隐患。散抛块石粒径范围和相应重量如表 2.12 所示。

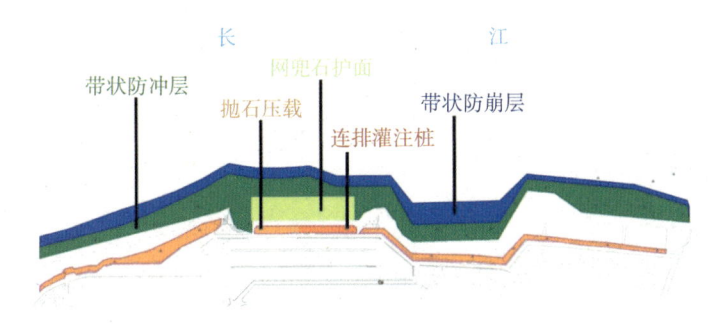

图 2.40 老海坝节点综合整治工程一期整治内容

表 2.12 张家港老海坝水下抛石基本情况表

护岸结构形式	稳定的抗冲粒径范围(m)	相应重量(kg)	备注
抛小粒径块石	0.16～0.40	5～100	防崩层
抛大块石	0.50～0.65	150～300	抗冲刷要求
抛块石	0.30～0.40	50～100	堤防稳定要求的抛石压载

2.5 本章小结

本章简述了长江下游感潮河段的河道概况,分析了水沙运动特征及床沙粒径分布,通过现场试验确定了河道断面垂向流速分布,根据近年来实测地形资料分析了研究河段河势演变特征。

(1) 长江下游感潮河段近期来水来沙条件和边界条件都有较大的变化。一是长江三峡水库运行后,长江中下游来水来沙条件有了显著的变化;二是三峡水库的调度使得年内径流过程具有新的特点,即汛期径流减小,枯水期增大,年输沙量和含沙量也大幅减小。

(2) 老海坝河段河床床面泥沙中值粒径范围在 0.15～0.25 mm;悬沙中值粒径在

0.01 mm 左右,其中参与造床的床沙质粒径在 0.07 mm 以上的悬沙占总量不到 10%,研究河段主要以推移质造床为主。

(3) 通过现场流速测量的方法对老海坝河段近岸的流速垂线分布特征进行研究,结果表明,不同水深测点的垂向流速服从指数分布,各测点流速垂向分布对应的指数 m 取值不同,经计算指数 m 的取值范围为 $1/12 \sim 1/6$。

(4) 通过对不同年份河道平面形态变化进行分析,结果表明,老海坝北侧 -30 m 等深线局部向南侧小幅移动,北岸局部有所后退,深槽具有进一步向窄深方向发展的趋势。

(5) 采用断面形心相对深度指标定量分析河段的断面变化特征可知,近年河槽冲淤变化最剧烈的位置是在九龙港至十一圩港段,一干河至九龙港段河槽相对稳定,并略有淤积,十一圩港以下虽有冲淤变化,但幅度不大。

(6) 河床冲淤变化分析结果表明,老海坝抛石护岸工程的实施,改变了不同等深线区间内河床的冲淤变化幅度,加剧了深槽冲淤幅度,其中九龙港至十一圩港段深槽不稳、冲淤变化幅度最大。

第 3 章　抛投体水下漂移着床运动规律

　　抛石护岸因其取材、施工简易成为长江下游河道护岸工程中最普遍采用的结构形式，也是本研究区老海坝节点整治工程最主要的实施内容。抛石水下运动是一个多因素影响的复杂问题，由于施工中所用块石的形状、大小差异较大，虽然很多学者提出了理论公式或者开展了室内水槽试验进行规律探讨，但是尚未出现可准确模拟水下抛石运动轨迹并预测抛石落点的方法，此外抛石落至河床面后还有较大速度使得块石存在第二次移动过程。因此，由于上述因素的综合影响，在长江下游大水深、大流速条件下采用经验公式误差较大。

　　本章采用理论推导及数值分析的方法，结合抛石现场试验对块石水下漂移运动两阶段进行研究。首先建立抛石水中漂距和着床后二次稳定移距两阶段理论公式，然后引入弹簧-阻尼模型模拟块石从入水后水中漂移至着床稳定后的全过程，并根据现场试验结果进行模型验证，在此基础上引入基于高斯噪音的碰撞理论，进一步研究群抛块石水下漂移运动规律。

3.1　抛石漂移距理论公式

3.1.1　抛石水中漂移距离

　　块石入水后的漂移轨迹如图 3.1 所示，探究其在重力及纵向水流的作用下漂移运动。忽略惯性力的影响，且假设块石漂移速度 u_s 与水流流速 u 完全同步，即 $u_s = u$。设流速垂向分布为 $u(y)$，其中 $y = \dfrac{\omega}{k_1} t$，$\mathrm{d}t = \dfrac{k_1}{\omega} \mathrm{d}y$，则漂距为

$$S = \int_0^{H/\omega} u(y)\mathrm{d}t = \frac{k_1}{\omega}\int_0^H u(y)\mathrm{d}y = k_1\frac{UH}{\omega} \tag{3.1}$$

式中：H 为水深；U 为垂线平均流速；ω 为稳定后的沉速；t 为时间；k_1 为水流紊动等对沉速影响的修正系数；y 为距离河床的垂直高度。

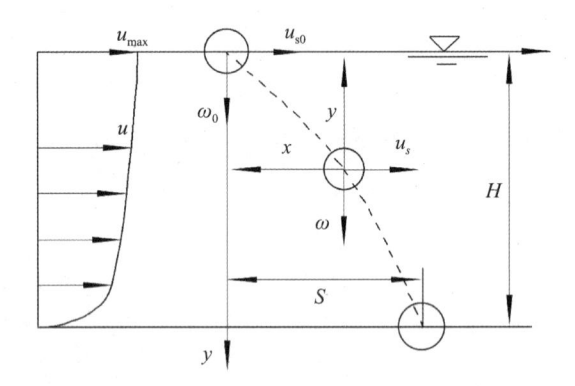

图 3.1　抛石水下运动轨迹

若考虑惯性力影响（水流与块石流速不同步，存在相对运动），且假设流速沿垂线均匀分布，则漂距为

$$S = \frac{UH}{\omega} - \frac{1}{k}\ln\left(1 + k\frac{UH}{\omega}\right) \tag{3.2}$$

式中：k 为块石大小、形状及固液密度等有关的综合系数。

现有的大多研究成果表明，明渠水流垂向流速分布规律主要为指数分布形式，其流速分布公式为

$$u = (1+m)U(1-y/H)^m \tag{3.3}$$

式中：m 为指数。

假设水流流速符合指数分布，当阻力系数 C_D 为常数时，落距为

$$S = \frac{UH}{\omega} - \frac{1}{k}\ln\left[1 + k(1+m)\frac{UH}{\omega}\right] \tag{3.4}$$

k 往往需要通过试验确定，且不同河流数值变化较大，应用十分不便。

块石在垂直方向上受重力上浮力以及水流阻力作用，其平衡方程为

$$G - P - F = M\frac{\mathrm{d}\omega}{\mathrm{d}t} \tag{3.5}$$

其中，$G = Mg = \frac{\pi}{6}\rho_s D^3 g$；$P = \frac{\pi}{6}\rho D^3 g$；$F = \eta_y \rho D^2 \omega^2$

式中：G 为重力；P 为浮力；F 为水流阻力；M 为块石质量；ρ 为水的密度；ρ_s 为块石的密度；g 为重力加速度；η_y 为垂向阻力系数；D 为块石粒径，可取 $D = \left(\frac{6M}{\pi\rho_s}\right)^{1/3}$。

代入式(3.5)有

$$\frac{d\omega}{dt} = \frac{6\eta_y \rho}{\pi \rho_s D g}\left[\frac{\pi(\rho_s - \rho)Dg}{6\eta_y \rho} - \omega^2\right] \tag{3.6}$$

令 $\dfrac{d\omega}{dt} = 0$，则块石落水后的稳定沉速 ω_1 为

$$\omega_1 = \sqrt{\frac{\pi(\rho_s - \rho)Dg}{6\eta_y \rho}} \tag{3.7}$$

式中：$\eta_y = \dfrac{\alpha_1}{12}\dfrac{C_D \pi}{\alpha_3}$，其中 α_3 为体积系数，块石为球体时 $\alpha_3 = \pi/6$；α_1 为截面面积阻力系数，球体时 $\alpha_1 = \pi/4$；C_D 为有效雷诺数 R_{e*} 的函数，当 $R_{e*} = \omega D/\nu$ 在 $10^3 \sim 10^5$ 之间时，$C_D = 0.45$，其中 ν 为水流运动黏滞系数。

根据块石沉降受力分析，其沉速变化过程为

$$\frac{\omega}{\omega_1} = \frac{\lambda \exp\left(\dfrac{2t}{T_0}\right) - 1}{\lambda \exp\left(\dfrac{2t}{T_0}\right) + 1} = 1 - \frac{2}{\lambda \exp\left(\dfrac{2t}{T_0}\right) + 1} \tag{3.8}$$

式中：t 为时间；T_0 为稳定沉速下的沉降历时，$T_0 = \dfrac{\eta_y^2 \rho_s D}{\rho \omega_0} = \varphi_y \dfrac{D}{\omega_0}$，其中 $\varphi_y = \dfrac{\eta_y^2 \rho_s}{\rho}$，表现为沉降阻力、块石形状及固液密度等的综合参数；$\lambda = (\omega_1 + \omega_0)/(\omega_1 - \omega_0)$，其中 ω_0 为块石落水时初始沉速。

抛石入水到着床经历的时间称为沉降历时 t_a。大部分学者忽略了块石入水后的加速沉降阶段，其总历时 $t_{a0} = H/\omega_1$。则附加历时 $\Delta t = t_a - t_{a0} = t_a - \dfrac{H}{\omega_1}$。

根据 $y = \int_0^t \omega dt$，可得块石沉降变化过程

$$y = \omega_1 \left[t - T_0 \ln \frac{\lambda \exp\left(\dfrac{2t}{T_0}\right)}{\lambda \exp\left(\dfrac{2t}{T_0}\right) + 1}\right] = \omega_1 T_0 \left[\ln \frac{\lambda \exp\left(\dfrac{2t}{T_0}\right)}{\lambda + 1} - \frac{t}{t_0}\right] \tag{3.9}$$

令 $y = H$，同时令 $z = \lambda \exp\left(\dfrac{2t}{T_0}\right)$，可得

$$\frac{(\lambda z + 1)^2}{z} = \exp\left[\frac{2H}{\omega_1 T_0} + 2\ln(\lambda + 1)\right] \tag{3.10}$$

令 $A = \exp\left[\dfrac{2H}{\omega_1 T_0} + 2\ln(\lambda + 1)\right]$，解得 $z = \dfrac{A - 2\lambda + \sqrt{A^2 - 4\lambda}}{2\lambda^2}$，再根据 $t_a = \dfrac{T_0}{2}\ln z$，有

$$t_a = \frac{T_0}{2}\ln \frac{A - 2\lambda + \sqrt{A^2 - 4\lambda}}{2\lambda^2} \tag{3.11}$$

由于 A 远大于 λ,该式简化为 $t_a = \dfrac{T_0}{2}\ln\dfrac{A}{\lambda^2}$,即

$$t_a = \frac{H}{\omega_1} + T_0 \ln\left(\frac{\lambda+1}{\lambda}\right) = \frac{H}{\omega_1} + T_0 \ln\frac{2}{\varphi_y+1} = \frac{H}{\omega_1}\left(1 + \phi_y \frac{D}{H}\ln\frac{2}{\varphi_y+1}\right) \quad (3.12)$$

$$\Delta t = \left(\phi_y \frac{D}{H}\ln\frac{2}{\varphi_y+1}\right)\frac{H}{\omega_1} = \varphi_{\Delta t} t_{a0} \quad (3.13)$$

式中:$\varphi_{\Delta t} = \phi_y \dfrac{D}{H}\ln\dfrac{2}{\varphi_y+1}$,代表沉降附加历时和均匀历时之比。

则平均沉速为

$$\bar{\omega} = \frac{H}{t_a} = \frac{\omega_1}{1 + \phi_y \dfrac{D}{H}\ln\dfrac{2}{\varphi_y+1}} = \frac{1}{1+\varphi_{\Delta t}}\omega_1 \quad (3.14)$$

块石在水平方向主要受水流推力 $F_{Dx} = 0.5 C_D \alpha_2 D^2 \rho (u-u_s)^2$,纵向加速度 a_x 为

$$a_x = \beta_x^2 (u-u_s)^2 \quad (3.15)$$

式中:$\beta_x^2 = \dfrac{\alpha_2 C_D}{2\alpha_3} \times \dfrac{\rho}{\rho_s} \times \dfrac{1}{D}$,$\alpha_2$ 为块石垂向截面面积系数。

假设水流流速服从指数分布,则根据 $y = \bar{\omega}t$,有

$$\frac{\mathrm{d}u_s}{\mathrm{d}t} = \beta_x^2(u-u_s)^2 = \beta_x^2\left[(1+m)U\left(1-\frac{\bar{\omega}t}{H}\right)^m - u_s\right]^2 \quad (3.16)$$

若忽略流速的位置加速度,同时注意到 $t=0$ 时,块石初速度 $u = u_{s0}$,获得简化解

$$u_s = u - \frac{u - u_{s0}}{1 + \beta_x^2(u-u_{s0})t} \quad (3.17)$$

根据式(3.16),块石水平漂移过程可由下式获得

$$\frac{\mathrm{d}x^2}{\mathrm{d}t^2} = \beta_x^2\left[(1+m)U\left(1-\frac{\bar{\omega}t}{H}\right)^m - \frac{\mathrm{d}x}{\mathrm{d}t}\right]^2 \quad (3.18)$$

3.1.2 抛石着床稳定距离

在忽略水体对于地面加速作用前提下,可以得到水体内动力平衡方程

$$\frac{\mathrm{d}\left(u - \dfrac{\mathrm{d}x}{\mathrm{d}t}\right)}{\mathrm{d}t} = \frac{3C_D}{4\left(\dfrac{\rho_s}{\rho}+\dfrac{1}{2}\right)D}\left(u - \frac{\mathrm{d}x}{\mathrm{d}t}\right)^2 \quad (3.19)$$

利用水面初始条件求得块石在水中的运动速度为

$$\frac{\mathrm{d}x}{\mathrm{d}t} = u_s = u - \frac{u_m}{1 + ku_m t} \quad (3.20)$$

块石沉至河底时,一方面仍然受到水流的推力作用,另一方面还受到原有的惯性力作用,因此在与床面碰撞后还具有一定的初速度 $u_{\gamma 0}$,并用 u_γ 表示块石在河床上运动的速度,则水流推移力为

$$F_1 = C_{D2} \frac{\pi}{4} \rho d^2 \frac{\left(u_d - \dfrac{\mathrm{d}x}{\mathrm{d}t}\right)^2}{2} \tag{3.21}$$

惯性力为

$$F_2 = \frac{\pi}{6}\left(\frac{\rho_s}{\rho} + \frac{1}{2}\right)\rho d^3 \frac{\mathrm{d}x^2}{\mathrm{d}t^2} \tag{3.22}$$

床面摩擦力为

$$F_3 = \left[\frac{\pi}{6}(\rho_s - \rho)g D^3 - C_L \frac{\pi}{4}\rho D^2 \frac{\left(u_d - \dfrac{\mathrm{d}x}{\mathrm{d}t}\right)^2}{2}\right]f \tag{3.23}$$

式中:C_{D2} 为推移力阻力系数;C_L 为上举力阻力系数;f 为摩擦系数。

块石沿床面运动平衡方程为

$$\frac{\mathrm{d}u_c}{\mathrm{d}t} = \frac{3(C_{D2} + C_L f)}{2(a_{rs} + 3)D}\left[\frac{4 f a_{rs} g d}{3(C_{D2} + C_L f)} - u_c^2\right] = p(q^2 - u_c^2) \tag{3.24}$$

式中:$u_c = u_d - \dfrac{\mathrm{d}x}{\mathrm{d}t}$,$a_{rs} = \dfrac{\rho_s - \rho}{\rho}$,$u_d$ 为水流对抛体的作用流速,u_c 为水流相对于抛体的速度。

记 $D = \dfrac{q + u_d - u_{\gamma 0}}{q - u_d + u_{\gamma 0}}$,利用初始条件 $\left(t = 0, \dfrac{\mathrm{d}x}{\mathrm{d}t} = u_{\gamma 0}\right)$ 可得

$$u_c = u_d - \frac{\mathrm{d}x}{\mathrm{d}t} = q \frac{D\exp(2pqt) - 1}{D\exp(2pqt) + 1} \tag{3.25}$$

块石自接触床面到稳定后所经历时间为 T_c,当 $t = T_c$ 时,$\dfrac{\mathrm{d}x}{\mathrm{d}t} = 0$,由式(3.25)可得稳定历时为

$$T_c = \frac{1}{2pq}\ln\frac{q + u_d}{D(q - u_d)} \tag{3.26}$$

考虑抛体沉降至床面后的临界止动条件为 $u_d = q$,则

$$u_d = \sqrt{\frac{4f}{3(C_{D2} + C_L f)} a_{rs} g D} \tag{3.27}$$

由式(3.27)可得

$$\frac{\mathrm{d}x}{\mathrm{d}t} = u_d - \frac{D\exp(2pqt) - 1}{D\exp(2pqt) + 1} \tag{3.28}$$

积分可得

$$x = \left(u_d + \frac{q}{D}\right)t + \frac{1}{pD}\ln\frac{1+D}{1+D\exp(2qpt)+1} \qquad (3.29)$$

当 $t = T_c$ 时,块石停止运动,此时稳定移距 L 为

$$L = \left(u_d + \frac{q}{D}\right)T_c + \frac{1}{pD}\ln\frac{1+D}{1+D\exp(2qpT_c)+1} \qquad (3.30)$$

式中:$p = \frac{3(C_{D2}+C_L f)}{2(2a_{rs}+3)d}$;$q = \sqrt{\frac{4f}{3(C_{D2}+C_L f)}a_{rs}gd}$;$u_d = u_{\max}\left(\frac{d}{2H}\right)^m$;$u_{y0} = \xi u_{yd}$,其中,$\xi$ 为碰撞损失系数,u_{yd} 为抛体接触床面时的运动速度。当 $t = T$ 时,由式(3.20)可得

$$u_{yd} = u_d - u_m/(1 + k u_m T) \qquad (3.31)$$

3.2 抛石水下运动规律研究

3.2.1 抛石漂移路径获取方法

以往抛石现场试验中常采用绳子拴住块石进行抛投,从而通过牵引绳子在船舷边缘的滑动距离近似为抛石漂移距离。但是,由于研究河段水深流急,船舶本身亦在漂动中,很难完全固定,且由于绳子移动后并非垂直水面,通过绳子的移动距离得到块石漂移距离本身误差很大,所得漂距远小于块石实际漂距。因此本书研发了一种高精度计算块石在水体中漂移路径的方法,具体步骤如下:

(1) 采用实时差分定位(RTK)方式获取抛石块体入水前的初始位置坐标为 $S_0 = (X_0, Y_0, Z_0)^T$,其中,S_0 为抛石块体初始位置在 WGS84 坐标系中的坐标值,X_0 为抛石块体初始位置在 WGS84 坐标系中的 X 轴坐标值(X 轴指向国际时间服务机构定义的零度子午面和协议地球极赤道的交点),Z_0 为抛石块体初始位置在 WGS84 坐标系中的 Z 轴坐标值(Z 轴指向国际协议原点),Y_0 为抛石块体初始位置在 WGS84 坐标系中的 Y 轴坐标值(Y 轴与 X、Z 轴构成右手坐标系)。

RTK 为实时差分定位,采用 RTK 方式获取抛石块体入水前的初始位置坐标时,船体和抛石块体保持静止,且抛石块体要置于船舱外,将六轴传感器与单块石固定连接,并将六轴传感器的 X 轴指向地球东方向,Y 轴指向地球北方向,Z 轴指向竖直向上方向。

(2) 将六轴传感器与抛石块体固定连接,抛石块体入水后,六轴传感器按照固定频率持续采集传感器三轴加速度 $a' = (a'_x, a'_y, a'_z)^T$ 和角速度 $\omega' = (\omega'_x, \omega'_y, \omega'_z)^T$,$a'_x$ 为六轴传感器 X 轴线加速度,a'_y 为六轴传感器 Y 轴线加速度,a'_z 为六轴传感器 Z 轴线加速度;ω'_x 为六轴传感器 X 轴角速度,ω'_y 为六轴传感器 Y 轴角速度,ω'_z 为六轴传感器 Z 轴角速度。

采用方向余弦矩阵 $\boldsymbol{C}_a^b$ 将六轴传感器三轴加速度变换到大地坐标系,方向余弦矩阵 $\boldsymbol{C}_a^b$ 如下式所示:

$$\boldsymbol{C}_a^b = \begin{bmatrix} \cos\omega'_z & \sin\omega'_z & 0 \\ -\sin\omega'_z & \cos\omega'_z & 0 \\ 0 & 0 & 1 \end{bmatrix} \begin{bmatrix} \cos\omega'_y & 0 & -\sin\omega'_y \\ 0 & 1 & 0 \\ \sin\omega'_y & 0 & \cos\omega'_y \end{bmatrix} \begin{bmatrix} 1 & 0 & 0 \\ 0 & \cos\omega'_x & \sin\omega'_x \\ 0 & -\sin\omega'_x & \cos\omega'_x \end{bmatrix} =$$

$$\begin{bmatrix} \cos\omega'_y \cos\omega'_z & \sin\omega'_x \sin\omega'_y \cos\omega'_z + \cos\omega'_x \sin\omega'_z & -\cos\omega'_x \sin\omega'_y \cos\omega'_z + \sin\omega'_x \sin\omega'_z \\ -\cos\omega'_y \sin\omega'_z & -\sin\omega'_x \sin\omega'_y \sin\omega'_z + \cos\omega'_x \cos\omega'_z & \cos\omega'_x \sin\omega'_y \sin\omega'_z + \sin\omega'_x \cos\omega'_z \\ \sin\omega'_y & -\sin\omega'_x \cos\omega'_y & \cos\omega'_x \cos\omega'_y \end{bmatrix}$$

(3.32)

六轴传感器三轴加速度变化值转换至 WGS84 坐标系中后的值记为 a,

$$a = \boldsymbol{C}_a^b \times a' = [a_x, a_y, a_z]^\mathrm{T} \tag{3.33}$$

式中:a_x 为六轴传感器加速度值变换至 WGS84 坐标系中 X 轴上的线加速度;a_y 为六轴传感器加速度值变换至 WGS84 坐标系中 Y 轴上的线加速度;a_z 为六轴传感器加速度值变换至 WGS84 坐标系中 Z 轴上的线加速度。

抛石块体粗略位置坐标 S' 即为:

$$S'_t = S_0 + \Delta S = \begin{bmatrix} X_0 \\ Y_0 \\ Z_0 \end{bmatrix} + \begin{bmatrix} \frac{1}{2} a_x t^2 \\ \frac{1}{2} a_y t^2 \\ \frac{1}{2} a_z t^2 \end{bmatrix} = \begin{bmatrix} X_0 + \frac{1}{2} a_x t^2 \\ Y_0 + \frac{1}{2} a_y t^2 \\ Z_0 + \frac{1}{2} a_z t^2 \end{bmatrix} = \begin{bmatrix} X'_t \\ Y'_t \\ Z'_t \end{bmatrix} \tag{3.34}$$

$$\Delta S = \begin{bmatrix} \frac{1}{2} a_x t^2 \\ \frac{1}{2} a_y t^2 \\ \frac{1}{2} a_z t^2 \end{bmatrix} \tag{3.35}$$

式中:X'_t 表示 t 时刻抛石块体在 WGS84 坐标系中的 X 坐标值;Y'_t 表示 t 时刻抛石块体在 WGS84 坐标系中的 Y 坐标值;Z'_t 表示 t 时刻抛石块体在 WGS84 坐标系中的 Z 坐标值;ΔS 表示粗略位移变化量。

传感器采集的数据所在坐标系为传感器自身坐标系,将传感器数据转换到 WGS84 坐标下,通过航位推算算法,解算粗略位移变化量 ΔS。固定采集频率可设置为 1 Hz、10 Hz、50 Hz 等,为提高采样精度,采集频率设置为 10 Hz。传感器数据由传感器自身坐标系转换到 WGS84 坐标系可采用方向余弦矩阵 $\boldsymbol{C}_a^b$ 进行变换,方向余弦矩阵 $\boldsymbol{C}_a^b$ 由 ω 计算而得,即:$\boldsymbol{C}_a^b = F(\omega)$,变换后 $a = \boldsymbol{C}_a^b \times a'$。获取抛石块体入水后至着床过程中的粗略位置坐标 S'。S' 由初始位置 S_0 与相对于初始位置的粗略位移变化量 ΔS 之和得到。

(3) 将水压传感器与六轴传感器固定连接,水压采集频率与六轴传感器数据采集频率保持一致。入水后水压传感器不断采集水压数据,水压数据通过解算得到水深数据。同时,采用河流流速测量设备进行实时流速测量。水深数据与流速数据与粗略位置坐标 S' 进行算法融合滤波处理,得到高精度位置坐标 $S = (X, Y, Z)^\mathrm{T}$。

采用下列公式计算得到水流的流速值,

$$v_x = v \times \cos\theta \tag{3.36}$$

$$v_y = v \times \sin\theta \tag{3.37}$$

式中:v 为河流流速测量设备实测的流速;θ 为水流方向与北方向的夹角;v_x 为水流速在大地坐标系 X 方向上的流速值;v_y 为水流速在大地坐标系 Y 方向上的流速值。

根据如下公式计算实时水深值:

$$p + \frac{1}{2}\rho v^2 + \rho g h = C \tag{3.38}$$

$$H = \frac{C - P - \frac{1}{2}\rho v^2}{\rho g} \tag{3.39}$$

式中:p 为抛石块体在水中的压强;v 为流速;ρ 为水的密度;g 为重力加速度;H 为测量时刻抛石块体水深值;C 是一个常量。

最后,采用扩展卡尔曼滤波,根据流速值、水深值对粗略位置坐标进行约束得到高精度位置坐标。

(4)采用 Matlab 软件实现块石每个时刻的高精度位置坐标可视化表达,绘制抛石块体在水中漂移路径。同时,根据水深变化值来判断块石是否已经着床。抛石漂移路径计算步骤如图 3.2 所示。

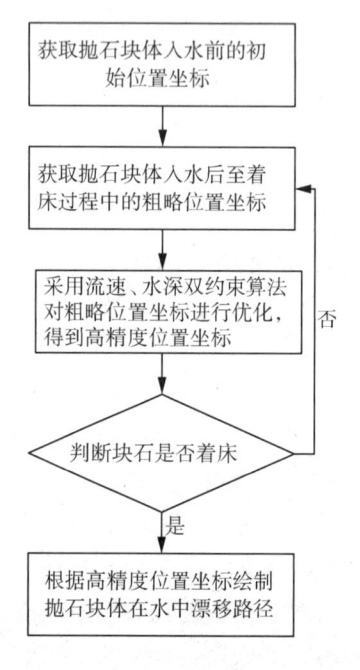

图 3.2 抛石漂移路径计算步骤

试验在施工定位船舶上开展,定位船中心线与水流方向平行。块石为开山所获得,块石粒径范围为 0.1~0.5 m,本次试验选取中值粒径 0.25 m 及 0.5 m 的块石。工程河段为感潮河段,现场水流条件实时变化,为尽可能覆盖较大水流条件范围,抛投试验在涨落潮时分别每隔半小时至一个小时开展一次抛距试验。每次抛投试验前后采用多波束测深系统进行水下地形测量,在抛投过程中采用 ADCP 流速仪连续进行流速、流向测量,流速具体测量过程及计算方法见 2.2.3 小节。多波束测深仪及 ADCP 安装如图 3.3 所示。

(a) 多波束测深仪安装　　(b) ADCP 安装

图 3.3　测量仪器安装

试验开始时,设定传感器、水压计、流速计采集频率为 1 Hz。将抛石块体移至水面,使其以自由落体运动落入水中。按照上节内容获取块石漂移路径,利用 Matlab 软件进行绘制,如图 3.4 所示。

3.2.2　单块石水下漂移运动规律

本节首先基于理论推导探究了抛石着床前在水流作用下的漂移距离。然而实际的现场漂距测量实验观测结果显示,抛石在着床后由于本身的惯性作用以及与床面的碰撞作用,存在二次运动行为。抛石的二次运动对抛石的漂距的影响存在不可忽视的作用。因此,本小节将针对抛石与床面的碰撞过程对抛石的二次漂距进行研究分析。基于实际河流中,抛石在水流和河床作用下运动能量的衰减过程,此处引入"质量-弹簧-阻尼"系统描述抛石在着床后与床面的碰撞过程,并进一步描述抛石的二次运动行为。

1. 质量-弹簧-阻尼系统

早在 2006 年,为了模拟物质碰撞停止时,动量与质量的交换以及能量耗散,Li 和 Darby 开发了一种新型冲击阻尼计算方法,也就是缓冲冲击阻尼装置 BID(Buffered Impact Damper)。已经证明,与传统的刚性冲击阻尼装置相比,BID 不仅显著减小了碰撞引起的接触力和伴随的高加速度及噪声,而且增强了振动控制效果,使其在许多工程应用中具有理想的效果。这些有益的影响是由于缓冲器的引入,它显著改变了冲击的接触特性。

图3.4 块石漂移路径示意图

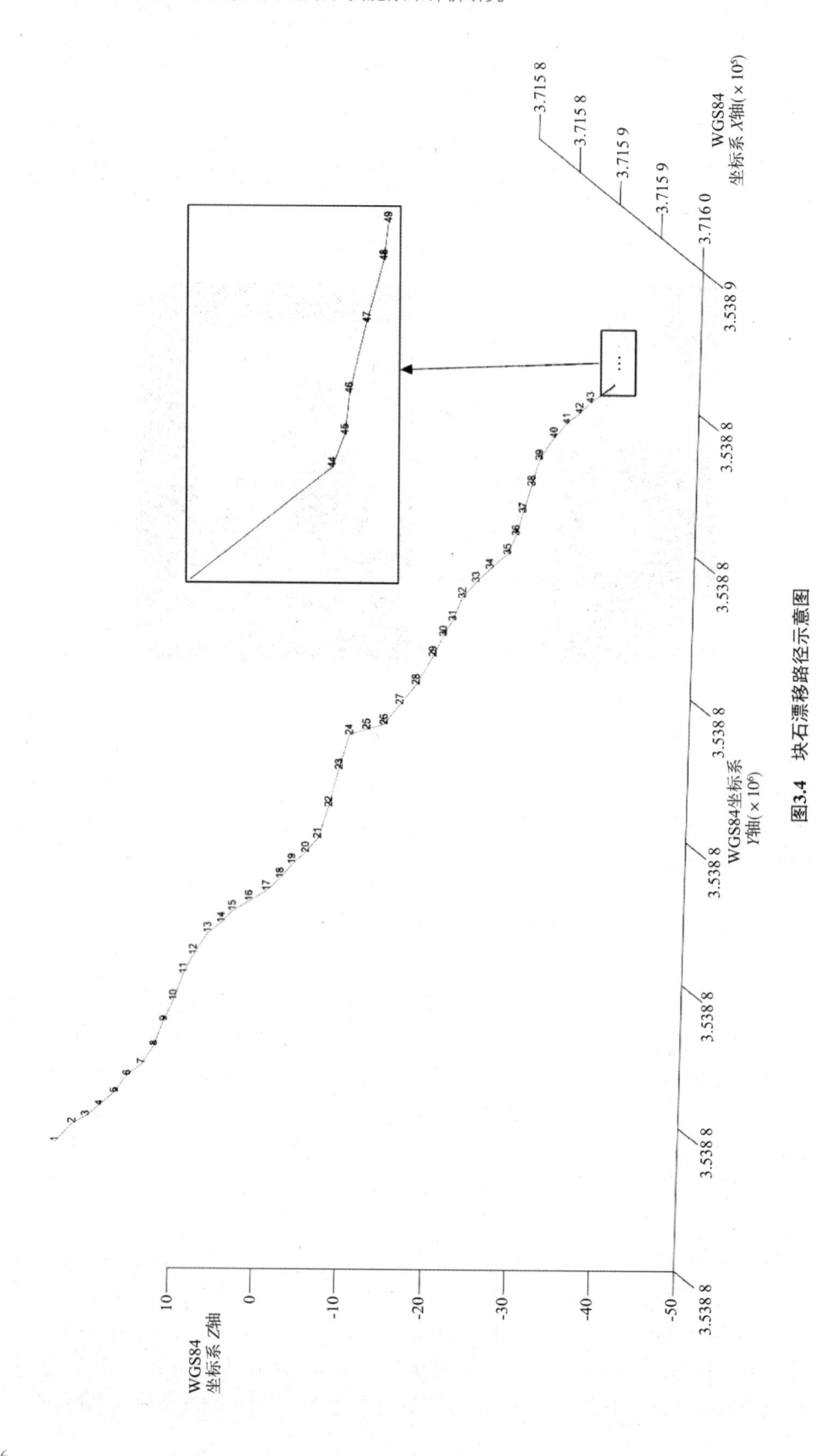

试验研究表明,根据缓冲刚度的不同,BID 的冲击接触时间可能比常规刚性冲击阻尼器的冲击接触时间长 100 倍,相应的峰值接触力为无缓冲时的 0.01 倍。碰撞模拟的建模方法有多种,其中最为常用的宏观模型之一是动量平衡冲量模型,该模型假设碰撞体位完全刚性,因此不考虑碰撞过程物理的形变,其接触时间被设置为零。该模型除了由恢复系数给出的冲击前后速度之间的关系外,还通过动量守恒定律来控制碰撞过程,该模型的优点在于数学上的简单性。然而,该模型中计算出的冲击力无法代表实际的冲击力,此外,如果碰撞体并非刚性,接触时间也无法忽略不计,该模型将产生较大的误差。第二种常用的宏观碰撞模型是弹性接触模型,即赫兹接触模型(Hertz)。它允许冲击过程中发生弹性行为,但是,该模型不能模拟正常的能量耗散,只能给出弹性冲击的归一系数。因此,最为理想的是将上述两种计算方法相结合,即弹性变形和能量耗散的结合。实现这一目标的途径就是将冲击建模模拟为弹簧和阻尼在两个碰撞体之间平行组成并垂直于冲击平面的压缩形式,从而形成弹簧-阻尼模型。给定适当的模型参数后,用来描述碰撞过程中碰撞体的能量衰减行为。

抛石在与河床的碰撞过程中存在显著的能量损耗,因此在此章节的研究中引入的质量-弹簧-阻尼系统描述抛石的运动行为,是通过弹簧系统描述抛石粒子与河床的碰撞过程,并通过阻尼器描述碰撞过程中能量损耗的行为。弹簧、阻尼器、质量块是组成该系统的三个理想元件。质量-弹簧-阻尼系统是一个复杂的系统形式,因此需要通过数学模型准确、定量地描述该系统的动态特性。通常情况下,系统的微分方程都是基于力学中的牛顿定律、质量守恒定律、能量守恒定律等建立的。因此,分析质量-弹簧-阻尼系统时,首先要根据弹簧、阻尼器的物理意义对与其固连的质量块进行受力分析,然后用牛顿第二定律建立质量块对应的合力方程,从而得到系统的数学模型——微分方程。在该系统中对质量块进行受力分析时一般遵循这样的原则:

(1) 弹簧受到外作用时,在线性范围内,弹簧力的大小与弹簧的形变成正比,弹簧力的方向总是与形变方向相反;

(2) 阻尼器可以看作是一个活塞液压缸系统,当活塞和液压缸之间存在相对运动时,主动一方总要受到另一方的阻尼力。对于线性阻尼器,阻尼力的大小与阻尼器端点的相对移动速度成正比。外力作用下,当弹簧或阻尼器的两端点都产生位移时,在确定弹簧形变方向和阻尼器端点相对移动速度时,情况相对复杂。

2. 抛石水下运动规律

抛石的运动行为分为两个不同的阶段,分别为抛石在水中运动未与河床发生碰撞时的阶段以及抛石与河床发生碰撞后移动至稳定的阶段。在 3.1 小节中探讨了抛石运动两个阶段中的受力及抛距计算公式。然而,抛石在与河床的碰撞后发生的能量损耗以及弹性运动并未考虑。因此,引入质量-弹簧-阻尼系统描述抛石的运动行为以及能量损耗过程。在质量-弹簧-阻尼系统中,当抛石与河床发生碰撞后,考虑质量-弹簧-阻尼系统,具体示意图如图 3.5 所示。

对于质量-弹簧-阻尼系统,系统中粒子的受力平衡方程可以写为

$$\sum F = -\xi_s x - c\dot{x} + Mg = m\ddot{x} \tag{3.40}$$

式中：ξ_s 和 c 分别为弹簧系数和阻尼系数；g 表示重力加速度；M 为抛石质量；$\dot{x}$ 和 $\ddot{x}$ 分别表示距离 x 对时间的一阶导和二阶导，即速度和加速度。

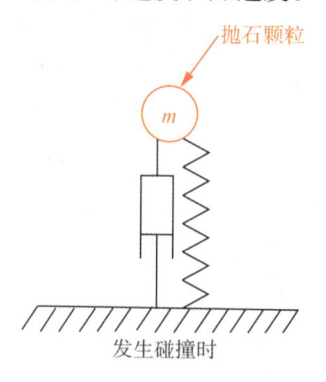

图 3.5　质量-弹簧-阻尼系统

结合图 3.5 的受力示意图以及式(3.40)的受力平衡方程，以及抛石在水流作用下着床前的运动行为，通过碰撞系统中能量的损耗过程可以进一步描述抛石着床后的运动过程。图 3.6 显示了引入质量-弹簧-阻尼系统后，抛石在水流作用以及与河床碰撞过程发生后的运动轨迹示意图，结果表明，引入质量-弹簧-阻尼系统的模型可以较好地模拟块石从入水到着床的水下漂移过程以及着床后到稳定的完整漂移过程。模拟结果如图 3.6 所示。结果表明，在引入质量-弹簧-阻尼系统后，抛石着床后碰撞而产生的高度逐渐衰减，该结果与实际河床中抛石与床面的碰撞过程高度相符。同时模拟结果显示，抛石在着床后二次运动过程产生的位移在整体的漂距中所占的比例明显。此外，需要注意的是，实际观察发现，在由较硬砾石颗粒组成的河床中，抛石的二次漂距显著高于由沙、泥等组成的河床，因此在抛石工程的实施过程中，随着河床中抛石颗粒的连续投入，河床性质的改变同样会显著改变抛石的二次抛矩，因此抛石的二次运动过程在实际工程中不可被忽略。

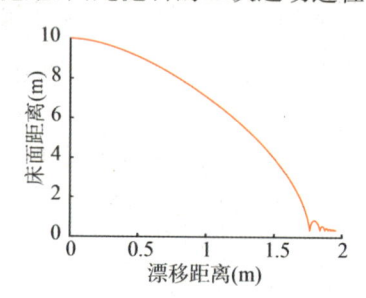

图 3.6　模型模拟的块石漂移路径

表 3.1　现场试验水动力条件及水下漂距结果对比

编号	水深(m)	平均流速(m/s)	块石重量(kg)	水下漂距 模拟值(m)	水下漂距 实测值(m)	相对误差(%)
1	10.56	0.57	21.68	3.60	3.99	−9.77
2	10.65	0.28	21.68	1.78	1.91	−6.81
3	10.73	0.14	21.68	0.90	0.92	−2.17

(续表)

编号	水深(m)	平均流速(m/s)	块石重量(kg)	水下漂距 模拟值(m)	水下漂距 实测值(m)	相对误差(%)
4	10.51	0.52	21.68	3.27	3.43	−4.66
5	10.46	0.78	21.68	4.89	4.89	0.00
6	10.55	0.54	173.44	3.48	3.27	6.42
7	10.53	0.29	173.44	2.41	2.22	8.56
8	10.57	0.13	173.44	1.30	1.32	−1.52
9	10.57	0.43	173.44	0.58	0.63	−7.94
10	10.18	0.65	173.44	1.85	2.02	−8.42
11	14.76	0.57	21.68	5.74	5.99	−4.17
12	14.64	0.28	21.68	6.31	6.01	4.99
13	15.16	0.14	21.68	5.08	4.61	10.20
14	15.10	0.52	21.68	3.08	2.82	9.22
15	15.18	0.78	21.68	1.73	1.69	2.37
16	14.86	0.54	173.44	2.77	2.92	−5.14
17	14.80	0.29	173.44	4.14	4.60	−10.00
18	15.06	0.13	173.44	4.40	4.82	−8.71
19	15.03	0.43	173.44	3.12	3.23	−3.41
20	15.07	0.65	173.44	1.60	1.49	7.38
21	20.15	0.57	21.68	1.81	1.66	9.04
22	20.01	0.28	21.68	6.71	6.20	8.23
23	20.17	0.14	21.68	9.18	8.03	14.32
24	19.59	0.52	21.68	10.32	8.90	15.96
25	20.13	0.78	21.68	8.08	8.49	−4.83
26	20.09	0.54	173.44	3.91	4.63	−15.55
27	20.02	0.29	173.44	1.86	2.24	−16.96
28	20.10	0.13	173.44	3.57	4.31	−17.17
29	19.81	0.43	173.44	6.04	6.50	−7.08
30	20.08	0.65	173.44	7.31	6.29	16.22

由于抛石的漂移距离由两部分组成,分别是抛石着床前的运动距离以及抛石着床后的运动距离。因此,此处首先进行块石着床前漂移距离的模型验证。根据现场试验实测数据与模型计算数据对比如表 3.1 所示,结果表明本章节所采用的抛石着床前的运动计算公式可以较好地描述抛石颗粒着床前的运动行为,模型所采用的数值计算方法较为合理。

在研究抛石与床面的撞击过程中,由于抛石与床面强度均较强,因此除了引入阻尼来描述碰撞过程中的能量损耗之外,还将抛石粒子的速度在碰撞后设置为反向。通过这种方式的近似,抛石粒子的运动行为可以通过如上的质量-弹簧-阻尼非弹性碰撞系统来描述。具体参数设置如下,

$$\begin{cases} d = 0.1 \sim 0.5 \text{ m} \\ g = 9.8 \text{ m/s}^2 \\ T_s = 0.000\ 3 \text{ s} \\ c_b = \gamma d \\ h = 10 \sim 20 \text{ m} \\ v = 0.2 \sim 1.5 \text{ m/s} \end{cases} \tag{3.41}$$

式中:d 表示抛石的粒径;g 为重力加速度;T_s 为模拟中的时间步长;c_b 为阻尼系数。h 为水深;v 为流速;模拟中粒子的质量与半径的三次方成正比,阻尼系数与粒子的半径成正比($\gamma = 0.4$)。

在此参数设置下模型计算块石着床后稳定漂距与现场试验结果进行对比,结果如表 3.2 所示,可见块石稳定漂距总体上小于水下漂距,且模拟值与实测值的误差要大于着床前漂距,这主要是由于实际碰撞过程中受到碰撞区域以及抛石形态的影响,系统中的阻尼系数与真实状态存在差异,在其着床时与河床碰撞时能量损失程度存在一定的随机性。尽管如此,模型模拟出的块石稳定漂距与实测值在合理的预测范围之内,能较为准确地模拟出块石着床到稳定的运动过程。

通过以上分析可以得知,抛石的漂移距离由着床前的位移和着床后的位移两部分组成。然而在实际工程中,在水深流急的长江下游感潮河段,块石水下漂移距离较大,往往忽略了块石着床后的二次位移。因此,目前的块石漂移距离计算经验公式以及施工时试抛测量的抛距大多未考虑块石着床后的稳定移距,仅将水下漂移距离作为抛石定位的依据。然而由模型(图 3.6)计算结果可知,虽然稳定移距相比于水下漂距明显较小,但是其着床后位移距离仍然不可忽视,这与工程中常用的计算方法有一定的出入。若不考虑块石的稳定移距将会带来较大的误差,不利于块石的准确定位。

表 3.2 现场试验水动力条件及稳定漂距结果对比

编号	水深(m)	平均流速(m/s)	块石重量(kg)	稳定漂距 模拟值(m)	稳定漂距 实测值(m)	稳定漂距 相对误差(%)
1	10.56	0.57	21.68	1.29	1.01	27.72
2	10.65	0.28	21.68	0.63	0.56	12.50
3	10.73	0.14	21.68	0.32	0.35	−8.57
4	10.51	0.52	21.68	1.17	0.95	23.16
5	10.46	0.78	21.68	1.76	1.88	−6.38
6	10.55	0.54	173.44	0.62	0.88	−29.55
7	10.53	0.29	173.44	0.43	0.56	−23.21
8	10.57	0.13	173.44	0.23	0.25	−8.00
9	10.57	0.43	173.44	0.10	0.08	25.00
10	10.18	0.65	173.44	0.34	0.40	−15.00
11	14.76	0.57	21.68	1.47	1.26	16.67

(续表)

编号	水深(m)	平均流速(m/s)	块石重量(kg)	稳定漂距 模拟值(m)	稳定漂距 实测值(m)	相对误差(%)
12	14.64	0.28	21.68	1.62	1.34	20.90
13	15.16	0.14	21.68	1.26	1.16	8.62
14	15.10	0.52	21.68	0.77	0.82	−6.10
15	15.18	0.78	21.68	0.43	0.35	22.86
16	14.86	0.54	173.44	0.35	0.29	20.69
17	14.80	0.29	173.44	0.53	0.41	29.27
18	15.06	0.13	173.44	0.55	0.50	10.00
19	15.03	0.43	173.44	0.39	0.45	−13.33
20	15.07	0.65	173.44	0.20	0.23	−13.04
21	20.15	0.57	21.68	0.34	0.29	17.24
22	20.01	0.28	21.68	1.26	1.04	21.15
23	20.17	0.14	21.68	1.71	1.32	29.55
24	19.59	0.52	21.68	1.98	1.84	7.61
25	20.13	0.78	21.68	1.51	1.75	−13.71
26	20.09	0.54	173.44	0.37	0.31	19.35
27	20.02	0.29	173.44	0.18	0.10	80.00
28	20.10	0.13	173.44	0.33	0.30	10.00
29	19.81	0.43	173.44	0.57	0.52	9.62
30	20.08	0.65	173.44	0.69	0.68	1.47

块石稳定移距的大小主要取决于块石着床时初始速度,根据流速分布特征可知,河道断面出现流速符合指数分布,越接近河床流速越小,而抛石的水平速度与水流流速密切相关。图 3.7 给出了在不同指数的流速分布下块石漂移速度和水流流速随水深的变化对比。由图可知,虽然接近床面时水流流速急剧减小,但是块石的流速减幅较慢,在着床时仍然有 0.8 倍的平均水流流速,这就解释了为何块石着床至稳定仍移动一定的距离。此外,随着流速分布指数的减小,代表流速分布越均匀,此时块石速度达到最大后开始减小,m 的减小使得块石速度减小的幅度变小,这就代表指数 m 的减小使得块石着床时拥有更大的初始速度。

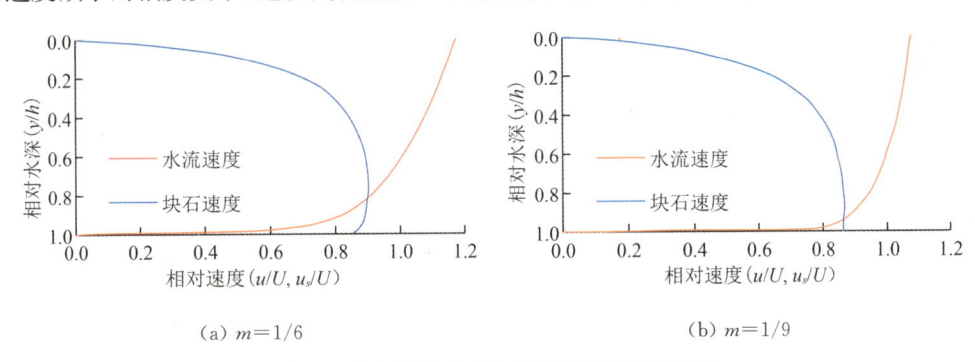

(a) $m=1/6$

(b) $m=1/9$

图 3.7 不同流速分布下漂移速度与流速对比

3.2.3　群体块石水下漂移运动规律

在以上的小节分析中,通过理论公式结合质量-弹簧-阻尼系统,描述了单颗粒抛石在水流以及河床上的运动过程。然而实际工程应用中,抛石工程的实施往往是大量抛石颗粒同时被投入目标区域,从而起到护坡、整治河段的效果。因此,多颗粒状态下抛石的运动状态研究是工程中亟须的。与单颗粒抛石相比,多颗粒抛石过程中,抛石运动轨迹的改变主要是由于抛石颗粒的相互碰撞引起的。本书参考经典的郎之万方程,将抛石颗粒之间的相互碰撞通过引入随机的噪音来描述。经典的郎之万方程可以表示如下,

$$M\frac{\mathrm{d}^2 x}{\mathrm{d}t^2}=-\lambda\frac{\mathrm{d}x}{\mathrm{d}t}+\eta(t) \tag{3.42}$$

这里,自由度是粒子的位置 x,M 表示粒子的质量,作用在粒子上的力用正比于粒子速度(斯托克斯定律)的黏滞力和一个表示碰撞影响的噪音项来表示,这个涨落力具有高斯分布,因此后面研究中也将引入经典的高斯形式的噪音描述抛石的碰撞导致的空间分布的差异性。

1. 基于高斯噪音的碰撞理论

当考虑群体块石抛投过程时,由于不同抛石之间会存在互相的碰撞行为,因此在此系统中为了描述多粒子的碰撞过程,并最终分析多粒子在空间中的分布情况,将引入不同形式的随机噪音来描述多抛石颗粒在水流中由于碰撞而引起的位移情况。

在河流工程中考虑工程的随机性最早由 Einstein 在针对推移质颗粒的研究中就已经进行了相关的描述。在 Einstein 建立的概率框架下,Einstein 假设湍流会引起推移质颗粒升力的波动,在交换时间 t_g 内,推移质颗粒所受的升力超过粒子本身重力的概率为 p,这种情况下推移质泥沙颗粒则出现起动行为。

通过郎之万方程可以知道,在引入随机的噪音后,粒子的运动轨迹会产生显著的波动特征,其波动性的强弱由引入噪音的性质决定。此处引入的高斯噪音,粒子的碰撞强弱由高斯噪音的方差决定。图 3.8 是高斯噪音均值为 0,方差分别为 20 以及 30 情况下粒子半径为 0.5 m 时,抛石颗粒的轨迹示意图。结果显示,引入高斯类型的噪音后抛石粒子的运动轨迹呈现出明显的震荡形式,且在噪音的方差较大的情况下其运动轨迹的震荡性愈加显著。

2. 群体块石床面分布形态

以上分析了多个抛石情况下,单粒子的运动轨迹示意图,通过引入噪音分析了不同噪音情况下粒子的运动轨迹情况。然而,由于抛石多粒子碰撞过程中,抛石颗粒的运动轨迹在实际中难以捕捉,所以此处将量化在多粒子碰撞后,稳定状态下抛石粒子的空间分布状态。在实际工程中主要关注的也不仅仅是单个抛石的空间位置,而主要关注的是多个抛石最终在空间中的分布情况。以下给出了三种情况下粒子最终在空间中的分布情况。

(a) 高斯方差为 20

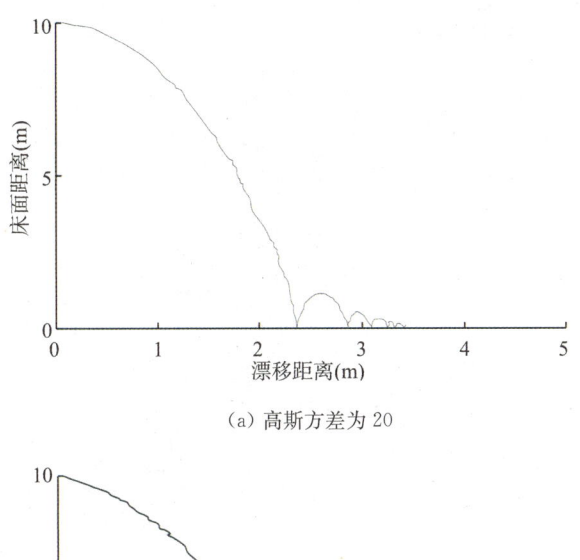

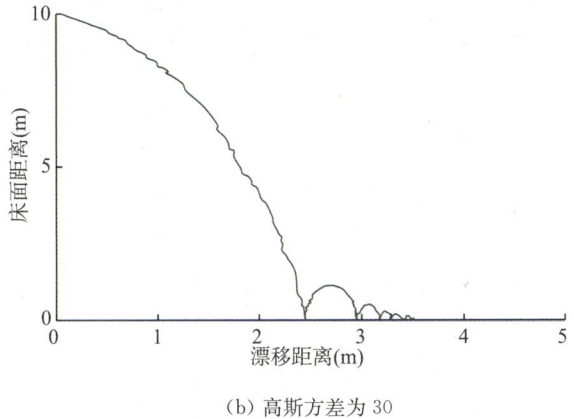

(b) 高斯方差为 30

图 3.8　不同高斯噪音方差下块石运动轨迹

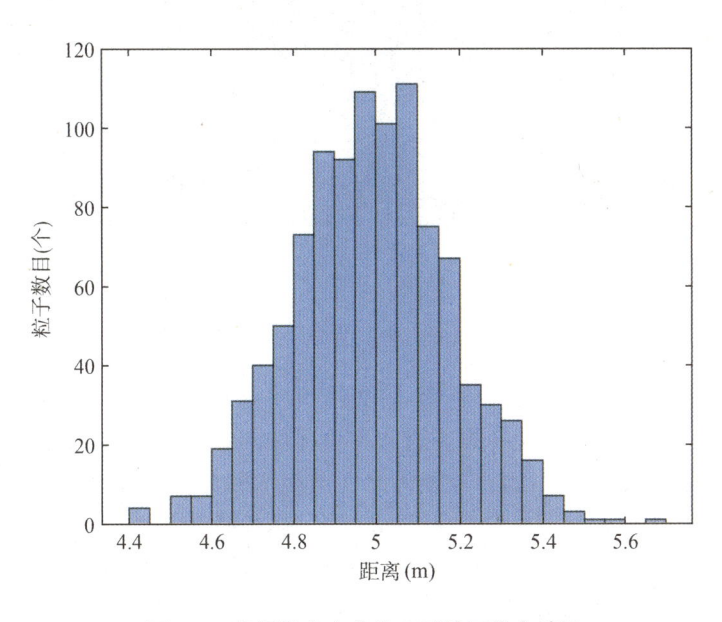

图 3.9　高斯噪音方差为 5 时块石分布情况

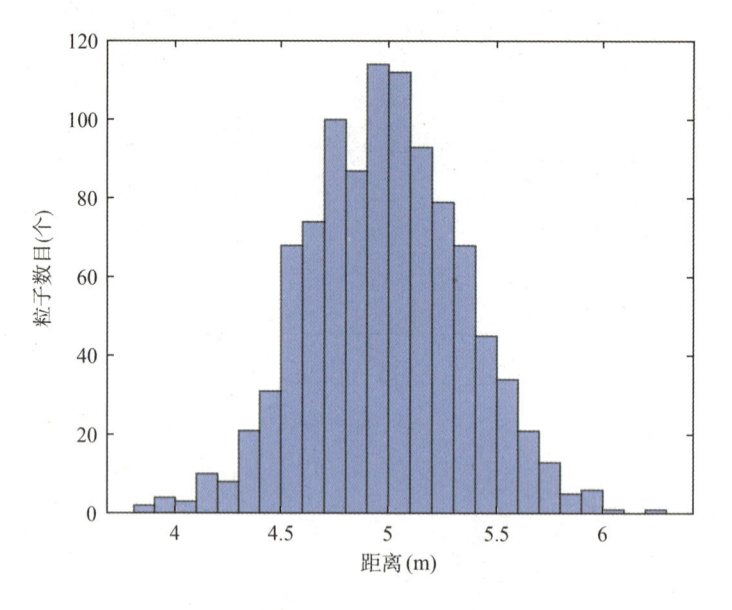

图 3.10　高斯噪音方差为 10 时块石分布情况

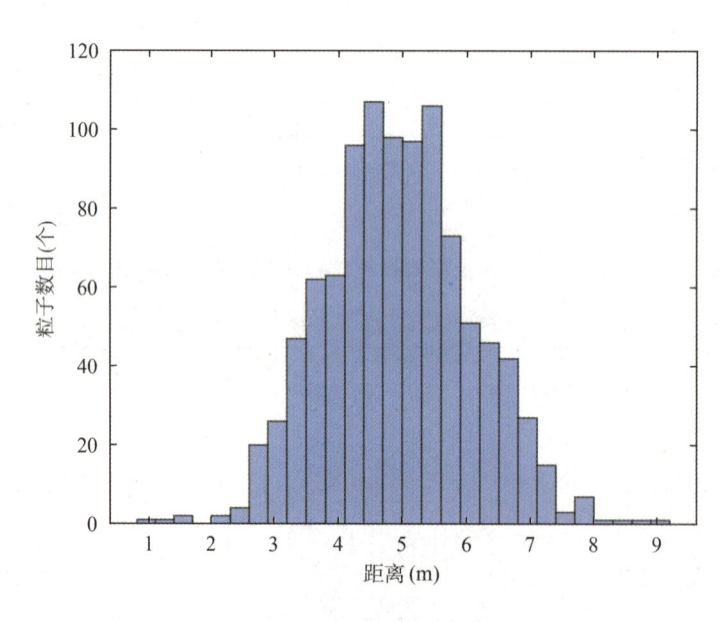

图 3.11　高斯噪音方差为 30 时块石分布情况

在三种不同形式的高斯噪音控制下,单次模拟同时抛投 1 000 颗粒径为 0.2 m 的抛石粒子,抛石多粒子在河床上最终的空间分布情况如图 3.9 至图 3.11 所示,可以看出在高斯噪音方差为 30 的情况下,抛石粒子最终在河床上的分布更加宽,而高斯噪音方差为 10 的情况下,抛石在河床上的最终分布明显变得集中,高斯噪音方差为 5 时抛石粒子分布最为集中。此外由于碰撞过程中引入的噪音都是均值为 0 的高斯分布类型,因此在三种情况下分布的中心集中在位置为 5 m 处。

3. 群体块石床面散落范围

(1) 均匀群体块石散落范围

采用高斯噪音方差为 15 进行群体抛石散落范围的计算,单块石落距与群抛块石中心落距列于表 3.3 中,对比可见,均匀块石的群抛落距略小于单块石落距,整体差别很小,小于 10%,均匀群体抛投落距可用单块石落距代替。

表 3.3 均匀群抛与单抛石落距对比[$h=10$ m, $U=0.5$ m/s, Normal(0,15)]

组次	粒径(m)	群抛落距(m)	散落范围(m)	单块石落距(m)
1	0.1	5.70	±1.14	5.72
2	0.3	3.30	±0.67	3.36
3	0.5	2.49	±0.56	2.54

(2) 非均匀群体块石散落范围

表 3.4 给出群抛非均匀块石抛石统计,结果表明,群抛落距中心点与中值粒径块石落距接近,且在相同工况下,对比不同级配群抛试验的落距,级配不同的群抛结果非常接近,因此级配不同对群抛试验的落距影响较小。从散落范围来看,相比于均匀块石,非均匀块石明显更为分散,所以在实际抛投时应尽量选取较为均匀的块石,更有利于控制抛投质量。

表 3.4 群抛非均匀块石抛石统计[$h=10$ m, $U=0.5$ m/s, Normal(0,15)]

组次	d_{50}(mm)	$d_{90} : d_{10}$	群抛落距(m)	散落范围(m)	单块石落距(m)
1	0.25	6	3.62	±1.83	3.54
2	0.25	3	3.59	±1.06	3.54

注:d_{50}为中值粒径;d_{90}为体积百分比为 90% 的较细的泥沙对应粒径大小;d_{10}为体积百分比为 10% 的较细的泥沙对应粒径大小。

3.3 砂枕漂移距理论公式

3.3.1 砂枕水中漂移距离

通过在不同流速、不同水深条件下进行的试抛试验,采用多波束分别在抛前、抛后进行水下地形测量,得出各试抛区域的增厚值,测出多组数据。有研究指出,按表面流速计的单宽流量 $Hu_{max} \geqslant 30$ m²/s 后,流速垂线分布的影响将变得重要。因此,本次推导漂距公式的同时,考虑了垂线流速分布对砂枕漂距的影响。梁润将实际流速分布简化为垂线平均流速,沉降速度简化为平均沉降速度,考虑抛体在水平方向受到水流的推移力和变加速运动产生的惯性力得到运动平衡方程,推导出河道截流工程中的抛体漂距,并通过调整系数 k 表示不同水流条件产生的影响。詹义正假定水流的垂向流速为指数分布,对抛体漂距进行了理论推导,得出了漂距计算公式。考虑到抛体开始下沉时的速度是变化的,通过建立抛体落距的微分方程,采用垂线平均流速代替抛体在水中所处位置水流速度的方法,推导出相应的抛体漂距公式。结合梁润、詹义正的抛体漂距公式研究成果,本研究采用以下四种方法推导砂枕的漂距公式。由于本次砂枕抛投试验采用了开体驳抛投工艺,砂枕直接由舱体缓缓落入水中,故砂枕入水初速度为零,且无须考虑抛高、入水角度。

1. 基本公式法

(1) 砂枕沉速

由于重力加速度较大,砂枕入水后能够在短时间内达到均匀沉速,可假定砂枕在垂向始终保持匀速下沉。在感潮河段中,李寿千将张瑞瑾阻力平方区泥沙沉速公式应用于抛石下沉速度研究,推导出的抛体漂距公式适用性较好。本次在不受盐水影响的河口区,根据窦国仁的泥沙颗粒沉速计算公式计算。

$$\omega = \sqrt{\frac{4}{3} \times \frac{1}{c_f} \times \frac{\rho_s - \rho}{\rho} g d} \tag{3.43}$$

其中,

$$c_f = \frac{32}{\frac{\omega d}{\nu}} \left(1 + \frac{3}{16} \times \frac{\omega d}{\nu}\right) \cos^3\theta + 1.2 \sin^2\theta$$

$$\theta = 0, \frac{\omega d}{\nu} \leqslant 0.4$$

$$\theta = \frac{\ln\left(2 \times \frac{\omega d}{\nu}\right)}{\ln(2\,800)} \times \frac{\pi}{2}, 0.4 \leqslant \frac{\omega d}{\nu} \leqslant 1\,400$$

$$\theta = \frac{\pi}{2}, \frac{\omega d}{\nu} \geqslant 1\,400 \tag{3.44}$$

式中:c_f 为泥沙颗粒的阻力系数;ρ_s 为砂袋的密度;ρ 为水的密度;g 为重力加速度;d 为砂枕的粒径;θ 为泥沙颗粒的分离角;ν 为黏性系数;$\frac{\omega d}{\nu}$ 为雷诺数。

由于砂枕的粒径远大于 1 mm,其 $\frac{\omega d}{\nu}$ 的值大于 1 000,将粒径大小代入式(3.43),经计算可知,阻力系数接近常值,为简化计算,取 $c_f = 1.2$。式(3.43)可简化为

$$\omega = 1.054 \sqrt{\frac{\rho_s - \rho}{\rho} g d} \tag{3.45}$$

砂枕粒径可由质量或体积换算得到

$$d = \sqrt[3]{\frac{6M}{\rho_S \pi}} = \sqrt[3]{\frac{6V}{\pi}} \tag{3.46}$$

式中:M 为砂枕质量。可得砂枕在水体中的下落时间

$$t = \frac{h}{\omega} \tag{3.47}$$

式中:h 为水深;ω 为沉速。在上述假定前提下,砂枕在下降历时过程中,在水平方向以垂

线平均流速 v 前行，从而可得砂枕的移距为

$$x_d = v \times t \tag{3.48}$$

取 $\rho_s = 1\ 700\ \text{kg/m}^3$，$\rho = 1\ 000\ \text{kg/m}^3$，$g = 9.81\ \text{m/s}^2$，由式(3.48)可得

$$x_d = 1.123 \frac{vh}{M^{1/6}} \tag{3.49}$$

（2）垂线流速为分层流速分布

根据式(2.12)分别求出相对水深 y/h 为 0.05、0.2、0.4、0.6、0.8、0.99 处各点的垂线流速，再计算垂线平均流速。

$$u_{0.99} = 0.986 u_m$$
$$u_{0.8} = 0.9 u_m$$
$$u_{0.6} = 0.9 u_m$$
$$u_{0.4} = 0.87 u_m$$
$$u_{0.2} = 0.832 u_m$$
$$u_{0.05} = 0.73 u_m$$

垂线平均流速 v 推求公式如下，

$$v = \frac{\int_0^h u \mathrm{d}y}{h} = 0.892\ u_m \tag{3.50}$$

则式(3.49)可表达为

$$x_d = \frac{u_m h}{M^{1/6}} \tag{3.51}$$

（3）垂线流速为指数流速分布

根据式(2.10)，水流垂向指数流速分布 $\dfrac{u}{u_m} = 0.952 \left(\dfrac{y}{h}\right)^{0.109}$

式中：u_m 为水面流速；y 为河底到各点的距离；u 为距河底 y 处的流速。得到垂线平均流速

$$v = \frac{\int_0^h u \mathrm{d}y}{h} = 0.858\ u_m \tag{3.52}$$

则式(3.49)可表达为

$$x_d = 0.963 \frac{u_m h}{M^{1/6}} \tag{3.53}$$

通过式(3.51)和式(3.53)对比可知，由垂向分层流速分布与由垂向指数流速分布推求的垂线平均流速较为接近，且由垂向分层流速分布推求的垂线平均流速更大一些。因此，由垂向分层流速分布推求出的漂距公式系数更大。

考虑现场水流条件复杂性及下沉过程中的随机性，移距公式可表达为

$$x_d = k \frac{u_m h}{M^{1/6}} \tag{3.54}$$

将砂枕各点落距分布用最小二乘法拟合如图 3.12 所示。

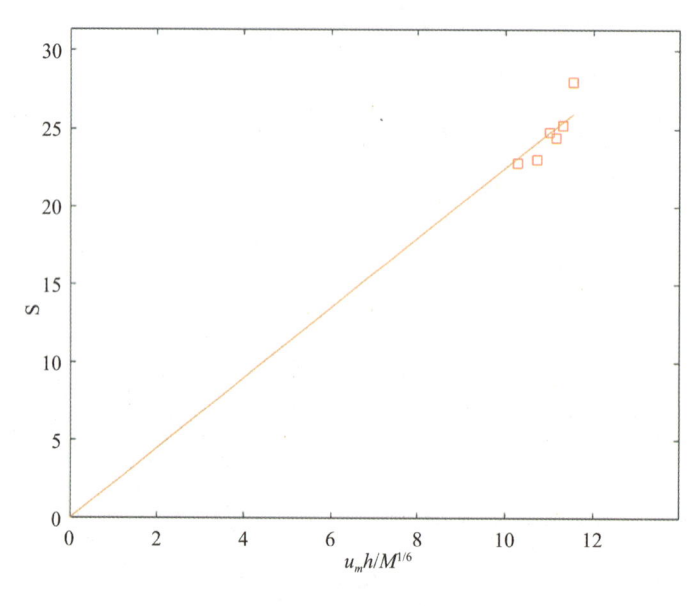

图 3.12　砂枕落距分布拟合

拟合后求得 $k=2.246$，推导出方程式如下，

$$x_d = 2.246 \frac{u_m h}{M^{1/6}} \tag{3.55}$$

可见，由于洲头水流复杂，通过试验数据推求的漂距公式系数要远远大于理论公式的系数，体现了砂枕原位试验的必要性。从上式可以看出，砂枕拟合的漂距系数远大于传统抛石的漂距系数，初步推测是因为砂枕的密度远小于抛石的密度。此外，尽管由垂向分层流速分布推求出的漂距公式较垂线流速分布推求出的漂距公式系数更大一些，但是仍然不能够满足砂枕水下落距的精准定位要求。因此，需要将砂枕漂距划分为砂枕的移距和二次漂距两部分来计算。

2. 惯性力法

根据詹义正对球体在动水中的漂距研究，砂枕在竖直方向受重力和浮力作用，且砂枕自身受到的重力远远大于浮力，故沿 Y（水深）方向下沉。同时，砂枕在下沉的过程中，还会受到水流的挟带推移作用沿 X（纵向水流）方向做水平位移。通过试验观察到砂枕在动水中的运动轨迹呈平滑的下凹曲线，砂枕运动状态产生变化是因为推移砂枕运动的力在不断发生变化，而流速分布沿水深变化是导致推移砂枕运动的力在不断发生变化的本质原因。因此研究砂枕的运动规律，需要研究水流的垂线流速分布规律。

砂枕在水平方向受到水流的推移作用，任一时间 t，水流作用于砂枕上的有效推移力可表示为

$$F = C_D k_1 \cdot \frac{\pi}{4} d_1 d_2 \rho \frac{\left(u - \frac{dx}{dt}\right)^2}{2} \tag{3.56}$$

式中：ρ 为长江下游水体的密度；C_D 为有效推力系数；u 为测点流速；砂枕运动速度 $u_s = \frac{dx}{dt}$；d_1、d_2 分别为砂枕的高度（短轴）和宽度（长轴）；k_1 为将整个砂袋截面当成椭圆形面计算时的折减系数，不同的砂枕折减系数略有差异，试验测得 $k_1 = 0.907 \sim 0.925$。此外，当砂枕的充盈度为 70% 左右时，使用枕袋的设计尺寸估算的砂枕重量与考虑折减系数时的砂枕实际重量较接近，故可认为将砂枕的截面视作椭圆截面进行计算是合理的。由于砂枕在充填完成后，经过挤压、排水，形状已基本固定，因此可认为砂枕在下沉的过程中形状不发生改变。

从上式可以看出，有效推移力 F 是在不断变化的，因此砂枕在水平方向的运动是变加速运动。为简化计算，在上层水域中忽略水体相对地面的加速度是可行的，在靠近河底的区域，由于水流的挟带推移作用相对较小，因此不会产生较大的误差，故砂枕的加速度大小可写为

$$a = -\frac{d\left(\frac{dx}{dt} - u\right)}{dt} = \frac{d\left(u - \frac{dx}{dt}\right)}{dt} \tag{3.57}$$

则砂枕因变加速运动而产生的惯性力大小为

$$f = -\left(k_1 \rho_s \cdot \frac{\pi d_1 d_2}{4} L_1 + \lambda\right) \frac{d\left(u - \frac{dx}{dt}\right)}{dt} \tag{3.58}$$

式中：ρ_s 为砂枕的密度，它与砂枕的填充材料、填充的密实程度等因素有关；L_1 为砂枕的长度；λ 为砂枕的附加质量力，与在真空中的运动不同，砂枕在水体中做加速运动时，一定会带动周围的水体加速，根据理想流体力学理论可知，这种效应等价于砂枕具有一个附加质量。砂枕的质量为 $M = k_1 \rho_s \cdot \frac{\pi d_1 d_2}{4} L_1$，砂枕因做不定常运动带来的虚质量力 $\lambda = k_1 \rho \times \frac{\pi d_1 d_2}{8} L_1$，在天然河道中，忽略水体相对于床面的加速作用，可得到砂枕在动水中的动力平衡方程

$$\frac{d\left(u - \frac{dx}{dt}\right)}{dt} = \frac{C_D}{2\left(\frac{\rho_s}{\rho} + \frac{1}{2}\right)L_1}\left(u - \frac{dx}{dt}\right)^2 \tag{3.59}$$

式中：初始条件为 $t = 0$；$\frac{dx}{dt} = 0$；$x = 0$，有效推移力系数 C_D 看作有效雷诺数 Re_* 的函数，使用公式

$$C_D = \frac{M_1}{Re_*} + N_1 \tag{3.60}$$

式中：M_1、N_1 为待定参数，根据球体静水沉降曲线资料可以近似确定 $M_1 = 24$，$N_1 = 0.45$。实际问题的复杂性往往使得其与简单的理论概化模式保持着一定的距离，因此，要想精准定位砂枕水下漂移的落距，还需进一步探索。通常，实际抛体形态对落距的影响，主要体现在对阻力系数 C_D 和沉速 ω 两个方面。阻力系数 C_D 由 $\dfrac{M_1}{Re_*}$ 和 N_1 两部分组成，而只有在 Re_* 较大时，C_D 受形状影响才相对较大，这时可以对 N_1 作出修正来获得一定的精度。

其平均相对运动速度对应的有效雷诺数为

$$R_{e*} = \frac{(u-u_s)d_s}{\nu} = \frac{\left(u-\dfrac{\mathrm{d}x}{\mathrm{d}t}\right)d_s}{\nu} \tag{3.61}$$

式中：ν 为水的黏滞系数；d_s 为砂枕的当量直径（与砂枕截面积相同的圆的直径），$d_s = \sqrt{d_1 d_2}$。

砂枕的实际尺寸为 $L_1 = 10\,\mathrm{m}$，$d_1 = 0.7\,\mathrm{m}$，$d_2 = 1.5\,\mathrm{m}$。可知，砂枕的当量直径 d_s 较大，从而有效雷诺数 R_{e*} 较大，C_D 受形状影响较明显。为提高有效推力系数 C_D 精度，需要对 N_1 做出调整。

作为粗略考虑，选择抛体的外接六面体的表面积与同体积的球表面积之比来近似反映球度因素；选择形状系数 $\dfrac{c}{\sqrt{ab}}$，其中 a、b、c 分别对应抛体的长、中、短轴来反映抛体的形状因素，综合给出 N_1 的经验表达式为

$$N_1 = 0.45\left(\frac{S_m}{S_a}\right)^{\alpha}\left(\frac{c}{\sqrt{ab}}\right)^{\beta} = 0.45\left(\frac{S_m}{S_a}\right)^{\alpha}\left(\frac{d_1}{\sqrt{L_1 d_2}}\right)^{\beta} \tag{3.62}$$

式中：α、β 为待定常数，由实测资料确定，按毛世民的研究成果及余文畴的长方体试验资料可分别获得 $\alpha = 6$，$\beta = -\dfrac{3}{2}$；S_m 为砂枕外接六面体的表面积；S_a 为同体积的球体表面积。沉速是落距计算公式中的主要因素之一，合理选定沉速公式是至关重要的。

根据式(3.45)已求出 $\omega = 1.054\sqrt{\dfrac{\rho_s - \rho}{\rho}gd}$，则砂枕在动水中落距方程为

$$x_d = \frac{h\upsilon}{\omega} + \frac{1}{C_0}\ln\frac{1-A_0}{1-A_0\exp\left(-B_0\dfrac{h}{\omega}\right)}$$

$$A_0 = \frac{C_0 u_m}{B_0 + C_0 u_m}$$

$$B_0 = \frac{M_1 \nu}{2\left(\dfrac{\rho_s}{\rho} + \dfrac{1}{2}\right)d_s L_1}$$

$$C_0 = \frac{N_1}{2\left(\dfrac{\rho_s}{\rho} + \dfrac{1}{2}\right)L_1} \tag{3.63}$$

式中：v 为垂线平均流速；u_m 为垂线最大流速，一般为水面流速；ν 为水的黏滞系数；ρ_s 为砂袋的密度；ρ 为水的密度；h 为水深；ω 为砂枕的下沉速度。

式(3.63)避开了综合系数 k 值难以确定的麻烦，只要在球体的物理特性及水力条件已知的情况下，计算便可以进行。

3. 绕流阻力法

本书将砂枕水下漂移运动分为两个阶段，即移距和二次漂距，根据抛体漂距公式研究成果，砂枕受力分析及移距公式推导如下。

(1) 砂枕在水中受力分析

① 砂枕下沉时的有效重力

$$W = k_1(\gamma_s - \gamma) \cdot \frac{\pi d_1 d_2}{4} L_1 \tag{3.64}$$

式中：γ_s 为砂枕的容重，它与砂枕的填充材料、填充的密实程度等因素有关；γ 为长江下游清水的容重；d_1、d_2 分别为砂枕的高度和宽度；k_1 为将整个砂枕当成椭圆形剖面计算时的折减系数。假设砂枕的长度为 L_1，横截面积为短轴 d_1、长轴 d_2 的椭圆。

② 砂枕受到的水流向上的绕流阻力

试验区的水流速度较大，雷诺数较大，砂枕在沉降的过程会引起周围水体强烈的扰动，属于强紊动沉降状态。通过泥沙沉速的研究成果，砂枕在水流中受到的绕流阻力可表示为

$$F = C_{D1} \gamma A \frac{\omega^2}{2g} \tag{3.65}$$

式中：C_{D1} 为砂枕沉降过程的绕流阻力系数；$A = d_2 L_1$，为砂枕下沉过程的阻力面积；ω 为砂枕在水中下沉速度；g 为重力加速度。

③ 砂枕的下沉速度

砂枕的质量为

$$M = k_1 \rho_s \cdot \frac{\pi d_1 d_2}{4} L_1 \tag{3.66}$$

砂枕下沉的加速度为

$$a = \frac{d\omega}{dt} \tag{3.67}$$

根据砂枕在水中下沉过程中的垂向受力情况和运动状态，使用牛顿第二定律，可得

$$W - F = Ma \tag{3.68}$$

将式(3.64)~式(3.67)代入式(3.68)中可推出

$$k_1(\gamma_s - \gamma) \cdot \frac{\pi d_1 d_2}{4} L_1 - C_{D1} \gamma d_2 L_1 \frac{\omega^2}{2g} = k_1 \rho_s \cdot \frac{\pi d_1 d_2}{4} L_1 \frac{d\omega}{dt} \tag{3.69}$$

则式(3.69)可简化为

$$\ln\left(\frac{p_1+p_2\omega}{p_1-p_2\omega}\right)=2\,p_1\,p_2 t+c \tag{3.70}$$

式中：$p_1=\sqrt{\dfrac{\rho_s-\rho}{\rho_s}g}$，主要与水流和砂枕的物理特性有关；$p_2=\sqrt{\dfrac{2C_{D1}\rho}{\pi k_1 d_1 \rho_s}}$，主要与砂枕的尺寸、形状有关；$c$ 为积分常数，根据水面的初始状态，把 $t=0$、$\omega=0$ 代入式(3.70)，可以得出 $c=0$，则式(3.70)可以简化为

$$\frac{p_1-p_2\omega}{p_1+p_2\omega}=e^{-2p_1 p_2 t}$$

$$\omega=\frac{2p_1}{p_2(1+e^{-2p_1 p_2 t})}-\frac{p_1}{p_2} \tag{3.71}$$

当 $t\to\infty$ 时，$e^{-2p_1 p_2 t}\to 0$，可推出 $p_1-p_2\omega=0$，得 $\omega=\dfrac{p_1}{p_2}$，即均匀沉降时的沉速，记作 ω_∞，则

$$\omega_\infty=\sqrt{\frac{\pi k_1 \rho_s}{2C_{D1}\rho}}\times\sqrt{\frac{\rho_s-\rho}{\rho_s}g\,d_1}=K_1\sqrt{\frac{\rho_s-\rho}{\rho}g\,d_1} \tag{3.72}$$

式中：K_1 为系数，与垂向绕流阻力系数以及砂枕沉降状态等有关，应强根据水槽试验的实测资料求得 $K_1=0.78$；有关学者根据实测资料确定 K_1 的取值变化范围为 $0.82\sim 1.15$，取 $\rho=1\,000$ kg/m³，$\rho_s=1\,700$ kg/m³，由 $p_1=\sqrt{\dfrac{\rho_s-\rho}{\rho_s}g}$ 可得 $p_1=2.01$ m$^{1/2}$/s；同时 $K_1=0.78\sim 1.15$ 时，可得 $p_2=(0.67\sim 0.98)/\sqrt{d_1}$。

结合式(3.71)和式(3.72)，可得

$$\frac{\omega}{\omega_\infty}=\frac{2}{1+e^{-2p_1 p_2 t}}-1 \tag{3.73}$$

根据长江八卦洲水下抛投砂枕的设计，枕袋设计直径尺寸 $d_0=1.2$ m，充砂后的砂枕高度 $d_1=0.7$ m，根据砂枕在不同 K_1 的情况下，对 ω/ω_∞ 的变化进行研究。

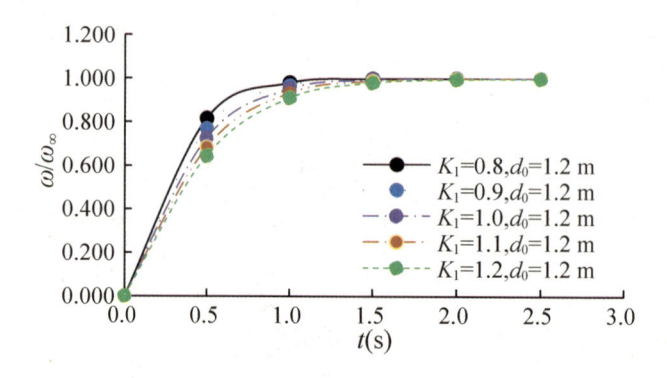

图 3.13　枕袋设计直径 $d_0=1.2$ m，K_1 值不同的情况下，相对沉速与时间的对应关系

由图 3.13 可知，保持 $d_0=1.2$ m 不变，K_1 分别取 0.8、0.9、1.0、1.1、1.2 等值，当

$t\leqslant 1$ s 时，ω/ω_∞ 的值随着 K_1 的增大而减小；$t=1$ s 时，随着 K_1 从 0.8 变化到 1.2，ω/ω_∞ 从 0.980 减小到 0.910；$t=1.5$ s 时，随着 K_1 从 0.8 变化到 1.2，ω/ω_∞ 从 0.998 减小到 0.980；$t=2$ s 时，随着 K_1 从 0.8 变化到 1.2，ω/ω_∞ 从 1.000 减小到 0.996，可认为基本达到了匀速沉降。

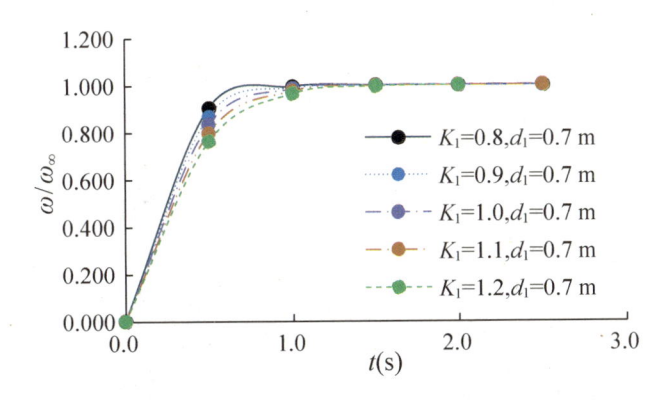

图 3.14 砂枕高度 $d_1=0.7$ m，K_1 值不同的情况下，相对沉速与时间的对应关系

由图 3.14 可知，保持 $d_1=0.7$ m 不变，K_1 分别取 0.8、0.9、1.0、1.1、1.2 等值，当 $t\leqslant 1$ s 时，ω/ω_∞ 的值随着 K_1 的增大而减小；$t=1$ s 时，随着 K_1 从 0.8 变化到 1.2，ω/ω_∞ 从 0.995 减小到 0.964；$t=1.5$ s 时，随着 K_1 从 0.8 变化到 1.2，ω/ω_∞ 从 1.000 减小到 0.995；$t=2$ s 时，随着 K_1 从 0.8 变化到 1.2，ω/ω_∞ 从 1.000 减小到 0.999，可认为基本达到了匀速沉降。

因此，可认为，砂枕在沉降 2 s 后可基本达到稳定沉速的状态，根据以上两种砂枕高度，通过最小和最大沉速计算得出的下沉距离为 2.92~4.88 m。当水深大于 4.88 m 后，砂枕的下沉速度便达到了稳定状态。

（2）砂枕的沉降时间

已知砂枕的下沉速度后，可以推算出砂枕沉降到不同水深所需要的时间，即

$$y_0 = \int \omega \mathrm{d}t \tag{3.74}$$

式中：y 为砂枕下沉过程中到水面的距离，将式(3.73)代入式(3.74)，可得

$$y_0 = \omega_\infty \left[\frac{1}{p_1 p_2}\ln(1+e^{-2p_1 p_2 t}+t)\right]+c \tag{3.75}$$

其中，c 为常数，根据初始状态，把 $t=0$、$y=0$ 代入式(3.75)，可得

$$c = -\frac{\ln 2}{p_1 p_2}\omega_\infty \tag{3.76}$$

将式(3.76)代入式(3.75)，可得

$$y_0 = \omega_\infty\left[\frac{1}{p_1 p_2}\ln(1+\mathrm{e}^{-2p_1 p_2 t}+t)\right]-\frac{\ln 2}{p_1 p_2}\omega_\infty = \omega_\infty\left[t-\frac{1}{p_1 p_2}\ln\frac{2}{1+\mathrm{e}^{-2p_1 p_2 t}}\right] \tag{3.77}$$

当 $y_0=h$ 时,由式(3.77)可得

$$h=\omega_\infty\left[t-\frac{1}{p_1 p_2}\ln\frac{2}{1+e^{-2p_1 p_2 t}}\right]=\omega_\infty(t-\Delta t)$$

$$t=\frac{h}{\omega_\infty}+\Delta t \tag{3.78}$$

由上式可知,砂枕沉降时间较采用均匀沉降流速计算的时间要大,其增大值 $\Delta t=\frac{1}{p_1 p_2}\ln\frac{2}{1+e^{-2p_1 p_2 t}}$ 与 K_1、t 和砂枕的直径有关,由图 3.13 和图 3.14 可知,$t\geqslant 1$ s 时,Δt 受 t 的影响的误差在 3% 以内;$t\geqslant 2$ s 时,Δt 受 t 的影响的误差在 1% 以内。不同 t、K_1 值下的 Δt 值见表 3.5。

表 3.5 不同 t、K_1 值下的 Δt 取值 （单位:s）

$t=1$ s	$K_1=0.8$	$K_1=0.9$	$K_1=1.0$	$K_1=1.1$	$K_1=1.2$
$d_0=1.2$ m	0.298	0.332	0.364	0.395	0.423
$d_1=0.7$ m	0.230	0.258	0.285	0.312	0.337
$t=1.5$ s	$K_1=0.8$	$K_1=0.9$	$K_1=1.0$	$K_1=1.1$	$K_1=1.2$
$d_0=1.2$ m	0.302	0.339	0.376	0.412	0.447
$d_1=0.7$ m	0.231	0.260	0.288	0.317	0.345
$t=2$ s	$K_1=0.8$	$K_1=0.9$	$K_1=1.0$	$K_1=1.1$	$K_1=1.2$
$d_0=1.2$ m	0.302	0.340	0.377	0.415	0.452
$d_1=0.7$ m	0.231	0.260	0.289	0.317	0.346
$t=2.5$ s	$K_1=0.8$	$K_1=0.9$	$K_1=1.0$	$K_1=1.1$	$K_1=1.2$
$d_0=1.2$ m	0.302	0.340	0.378	0.415	0.453
$d_1=0.7$ m	0.231	0.260	0.289	0.317	0.346

(3) 砂枕水平移距

砂枕水平方向的受力为水流对砂枕的作用力,根据牛顿第二定律,得

$$C_{D2}\gamma\cdot\frac{\pi d_1 d_2}{4}\cdot\frac{(u-u_s)^2}{2g}=\rho_s k_1\cdot\frac{\pi d_1 d_2}{4}\cdot L_1\frac{\mathrm{d}u_s}{\mathrm{d}t} \tag{3.79}$$

式中:u 为砂枕抛投后下落过程中所处位置的水流运动速度;u_s 为砂枕在水中下落过程中的水平方向的运动速度;$k_1\cdot\frac{\pi d_1 d_2}{4}$ 为长轴顺水流方向摆放的砂枕在水流方向的投影面积;C_{D2} 为修正系数,考虑到对长江天然河道水流流速垂向分布遵循一定的规律,为便于工程应用,故使用垂线平均流速 v 来表达上式中的水流速度 u,并由初始条件 $t=0$、$u_s=0$ 来确定积分后的常数,可得砂枕水平方向的运动速度为

$$u_s = \frac{\dfrac{C_{D2}\rho}{2k_1\rho_s} \times \dfrac{1}{L_1}vt}{1 + \dfrac{C_{D2}\rho}{2k_1\rho_s} \times \dfrac{1}{L_1}vt} v = K_t v \tag{3.80}$$

式中：K_t 为沉降时间 t 的函数，当 $t \to 0$ 时，$K_t \to 0$，则 $u_s \to 0$；当 $t \to \infty$ 时，$K_t \to 1$，则 $u_s \to v$。

砂枕水平移距 $x_d = \int_0^{t_0} u_s \mathrm{d}t$，$t_0$ 为沉降时间，将式(3.80)代入积分，并由初始条件 $t = 0$，$x_d = 0$ 确定积分常数 $c = 0$，最后可得

$$x_d = vt - \frac{1}{\dfrac{C_{D2}\rho}{2k_1\rho_s} \times \dfrac{1}{L_1}} \ln\left(1 + \frac{C_{D2}\rho}{2k_1\rho_s} \times \frac{1}{L_1}vt\right) = vt - \frac{L_1}{K_2} \ln\left(1 + \frac{K_2}{L_1}vt\right) \tag{3.81}$$

在上式中，$K_2 = \dfrac{C_{D2}\rho}{2k_1\rho_s}$，取 $k_1 = 0.78$，$K_2 = 27.6$。对于给定的水深，可以由式(3.78)求得砂枕的沉降时间 t_0，再将 t_0 代入式(3.81)，便可推出砂枕的水平落距。

4. 综合系数法

梁润在研究河道截流工程中的抛体稳定落距问题时，将实际流速概化为垂线平均流速，得到抛体在动水中的落距为 $x_d = vt - \dfrac{1}{k}\ln(1 + kvt)$，但是综合系数 k 需由试验资料求得，在实际中较难准确确定。

有试验表明，抛体在接近槽底前有急速下沉的情况，当抛体比重较大时，急速下沉的情况尤为明显，这在一定程度上说明砂枕的水平运动速度也是变化的，与垂线流速分布有关，故本次考虑了水流速度垂向分布不均匀的情况。有试验研究表明抛体在水中的下沉速度可看作等速下沉，因此本次假定砂枕在动水中匀速下沉。砂枕下沉总历时 $T = \dfrac{h}{\omega}$，则砂枕在动水中运动时间为

$$t = \frac{h-y}{\omega} = T\left(1 - \frac{y}{h}\right) \tag{3.82}$$

式中：h 为水深；y 为任一水深处到河底的距离；$\dfrac{y}{h}$ 为相对水深。流速垂向分布公式可采用式(2.12)垂线分层流速分布：

$$u_{0.99} = 0.986u_m$$
$$u_{0.8} = 0.9u_m$$
$$u_{0.6} = 0.9u_m$$
$$u_{0.4} = 0.87u_m$$
$$u_{0.2} = 0.832u_m$$
$$u_{0.05} = 0.73u_m$$

或者采用式(2.10)求得指数流速分布 $\dfrac{u}{u_m} = 0.952\left(\dfrac{y}{h}\right)^{0.109}$。

由式(3.59)可知砂枕在动水中的动力平衡方程为

$$\frac{\mathrm{d}\left(u-\frac{\mathrm{d}x}{\mathrm{d}t}\right)}{\mathrm{d}t} = \frac{C_D}{2\left(\frac{\rho_s}{\rho}+\frac{1}{2}\right)L_1}\left(u-\frac{\mathrm{d}x}{\mathrm{d}t}\right)^2 \tag{3.83}$$

为简化计算,只讨论 C_D 为常数时的解。将 $k = \dfrac{C_D}{2\left(\dfrac{\rho_s}{\rho}+\dfrac{1}{2}\right)L_1}$ 代入式(3.59)并进行积分,水面初始条件 $t=0$,$u_s=0$,$u=u_m$,则砂枕在动水中的运动速度为

$$\frac{\mathrm{d}x}{\mathrm{d}t} = u_s = u - \frac{u_m}{1+ku_m t} \tag{3.84}$$

可见,砂枕的运动速度沿水深是变化的,对式(3.83)积分,初始条件 $t=0$,$x=0$,可求得

$$x = \frac{hv}{\omega}\left[1-\left(1-\frac{t}{T}\right)^{m+1}\right] - \frac{1}{k}\ln\left[1+k(1+m)vt\right] \tag{3.85}$$

当 $t=T$ 时,砂枕落到床面,可求得砂枕移距公式为

$$x_d = \frac{hv}{\omega} - \frac{1}{k}\ln\left[1+k(1+m)\frac{hv}{\omega}\right] \tag{3.86}$$

式中:v 为垂线平均流速;h 为水深;ω 为砂枕的下沉速度;m 为流速指数,根据天然河道情况,一般取 $m=\dfrac{1}{6}$,本次试验测得八卦洲洲头 $m=0.109$。从上式可见,流速指数对砂枕运动轨迹的影响十分明显,因此,需要考虑水流的垂向分布。

将式(3.60)代入式(3.59),进行积分可得到砂枕在动水中的相对运动速度为

$$u - u_s = \frac{B_0 u_m}{(B_0 + C_0 u_m)\exp(B_0 t) - C_0 u_m} \tag{3.87}$$

将上式沿相对水深在 $\eta = 0-1$ 内积分,可推出砂枕的平均相对速度为

$$\overline{u-u_s} = \int_0^1 (u-u_s)\mathrm{d}\eta =$$

$$\int_0^T \frac{B_0 u_m}{(B_0+C_0 u_m)\exp(B_0 t)-C_0 u_m} \cdot \frac{1}{T}\mathrm{d}t = \frac{1}{TC_0}\ln\frac{1-A_0\exp(-B_0 t)}{1-A_0} \tag{3.88}$$

由式(3.61)可推求出,其平均相对运动速度对应的有效雷诺数为

$$Re_* = \frac{(u-u_s)d_s}{\nu} = \frac{d_s}{TC_0\nu}\ln\frac{1-A_0\exp(-B_0 t)}{1-A_0} \tag{3.89}$$

由式(3.60)推出有效推移力系数

$$C_D = \frac{M_1}{Re_*} + N_1 = \frac{M_1 TC_0\nu}{d_s\ln\dfrac{1-A_0\exp(-B_0 t)}{1-A_0}} + N_1 \tag{3.90}$$

其中,取 $M_1 = 24$;N_1 可由式(3.62)计算得出,砂枕的下沉速度可直接使用毛世民的研究成果 $\omega = 1.12(Mg)^{\frac{1}{6}}$ 进行求解,本次计算使用由式(3.45)推求出的结果 $\omega = 1.054 \times \sqrt{\frac{\rho_s - \rho}{\rho} gd} = 0.88\sqrt{gd}$。

此外,已知水流条件和砂枕的物理特征,可推出相应的综合系数 k 为

$$k = C_0 \left(1 - B_0 T \ln \frac{1 - A_0}{1 - A_0 \exp(-B_0 t)} \right) \tag{3.91}$$

3.3.2 砂枕着床稳定移距

沉落于河底的砂枕,不仅会受到床面水流的推移作用,还会受到前期运动的惯性作用影响。因此,砂枕与床面碰撞后,可能还具有一定的初速度,继续向前运动。砂枕主要受到水流的推移作用力、砂枕做变加速运动的惯性力和砂枕沿床面运动的摩擦力,砂枕沉降到床面后是否会继续运动,主要是由这 3 种力综合作用的结果决定的。

水流的推移作用力为

$$F_1 = C_{Dd} k_1 \cdot \frac{\pi}{4} \rho d_1 d_2 \frac{\left(u_d - \frac{dx}{dt}\right)^2}{2} \tag{3.92}$$

式中:C_{Dd} 为在床面上水流推移力系数;u_d 为水流对砂枕的作用流速;$u_s = \frac{dx}{dt}$ 为任一时刻砂枕在床面上的运动速度。

砂枕做变加速运动的惯性力为

$$F_2 = k_1 \cdot \frac{\pi}{4} \left(\frac{\rho_s}{\rho} + \frac{1}{2}\right) \rho d_1 d_2 L_1 \frac{d^2 x}{dt^2} \tag{3.93}$$

砂枕沿床面运动的摩擦力为

$$F_3 = \left[k_1 \cdot \frac{\pi}{4}(\rho_s - \rho)gd_1 d_2 L_1 - C_L \rho d_2 L_1 \frac{\left(u_d - \frac{dx}{dt}\right)^2}{2} \right] f \tag{3.94}$$

式中:C_L 为床面上举力的阻力系数;f 为砂枕在水下的摩擦系数。

由此可推出砂枕沿床面运动的平衡方程为

$$\frac{du_R}{dt} = \frac{C_{Dd} k_1 \pi d_1 + 4 C_L f L_1}{k_1 \pi (2 a_{rs} + 3) d_1 L_1} \left[\frac{2 k_1 \pi f a_{rs} g d_1 L_1}{C_{Dd} k_1 \pi d_1 + 4 C_L f L_1} - u_R^2\right] = p(q^2 - u_R^2) \tag{3.95}$$

式中:$u_R = u_d - \frac{dx}{dt}$;$a_{rs} = \frac{\rho_s - \rho}{\rho}$。

记作 $D = \frac{q + u_d - u_{s0}}{q - u_d + u_{s0}}$,对式(3.93)进行积分,代入初始条件 $t = 0$,$\frac{dx}{dt} = u_{s0}$,可得

$$u_R = u_d - \frac{dx}{dt} = q\frac{D\exp(2pqt)-1}{D\exp(2pqt)+1} \tag{3.96}$$

砂枕从触碰床面到稳定所经历的总时间记作 T_c，当 $t=T_c$ 时，$\frac{dx}{dt}=0$，由式(3.94)可得出稳定历时

$$T_c = \frac{1}{2pq}\ln\frac{q+u_d}{D(q-u_d)} = \frac{1}{2pq}\ln\frac{1+\dfrac{u_d}{q-u_d}}{1-\dfrac{u_{s0}}{q+u_d}} \tag{3.97}$$

式(3.94)成立的条件为 $u_d < q$，考虑临界状态 $u_d = q$，则床面上水流对砂枕的作用流速和砂枕的稳定流速分别为

$$u_d = \sqrt{\frac{2k_1\pi f a_{rs} g d_1 L_1}{C_{Dt}k_1\pi d_1 + 4C_L f L_1}}$$

$$U_c = \frac{2^m}{1+m}\left(\frac{H}{d_1}\right)^m\sqrt{\frac{2k_1\pi f a_{rs} g d_1 L_1}{C_{Dt}k_1\pi d_1 + 4C_L f L_1}} \tag{3.98}$$

式(3.96)中的稳定流速为砂枕沉落至床面时止动的临界条件。由于砂枕漂移是从运动到静止的过程，故 U_c 不是砂枕的起动流速，而应该是砂枕的止动流速。但是，由于本次砂枕抛投试验是使用开驳船进行抛投，砂枕抛投后的初速度几乎为零，因此砂枕的起动流速等于止动流速。当 $u_d \geq U_c$ 时，砂枕始终处于运动状态，其稳定时间 $T_c \to \infty$；当 $u_d < U_c$ 时，砂枕会具有有限的稳定时间和二次漂距。由式(3.96)可得

$$\frac{dx}{dt} = u_d - q\frac{D\exp(2pqt)-1}{D\exp(2pqt)+1} \tag{3.99}$$

对式(3.97)进行积分，由初始条件 $t=0$，$x=0$，可推出

$$x = \left(u_d + \frac{q}{D}\right)t + \frac{1}{pD}\ln\frac{1+D}{1+D\exp(2pqt)+1} \tag{3.100}$$

上式所描述的是砂枕触碰到床面后表现的一般运动规律，当 $t=T_c$ 时，$x=x_c$，代入式(3.98)，可推出砂枕的二次漂距公式

$$x_c = \left(u_d + \frac{q}{D}\right)T_c + \frac{1}{k_c pD}\ln\frac{1+D}{1+D\exp(2pqT_c)+1} \tag{3.101}$$

式中：$p = \dfrac{C_{Dt}k_1\pi d_1 + 4C_L f L_1}{k_1\pi(2a_{rs}+3)d_1 L_1}$；$q = \sqrt{\dfrac{2k_1\pi f a_{rs} g d_1 L_1}{C_{Dt}k_1\pi d_1 + 4C_L f L_1}}$；$u_d = u_m\left(\dfrac{d_1}{2h}\right)^m$；$u_{s0} = \zeta u_{sd}$，$\zeta(<1)$ 为碰撞损失系数；k_c 为修正系数，根据试验数据拟合出 $k_c = 2.5$；u_{sd} 为砂枕接触床面时的运动速度，当 $t=T$ 时，$u=u_d$、$u_s=u_{sd}$，可得到 $u_{sd} = u_d - \dfrac{u_m}{(1+ku_m T)}$，由于在砂枕与床面碰撞的过程中会产生损失，因此 $u_{s0} = \zeta\left[u_d - \dfrac{u_m}{(1+ku_m T)}\right]$；阻力系数为河底 $\dfrac{d_1}{2h}$ 处的相对流速 $u-u_s$ 的函数，取上举力系数 $C_L = 0.18$；床面推移力系数

$C_{Dt}=0.7$。通过试验测定及查阅资料得出碰撞系数 $\zeta = 0.69$ 和摩擦系数 $f = 0.94$。

从式(3.98)可以看出,在水深和水流流速不变的情况下,砂枕的粒径越小,二次漂距 x_c 越大,即床面上的砂枕越不稳定;在砂枕的粒径和水流流速不变的情况下,水深越大,二次漂距 x_c 越大,即床面上的砂枕越不稳定。

3.3.3 砂枕的漂距公式推导

结合砂枕的移距和二次漂距公式推导成果,对漂距公式进行汇总,得到砂枕在水平方向上的总移距为

$$x_T = x_d + x_c \tag{3.102}$$

1. 基本公式法

假定砂枕在垂向始终保持为匀速下沉,水平方向采用平均流速的方法推出砂枕的移距公式 $x_d = 1.123 \dfrac{vh}{M^{1/6}}$,结合砂枕的二次漂距公式,可推出砂枕的漂距公式为 $x_T = 1.123 \dfrac{vh}{M^{1/6}} + \left(u_d + \dfrac{q}{D}\right)T_c + \dfrac{1}{pD}\ln\dfrac{1+D}{1+D\exp(2pqT_c)+1}$。

2. 惯性力法

考虑到砂枕入水后,在水平方向受到水流的推移力,竖直方向受到重力作用,在运动过程中因变加速运动还会产生惯性力,根据动力平衡方程,推出砂枕在动水中的移距方程为 $x_d = \dfrac{hv}{\omega} + \dfrac{1}{C_0}\ln\dfrac{1-A_0}{1-A_0\exp\left(-B_0\dfrac{h}{\omega}\right)}$,则砂枕的漂距公式为

$$x_T = \dfrac{hv}{\omega} + \dfrac{1}{C_0}\ln\dfrac{1-A_0}{1-A_0\exp\left(-B_0\dfrac{h}{\omega}\right)} + \left(u_d + \dfrac{q}{D}\right)T_c + \dfrac{1}{pD}\ln\dfrac{1+D}{1+D\exp(2pqT_c)+1} \tag{3.103}$$

3. 绕流阻力法

砂枕入水后,受到重力和绕流阻力的影响,开始下沉时进入加速阶段,达到平衡后进入匀速阶段。通过对砂枕进行竖向受力分析,推算砂枕的沉降时间,并且建立砂枕落距的微分方程,进行积分,结合垂线平均流速,推求出砂枕的移距公式 $x_d = vt - \dfrac{L_1}{K_2}\ln\left(1+\dfrac{K_2}{L_1}vt\right)$,结合砂枕的二次漂距公式,可推出砂枕的漂距公式为

$$x_T = vt - \dfrac{L_1}{K_2}\ln\left(1+\dfrac{K_2}{L_1}vt\right) + \left(u_d + \dfrac{q}{D}\right)T_c + \dfrac{1}{k_cpD}\ln\dfrac{1+D}{1+D\exp(2pqT_c)+1} \tag{3.104}$$

4. 综合系数法

根据水流的动力平衡方程,考虑水流结构对移距的影响,确定综合系数 k 的表达式,

求得砂枕的移距公式 $x_d = \dfrac{hv}{\omega} - \dfrac{1}{k}\ln\left[1 + k(1+m)\dfrac{hv}{\omega}\right]$,则砂枕的漂距公式为

$$x_T = \frac{hv}{\omega} - \frac{1}{k}\ln\left[1 + k(1+m)\frac{hv}{\omega}\right] + \left(u_d + \frac{q}{D}\right)T_c + \frac{1}{pD}\ln\frac{1+D}{1+D\exp(2pqT_c)+1} \tag{3.105}$$

3.4 砂枕水下运动规律研究

3.4.1 现场试验

1. 试验区

试验区选在水流复杂多变的洲头,试验时选择了相对平坦的区域(图 3.15),施工区域高程 −5～−41 m,按照从上游向下游、从底部到顶部的顺序施工,根据船舱尺寸将施工区划分为 30 m×30 m 的区格,准确定位,定量抛投。试验区域示意图如图 3.16 所示。

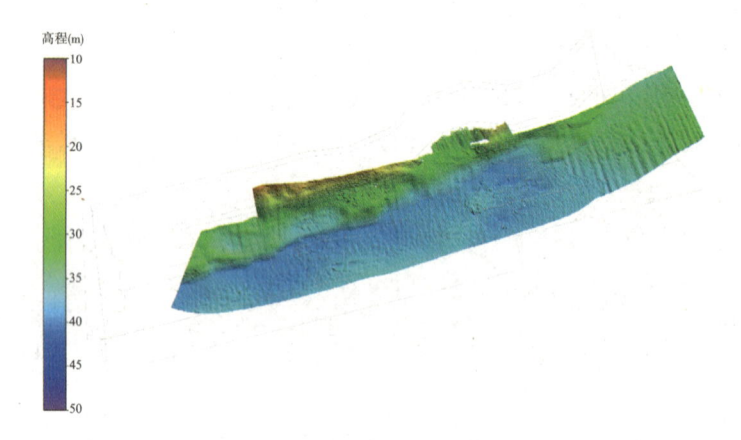

图 3.15 岸坡多波束效果图

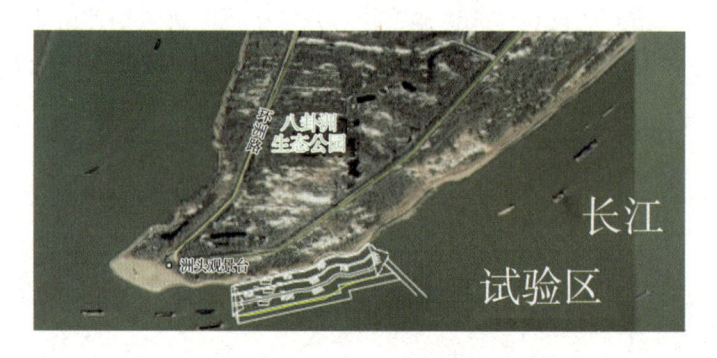

图 3.16 开体驳抛投工艺试验区域示意图

2. 试验方案

根据施工图和抛枕船的大小,将试验区域划分为宽 3 m 的条形小区格进行抛投,每个船位依次错开 3 m。

本试验使用的枕袋是由幅宽 3.88 m、规格 170 g/m² 的单层聚丙烯编织布制成,枕袋的设计尺寸为直径 $d_0 = 1.2$ m,长度 $L = 10$ m。黄家洲边滩采砂区为袋装砂枕的充填砂源。通过含水率和充盈率试验数据可以看出,当砂枕充填时间不小于 8 min 时,充盈率基本可达到设计要求的 70%。

表 3.6 现场试验主要仪器设备

仪器设备	用途
运输设备	运输船
抛投设备	开体驳式抛枕船
定位设备	GPS 定位仪
测量流速设备	ADCP
测量水深设备	测深仪
测量地形设备	多波束系统
开体驳	抛枕船
其他设备	吸砂船、交通船、警戒船

现场试验主要仪器设备如表 3.6 所示。开体驳抛投是一种新型的抛投工艺,工艺原理见图 3.17。该工艺是直接在开体驳舱体内完成枕袋充砂,然后打开舱底将砂枕群体抛投至河床。在使用铺排船翻板滑抛工艺进行砂枕抛投时,一次只能抛投一层砂枕;使用开体驳抛投工艺时,一次可完成多层砂枕的抛投。砂枕抛投工艺流程:试验区网格划分→定位船定位→枕袋充砂(第一层枕袋充砂、第二层枕袋充砂、第三层枕袋充砂)→打开开体驳舱底→抛投砂枕→移动定位船→定位船定位。

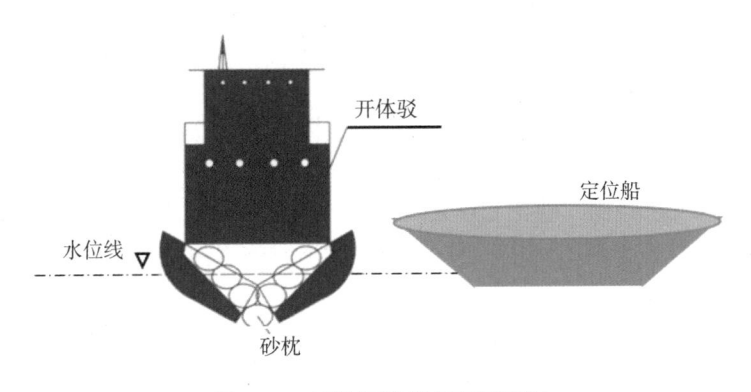

图 3.17 开体驳抛投工艺示意图

在一次抛投结束后,移动定位船并重新定位,再次对砂枕充砂。最后在结束抛投后,使用多波束进行水下地形测量,并与抛前水下地形对比分析,根据增厚率来确定砂枕落点。砂枕抛投试验流程如图 3.18 所示。

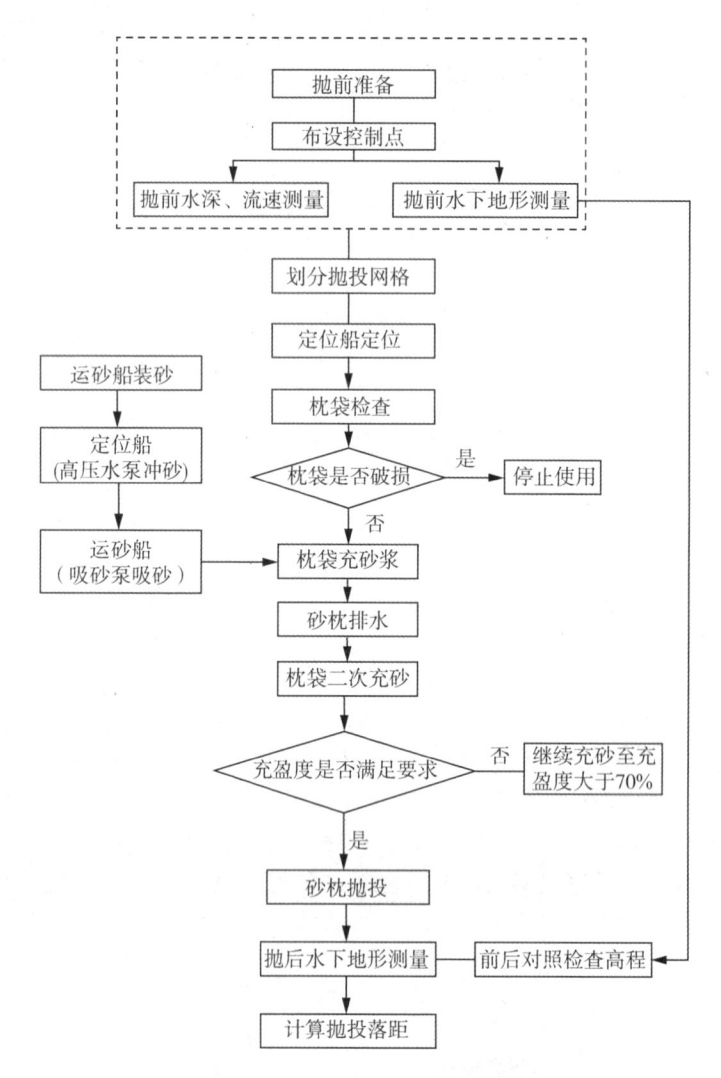

图 3.18 砂枕抛投试验流程图

充砂现场见图 3.19,首先在开体驳舱体内进行砂枕充砂,横向 3 排,纵向 2 列,垂向 5～6 层,每舱共 33 包砂枕。砂枕充填完成后,缓缓打开舱体,江水逐渐进入舱体内,待舱体完全打开后,砂枕全部落入水中,记录抛投位置实时的水深、水位数据,抛投结束后使用多波束测深系统进行水下地形测量。

由于八卦洲水况复杂,特别是洲头处,几种流向同时出现,流态极为紊乱,砂枕的落床位置变化较大,故抛投前分别进行三组控制变量试验,掌握砂枕的漂移规律。而后在不同水深处,进行抛投不同重量的砂枕试验,测出多组数据,统计分析砂枕的落点距离与流速、砂枕重量之间的关系。砂枕抛投试验选择在无风无雨的晴天进行,抛投后及时检测,并进行必要的补抛。

图 3.19　开体驳砂枕抛投工艺充砂现场

3. 试验结果分析

三组控制变量试验,水深、流速、砂枕重量为自变量,砂枕的漂距为因变量,保证两组自变量相同,改变另外一组自变量,分析漂距变化的规律如下。

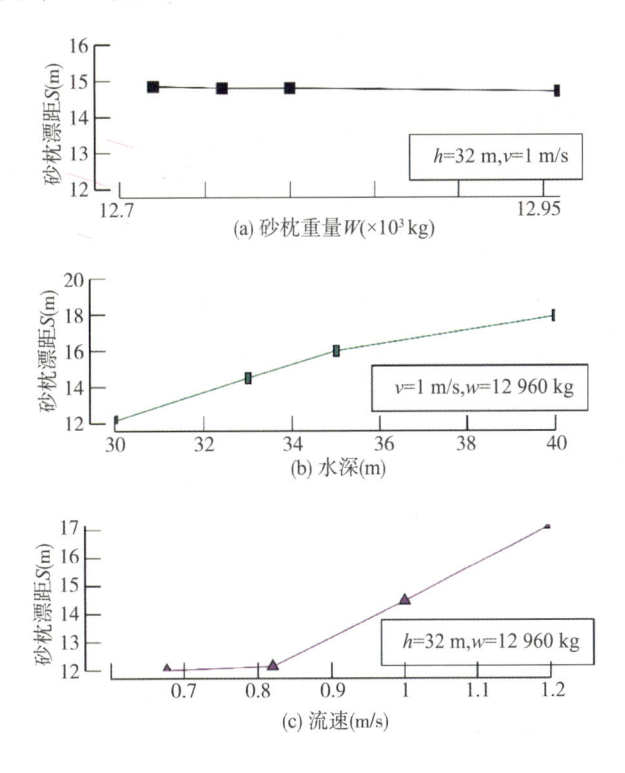

图 3.20　砂枕漂距影响因素关系图

首先,试验区水流流速为 1 m/s,水深为 32 m,抛枕重量分别为 12 720 kg、12 760 kg、12 800 kg、12 960 kg,对砂枕抛投产生的漂距进行分析。如图 3.20(a)所示,砂枕重量对砂枕漂距的影响较小。当水深和流速相同时,砂枕漂距大小与砂枕重量成反比,砂枕重量越大,砂枕漂距越小。

接下来,试验区水流流速为 1 m/s,抛枕重量为 12 960 kg 的砂枕,水深分别为 30 m、

33 m、35 m、40 m,对砂枕抛投产生的漂距进行分析。如图3.20(b)所示,水深对砂枕漂距的影响较明显,当水流速度和砂枕重量相同时,砂枕漂距大小与水深成正比,水深越大,砂枕漂距越大。

试验区水深为32 m,抛枕重量为12 960 kg,水流速度分别为0.677 m/s、0.82 m/s、1.00 m/s、1.2 m/s,对砂枕抛投产生的漂距进行分析。如图3.20(c)所示,水流速度对砂枕漂距的影响明显,当水深和砂枕重量相同时,砂枕漂距大小与水流速度成正比,流速越大,砂枕漂距越大;反之,流速越小,砂枕漂距越小。

分析可知,水深、流速是影响砂枕漂距大小的主要因素,而砂枕重量对砂枕漂距的影响居于次要地位。

综合来看,砂枕漂移方向主要受水流流向的影响,砂枕的漂距主要受水流速度和水深的影响,随着流速的增大而增大,随着水深的增大而增大。而且,砂枕的漂距受流速影响最大,当水深和砂枕重量一定时,砂枕下沉时间相同,砂枕产生水平运动的时间也相同,若水流速度变大,砂枕的漂距也会相应变大。

由试验结果分析可知,水深越大,砂枕到达水底所需时间越久,砂枕水平方向产生运动的时间越久。因此,在流速和砂枕自身重量一定的情况下,水深变大,砂枕相应的漂距也会增大。

此外,砂枕自身重量对砂枕的漂距也有一定的影响,砂枕自身重量越大,砂枕下沉速度越大,下沉时间越短,砂枕水平运动的时间也越短。因此,在水深和水流速度一定的情况下,砂枕重量越大,砂枕漂距越小。

水深一定时,水流速度越大,砂枕的漂距越大。可是,当水深较大时,砂枕在水中容易发生翻转,导致一部分能量被消耗掉,最终漂距减小,而且落点也会比较散乱,这样使用砂枕漂距公式计算的漂距误差便会加大。因此,深水大流速工况对砂枕抛投施工较为不利。

3.4.2 砂枕漂距公式分析及验证

根据砂枕的移距公式和二次漂距公式,推出砂枕的实际漂距公式。现分别将垂线分层流速和指数型垂线流速分布公式代入砂枕的漂距公式进行验证,并分别设立了5%、10%和15%三个误差带(相对误差越小,所在误差带颜色越深),用来做相对误差分析。由于在进行开体驳试验一次性抛投33包砂枕,通过水下地形的增厚值判断砂枕的落距,因此一组漂距值代表33包砂枕的落距,虽然6组砂枕漂距看似很少,但是代表性是足够的。

1. 基本公式法

(1) 垂线流速采用分层流速分布形式的移距公式为 $x_d = \dfrac{u_m h}{M^{1/6}}$,则砂枕的漂距公式为

$$x_T = \frac{u_m h}{M^{1/6}} + \left(u_d + \frac{q}{D}\right)T_c + \frac{1}{pD}\ln\frac{1+D}{1+D\exp(2pqT_c)+1} \quad (3.106)$$

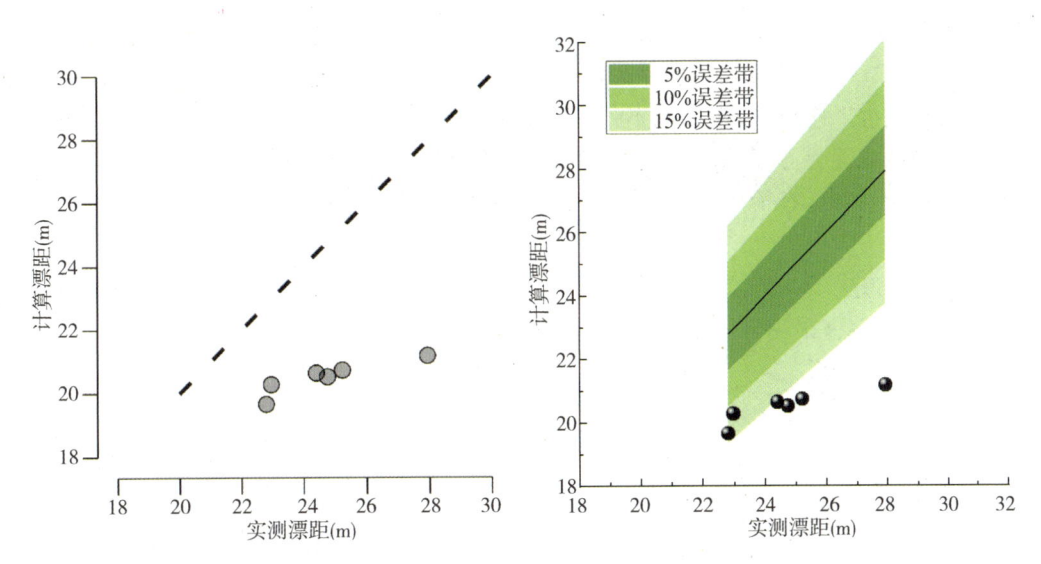

图 3.21　垂线分层流速下砂枕漂距验证　　图 3.22　垂线分层流速下计算漂距误差

由图 3.21 和图 3.22 可知,将垂线流速视作分层流速分布时,计算漂距值较小,与实测漂距值的相对误差均超过 10%,有的甚至超过 15%,误差较大。

(2) 垂线流速采用指数流速分布形式的移距公式为 $x_d = 0.963\dfrac{u_m h}{M^{1/6}}$,则砂枕的漂距公式为

$$x_T = 0.963\frac{u_m h}{M^{1/6}} + \left(u_d + \frac{q}{D}\right)T_c + \frac{1}{pD}\ln\frac{1+D}{1+D\exp(2pqT_c)+1} \quad (3.107)$$

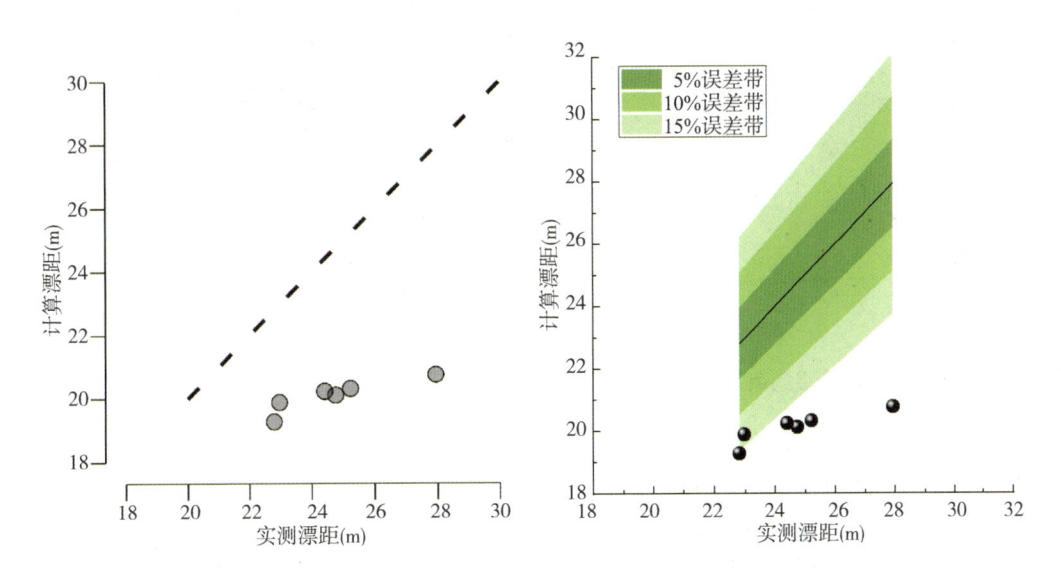

图 3.23　指数型垂线流速下砂枕漂距验证　　图 3.24　指数型垂线流速下计算漂距误差

由图 3.23 可知,将垂线流速视作指数型流速分布时,计算漂距值不是很理想,比实测值小得多。由图 3.24 可知,计算漂距值与实测漂距值的相对误差均大于 10%,而且大多

在15%以上,误差较大。

因此,在使用基本公式法推导出的漂距公式进行漂距计算时,得出的漂距计算值偏小,且与实测值差距较大,故由基本公式法推导出的漂距公式不适用于砂枕漂距计算。此外,使用指数流速分布得出的漂距值较使用垂线分层流速得出的漂距值小,与实测漂距值的差距更大。因此,在流速垂向分布为指数流速分布的河流中,尽量避免使用基本公式法的漂距公式。

2. 惯性力法

(1) 垂线流速采用分层流速分布形式时,平均流速为

$$v = \frac{\int_0^h u\,\mathrm{d}y}{h} = 0.892\,u_m \tag{3.108}$$

代入砂枕的漂距公式可得

$$x_T = 0.892\frac{hu_m}{\omega} + \frac{1}{C_0}\ln\frac{1-A_0}{1-A_0\exp\left(-B_0\dfrac{h}{\omega}\right)} + \\ \left(u_d + \frac{q}{D}\right)T_c + \frac{1}{pD}\ln\frac{1+D}{1+D\exp(2pq\,T_c)+1} \tag{3.109}$$

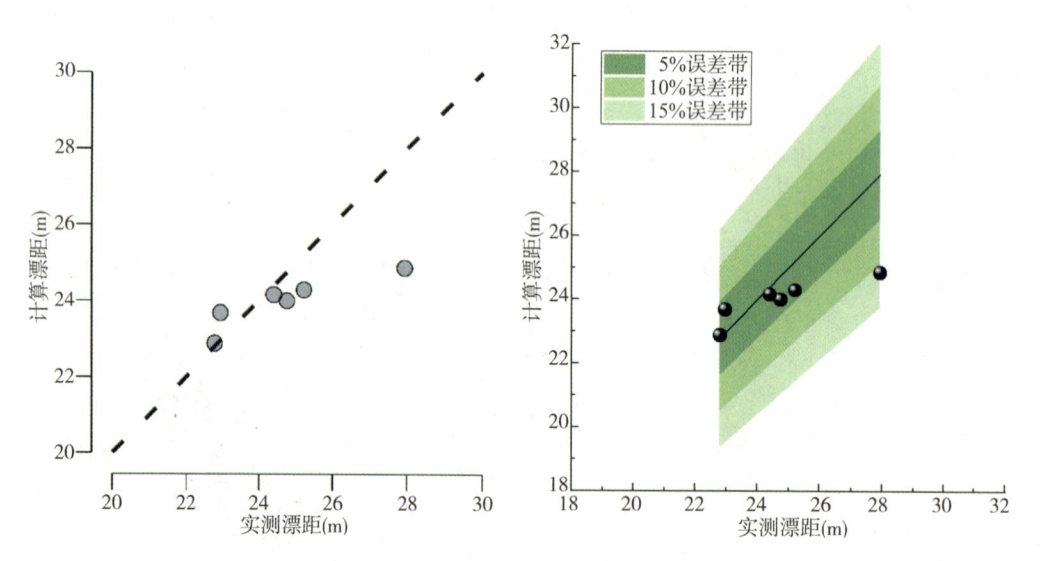

图 3.25　垂线分层流速下砂枕漂距验证　　图 3.26　垂线分层流速下计算漂距误差

由图 3.25 和图 3.26 可知,将垂线流速视作分层流速分布时,计算漂距值与实测漂距值相符,除一组数据的相对误差在 10% 左右,其他组的相对误差基本上均在 5% 以内。

(2) 垂线流速采用指数流速分布形式时平均流速 $v = \dfrac{\int_0^h u\,\mathrm{d}y}{h} = 0.858\,u_m$,则砂枕的漂距公式为

$$x_T = 0.858\frac{hu_m}{\omega} + \frac{1}{C_0}\ln\frac{1-A_0}{1-A_0\exp\left(-B_0\dfrac{h}{\omega}\right)} +$$

$$\left(u_d + \frac{q}{D}\right)T_c + \frac{1}{pD}\ln\frac{1+D}{1+D\exp(2pq\,T_c)+1} \tag{3.110}$$

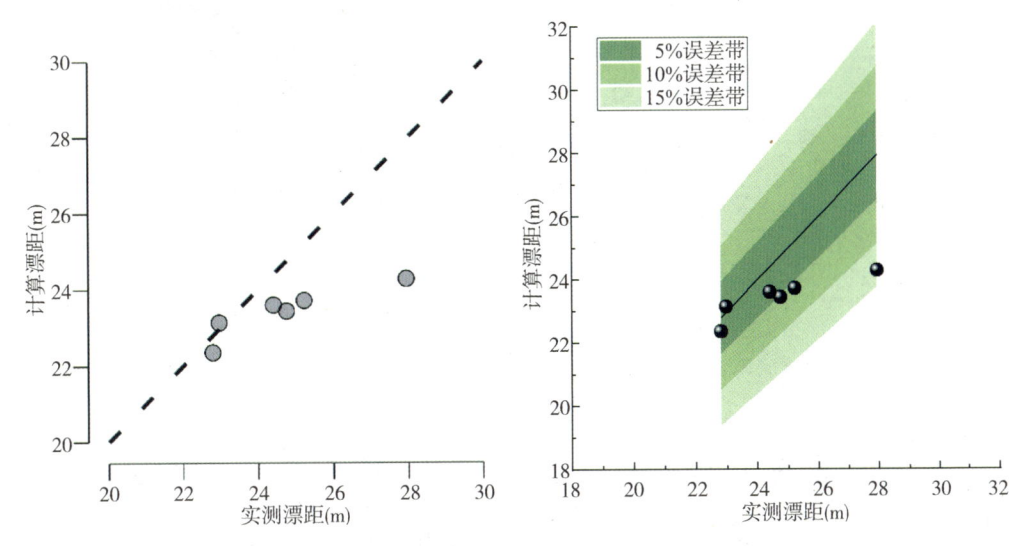

图 3.27 指数型垂线流速下砂枕漂距验证　　图 3.28 指数型垂线流速下计算漂距误差

由图 3.27 和图 3.28 可知,将垂线流速视作指数型流速分布时,计算漂距值与实测漂距值拟合较好,仅一组数据的相对误差超过 10%（仍在 15% 以内),其余组数据的相对误差均在 10% 以内。

因此,使用惯性力法推导出的公式进行漂距计算时,得出的漂距计算值较符合实际漂距测量值。尽管使用指数型流速分布得出的漂距值较使用垂线分层流速计算的漂距值略小,但是误差在合理的范围内。当河流的垂向流速为指数型流速分布时,可以使用由惯性力法推导出的漂距计算公式。

3. 绕流阻力法

(1) 垂线流速采用分层流速分布形式时,平均流速 $v = \dfrac{\int_0^h u\mathrm{d}y}{h} = 0.892\,u_m$,代入砂枕的漂距公式可得

$$x_T = 0.892\,u_m t - \frac{L_1}{K_2}\ln\left(1 + 0.892\frac{K_2}{L_1}u_m t\right) +$$

$$\left(u_d + \frac{q}{D}\right)T_c + \frac{1}{k_c pD}\ln\frac{1+D}{1+D\exp(2pq\,T_c)+1} \tag{3.111}$$

由图 3.29 和图 3.30 可知,将垂线流速视作分层流速分布时,计算出的漂距值与实测漂距值大致相符,除一组数据的相对误差为 15% 左右,其余均在 10% 以内。

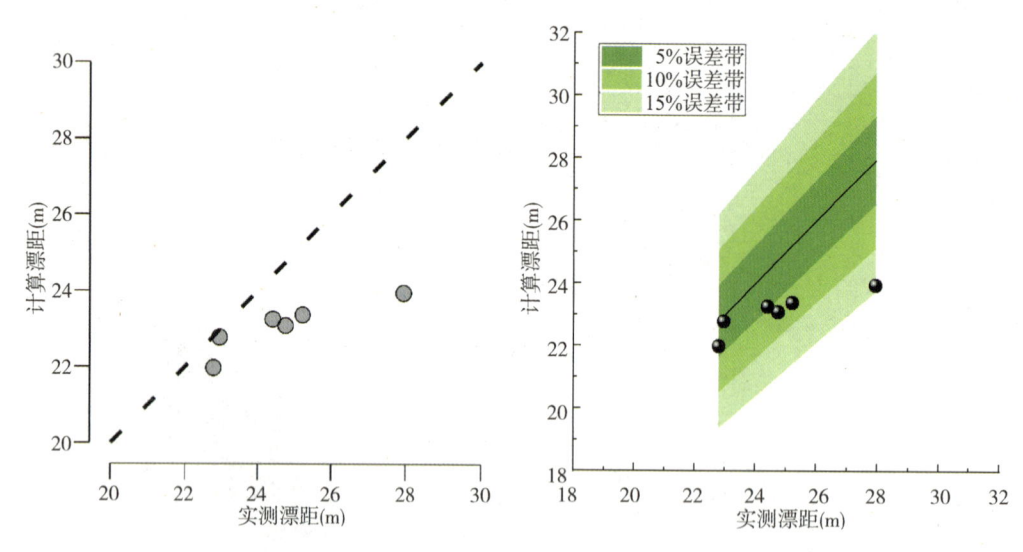

图 3.29　垂线分层流速下砂枕漂距验证　　图 3.30　垂线分层流速下计算漂距误差

（2）垂线流速采用指数流速分布形式时，平均流速 $v = \dfrac{\int_0^h u \mathrm{d}y}{h} = 0.858\, u_m$，则砂枕的漂距公式为

$$x_T = 0.858\, u_m t - \frac{L_1}{K_2}\ln\left(1+0.858\frac{K_2}{L_1} u_m t\right) + \left(u_d + \frac{q}{D}\right)T_c + \frac{1}{k_c pD}\ln\frac{1+D}{1+D\exp(2pq\, T_c)+1} \quad (3.112)$$

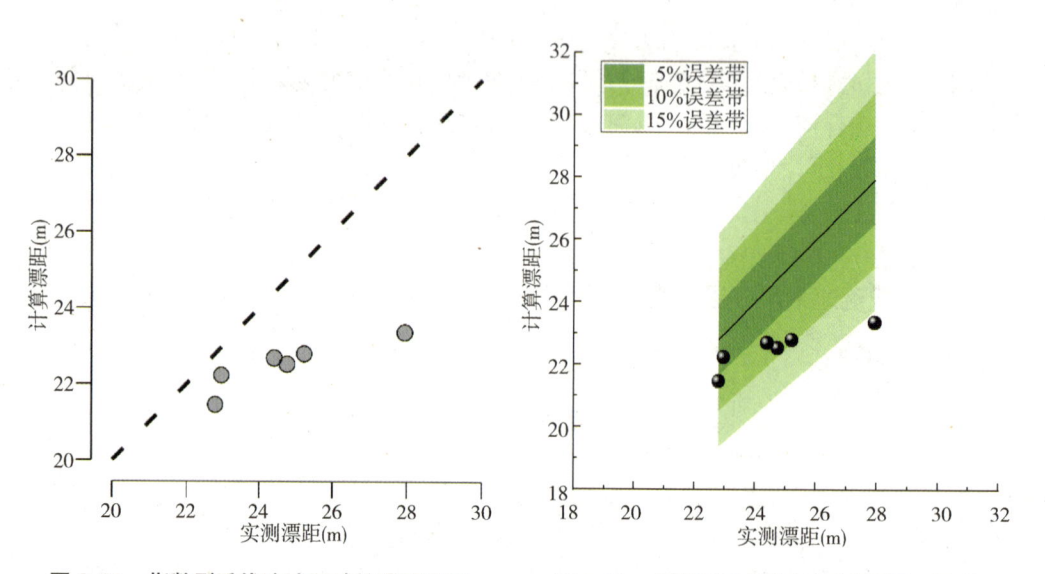

图 3.31　指数型垂线流速下砂枕漂距验证　　图 3.32　指数型垂线流速下计算漂距误差

由图 3.31 和图 3.32 可知，将垂线流速视为指数型流速分布时，计算出的漂距值较实测值小，除一组数据的相对误差超过 15%，其余均在 10% 以内。综合来看，误差在合理范

围内。

因此，使用绕流阻力法计算的漂距值较实测值小，尽管拟合效果没有惯性力法推导的漂距公式好，但是比基本公式法的漂距计算值合理。

4. 综合系数法

(1) 垂线流速采用分层流速分布形式时平均流速 $v = \dfrac{\int_0^h u\,dy}{h} = 0.892\,u_m$，代入砂枕的漂距公式可得

$$x_T = 0.892\frac{hu_m}{\omega} - \frac{1}{k}\ln\left[1 + 0.892k(1+m)\frac{hu_m}{\omega}\right] +$$
$$\left(u_d + \frac{q}{D}\right)T_c + \frac{1}{pD}\ln\frac{1+D}{1+D\exp(2pq\,T_c)+1} \tag{3.113}$$

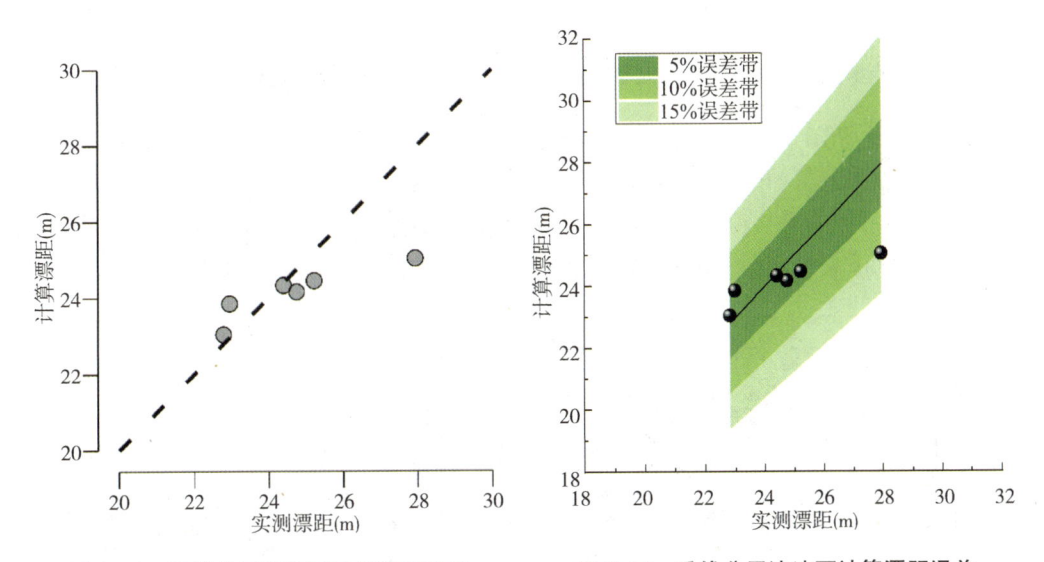

图 3.33　垂线分层流速下砂枕漂距验证　　图 3.34　垂线分层流速下计算漂距误差

由图 3.33 和图 3.34 可知，将垂线流速视作分层流速分布时，计算出的漂距值较精准，相对误差基本上均在 10% 以内，且大多小于 5%。

(2) 垂线流速采用指数流速分布形式时平均流速 $v = \dfrac{\int_0^h u\,dy}{h} = 0.858\,u_m$，则砂枕的漂距公式为

$$x_T = 0.858\frac{hu_m}{\omega} - \frac{1}{k}\ln\left[1 + 0.858k(1+m)\frac{hu_m}{\omega}\right] +$$
$$\left(u_d + \frac{q}{D}\right)T_c + \frac{1}{pD}\ln\frac{1+D}{1+D\exp(2pq\,T_c)+1} \tag{3.114}$$

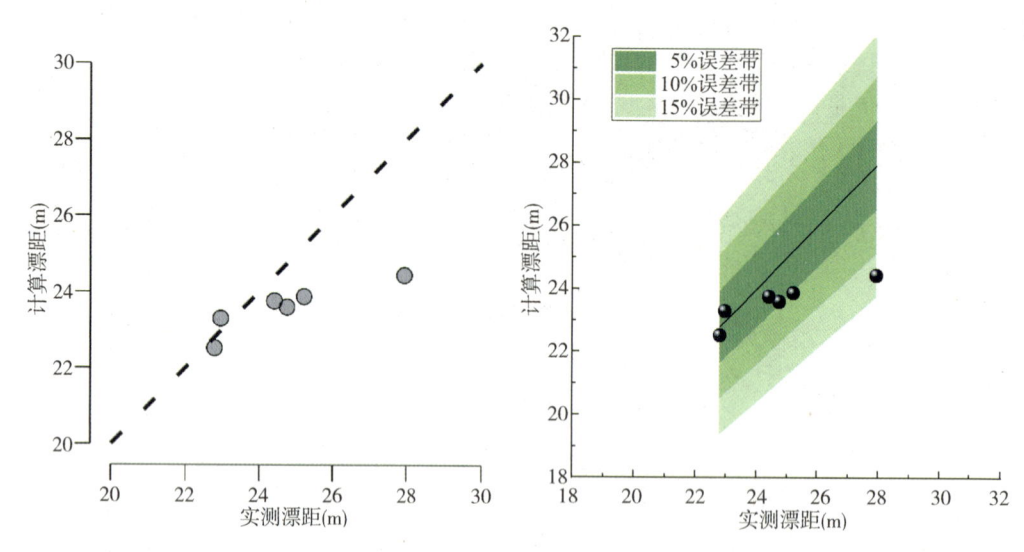

图 3.35　指数型垂线流速下砂枕漂距验证　　图 3.36　指数型垂线流速下计算漂距误差

由图 3.35 和图 3.36 可知,将垂线流速视为指数流速分布时,计算出的漂距值与实测漂距值拟合效果较好,相对误差均在 15% 以内,且大多不超过 5%。

因此,当河流的垂线流速为指数流速分布时,可以使用综合系数法推出的漂距公式,对砂枕进行水下精准定位。根据四种漂距公式推求的计算漂距对比分析如下。

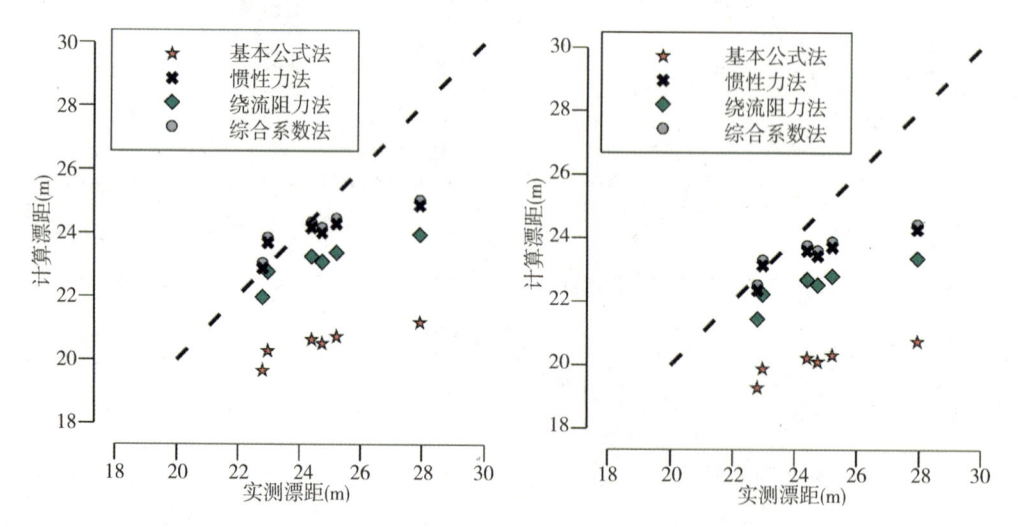

图 3.37　垂线分层流速下计算漂距对比　　图 3.38　指数型垂线流速下计算漂距对比

由图 3.37 和图 3.38 可知,使用综合系数法和惯性力法推导出的砂枕漂距公式均符合砂枕在水下的运动规律,且使用综合系数法计算的漂距值更准确;使用基本公式法和绕流阻力法推导的砂枕漂距公式计算出的漂距值偏小,且使用基本公式法计算的漂距值较实测值小得多。

3.5　本章小结

本章采用理论推导及数值分析的方法,结合抛石现场试验研究块石水下漂移两阶段运动过程,取得了如下研究成果和结论。

(1) 根据块石入水后的下落过程,分两部分介绍了块石的运动过程,并给出了块石水下漂移距离以及着床稳定距离计算公式。开展抛石现场抛投试验,通过研发的一种高精度块石漂移路径获取装置得到了不同水深、不同流速、不同块石重量下的漂移路径。

(2) 引入质量-弹簧-阻尼系统,建立了抛石从入水到着床稳定全过程的计算模型并与现场抛石试验结果进行对比分析,结果表明,模型可以较好地模拟块石从入水到着床稳定的全过程。

(3) 由计算结果可知,虽然接近床面时水流流速急剧减小,但是块石的流速减幅较慢,在着床时仍然有 0.8 倍的平均水流流速,随着流速分布指数的减小,块石速度从最大开始减小的幅度也越慢,这就代表流速分布指数的减小使得块石着床时拥有更大的初始速度。

(4) 基于高斯噪音的碰撞理论对群体块石漂移距离进行模拟计算,结果表明均匀块石的群抛落距略小于单块石落距,整体差别小于 10%,均匀群体抛投落距可用单块石落距代替,级配不同的群抛结果几乎相同,表明级配不同对群抛试验的落距影响较小。

(5) 根据试验数据,结合理论分析,推导出砂枕的漂距公式。通过原位试验,结合理论研究,考虑砂枕的二次漂距,对砂枕在水中和水底移动过程进行受力分析,根据动力平衡方程,采用不同的角度,推导出 4 种砂枕漂距公式。

(6) 基本公式法是采用物体水平位移的基本公式,假定砂枕始终保持匀速下沉,因为砂枕的重力加速度较大,入水后能迅速达到均匀沉降,所以此方法是可行的;在惯性力法中,因为砂枕在不同水深处受到的水平推移力是变化的,所以在水平方向是一个变加速运动的过程,结合因变加速而产生的惯性力,考虑到虚质量力的影响,最终推导出砂枕在动水中的漂距公式。

(7) 绕流阻力法主要侧重于砂枕的垂向运动,考虑了砂枕下沉过程中受到的有效重力和绕流阻力,兼顾水平方向上水流对砂枕的作用力,运用牛顿第二定律,推导出砂枕的落距公式。

(8) 综合系数法是考虑抛体在接近槽底前有急速下沉的情况,结合水流速度垂向分布的实际情况,根据砂枕的物理特征,推出相应的综合系数 k 的求取公式(以往漂距公式中的综合系数较难确定)和砂枕漂距公式。这四种漂距公式中,使用惯性力法和综合系数法推导出的漂距公式适用性较好,相对误差均在 15% 以内,且大多不超过 10%。

第 4 章　基于水动力模拟的抛投体漂距预测

通常情况下,进行砂枕抛投施工前需要使用 ADCP 重复测量多次,测得多组数据,分析水流垂线流速分布公式,每次抛投前,还需测量水面流速,根据垂线流速分布公式和底层流速计算公式分别推求出平均流速和底层流速,步骤很烦琐。尽管使用 ADCP 重复测量求平均值的方法可以抵消一部分误差,但是由于 ADCP 会对水流造成一定的干扰,不可避免地会存在一定的误差,使用经验公式计算底层流速也会有误差,而且底层流速计算公式较复杂,还会给施工带来不便。Mike3 水动力模型能够较好地模拟三维流场的形态,常用于河流动力学,可计算水流的垂向各层流速和水深,不仅能够简化砂枕落距的计算步骤,还能减少测量误差,进行砂枕抛投的水下精准定位。根据长江下游三汊河至镇江站河段的水动力条件,建立了 Mike3 水动力模型。本章内容主要包括以下几个方面:

(1) 介绍水动力模型的基本原理和模型计算条件,包括网格划分、边界设置等。

(2) 结合验证测站的数据资料和砂枕抛投试验的时间节点,确定模型模拟时间。考虑到潮汐河段水流的特性,采用非结构性网格对其进行网格划分。八卦洲的洲头右缘深槽区是主要的试验区,水下地形较为复杂,为提高计算精度,对试验区及其附近的网格进行加密处理。

(3) 对模型参数进行率定,涡黏系数设定为 0.28;糙率高度根据地形设为 0.006。

(4) 根据河段模拟期内的实测资料,分别进行潮位、平均流速、流向、垂线分层流速验证。结果表明:水动力模型模拟结果较好,整体趋势和实测结果相同,符合相关规程要求的模拟精度。

4.1　研究区水动力模型构建

砂枕的漂距公式需在水流数据的驱动下才能使用,若每次抛前都测量水深和各层流速数据,步骤过于烦琐,现通过建立三维水动力模型,模拟三维流场的水流数据,为接下来砂枕漂距预测奠定基础。本次在建立 Mike3 水动力模型时,选用了 Sigma 垂向分层网格中的用户指定相对分层模式,将垂直域划分了六层,从下向上的厚度依次为 0.05、0.15、0.2、0.2、0.2、0.2,每层的顶部分别对应河流的相对水深 y/h(从河底至任意一点的相对距离)0.05、0.2、0.4、0.6、0.8、1(可视作 0.99)。由于 Mike3 水动力模型的输出模块需要包含水深、平均流速和分层流速要素,因此建立了二三维耦合模拟水动力模型,三维输出用于计算分层流速,二维输出主要用来计算水深和平均流速。

4.1.1 模型的基本原理

MIKE ZERO 是 DHI 公司开发的商业软件,可应用于水流、泥沙等的模拟,在国内应用广泛。其中,Mike3 水动力模块能够模拟三维流场的水动力要素,可用来研究垂线流速的变化规律。本书中选用水动力模块 Mike 3 Flow Model FM,它可计算多种外力和边界条件驱动下水流流速的垂向分布情况。

1. 求解格式

模型计算的时间和精度取决于计算数值方法所使用的求解格式精度。模型计算可以使用低阶或高阶的方法。低阶的方法计算速度快,但计算结果精度较差;高阶的方法计算精度高,但计算速度较慢。为便于计算,本次模型采用的是低阶的求解格式。

2. 基本方程

Mike3 水动力模型是基于三维不可压缩雷诺-斯托克斯方程的解,通过"涡粘"将紊动应力和时均流速梯度建立起联系,即 Boussinesq 涡粘假定。由于垂向加速度远小于重力加速度,所以垂向动量方程中的垂向加速度可忽略,近似采用静水压假定。

水流连续性方程为

$$\frac{\partial u}{\partial x} + \frac{\partial v}{\partial y} + \frac{\partial w}{\partial z} = S \tag{4.1}$$

水动力控制方程为

$$\frac{\partial u}{\partial t} + \frac{\partial u^2}{\partial x} + \frac{\partial vu}{\partial y} + \frac{\partial wu}{\partial z} = fv - g\frac{\partial \eta}{\partial x} - \frac{1}{\rho_0} \cdot \frac{\partial p_a}{\partial x} - \frac{g}{\rho_0}\int_z^\eta \frac{\partial \rho}{\partial x}dz - \frac{1}{\rho_0 h}\left(\frac{\partial S_{xx}}{\partial x} + \frac{\partial S_{xy}}{\partial y}\right) + F_u + \frac{\partial}{\partial z}\left(v_t\frac{\partial u}{\partial z}\right) + u_s S \tag{4.2}$$

$$\frac{\partial v}{\partial t} + \frac{\partial v^2}{\partial y} + \frac{\partial uv}{\partial x} + \frac{\partial wv}{\partial z} = -fu - g\frac{\partial \eta}{\partial y} - \frac{1}{\rho_0} \cdot \frac{\partial p_a}{\partial y} - \frac{g}{\rho_0}\int_z^\eta \frac{\partial \rho}{\partial y}dz - \frac{1}{\rho_0 h}\left(\frac{\partial S_{yx}}{\partial x} + \frac{\partial S_{yy}}{\partial y}\right) + F_v + \frac{\partial}{\partial z}\left(v_t\frac{\partial v}{\partial z}\right) + v_s S \tag{4.3}$$

式中:t 为时间;x、y、z 为笛卡尔坐标;η 为水面高程;d 为静水深;$h = \eta + d$ 为总水深;u、v、w 分别为 x、y、z 方向的分速度;$f = 2\Omega\sin\varphi$ 为科里奥利参数(Ω 为旋转角速度,φ 为地理纬度);g 为重力加速度;ρ 为水的密度;ρ_0 为水的参考密度;S_{xx}、S_{yy}、S_{xy}、S_{yx} 分别为辐射应力张量各方向的分量;v_t 为垂直湍流(或涡旋)黏度;P_a 为大气压;S 为点源产生的流量;u_s、v_s 为水排放到周围水的速度。

3. 数值解法

(1) 空间离散

空间离散采用有限体积法进行求解,将空间域的连续体细分为若干非重叠单元。当水动力模型为二维时,元素可以分为三角形和四边形;当水动力模型为三维时,需要考虑选用分层网格(如图 4.1 所示)。此时,模型在水平域中仍然使用非结构化网格,但是在垂直域中应当使用基于 Sigma 坐标的结构化网格,即垂直网格基于 Sigma 坐标和 Sigma/z 值水平混合分层两种不同的网格组成类型。

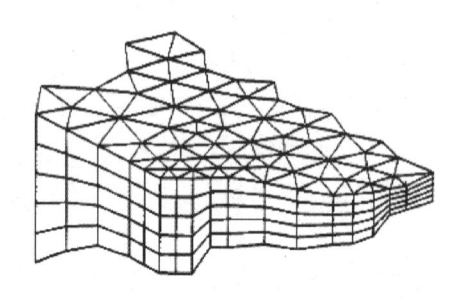

图 4.1 三维情况下的 mesh 示例

Sigma 垂向分层网格有三种 Sigma 坐标转换的方法(见图 4.2):均匀分层模式、用户指定相对分层模式和可变分层模式。均匀分层模式是在垂向上,任何两层网格的间距与总水深的比值相等;用户指定的相对分层模式是指垂向上各层网格相对于总水深的位置可根据需要进行指定,相对较为自由;而使用可变分层模式时,需指定三个 Sigma 坐标参数,该模式可以达到拉伸表底层厚度的效果。由于需要使用模型计算水流的分层流速,所以本次模型选用了用户指定相对分层模式,将垂直域从下向上的厚度依次分为 0.05、0.15、0.2、0.2、0.2、0.2,总共六层,对应河流的相对水深(从河底至水面)依次为 0.05、0.2、0.4、0.6、0.8、0.99。

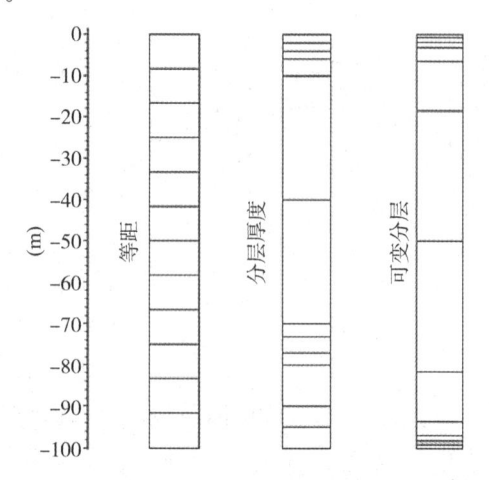

图 4.2 Sigma 垂向分层网格

Sigma/z 值水平混合分层是指在自由表面到指定的水位（Sigma 临界水位，单位为 m）之间应用 Sigma 坐标来分层；在指定的水位以下使用 z 值绝对坐标来分层。如果模型中考虑了干湿动边界，那么干湿变化的过程就会被限制在使用 Sigma 坐标的空间域中。所以，当模型中需要给定 Sigma 临界水位时，应当保证整个计算过程中的最低水位不小于 Sigma 临界水位。水平面可以是三角形，也可以是四边形，元素之间完全垂直且所有层都有相同的拓扑。

(2) 时间积分

时间积分的简化形式

$$\frac{\partial U}{\partial t} = G(U) \tag{4.4}$$

平面方向上的模拟，有以下两种求解方法：

如果采用低阶法求解，那么

$$U_{n+1} = U_n + \Delta t G(U_n) \tag{4.5}$$

如果采用高阶法求解，那么

$$U_{n+\frac{1}{2}} = U_n + \frac{1}{2}\Delta t G(U_n)$$
$$U_{n+1} = U_n + \Delta t G(U_{n+\frac{1}{2}}) \tag{4.6}$$

在三维水动力模拟中，时间积分是半隐式的。其中，水平项为隐式项，而垂直项为隐式项、部分显式项或部分隐式项。通常，考虑隐式形式的方程可表示为

$$\frac{\partial U}{\partial t} = G_h(U) + G_v(BU) = G_h(U) + G_v^I(U) + G_v^V(U) \tag{4.7}$$

其中，h 和 v 下标分别表示水平项和垂直项。则用于低阶的三维浅水方程可以表示为

$$U_{n+1} - \frac{1}{2}\Delta t [G_v(U_{n+1}) + G_v(U_n)] = U_n + \Delta t\, G_h(U_n) \tag{4.8}$$

水平项使用二阶龙格库塔法，垂直项使用二阶隐式梯形规则。用于低阶的三维传输方程可表示为

$$U_{n+1} - \frac{1}{2}\Delta t [G_v(U_{n+1}) + G_v(U_n)] = U_n + \Delta t\, G_h(U_n) \tag{4.9}$$

若使用一阶显式欧拉法分别对水平项和垂直对流项进行积分，通过二阶隐式梯形法则对垂直黏性项进行积分。高阶算法可表示为

$$U_{n+\frac{1}{2}} - \frac{1}{4}\Delta t [G_v^V(U_{n+\frac{1}{2}}) + G_v(U_n)] = U_n + \frac{1}{2}\Delta t\, G_h(U_n) + \frac{1}{2}\Delta t\, G_v^I(U_n)$$
$$U_{n+\frac{1}{2}} - \frac{1}{2}\Delta t [G_v^V(U_{n+1}) + G_v(U_n)] = U_n + \Delta t G_h(U_{n+\frac{1}{2}}) + \Delta t G_v^I(U_{n+\frac{1}{2}}) \tag{4.10}$$

4. 定解条件

(1) 初始条件

由于模型运行初期,内部网格节点无任何初始数据,为避免模型出现不稳定现象,加快模型初始化进程,需给定模型的初始条件。水动力模块的初始条件可以是水位或者流速,本次模型采用的是水位高程,初始水位条件设置为上游边界的临界水位为 7.35 m。

(2) 边界条件确定

边界条件是数值模拟计算的定解条件之一,模型的边界包括陆地边界和开边界。在数值模型的处理过程中,边界的处理直接影响了模型的可靠性和稳定性。由于离散方程的求解过程中不能同时给定水位和流速条件,所以当使用数值方程求解时,应当在边界处给出额外的假定。对于水动力模型的开边界,一般是在进口处输入流量数据,出口处输入相应的水位数据。

① 陆地边界:所有垂直于闭合边界的变量都设为 0。

② 开边界:模型中可通过设置干湿水深,提高模型的稳定性。若实际的水深小于干水深,则网格会被冻结从而不参与计算;若单元格的水深小于湿水深,则网格上的水流会得到相应的调整,模型中只有连续性方程参与计算;如果单元格的水深大于湿水深,那么模型中的动量方程和连续性方程均会参与计算。

为提高模拟结果的可靠性,本次模型的上游边界给定流量数据;下游边界给定水位数据;陆地边界的流速直接取 0。

(3) 干湿边界处理

天然河道的边界一般比较复杂,会随着潮位的涨落而发生相应的变化。研究区由于受潮流的影响,水位每日的涨落幅度较大,河岸处的边界位置会随着潮位的变化而移动,当水位上涨时,水流从边滩流向滩面,边界外的网格节点就会变成边界内的网格点;而当水位降至边滩以下时,网格上的实际水深和流速均变成零,这时的水深和流速若都计为零,可能会导致模型计算出的数值发散。所以,在水动力模型的迭代计算过程中,一定要正确处理动边界。根据每个单元的水深和容许干水深、容许淹没水深、湿水深的关系,将各个单元分别划为干单元、部分干单元和湿单元。

本书研究区域为感潮河段,水位涨落较大,且区域内包含分汊河段,其中还有典型的鹅头型分汊河道,洲滩分布众多,需要设定干湿水深,以便于提高模型的稳定性。

4.1.2 模型构建

1. 计算区域

根据水文年鉴上的资料确定三江河至镇江站河段为模型的模拟河段,模型计算范围为三江河至镇江站,总面积约 152.9 km²,主河道全长约 85.1 km,由三江河汊道、八卦洲汊道和世业洲汊道组成。模型上边界为三江河,下边界为镇江站,其间不考虑其他出入支流,即没有其他开边界。数学模型采用的地形为 2018 年实测南京河段和镇扬河段 1∶10 000 的地形资料,平面坐标系采用北京 1954 投影坐标系,横纵坐标均以米(m)为单位,地形高程及计算潮位均使用 1985 国家高程基准。

2. 网格划分

根据河道地形和水流特性,在水平方向对模型区域进行非结构化网格划分,垂向采用 Sigma 相对分层模式。网格划分是采用 Mike 软件的 Mesh Generator 模块,为平面二维非结构网格,陆地边界(包括岛屿)的网格控制边长为 200 m,网格节点总数为 8 541 个,网格单元共 15 187 个,最大网格面积为 34 000 m²。为提高模型的计算精度,砂枕抛投试验区域及附近岸线网格划分较细,网格控制边长为 100 m,最大面积不超过 8 000 m²,与其他区域的网格过渡自然,保证了模型的稳定性和数据之间的传递性。试验区域附近局部地形网格如图 4.3 所示。

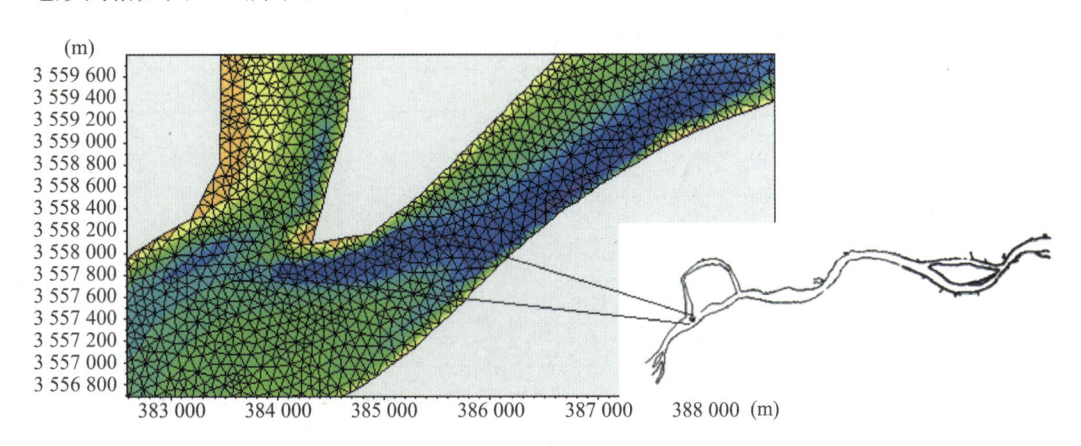

图 4.3　研究区网格剖分示意图

3. 涉水工程概化方法

涉水工程概化的合理性对模型的准确性具有非常重要的影响,对现实的指导价值亦具有深远的意义。由于砂枕的抛投试验区相对于南京河段的尺度较小,且抛投数量较少,可忽略试验区砂枕抛投过程对水下地形的影响,不需要考虑河段中砂枕抛投前后水动力的变化,可直接使用砂枕抛投试验前的水下地形数据计算相应抛投位置的水深。此外,八卦洲的洲头右缘深槽区是主要的试验区,水下地形较为复杂,为提高计算精度,应当对试验区及其附近的网格进行加密。

4.1.3　模型的率定验证

本次模型采用 2019 年 8 月 1 日—2019 年 9 月 14 日共 45 天的实测潮位和流速资料进行参数率定及验证。研究表明,为减少人类活动及测量值误差等不确定性因素的影响,提高模型的精度,模型验证的时间应不少于 1 天。因此,45 天的模型验证时间是满足精度要求的。其中,潮位校正和验证选用计算区域南京站的潮位资料和八卦洲的临时潮位站的实测潮位资料,流速校正和验证采用八卦洲洲头试验区的流速数据(ADCP 测出的是垂线分层流速)。本次流速校正和验证分别使用了垂线平均流速和垂线分层流速,当使用垂线平均流速进行参数率定时,需要根据五点法垂线平均流速公式 $v = \dfrac{(v_{0.0} + 3v_{0.2} + 3v_{0.6} + 2v_{0.8} + v_{1.0})}{10}$

将测出的分层流速转化为平均流速。

1. 模型参数率定

本次三维水动力模型是以三汊河断面处为上游边界,以镇江站为下游边界。由于大通站控制整个长江干流下游河道,所以模型的蒸发数据和上游边界的流量数据均使用大通站测得的资料;模型涵盖的大部分区域均在南京,为便于计算,降雨数据直接选用南京站的资料;模型的下游边界导入镇江站的潮位资料。根据水文年鉴及施工单位提供的水流资料,选择2019年8月1日—2019年9月14日南京站的潮位资料,进行模型的参数率定,主要参数见表4.1。

表4.1 模型主要参数设置

模块	参数	数值
Mike3 水动力模块	最小时间步长	0.01 s
	最大时间步长	864 s
	临界CFL值	0.8
	干湿水深	0.005 m、0.05 m、0.1 m
	涡黏性系数	0.28
	糙率	糙率高度0.06 m

2019年8月1日—2019年9月14日南京站潮位校正结果如图4.4所示。

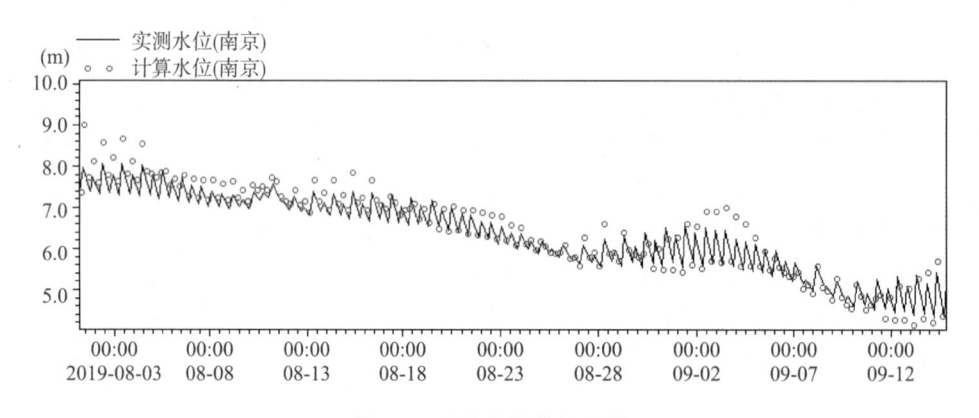

图4.4 南京站潮位校正图

其中,南京站的实测数据是从水文年鉴中直接获取的,由于每日的水位数据的时间间隔较长,不能够测得所有的高低潮位。因此,部分时间段的模拟水位与实测水位略有偏差。

2. 模型的验证

根据2019年8月1日—2019年9月14日临时测站的实测潮位、流速及流向资料,进行模型验证,南京站及临时测站的位置如图4.5所示。

(1) 潮位验证

2019年8月1日—2019年9月14日临时测点潮位验证结果如图4.6所示。

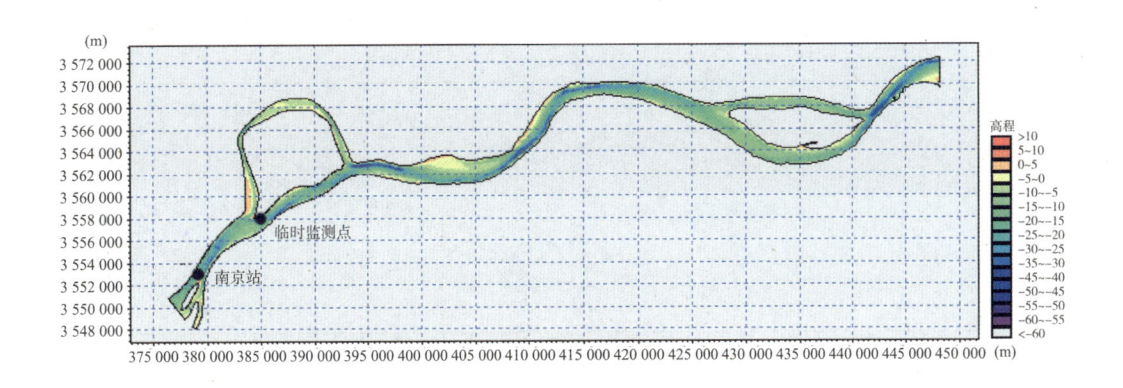

图 4.5　模型验证站点位置图

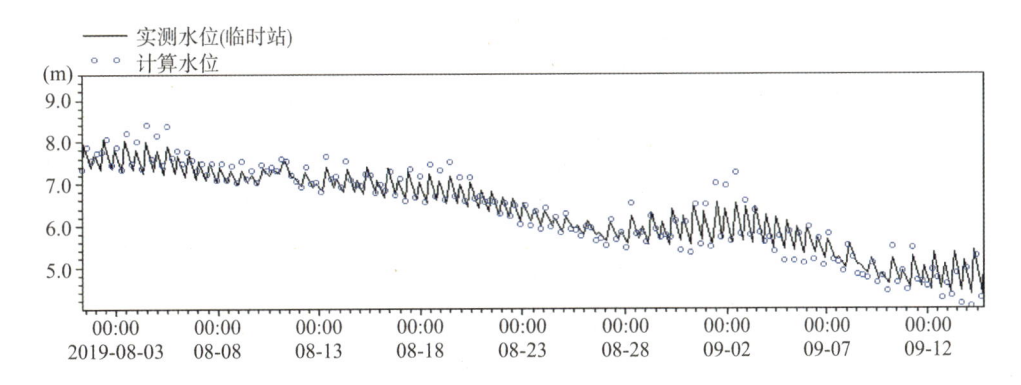

图 4.6　测站的潮位验证图

由图 4.6 可知，模型模拟结果与实测结果较为吻合。
(2) 平均流速及流向验证

八卦洲洲头右缘测站三个模拟期的平均流速的模拟值和实测值的对比见图 4.7 至图 4.9，流向的模拟值和实测值的对比见图 4.10 至图 4.12。

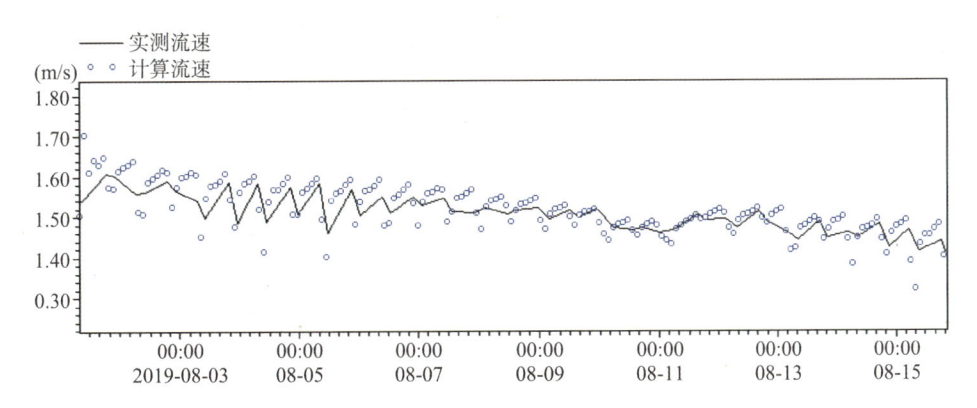

图 4.7　2019 年 8 月中上旬测站的平均流速验证图

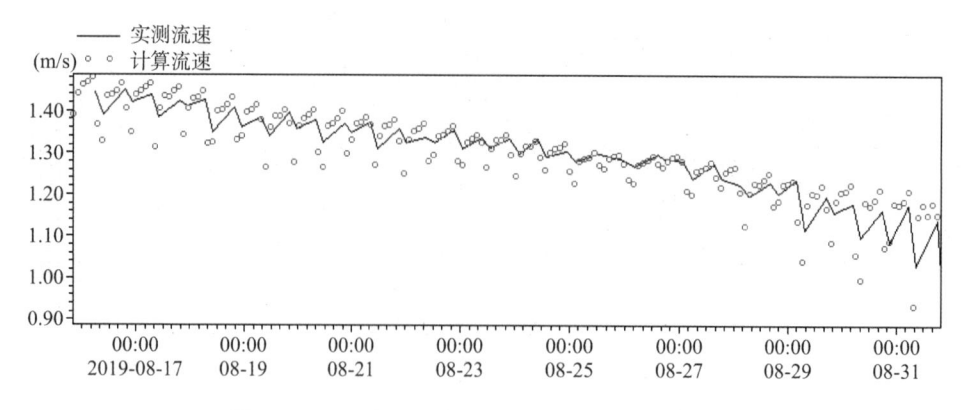

图 4.8 2019 年 8 月中下旬测站的平均流速验证图

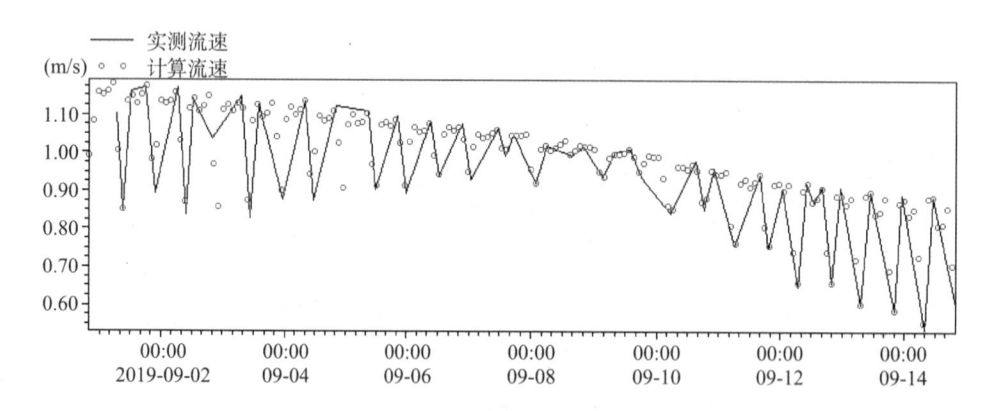

图 4.9 2019 年 9 月中上旬测站的平均流速验证图

由图 4.8 至图 4.9 可知,第一个验证期的流速值较为稳定,第三个验证期的流速值变化幅度最大,平均流速值最小。三个时期的模拟结果均与实测值较为接近。

流向验证图如图 4.10 至图 4.12 所示。

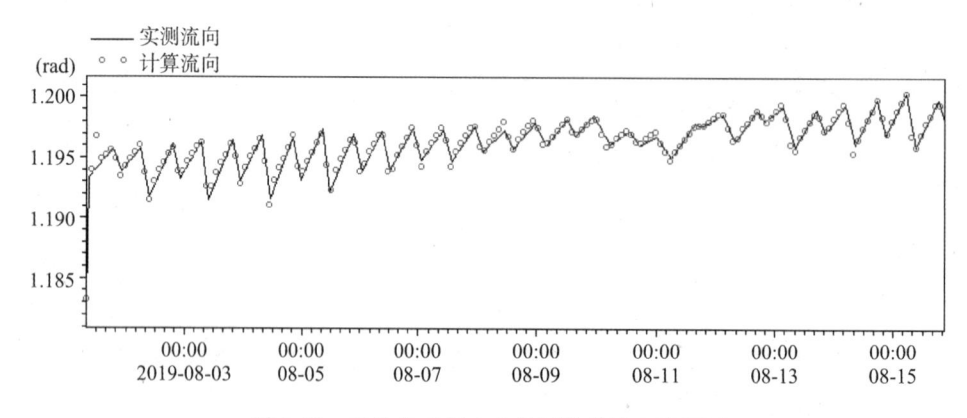

图 4.10 2019 年 8 月中上旬测站的流向验证图

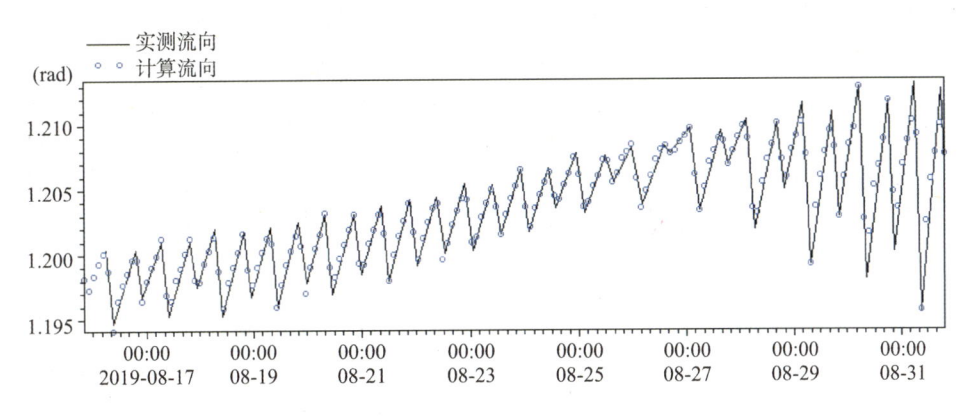

图 4.11 2019 年 8 月中下旬测站的流向验证图

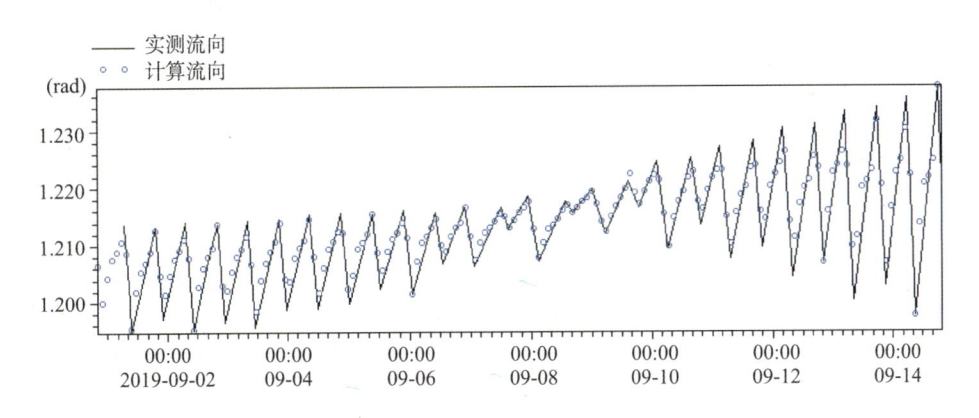

图 4.12 2019 年 9 月中上旬测站的流向验证图

综上所述,三个验证期下验证点的流速和流向值均模拟较好。流速的变化趋势和实测值保持一致,且数值相差不大,均能反映实际情况;流向模拟值与实测值基本保持一致。

(3) 分层流速验证

砂枕抛投漂移距预测需使用垂线分层流速,为保证模型计算结果的可靠性,分别选取三个模拟时间段,每个模拟时段的垂线流速从底向上分为六层,第一个模拟期的垂线分层流速的实测值与模拟值在垂向上的对比见图 4.13 至图 4.18。

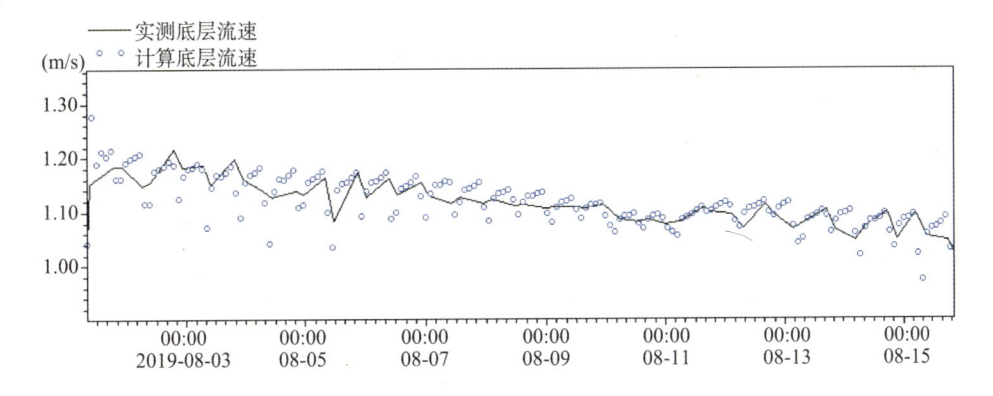

图 4.13 2019 年 8 月中上旬测站的垂向底层流速验证图

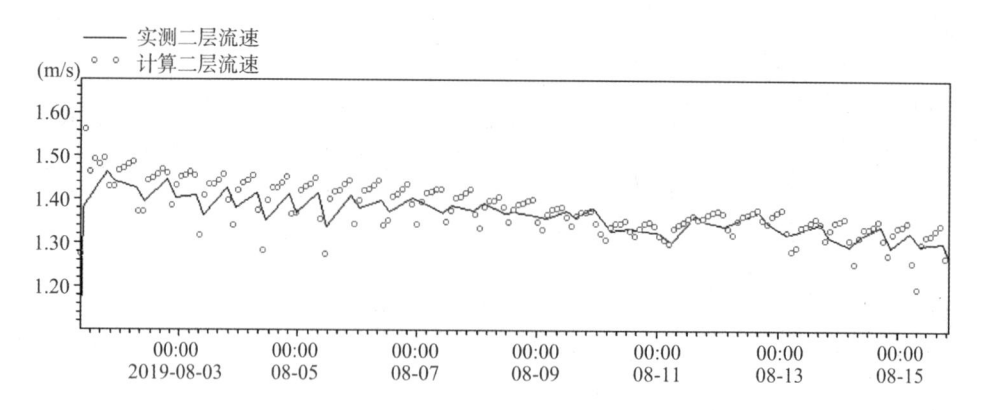

图 4.14　2019 年 8 月中上旬测站的垂向第二层流速验证图

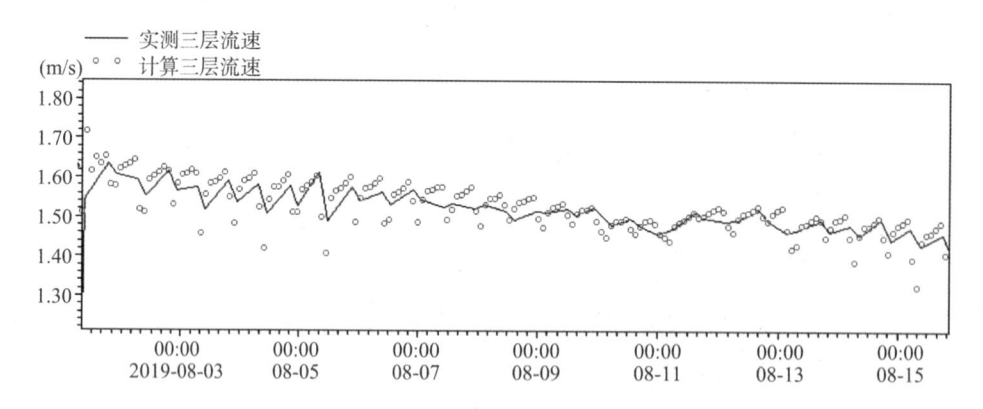

图 4.15　2019 年 8 月中上旬测站的垂向第三层流速验证图

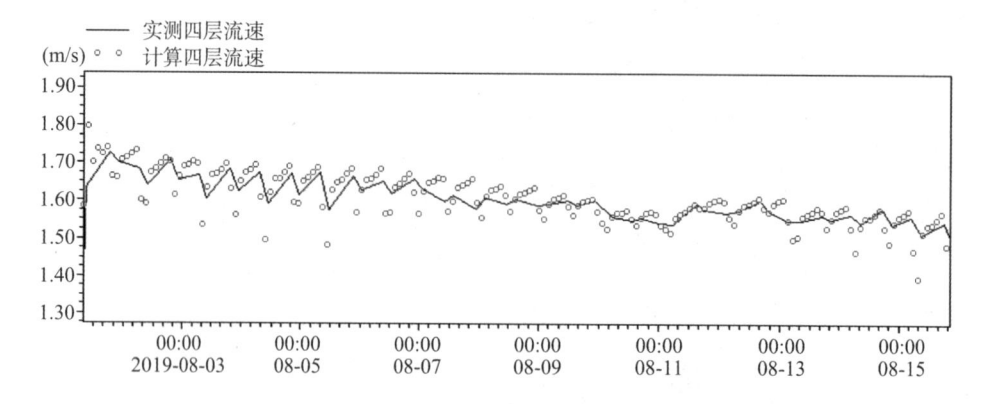

图 4.16　2019 年 8 月中上旬测站的垂向第四层流速验证图

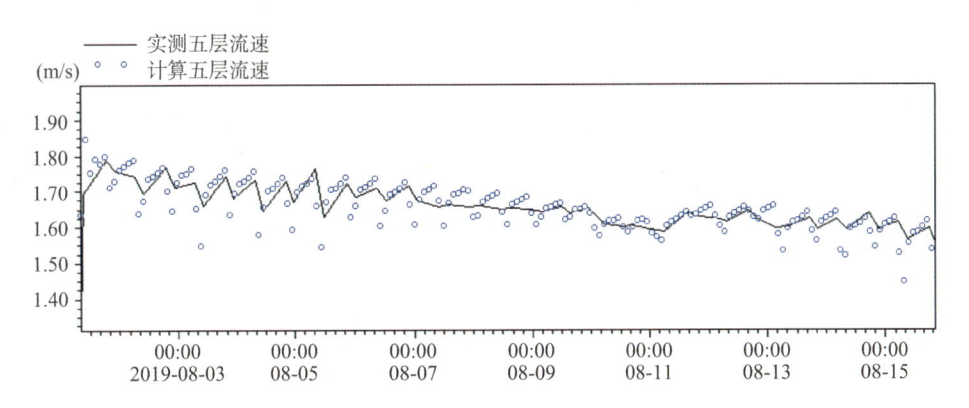

图 4.17　2019 年 8 月中上旬测站的垂向第五层流速验证图

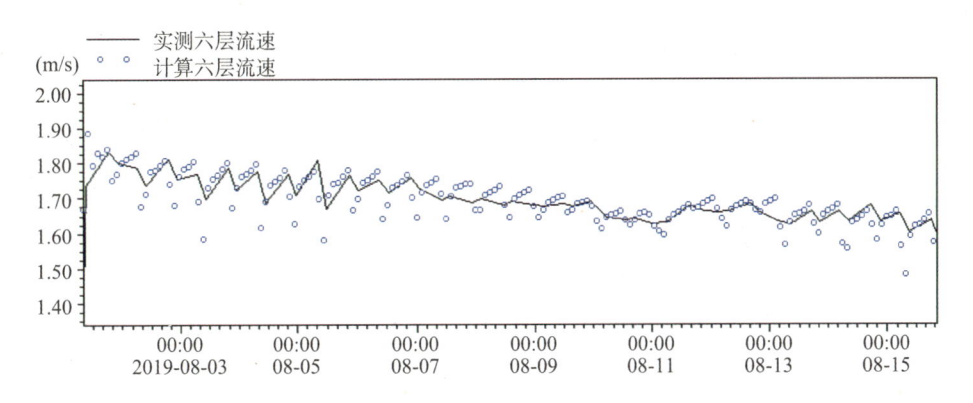

图 4.18　2019 年 8 月中上旬测站的垂向第六层流速验证图

由图 4.13 至图 4.18 可知，垂向分层流速的实测值与模拟值变化趋势基本一致，实测值与模型计算值相差不大，拟合较好。其中，第一层（底层）的流速值最小，各层流速值从下向上逐渐增大。每日各层流速值随着潮位的涨落而发生变化，与平均流速的变化趋势基本保持一致，且第三层的流速值与平均流速值较为接近。

第二个模拟期垂向分层流速验证结果如下：

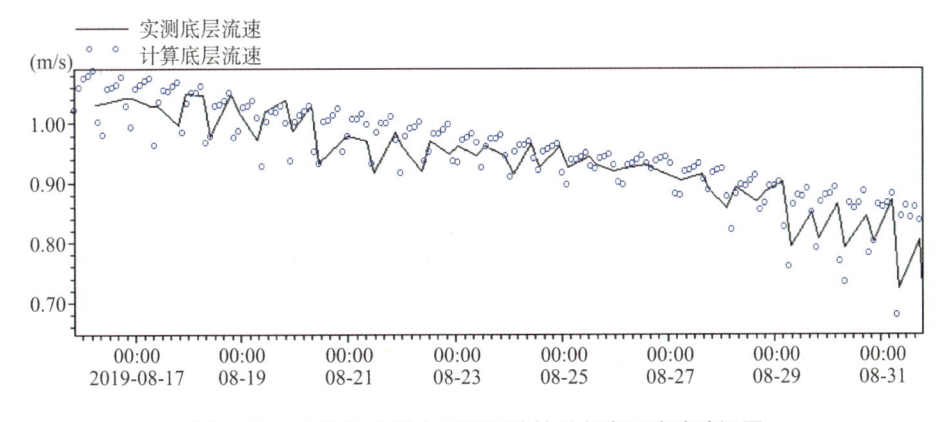

图 4.19　2019 年 8 月中下旬测站的垂向底层流速验证图

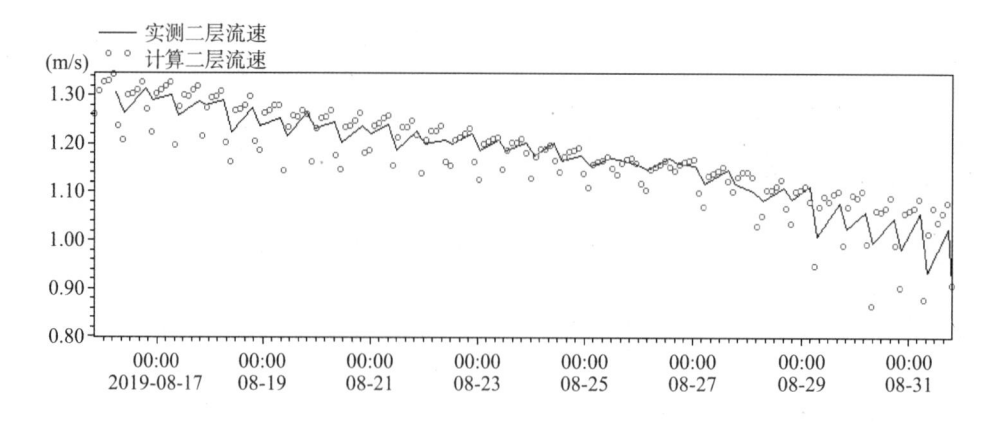

图 4.20　2019 年 8 月中下旬测站的垂向第二层流速验证图

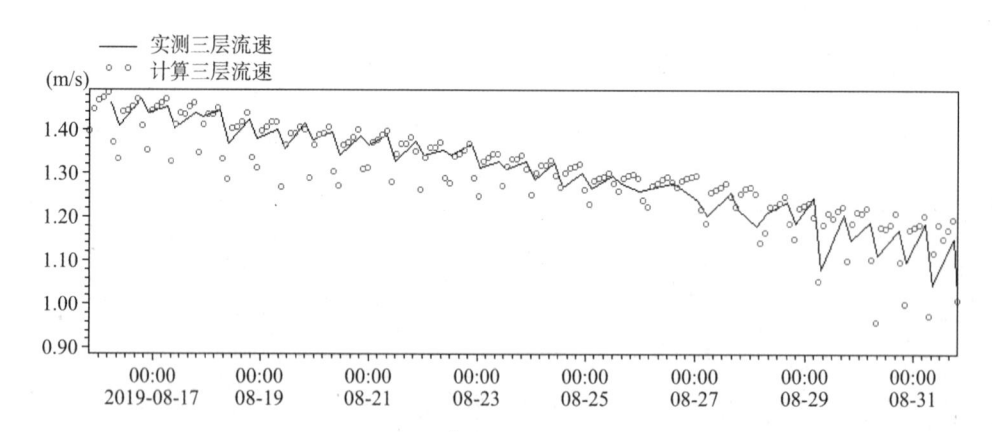

图 4.21　2019 年 8 月中下旬测站的垂向第三层流速验证图

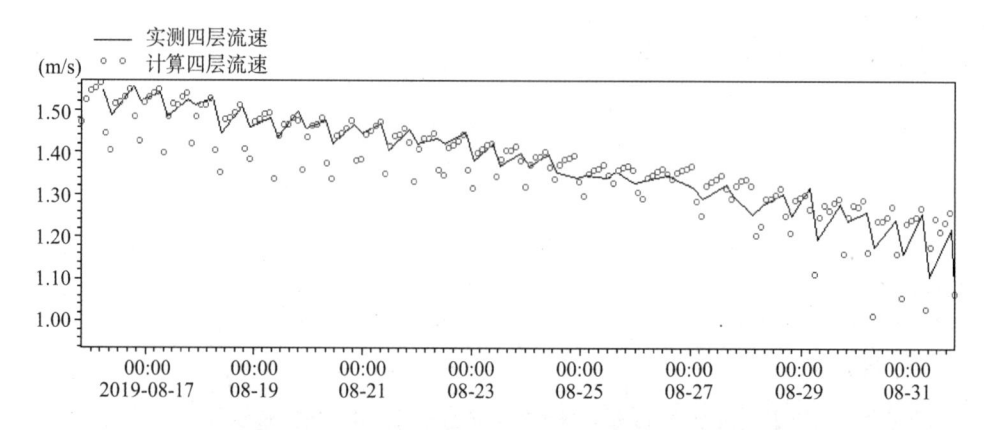

图 4.22　2019 年 8 月中下旬测站的垂向第四层流速验证图

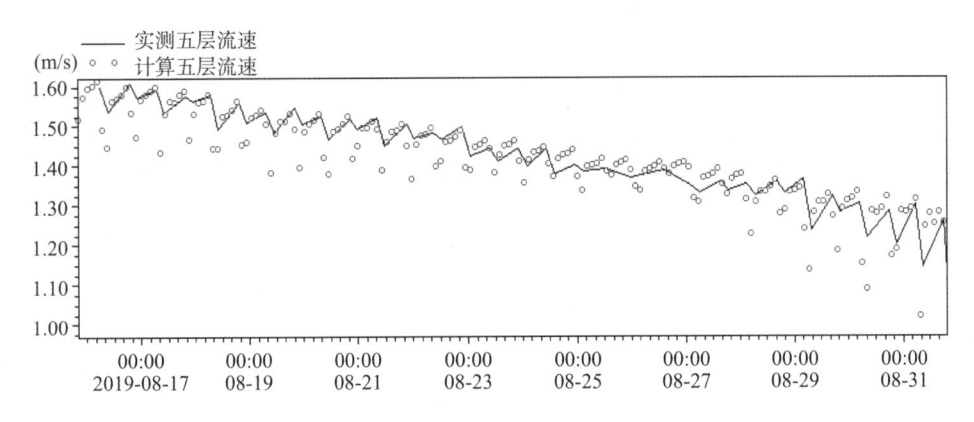

图 4.23　2019 年 8 月中下旬测站的垂向第五层流速验证图

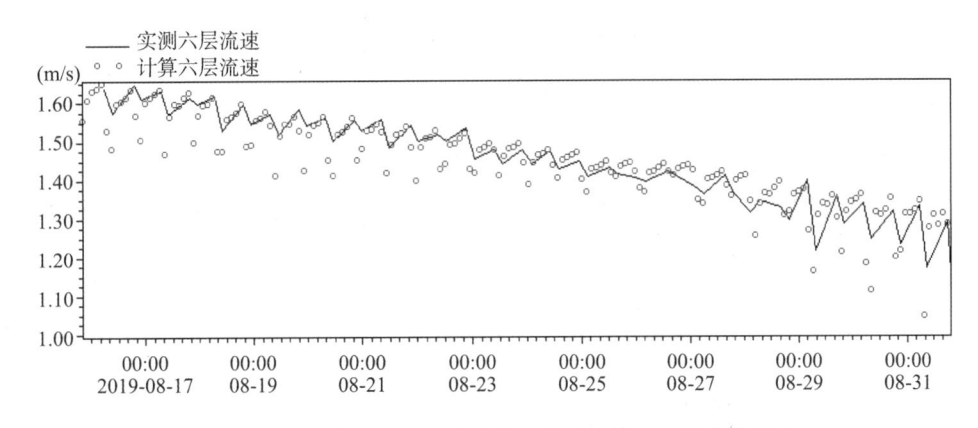

图 4.24　2019 年 8 月中下旬测站的垂向第六层流速验证图

由图 4.19 至图 4.24 可知,第二个验证期垂向分层流速的实测值与模拟值拟合结果较理想,且各层流速值从下向上逐渐增大,第二层与底层流速的差距较大,第六层与第五层的流速值较为接近。每日各层流速值均各增减两次,与平均流速的变化趋势基本保持一致,且第三层的流速值接近平均流速值。

第三个模拟期垂向分层流速验证结果如下:

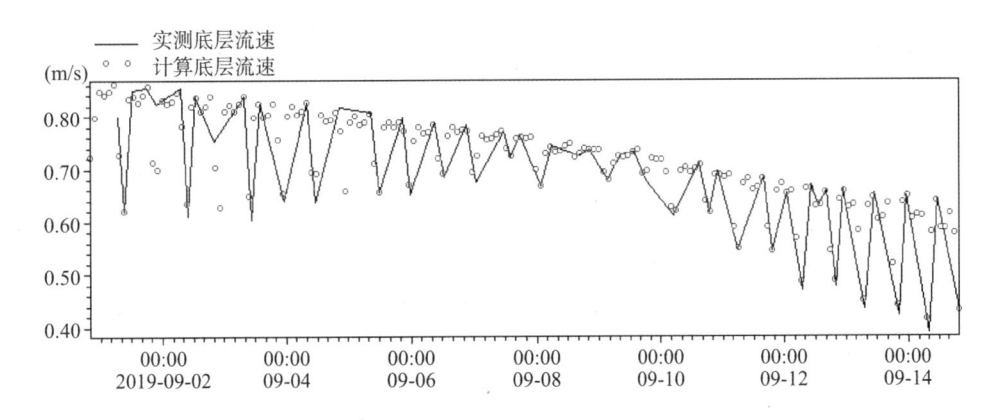

图 4.25　2019 年 9 月中上旬测站的垂向底层流速验证图

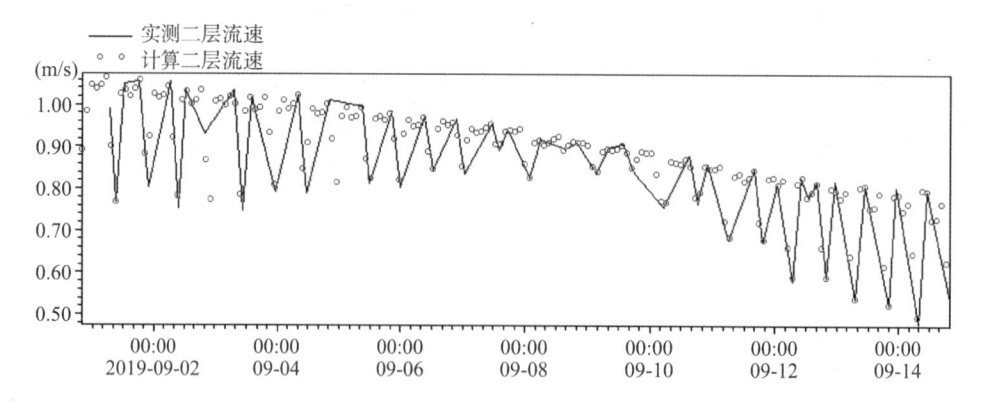

图 4.26　2019 年 9 月中上旬测站的垂向第二层流速验证图

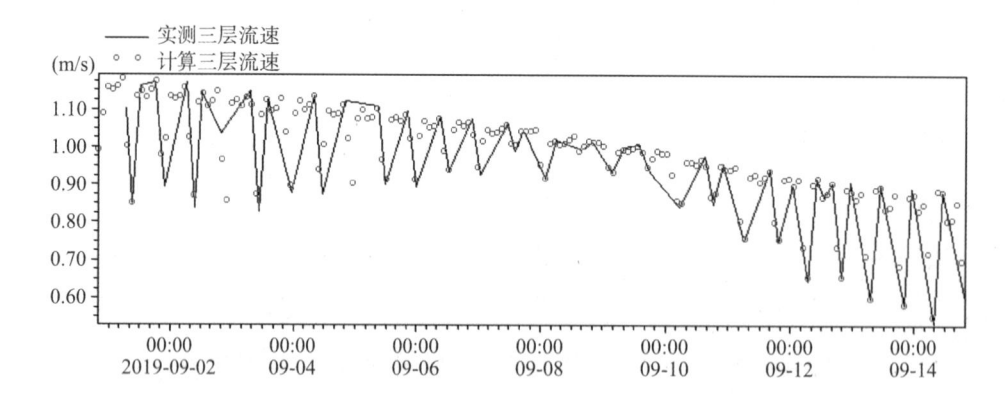

图 4.27　2019 年 9 月中上旬测站的垂向第三层流速验证图

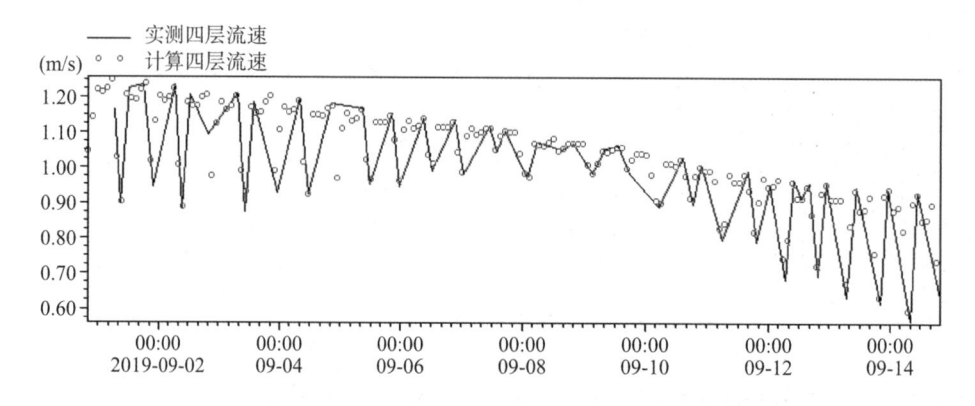

图 4.28　2019 年 9 月中上旬测站的垂向第四层流速验证图

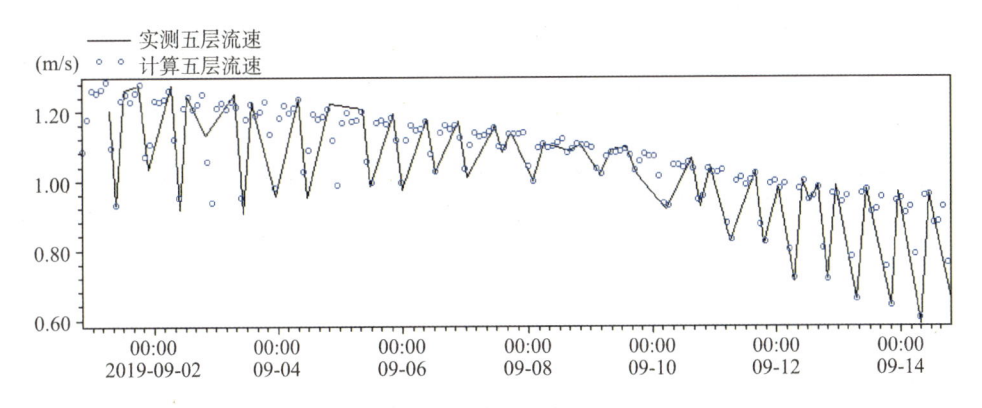

图 4.29 2019 年 9 月中上旬测站的垂向第五层流速验证图

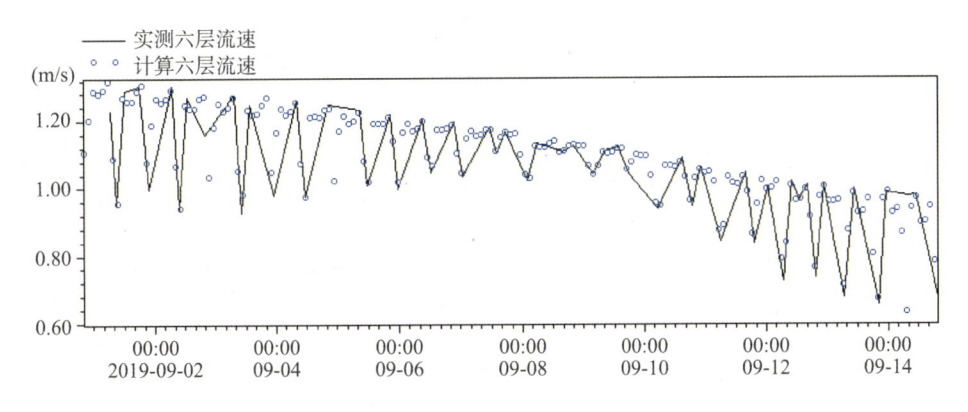

图 4.30 2019 年 9 月中上旬测站的垂向第六层流速验证图

由图 4.25 至图 4.30 可知,第三个验证期垂向分层流速的实测值与模拟值的拟合结果较好,各层流速值遵循着从下向上逐渐增大的规律,第三层的流速值依然接近该时期的平均流速值。此外,由于水位下降,与前两个验证期相比,第三个验证期的流速受潮汐影响明显,各层流速变化幅度均较大。

综上所述,第三个验证期的水位、平均流速和分层流速均较小,且流速值较不稳定。另外,三个时期的平均流速值与同时期的垂向第三、四层流速值接近,第三、四层流速的交界处刚好处于距离水底 $0.4\,h$ 的位置,与一点法平均流速计算公式($v = u_{0.6h}$,即距离水面$0.6\,h$处的流速值)描述的位置相同。当进行砂枕漂距预测时,可将第三、四层流速的平均值作为垂向平均流速,代入漂距公式进行计算。

4.2 漂距预测

通过前期构建的 Mike3 水动力模型,对研究区河段水动力条件进行模拟,计算抛投位置的水深和垂线流速分布。此次采用二、三维输出模块相结合的方法,三维输出模块计算的第一层流速为底层流速,第六层流速为表层流速;二维输出模块用来计算抛投位置的水深和平均流速。根据 Mike3 水动力模块模拟的水流数据,结合砂枕漂距公式,进行砂枕漂距预测。

4.2.1 水动力模拟与分析

由于八卦洲洲头右缘水下地形复杂,且有一个深槽,又因八卦洲河段受非正规半日浅海潮影响,水位呈周期性涨落变化,水深变化幅度较大,因此需要根据砂枕抛投起始位置模拟水深值。

1. 模型模拟计算

由于砂枕抛投时间是 2019 年 9 月 11 日至 2019 年 9 月 14 日,因此本次只需提取这四天的数据用于漂距预测。现模拟八卦洲右缘深槽抛投试验区域各抛投位置的水深及流向状况。

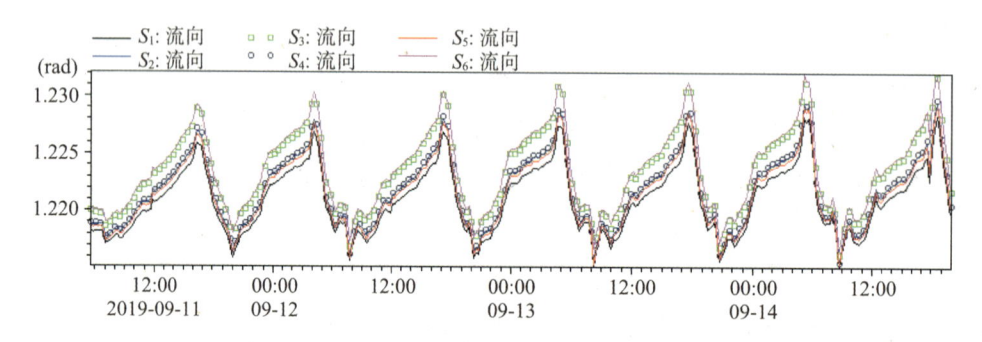

图 4.31 试验期各个砂枕抛投点的水深及流向模拟值

由图 4.31 可知,这四天的水深和流向变化趋势大致相同。各抛投点的流向在四天内类似处于一个循环,循环周期为一天。

2. 三维流场分析

八卦洲洲头水下地形复杂,水流结构复杂,当进行漂距预测时,需要根据抛投时间将各个抛投点的流速和水深数据单独提取,为了解抛投区的三维流场状况,现对几个抛投点的垂线分层流速进行分析,如图 4.32 至图 4.38 所示。

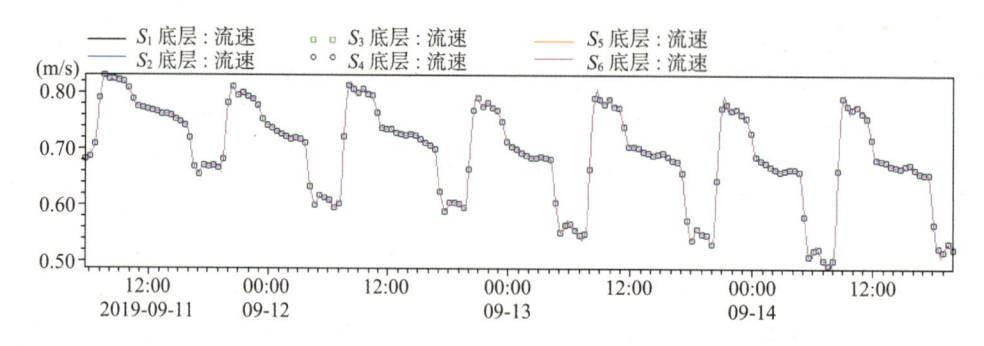

注:S_1 至 S_6 6 个抛点的流速接近,因此只能看到一条线。图 4.32 至图 4.38 均存在此种情况。

图 4.32 各抛投点的底层流速模拟值

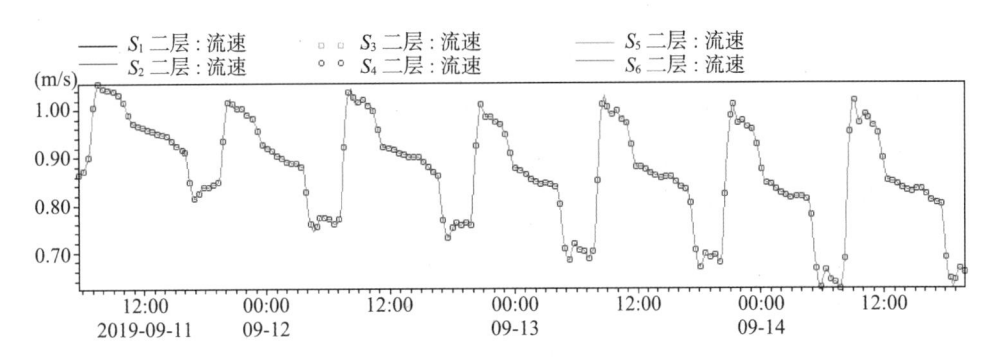

图 4.33　各抛投点的第二层流速模拟值

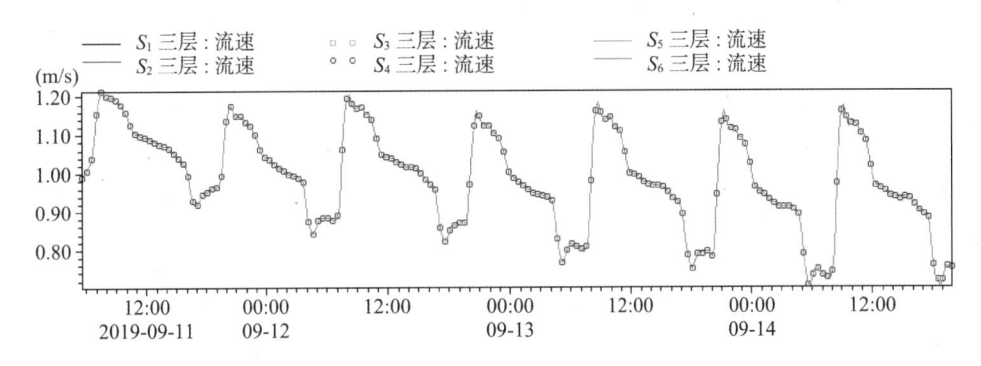

图 4.34　各抛投点的第三层流速模拟值

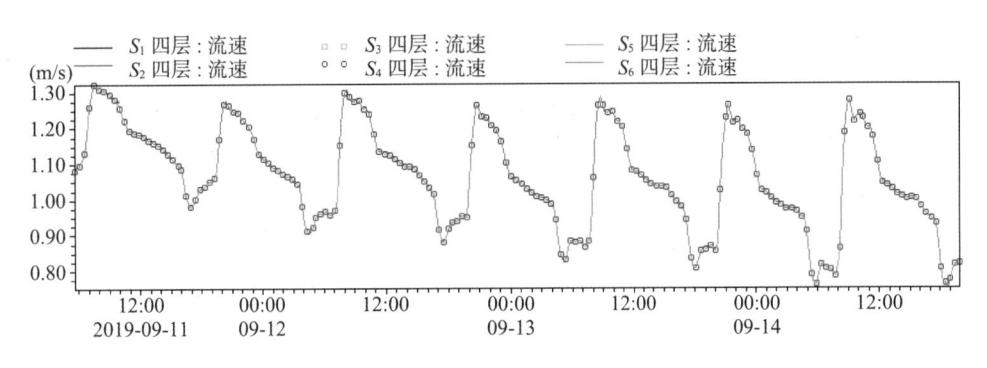

图 4.35　各抛投点的第四层流速模拟值

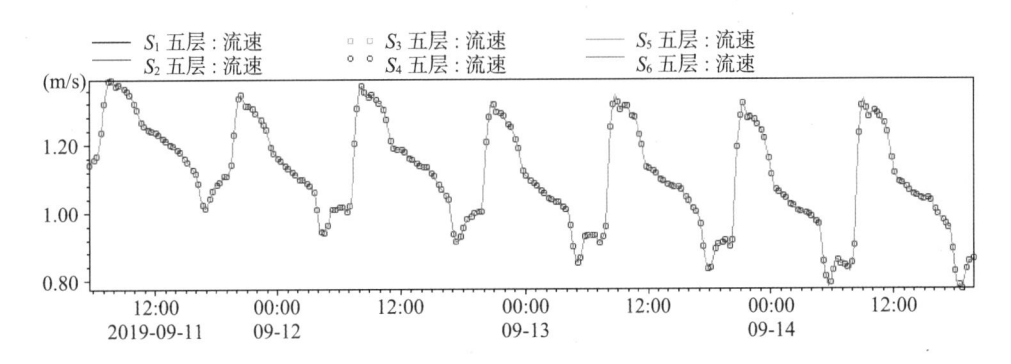

图 4.36　各抛投点的第五层流速模拟值

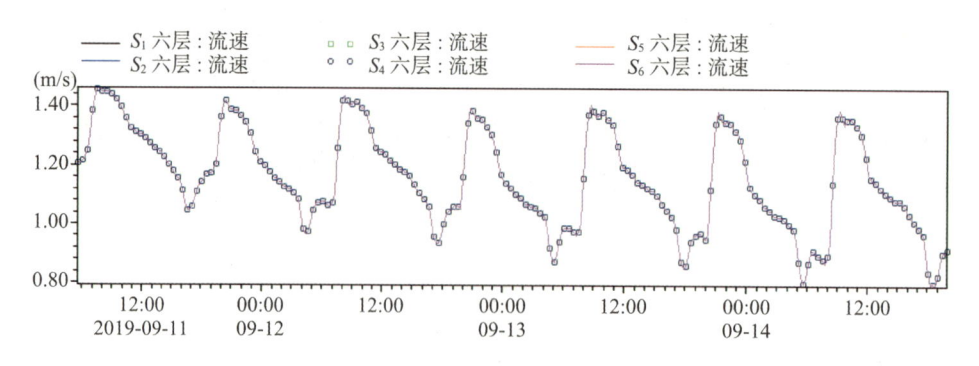

图 4.37　各抛投点的第六层流速模拟值

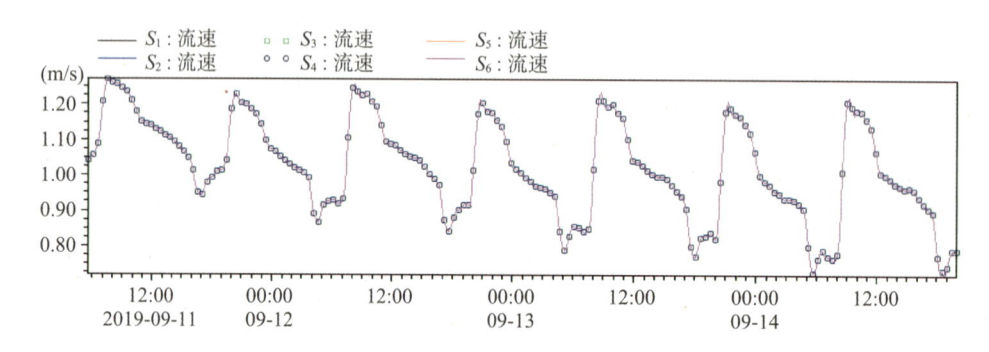

图 4.38　各抛投点的平均流速模拟值

综上可知，由于各个抛投点之间的距离较近，各个抛投点的垂向分层流速几乎相同，垂线平均流速也较接近，因此可以在抛投位置附近选取一个代表点的模拟流速代替这组试验中 6 个抛投点的流速。但因为几个抛投位置的水深值变化较明显，需要在模型上按照实际抛投点提取水深数据。

3. 砂枕抛投位置的流速模拟

通过一点法平均流速计算公式分析可知：当 Mike3 水动力模型垂向从下往上分层厚度分别为 $0.05h$、$0.15h$、$0.2h$、$0.2h$、$0.2h$、$0.2h$ 时，平均流速与第三、四层流速较接近，且介于第三层流速与第四层流速之间。为了进一步验证这个猜想，现将垂向第三、四层流速和平均流速进行拟合，如图 4.39 至图 4.44 所示。

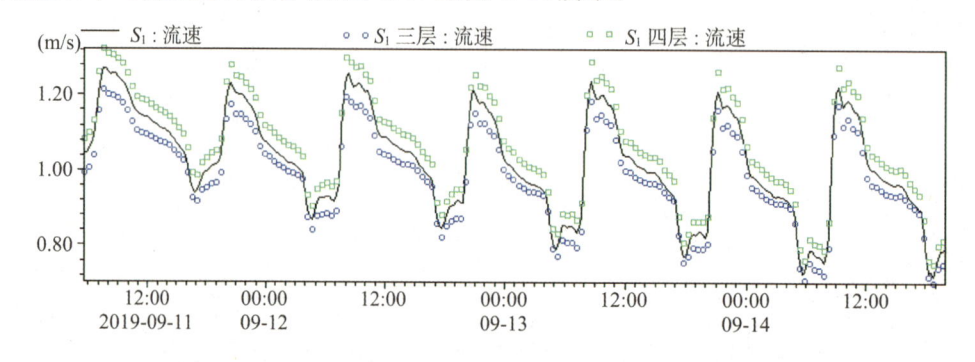

图 4.39　第一组砂枕抛投点垂向第三、四层流速和平均流速拟合图

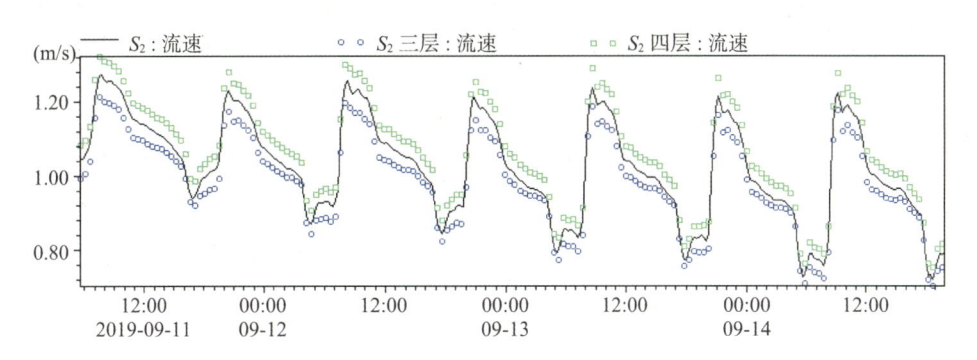

图 4.40　第二组砂枕抛投点垂向第三、四层流速和平均流速拟合图

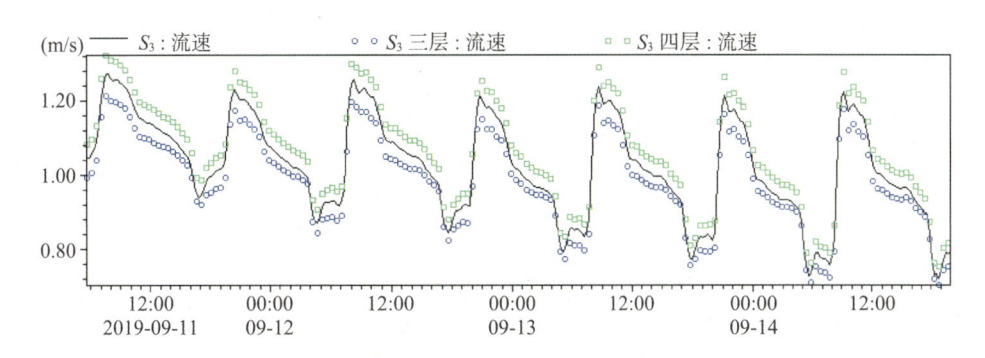

图 4.41　第三组砂枕抛投点垂向第三、四层流速和平均流速拟合图

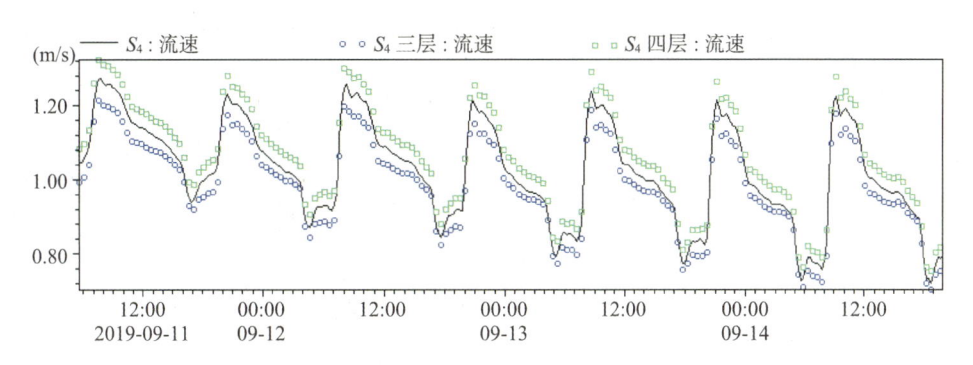

图 4.42　第四组砂枕抛投点垂向第三、四层流速和平均流速拟合图

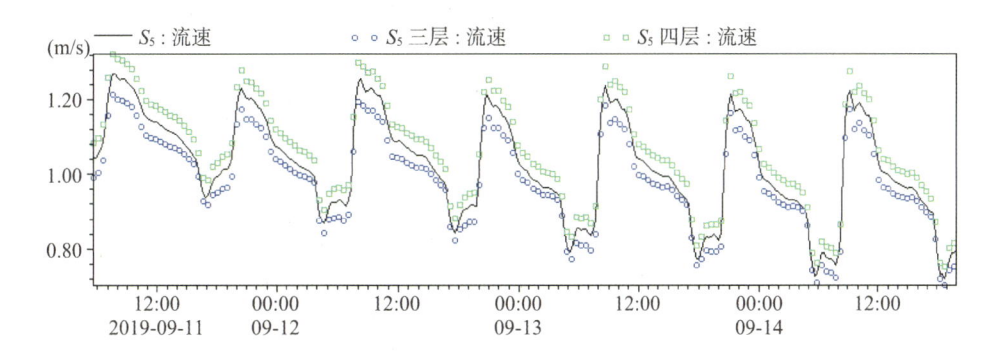

图 4.43　第五组砂枕抛投点垂向第三、四层流速和平均流速拟合图

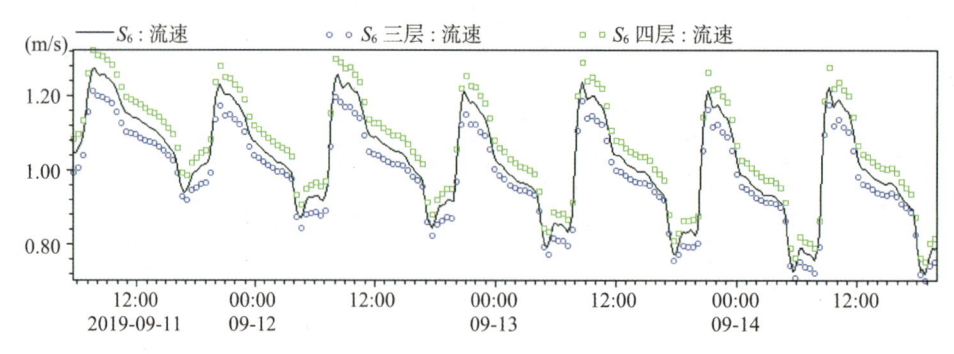

图 4.44 第六组砂枕抛投点垂向第三、四层流速和平均流速拟合图

结合图 4.39 至图 4.44 可知,这六组抛投点模拟的平均流速值位于第三、四层流速之间,可将三、四层流速的平均值视作平均流速,无须再通过各垂向分层流速或者垂向流速分布公式进行积分推求垂线平均流速值。此外,表面流速可直接使用模拟的垂向第六层流速数据,床面流速使用模拟的垂向第一层流速数据,这样便可省去利用表面流速推求水底床面流速的步骤,而且床面流速的计算公式较复杂,在实际施工计算中,不方便使用。

因砂枕的各个抛投点相距不远,各点的垂向平均流速和垂线分层流速值均十分接近,为方便计算,本次选用抛投点附近的一个位置作为模拟流速的代表点,为达到精准预测的效果,水深数据采用各个实际抛投点的模拟值。代表点模拟的平均流速、表层流速、底层流速、第三层流速、第四层流速及第三、四层流速的平均值如下:

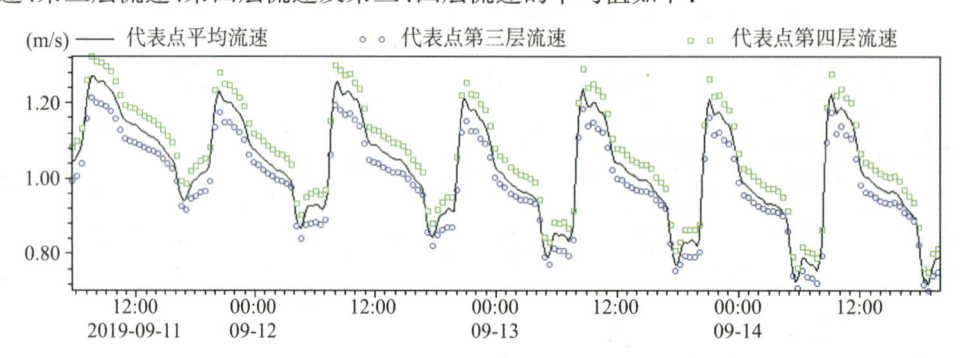

图 4.45 代表点垂向第三、四层流速和平均流速拟合图

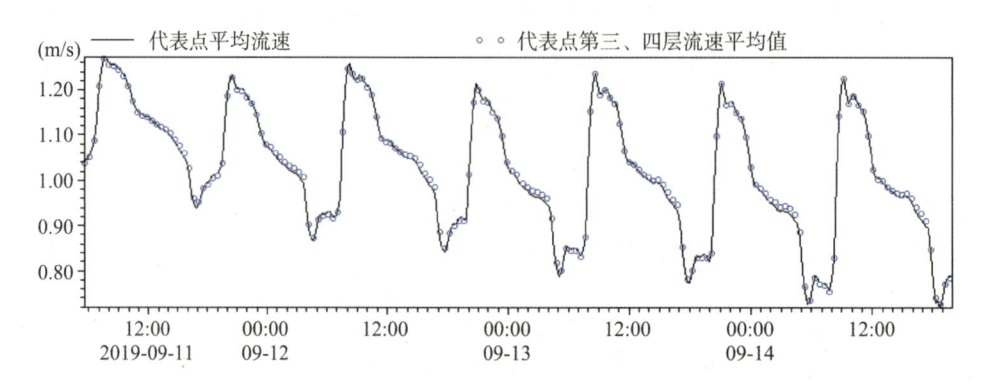

图 4.46 代表点垂向第三、四层流速平均值与平均流速拟合图

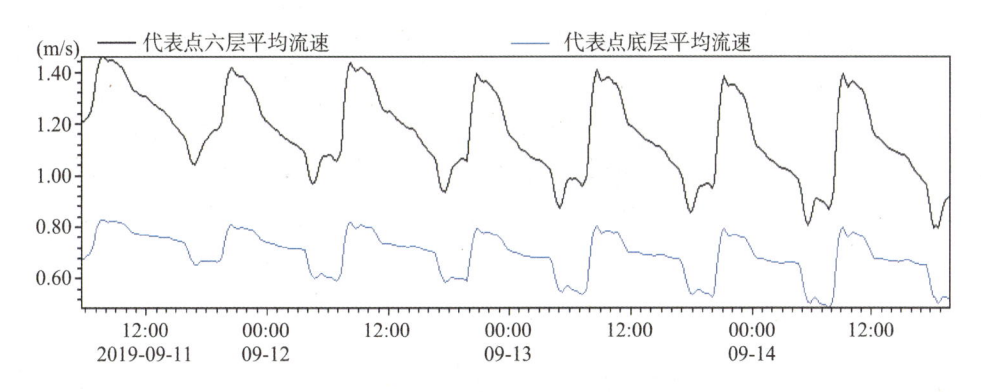

图 4.47 代表点表面流速和底层流速对比图

由图 4.45 至图 4.47 可知,底层流速、表层流速、第三层流速、第四层流速和平均流速的变化趋势一致,但底层流速的变化幅度相对较小。此外,通过代表点计算得到的垂向第三、四层流速的平均值与平均流速值亦非常接近,所以可以直接将第三、四层流速的平均值视为垂线平均流速进行漂距预测,能够减少计算量,无须再通过将三维输出模块中的各层流速进行积分求得平均流速。抛投试验区的表层流速大于底层流速,故若按照传统的方法将表面流速视作垂向各层的平均流速,会导致后续的砂枕漂距预测结果偏大。表层流速与底层流速相差较大,这从侧面反映了建立三维水动力模型和使用垂线分层流速预测砂枕漂距的必要性。

通过建立三维水动力模型,可以精准得到水流的垂向流速分布情况,可直接得到表层流速、底层流速和垂向平均流速(或第三、四层流速的平均值),在一定程度上减小了误差(ADCP 测量误差和通过公式计算底层流速的误差)和工作量(每次砂枕抛投前都需测量垂线分层流速和水深)。根据 Mike3 水动力模型,结合上下游的流量、水位和模型区域内的降雨蒸发资料可直接计算出研究区域内的流场情况,推求出砂枕的落距,对砂枕的水下落点进行精准定位。

4.2.2 抛投体实时漂距预测及验证

本次分别采用六层法和十一层法进行砂枕漂距预测及验证,由于漂距计算表仅保留两位小数,会出现移距、二次漂距之和与漂距的第二个小数位数字略有差别(受第三个小数位数字的影响)的情况,但是三者的数字均是正确的。

1. 六层法砂枕漂距预测及验证分析

现将六组试验中各个抛投点的模拟流速分别代入漂距公式进行漂距预测,又因为使用综合系数法和惯性力法推导出的砂枕漂距公式更符合砂枕在水下的运动规律,所以分别选用惯性力法公式和综合系数法公式进行漂距预测,并将实测数据与预测结果进行对比分析。

(1) 惯性力公式法

根据上面的结论可知,三维水动力模型输出三维模块的第三、四层流速的平均值与输出二维模块的平均流速值是相近的。为验证将第三、四层流速的平均值视作平均流速是可行的,接下来分别使用第三、四层流速的平均值和垂线平均流速,进行砂枕漂距预测。

两种水流模拟方法均是将二维输出与三维输出结合起来。第一种方法：二维输出水深和垂向平均流速，三维输出表层流速和底层流速；第二种方法：二维输出水深，三维输出表层流速、底层流速、第三层流速和第四层流速，并将第三、四层流速的平均值作为垂线平均流速。然后，将使用两种方法模拟的结果分别代入惯性力法漂距公式，进行砂枕漂距的预测。基于垂向平均流速的砂枕漂距预测如表4.2所示，基于第三、四层流速平均值的砂枕漂距预测如表4.3所示。

表 4.2 基于垂向平均流速的砂枕漂距预测

序号	抛投时间	抛枕重量 W(kg)	模拟水深 h(m)	模拟表层流速 u_6(m/s)	模拟底层流速 u_1(m/s)	模拟平均流速 v(m/s)	预测漂距(m) 砂枕的移距 x_d	预测漂距(m) 砂枕的二次漂距 x_c	预测漂距(m) 砂枕的总移距 x_T
1	7:53	12 960	40.47	1.45	0.82	1.26	15.55	9.66	25.22
2	8:37	12 720	40.36	1.45	0.83	1.26	15.47	9.49	24.95
3	9:14	12 880	40.66	1.43	0.82	1.24	15.40	9.60	25.00
4	9:50	12 800	40.15	1.40	0.81	1.21	14.84	9.52	24.36
5	10:29	12 960	40.08	1.36	0.79	1.18	14.41	9.62	24.03
6	10:52	12 760	39.98	1.33	0.77	1.15	14.05	9.46	23.51

表 4.3 基于第三、四层流速平均值的砂枕漂距预测

序号	抛投时间	抛枕重量 W(kg)	模拟水深 h(m)	模拟表层流速 u_6(m/s)	模拟底层流速 u_1(m/s)	第三、四层流速的平均值 $(u_3+u_4)/2$ (m/s)	预测漂距(m) 砂枕的移距 x_d	预测漂距(m) 砂枕的二次漂距 x_c	预测漂距(m) 砂枕的总移距 x_T
1	7:53	12 960	40.47	1.45	0.82	1.26	15.51	9.66	25.17
2	8:37	12 720	40.36	1.45	0.83	1.25	15.41	9.49	24.89
3	9:14	12 880	40.66	1.43	0.82	1.24	15.35	9.60	24.94
4	9:50	12 800	40.15	1.40	0.81	1.21	14.79	9.52	24.31
5	10:29	12 960	40.08	1.36	0.79	1.17	14.35	9.62	23.98
6	10:52	12 760	39.98	1.33	0.77	1.15	14.01	9.46	23.47

根据表4.2和表4.3得到的砂枕漂距预测结果，结合实测数据进行验证，如图4.48和图4.49所示。

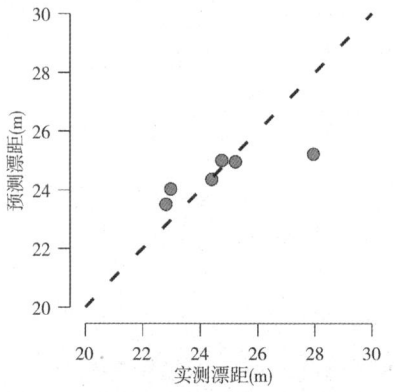

图 4.48 基于垂向平均流速的砂枕漂距预测结果验证

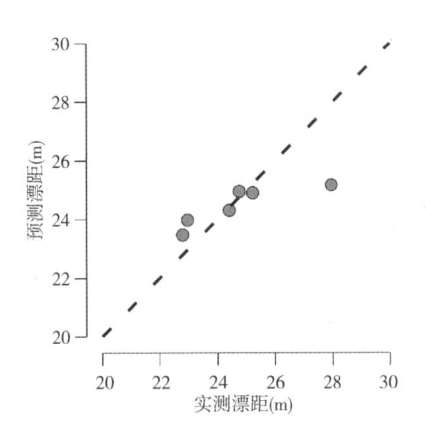

图 4.49 基于第三、四层流速平均值的砂枕漂距预测结果验证

由图 4.48 和图 4.49 可知,两种漂距预测方法所得出的结果几乎相同。由表 4.4 可知,基于垂向平均流速和第三、四层流速平均值的砂枕漂距预测结果相近,且预测效果均较好。故当使用惯性力法漂距公式时,由第三、四层流速的平均值和直接使用垂线平均流速得出的结果几乎相同,且均与实测结果较接近。

表 4.4 基于惯性力法漂距公式的砂枕漂距预测结果误差分析

序号	实测值(m)	基于垂向平均流速的漂距预测值(m)	相对误差(%)	基于第三、四层流速平均值的漂距预测值(m)	相对误差(%)
1	27.94	25.22	−9.74	25.17	−9.91
2	25.22	24.95	−1.07	24.89	−1.31
3	24.75	25.00	1.01	24.94	0.77
4	24.40	24.36	−0.16	24.31	−0.37
5	22.96	24.03	4.66	23.98	4.44
6	22.80	23.51	3.11	23.47	2.94

(2) 综合系数法

将使用两种平均流速模拟方法得出的流速数据分别代入综合系数法漂距公式,计算结果如表 4.5、表 4.6 所示。

表 4.5 基于垂向平均流速的砂枕漂距预测

序号	抛投时间	抛枕重量 W(kg)	模拟水深 h(m)	模拟表层流速 u_6(m/s)	模拟底层流速 u_1(m/s)	模拟平均流速 v(m/s)	预测漂距(m) 砂枕的移距 x_d	预测漂距(m) 砂枕的二次漂距 x_c	预测漂距(m) 砂枕的总移距 x_T
1	7:53	12 960	40.47	1.45	0.82	1.26	15.72	9.66	25.38
2	8:37	12 720	40.36	1.45	0.83	1.26	15.63	9.49	25.12
3	9:14	12 880	40.66	1.43	0.82	1.24	15.57	9.60	25.17
4	9:50	12 800	40.15	1.40	0.81	1.21	15.01	9.52	24.53
5	10:29	12 960	40.08	1.36	0.79	1.18	14.57	9.62	24.19
6	10:52	12 760	39.98	1.33	0.77	1.15	14.22	9.46	23.68

表 4.6　基于第三、四层流速平均值的砂枕漂距预测

序号	抛投时间	抛枕重量 $W(\text{kg})$	模拟水深 $h(\text{m})$	模拟表层流速 $u_6(\text{m/s})$	模拟底层流速 $u_1(\text{m/s})$	第三、四层流速的平均值 $(u_3+u_4)/2$ (m/s)	预测漂距(m) 砂枕的移距 x_d	预测漂距(m) 砂枕的二次漂距 x_c	预测漂距(m) 砂枕的总移距 x_T
1	7:53	12 960	40.47	1.45	0.82	1.26	15.67	9.66	25.34
2	8:37	12 720	40.36	1.45	0.83	1.25	15.57	9.49	25.06
3	9:14	12 880	40.66	1.43	0.82	1.24	15.51	9.60	25.11
4	9:50	12 800	40.15	1.40	0.81	1.21	14.95	9.52	24.47
5	10:29	12 960	40.08	1.36	0.79	1.17	14.52	9.62	24.14
6	10:52	12 760	39.98	1.33	0.77	1.15	14.18	9.46	23.63

根据表 4.5 和表 4.6 得到的砂枕漂距预测结果进行验证,如图 4.50、图 4.51 所示。

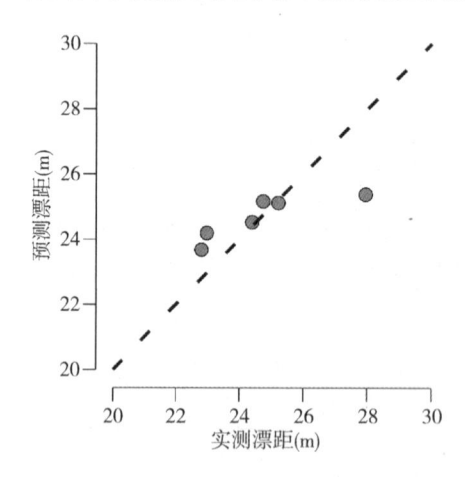

图 4.50　基于垂向平均流速的砂枕漂距预测结果验证

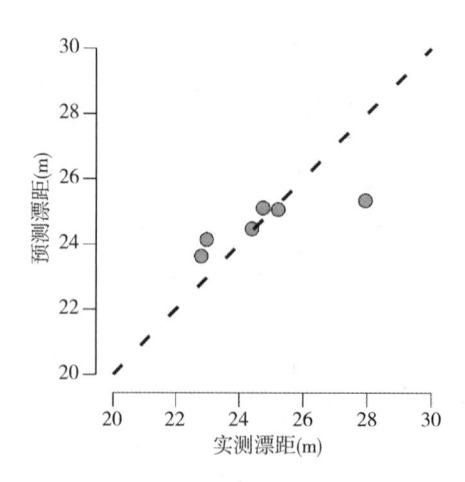

图 4.51　基于第三、四层流速平均值的砂枕漂距预测结果验证

表 4.7 基于综合系数法漂距公式的砂枕漂距预测结果误差分析

序号	实测值(m)	基于垂向平均流速的漂距预测值(m)	相对误差(%)	基于第三、四层流速平均值的漂距预测值(m)	相对误差(%)
1	27.94	25.38	−9.16	25.34	−9.31
2	25.22	25.12	−0.40	25.06	−0.63
3	24.75	25.17	1.70	25.11	1.45
4	24.40	24.53	0.53	24.47	0.29
5	22.96	24.19	5.36	24.14	5.14
6	22.80	23.68	3.86	23.63	3.64

由图 4.50 和图 4.51 可知,当使用综合系数法漂距公式时,两种平均流速模拟方法得出的砂枕漂距预测结果几乎相同,结合表 4.4 和表 4.7 可知,使用惯性力法和综合系数法漂距公式得到的砂枕漂距预测结果相差不大,且与实测结果的误差均在合理范围内。当使用六层法时,垂向第三、四层流速的平均值与二维输出模块计算的平均流速用于漂距预测的结果大致相同。

综上所述,在六层法中,以上两种砂枕的落距计算公式均可应用到基于 Mike3 水动力模型的砂枕漂距预测中,且两种水流数据的模拟方法均适用,本着方便的原则,使用 Mike3 模型同时输出二维和三维水流数据,二维输出模块用来计算水深、平均流速,三维输出模块用于计算表层流速、底层流速。

2. 十一层法砂枕漂距预测及验证分析

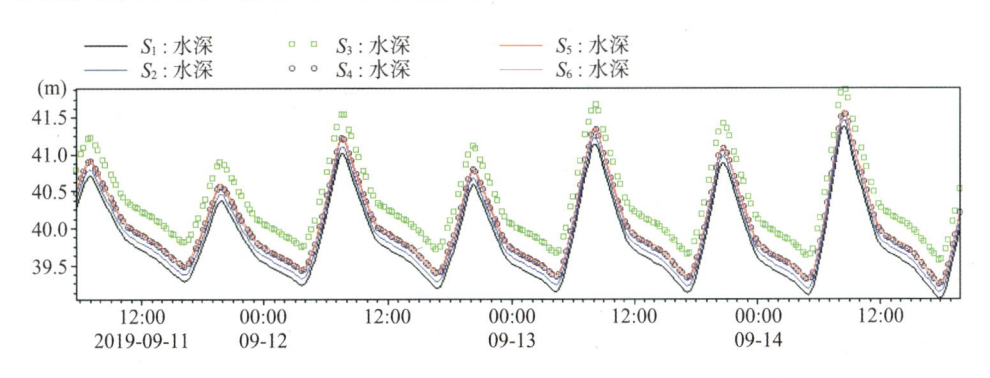

在垂向六层法中,由于分层较粗糙,第六层厚度较大,故表层流速可能会略小于实际表面流速,直接将表层流速视作表面流速进行砂枕漂距预测,得出的结果尽管较好,但还是略有偏差;又因为平均流速恰好处于第三、四层流速之间,若使用三维输出模块推求平均流速的方法,每次还需计算第三、四层流速的平均值,方法不够简便。为达到既精准又便利的要求,现将垂线流速从下往上分为 11 层,分层厚度分别为 $0.05h$、$0.1h$、$0.1h$、$0.1h$、$0.1h$、$0.1h$、$0.1h$、$0.1h$、$0.1h$、$0.1h$、$0.05h$。八卦洲右缘深槽抛投试验区域的各抛投位置的水深及流向模拟状况分别如图 4.52、图 4.53 所示。

图 4.52 试验期各个砂枕抛投点的水深模拟值

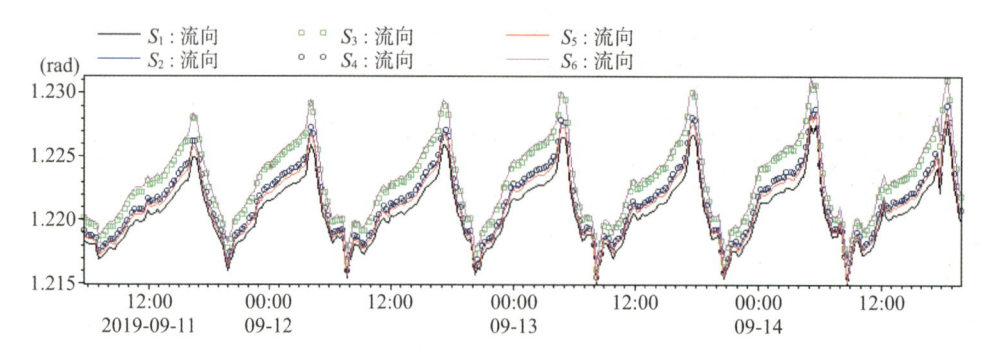

图 4.53　试验期各个砂枕抛投点的流向模拟值

由图 4.52、图 4.53 可知,十一层法与六层法的水深和流向变化趋势几乎相同,现需进一步对几个抛投点的垂线分层流速进行分析,如图 4.54 至图 4.65 所示。

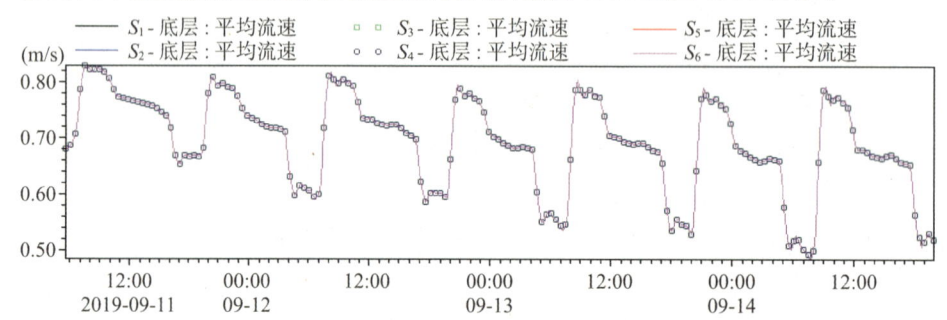

图 4.54　各抛投点的底层流速模拟值

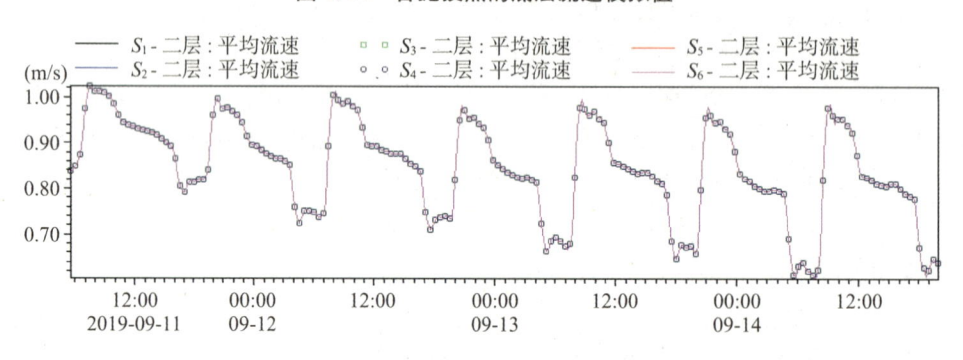

图 4.55　各抛投点的第二层流速模拟值

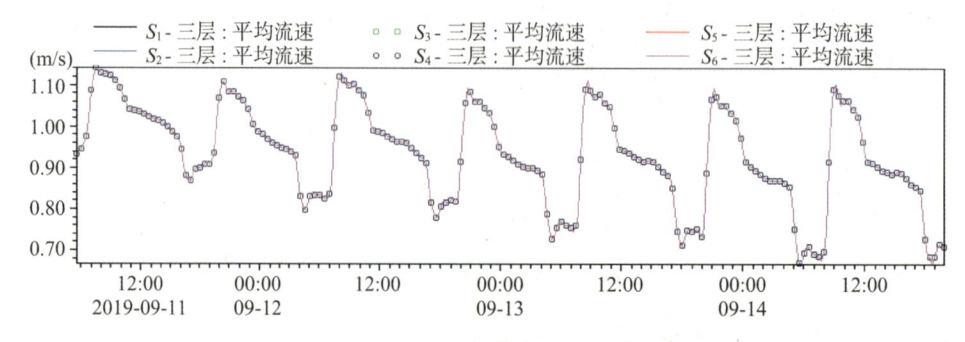

图 4.56　各抛投点的第三层流速模拟值

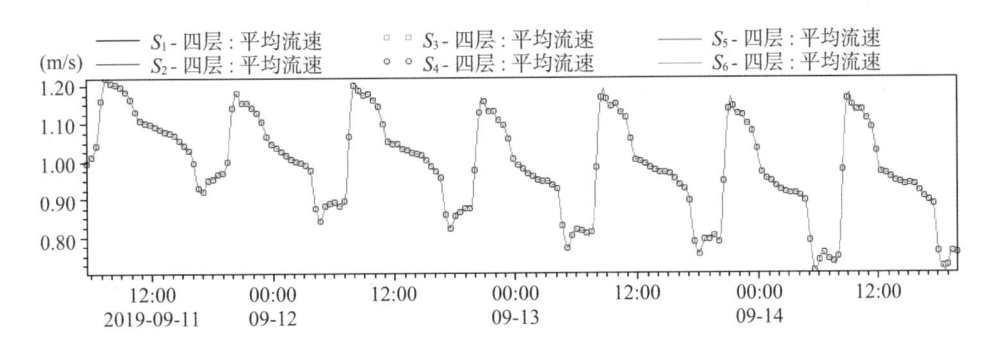

图 4.57　各抛投点的第四层流速模拟值

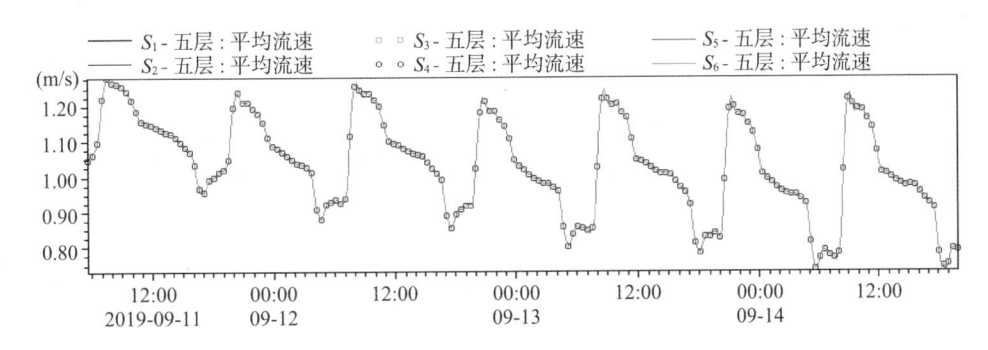

图 4.58　各抛投点的第五层流速模拟值

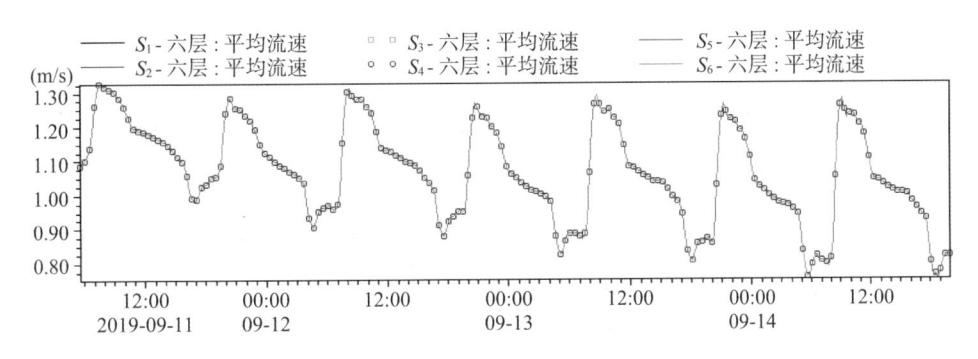

图 4.59　各抛投点的第六层流速模拟值

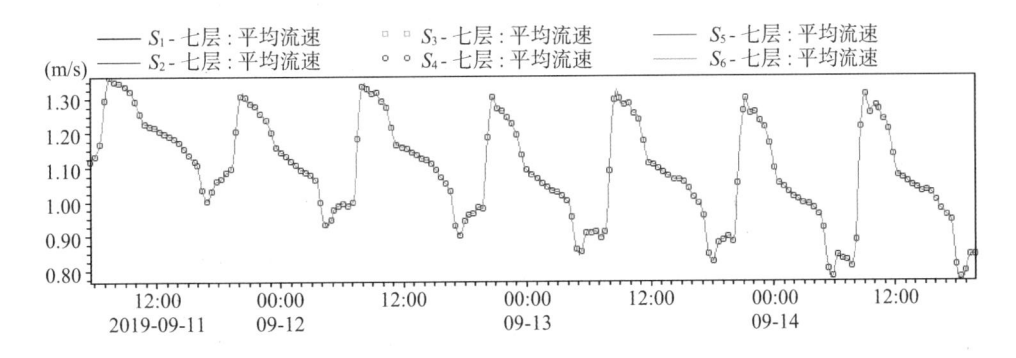

图 4.60　各抛投点的第七层流速模拟值

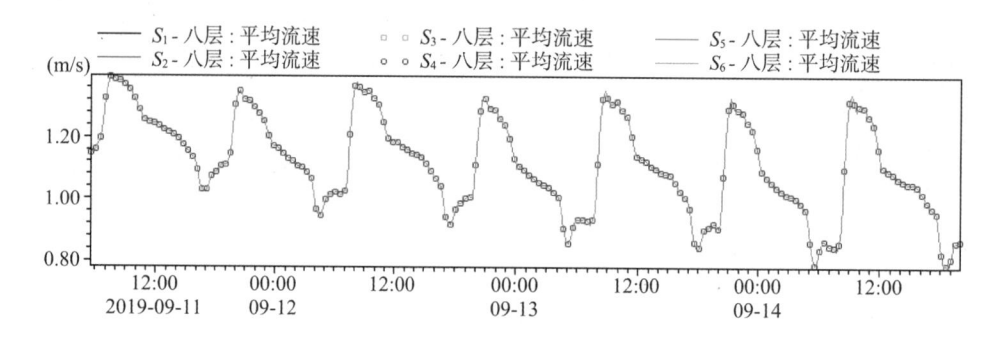

图 4.61　各抛投点的第八层流速模拟值

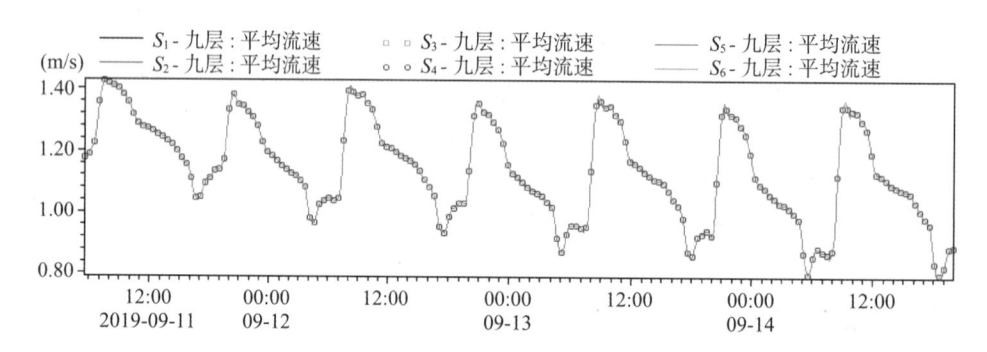

图 4.62　各抛投点的第九层流速模拟值

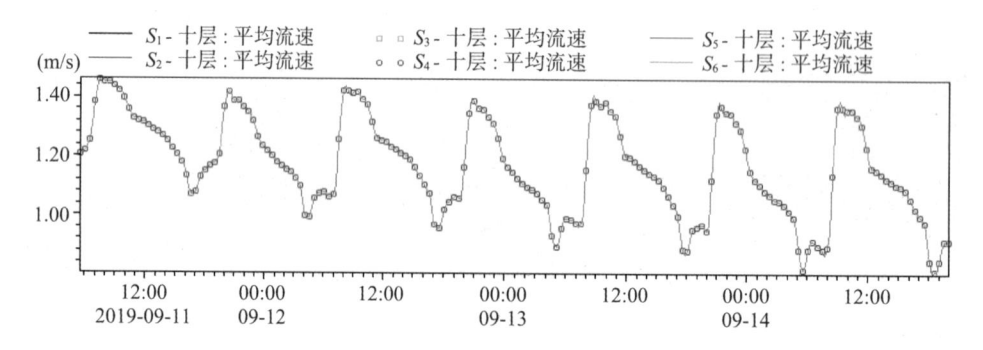

图 4.63　各抛投点的第十层流速模拟值

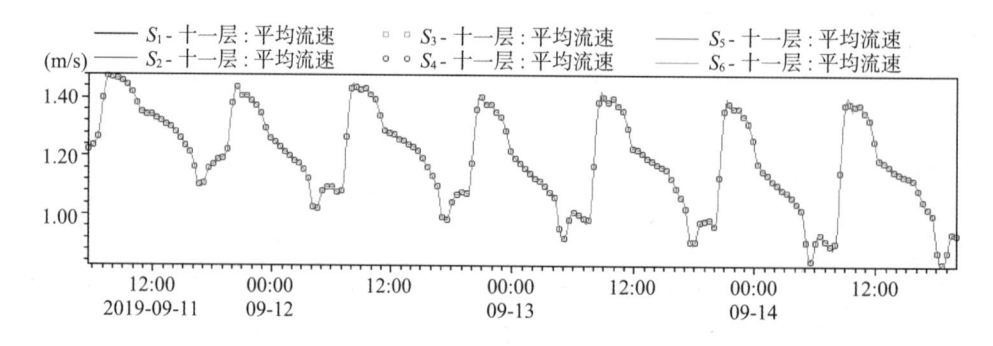

图 4.64　各抛投点的第十一层流速模拟值

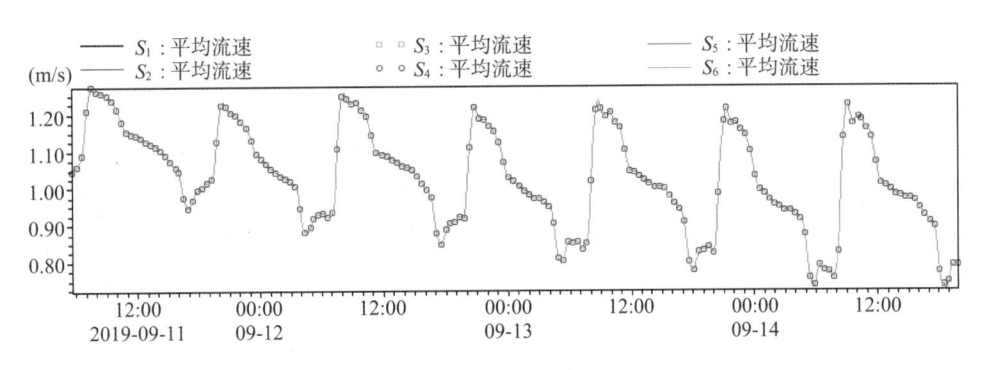

图 4.65　各抛投点的平均流速模拟值

综上可知,与六层分法相同,在十一层分法中,各个抛投点的垂向分层流速几乎相同,垂线平均流速也较接近。现选用与六层法相同的代表点模拟流速,几个抛投位置的水深数据依旧按照实际抛投点提取。

此外,根据以上流速模拟结果分析可知:当 Mike3 水动力模型垂向从下往上分层厚度分别为 $0.05h$、$0.1h$、$0.1h$、$0.1h$、$0.1h$、$0.1h$、$0.1h$、$0.1h$、$0.1h$、$0.1h$、$0.05h$ 时,平均流速与第五层流速较接近,这与一点法流速计算公式 $v = u_{0.6h}$ 得出的结果一致(垂线第五层流速的范围是距水面 $0.55h \sim 0.65h$,距水面 $0.6h$ 的位置恰好在第五层流速中间)。现将各个抛投位置的垂向第五层流速和平均流速拟合,如图 4.66 至图 4.71 所示。

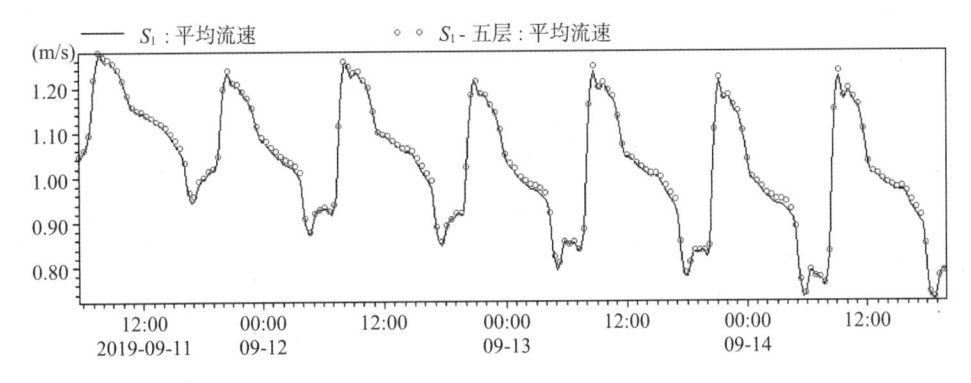

图 4.66　第一组砂枕抛投点垂向第五层流速和平均流速拟合图

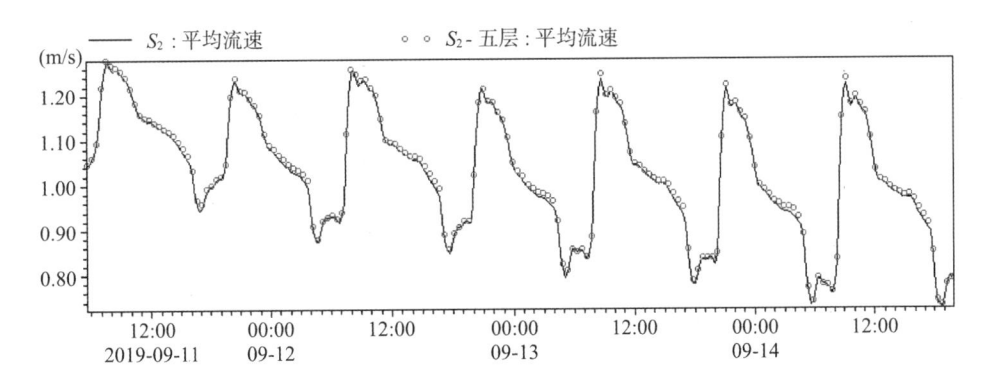

图 4.67　第二组砂枕抛投点垂向第五层流速和平均流速拟合图

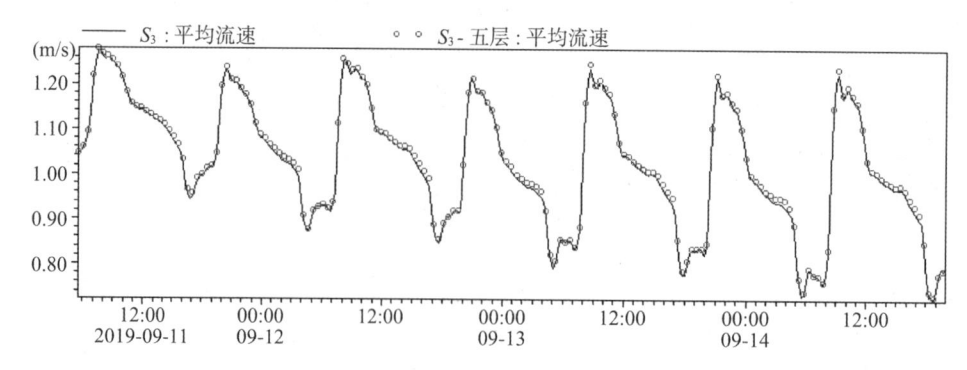

图 4.68　第三组砂枕抛投点垂向第五层流速和平均流速拟合图

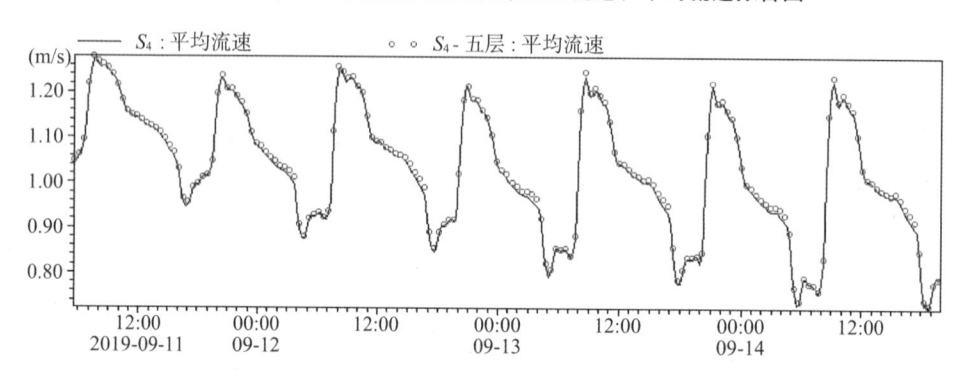

图 4.69　第四组砂枕抛投点垂向第五层流速和平均流速拟合图

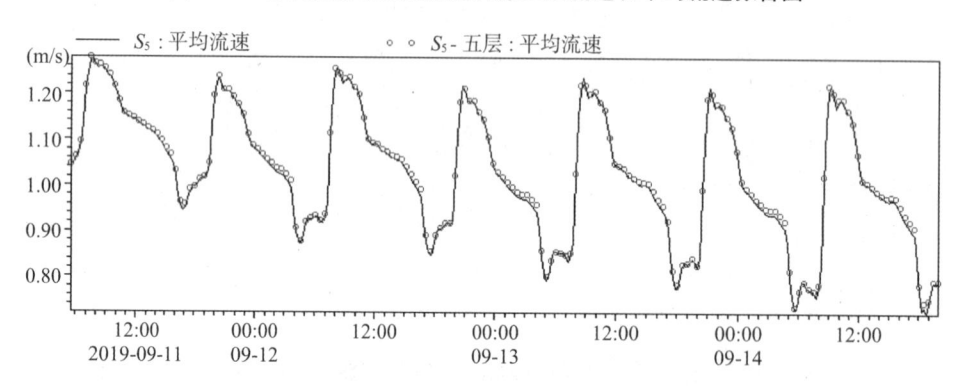

图 4.70　第五组砂枕抛投点垂向第五层流速和平均流速拟合图

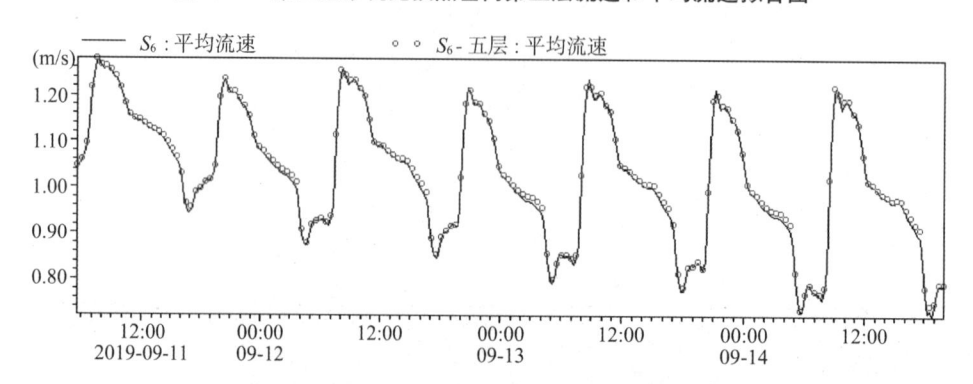

图 4.71　第六组砂枕抛投点垂向第五层流速和平均流速拟合图

通过一点法平均流速公式分析及平均流速拟合图验证,可知这六组抛投点模拟的垂向第五层流速与相应的垂向平均流速值是非常接近的,因此可将第五层流速视为垂向平均流速。此外,由于分层较薄,可直接将模拟的垂向第十一层流速视作表面流速,将模拟的垂向第一层流速视为床面流速。

代表点模拟的流速数据如下:

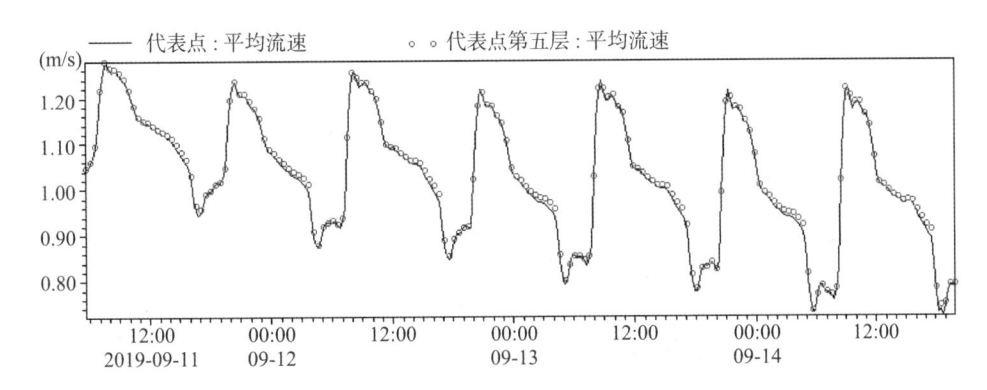

图 4.72　代表点垂向第五层流速和平均流速拟合图

由图 4.72 可知,在十一层分法中,第五层流速值与平均流速值非常接近,底层流速与表层流速相差较大。由于流速是砂枕漂距的主要驱动力,而垂线流速分布对砂枕漂距的影响尤为显著,为保证由十一层法模拟流场得到的漂距计算结果是可靠的,现需要进一步对几个抛投点进行漂距预测及验证。与六层法砂枕预测方法相同,十一层法的砂枕漂距预测也是选用惯性力法公式和综合系数法公式。

(1) 惯性力法公式

水流模拟同样采用两种方法:第一种是将垂向第五层流速视为垂向平均流速,代入漂距公式进行计算;第二种方法是使用三维水动力模型的二维输出模块计算得到的平均流速进行漂距预测。基于垂向平均流速的砂枕漂距预测如表 4.8 所示,基于第五层流速的砂枕漂距预测如表 4.9 所示。

表 4.8　基于垂向平均流速的砂枕漂距预测

序号	抛投时间	抛枕重量 W(kg)	模拟水深 h(m)	模拟表层流速 u_6(m/s)	模拟底层流速 u_1(m/s)	模拟平均流速 v(m/s)	预测漂距(m) 砂枕的移距 x_d	预测漂距(m) 砂枕的二次漂距 x_c	预测漂距(m) 砂枕的总移距 x_T
1	7:53	12 960	40.47	1.47	0.82	1.26	15.58	9.66	25.24
2	8:37	12 720	40.35	1.47	0.82	1.26	15.49	9.49	24.97
3	9:14	12 880	40.66	1.45	0.82	1.24	15.42	9.60	25.01
4	9:50	12 800	40.15	1.42	0.81	1.21	14.85	9.52	24.36
5	10:29	12 960	40.08	1.38	0.79	1.18	14.41	9.62	24.03
6	10:52	12 760	39.98	1.35	0.77	1.15	14.06	9.45	23.51

表 4.9 基于第五层流速的砂枕漂距预测

序号	抛投时间	抛枕重量 W(kg)	模拟水深 h(m)	模拟表层流速 u_6(m/s)	模拟底层流速 u_1(m/s)	模拟第五层流速(m/s)	砂枕的移距 x_d	砂枕的二次漂距 x_c	砂枕的总移距 x_T
1	7:53	12 960	40.47	1.47	0.82	1.27	15.65	9.66	25.31
2	8:37	12 720	40.35	1.47	0.82	1.26	15.55	9.49	25.04
3	9:14	12 880	40.66	1.45	0.82	1.25	15.48	9.60	25.08
4	9:50	12 800	40.15	1.42	0.81	1.22	14.90	9.52	24.42
5	10:29	12 960	40.08	1.38	0.79	1.18	14.46	9.62	24.08
6	10:52	12 760	39.98	1.35	0.77	1.16	14.11	9.45	23.56

根据表 4.8 和表 4.9 得到的砂枕漂距预测结果进行验证,图 4.73 和图 4.74 为垂向平均流速及第五层流速的砂枕漂距预测结果验证。

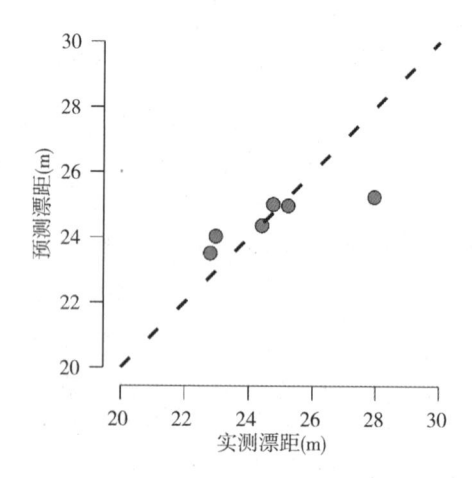

图 4.73 基于垂向平均流速的砂枕漂距预测结果验证

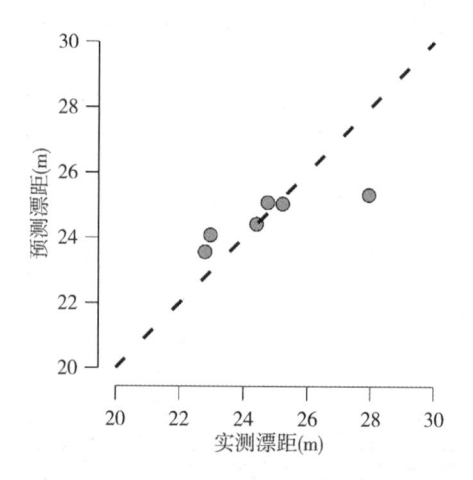

图 4.74 基于第五层流速的砂枕漂距预测结果验证

表4.10 基于惯性力法漂距公式的砂枕漂距预测结果误差分析

序号	实测值(m)	基于垂向平均流速的漂距预测值(m)	相对误差(%)	基于第五层流速的漂距预测值(m)	相对误差(%)
1	27.94	25.24	−9.66	25.31	−9.41
2	25.22	24.97	−0.99	25.04	−0.71
3	24.75	25.01	1.05	25.08	1.33
4	24.40	24.36	−0.16	24.42	0.08
5	22.96	24.03	4.66	24.08	4.88
6	22.80	23.51	3.11	23.56	3.33

由图4.73和图4.74可知,基于垂向平均流速和第五层流速的砂枕漂距预测方法所得出的结果几乎相同,结合表4.10可知,两种漂距预测方法得出的结果均较好。当使用惯性力法漂距公式时,两种平均流速模拟方法得出的结果几乎相同,且均与实测结果较接近。

(2) 综合系数法

将两种平均流速模拟方法得出的流速数据分别代入综合系数法漂距公式,计算结果如下。

表4.11 基于垂向平均流速的砂枕漂距预测

序号	抛投时间	抛枕重量 W(kg)	模拟水深 h(m)	模拟表层流速 u_6(m/s)	模拟底层流速 u_1(m/s)	模拟平均流速 v(m/s)	砂枕的移距 x_d	砂枕的二次漂距 x_c	砂枕的总移距 x_T
1	7:53	12 960	40.47	1.47	0.82	1.26	15.75	9.66	25.41
2	8:37	12 720	40.35	1.47	0.82	1.26	15.65	9.49	25.14
3	9:14	12 880	40.66	1.45	0.82	1.24	15.58	9.60	25.18
4	9:50	12 800	40.15	1.42	0.81	1.21	15.01	9.52	24.53
5	10:29	12 960	40.08	1.38	0.79	1.18	14.58	9.62	24.20
6	10:52	12 760	39.98	1.35	0.77	1.15	14.23	9.45	23.68

表4.12 基于第五层流速的砂枕漂距预测

序号	抛投时间	抛枕重量 W(kg)	模拟水深 h(m)	模拟表层流速 u_6(m/s)	模拟底层流速 u_1(m/s)	模拟第五层流速(m/s)	砂枕的移距 x_d	砂枕的二次漂距 x_c	砂枕的总移距 x_T
1	7:53	12 960	40.47	1.47	0.82	1.27	15.82	9.66	25.48
2	8:37	12 720	40.35	1.47	0.82	1.26	15.72	9.49	25.20
3	9:14	12 880	40.66	1.45	0.82	1.25	15.65	9.60	25.24
4	9:50	12 800	40.15	1.42	0.81	1.22	15.07	9.52	24.58
5	10:29	12 960	40.08	1.38	0.79	1.18	14.63	9.62	24.25
6	10:52	12 760	39.98	1.35	0.77	1.16	14.27	9.45	23.73

根据表 4.11 和表 4.12 得到的砂枕漂距预测结果进行验证,如图 4.75、图 4.76 所示。

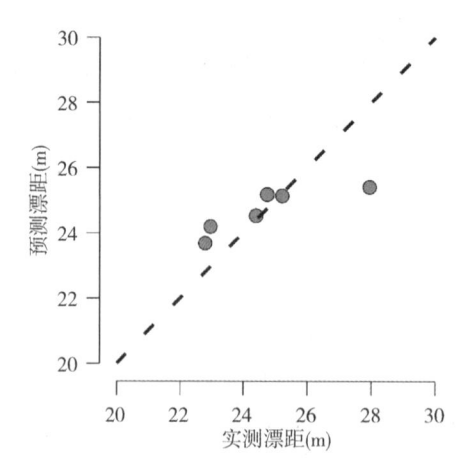

图 4.75 基于垂向平均流速的砂枕漂距预测结果验证

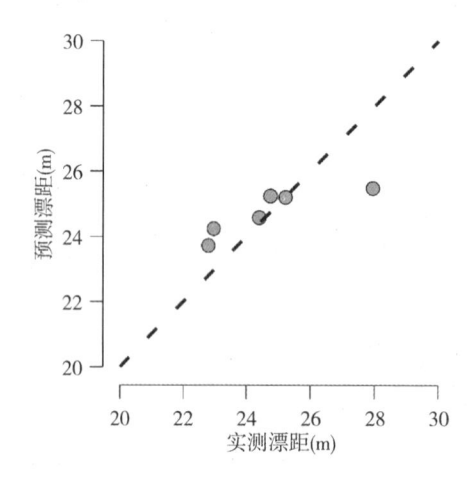

图 4.76 基于第五层流速的砂枕漂距预测结果验证

表 4.13 综合系数法砂枕漂距预测结果误差分析

序号	实测值(m)	基于垂向平均流速的漂距预测值(m)	相对误差(%)	基于第五层流速的漂距预测值(m)	相对误差(%)
1	27.94	25.41	−9.06	25.48	−8.80
2	25.22	25.14	−0.32	25.20	−0.08
3	24.75	25.18	1.74	25.24	1.98
4	24.40	24.53	0.53	24.58	0.74
5	22.96	24.20	5.40	24.25	5.62
6	22.80	23.68	3.86	23.73	4.08

由图 4.75 和图 4.76 可知,基于垂向平均流速和第五层流速的砂枕漂距预测方法所得出的结果近似,且均接近实测值。依据表 4.10 和表 4.13 可知,在十一层法中,使用两

种漂距公式进行砂枕漂距预测的相对误差均小于15%,在合理范围内。此外,经分析可知,由于抛投点处从输出的三维输出模块中提取的第五层流速与二维输出模块中提取的平均流速值大致相同,所以将第五层流速视作平均流速与直接使用垂向平均流速得到的漂距预测结果相近。

综上所述,在十一层法中,以上两种砂枕的落距计算公式均可应用到基于Mike3水动力模型的砂枕漂距预测中,且两种水流数据的模拟方法均适用,本着方便的原则,建议在十一层法中仅使用二维输出模块计算水深,通过三维输出模块计算表层流速、底层流速和第五层流速值,进行漂距预测。

3. 两种分层方法的砂枕漂距预测对比分析

六层法分层简单,但是不能直接通过垂向分层流速得出平均流速,需额外在二维输出模块中添加一个计算平均流速的小模块;十一层法分层较为繁杂,但是模拟出的流速更精准,表层流速更接近表面流速,底层流速也更接近水底的水流速度,而且第五层流速等于垂线平均流速,无须再通过三维水动力模型中的二维输出模块计算平均流速。精准的三维流场水流模拟数据是砂枕漂距精准预测的前提,通过对比六层法和十一层法砂枕漂距预测结果的相对误差可知,十一层法更利于砂枕抛投水下精准定位。

4. 特殊情况下的砂枕漂距预测方法

在实际施工中,当抛投区域靠近感潮河段,水流会受到潮汐的作用,流向发生转变时,出现表层流速和底层流速反转的状况,这时水流的垂线流速分布便不符合指数型分布,但是垂线分层流速公式依旧可以使用,Mike3模型也可以应用于漂距预测,只需在流向转变时,将垂向分层流速倒换过来即可。Mike3输出的三维数据中,第三层流速可以作为垂线平均流速;Mike3输出的二维数据中,可直接提取平均流速。此时,垂线第六层流速明显小于第一层流速,需要将第六层流速作为底层流速使用,第一层流速作为表面流速,再结合砂枕漂距计算公式,可完成特殊情况下的砂枕漂距预测。

4.2.3 抛投体未来漂距预测方法

以上砂枕漂距预测均是实时预测,若是需要在砂枕抛投施工前预测砂枕的漂距,确定施工位置,可结合预测模型进行预测。可使用江苏省水利科学研究院的长江河口二维模型为Mike3水动力模型提供上下游边界的流量及潮位信息。长江河口二维模型的计算区域包括大通至长江口河段、杭州湾区域以及其毗邻海域,长江河口二维模型计算区域如图4.77所示。

长江河口二维模型计算前需要输入计算范围内水流的流场信息(大通站流量查询网址 http://www.cjh.com.cn,外海潮位可以使用东中国海潮波预报模型进行预报),运行长江河口二维模型可以计算未来三天大通站的流量、镇江站的潮位数据,再将计算结果导入Mike3水动力模型上下游边界,便可模拟出施工河段未来三天的三维流场,为未来砂枕漂距预测提供支撑。

图 4.77　长江河口二维模型计算区域示意图

4.3　本章小结

采用 Mike3 水动力模型对不同验证期的水动力模拟效果较好,可将其应用于模拟天然河道(包括试验区)水流的流场,为后续结合漂距计算公式进行漂距预测,解决长江下游河段特定条件下砂枕抛投的水下落点精准定位问题奠定基础。

本章主要通过 Mike3 水动力模型,进行试验区的三维流场分析,模拟抛投点的水深、垂线平均流速、垂线分层流速数据,结合砂枕漂距公式,预测出砂枕的漂距,从而进行砂枕抛投的水下精准定位,减少抛投的损失量,节约成本。

为减少施工过程中一些烦琐的步骤,提高漂距预测结果的精准性,借助模型模拟出的三维流场来预测砂枕的漂距,通过 Mike3 水动力模型,模拟出抛投位置的水深、垂线平均流速和垂线分层流速数据,再将相应的模拟结果代入已推导出的砂枕漂距公式,完成砂枕落距的精准预测。

当使用水动力模型模拟三维流场时,根据实际需要,调节表层、底层和其他层的厚度,厚度越小,流速值越能够精准描述水下某一位置的水流状况。通过 Mike3 水动力模型,很好地克服了 ADCP 测流时会有盲区的状况。当然,模型并不能够完全替代实际测流工具(模型需要根据实际流速进行校正后才能使用),但是模型可以减少使用测流工具的频率,减少人力物力的浪费。

在实际施工中,当抛投区域靠近河口的河段,水流受到潮汐的作用,流向发生转变时,出现表层流速和底层流速反转的状况,这时水流的垂线流速分布便不符合指数型分布,可以使用实时的垂线分层流速公式,Mike3 模型应用于漂距预测时,需在流向发生转变时,将模拟的底层流速与表层流速互换。

第 5 章　基于随机行走方法的抛石输运演化机理

本书第 3 章探明了抛投石块经水中漂距及在河床面上二次移动后达到相对稳定的运动过程。抛石施工结束后,大量石块堆积在河床上,使得石块附近水流局部流场产生紊流及流速加快等现象,造成石块底部及附近沉积的床沙冲刷流失,同时小粒径块石在水流影响下也会重新向下游运动,床沙及小粒径块石的流失,将进一步使得达到相对稳定状态的中大粒径块石因失稳而运动。抛石的进一步运动会使得抛石护岸形态发生调整,进而影响抛石的防护效果。

大量抛石达到相对稳定后在河床上的进一步输运行为,受多种因素的影响既有一定的规律性,又有一定的随机性,十分复杂。传统方法无法准确地描述抛石运动这一复杂过程的运动特征及其背后的力学机理,本章应用连续时间随机行走理论,研究抛石在河道中随水流运动的时间-空间分布状况,采用等待时间及跳跃步长分布模拟抛石在河道中的输运行为,采用现场试验数据对所建模型的适用性进行验证,在此基础上对不同输运条件以及不同抛石粒径情形下抛石输运空间分布规律进行分析,并从抛石粒子的运动数量与等待时间的关系出发,揭示稳态条件下抛石输运演化机理。

5.1　随机行走及随机过程理论

5.1.1　随机理论引入

颗粒流运动统计理论是指利用流体力学、河流动力学及概率论、随机过程相结合的途径来深入研究砾石及泥沙运动。最早在颗粒流中引进概率论方法的是 A. H. Einstein,他研究了沙子在水槽中沿程和随时间的输运行为,并进一步基于概率公式得到了推移质泥沙的输沙率函数,但由于两个关键参数无法确定(颗粒的交换时间和单步跳跃距离),加之未与颗粒流运动热点相连(将之与颗粒起动联系起来),在较长时间内均未引起注意。后来随着放射性示踪技术的发展,结合试验,基于概率理论的泥沙输运问题才被重新研究,但始终未越出 Einstein 的框架而逐渐停滞。由于没有将力学及颗粒运动联系起来,而且开辟的研究内容太窄,始终缺乏推动力。后来 Einstein 做了根本改变,初步采用了力学与概率论相结合的方法,但他是以力学方法为主研究推移质运动,给出的结果中,除提出交换外,还引进了起动概率。他这次的成果引起了强烈反响,到目前为止仍有跟随研究,其影响长期不衰。这不仅得益于采用了力学与概率论相结合的方式,而且抓住了颗粒流运动与工程实践所关心的问题。之后欧美、日本也沿着这个方向进行,成了之后颗粒流运动理论研究的主流。

与推移质泥沙运动过程相似的是,抛石的运动具有必然性、偶然性两个方面。一方面,对于确定的抛石颗粒,在确定的底部流速作用下,运动是必然的,符合力学规律。另一方面,抛石颗粒的粗细、河床底部流速的大小、颗粒在床面上的位置以及河床的结构组成均为随机变量,其变化符合概率论的规律。在抛石的输运行为中,对于不同环境下输运行为的差异及不同尺度下输运过程的转变,通过传统的方法难以对其进行精确的捕捉预测,传统的模型很多采用经验公式或者参数导致无法直接应用在某些具体的工程项目中,实际的观测与理论的计算结果往往具有巨大的偏差,因此采用统计学对抛石的输运行为进行研究是一个切实可行的方向。基于概率理论,结合统计学,通过宏观数据的统计将抛石的输运性质在随机的行为中拆解出确定性的性质。统计学方法近年来在计算机理论的飞速发展下得到了长足的进步,随着计算量以及计算速度的增加,通过宏观数据的大数据分析以及人工智能的发展,统计的方法也成为目前不同研究方向的主流研究手段之一。本书采用了理论和工程实践相结合的方法,确定合适的统计分布,建立分析和仿真河流中抛石反常输运的力学模型,量化模型参数与河床流场内部结构之间的关系,探明抛石输运行为的演化机理。

5.1.2 连续时间随机行走理论

为了描述抛石颗粒运动过程中的随机性和确定性,此处引入了经典的连续时间随机行走理论。连续时间随机行走理论在随机行走理论的基础上将固定步长与固定等待时间的假设推广到由概率密度分布支配的跳跃步长和等待时间。在连续时间随机行走理论中粒子的跳跃过程由空间跳跃距离和两次成功跳跃之间的等待时间组成,两者由共同的联合概率密度分布决定,在实际研究中,发现跳跃步长与等待时间往往是不相关的,即跳跃的距离与停留的时间是独立的,本书中采用此假设,即跳跃步长和等待时间分别由各自的分布密度决定。在研究中分别用 $\lambda(x)$、$\omega(t)$ 表示跳跃步长和等待时间的概率密度函数,通过联合概率密度函数得到连续时间随机行走过程的广义主方程

$$\eta(x,t) = \int_{-\infty}^{+\infty} dx' \int_0^t \eta(x',t') \psi(x-x',t-t') + \delta(t) P_0(x) \tag{5.1}$$

式中:$\eta(x,t)$ 表示粒子 t 时刻到达 x 处的概率密度;$\delta(t)$ 为狄拉克函数;$P_0(x)$ 为粒子的初始分布;$\psi(x,t)$ 表示跳跃步长和等待时间的联合概率密度函数。

粒子的概率密度函数 $P(x,t)$ 满足方程

$$P(x,t) = \int_0^t \eta(x,t-t')\Psi(t')\mathrm{d}t' \tag{5.2}$$

这里，$\Psi(t) = 1 - \int_0^t \omega(t')\mathrm{d}t'$ 是生存概率，表示粒子始终不运动的概率。

将广义主方程(5.1)代入式(5.2)，最终得到连续时间随机行走的概率密度方程

$$P(x,t) = \int_{-\infty}^{+\infty} \mathrm{d}x' \int_0^t \psi(x-x',t-t')P(x',t')\mathrm{d}t' + P_0(x)\psi(t) \tag{5.3}$$

在连续时间随机行走框架中，空间和时间都被定义为连续变量，因此方程(5.3)可考虑在傅里叶-拉普拉斯空间中的形式。对方程(5.3)进行 Fourier-Laplace 变换，得

$$\widehat{\widetilde{P}}(k,u) = \frac{1-\widetilde{\omega}(u)}{u} \cdot \frac{\widehat{P_0}(k)}{1-\widehat{\widetilde{\psi}}(k,u)} \tag{5.4}$$

傅里叶-拉普拉斯域内的方程(5.4)被称为 Montroll-Weiss 方程，该方程中通过跳跃步长和等待时间的概率密度分布性质可以区分不同输运行为，当跳跃步长的概率分布二阶矩发散而等待时间的概率分布一阶矩收敛时，输运行为定义为快速输运行为；跳跃步长的概率分布二阶矩收敛而等待时间的概率分布一阶矩发散时，输运行为定义为慢速输运行为；两者皆发散，则表征同时具有快速、慢速输运行为，两者皆收敛则为经典的正常输运状态。

5.2 基于观测数据的随机行走模型应用

5.2.1 蒙特卡罗模拟方法

在连续时间随机行走模型中，通过方程(5.4)对抛石颗粒的空间分布进行预测时要求抛石颗粒的等待时间和跳跃步长分布在傅里叶-拉普拉斯空间具有显式的形式。然而在实际工程中，抛石的跳跃步长和等待时间往往没有显式的表达形式，因此基于解析方法求解的方程(5.4)具有很大的使用限制。为了解决连续时间随机行走理论在实际工程中的适用性，此处引入了一个基于统计的方法——蒙特卡罗方法。

蒙特卡罗方法，又称随机模拟方法，在当今电子计算机算力极大提升的背景下被广泛使用。该方法以统计理论为基础，利用重复随机的抽样方法，求得统计量的数字特征。当重复次数够多，蒙特卡罗方法得到的数值解无限逼近真实解。本书中由于采用的分布形式复杂，傅里叶-拉普拉斯域里的方程(5.4)在转换到时域上具有很大的困难，在这里采用蒙特卡罗方法求得其数值结果，同时该方法在追踪粒子的运动轨迹及分析粒子反常输运行为时又具有很大的优势。

经典的对流扩散方程(ADE)表征流体的质量传输规律，通过求解对流扩散方程能得到满足中心极限定理情况下粒子的分布情况。但实际的观测中已经发现很多情况下中心

极限定理会被打破,例如含水层的异质性、河床结构的非均匀性都会导致符合中心极限定理的方程无法准确描述实际的传输行为。这类打破中心极限定理的输运行为被称为"反常输运"。连续时间随机行走理论通过定义更"宽"概率密度分布的跳跃步长和等待时间来描述"反常输运"行为,当概率密度分布回归到满足中心极限定理时,即跳跃步长分布为正态分布,等待时间分布为指数分布时,方程(5.4)将回归到正常形式的对流扩散方程。在本书中,为了反映河床结构的异质性导致的抛石"反常输运"行为,采用 α 稳定分布作为跳跃步长分布,Mittag-Leffler 分布作为等待时间分布。

在本书中将抛石的运动划分为沿水流方向与垂直于水流方向,通过独立同分布的随机数来模拟整个抛石的运动过程。

运动过程的等待时间由下式确定,

$$t_{n+1} = t_n + \tau_\beta, t_0 = 0 \tag{5.5}$$

沿水流方向的位移由抛石的相互碰撞产生的位移和水流的携带产生的位移共同组成,由下式确定,

$$x^l_{n+1} = x^l_n + \xi_{a1} + v \cdot (t_{n+1} - t_n), x^l_0 = 0 \tag{5.6}$$

垂直于水流方向的位移仅仅由抛石的相互碰撞产生,由下式确定,

$$x^r_{n+1} = x^r_n + \xi_{a2}, x^r_0 = 0 \tag{5.7}$$

式中:τ_β 为满足 Mittag-Leffler 分布的随机数;ξ_{a1} 和 ξ_{a2} 是满足 α 稳定分布的随机数。随机数分别通过以下公式生成。

其中满足跳跃步长的 α 稳定分布随机数采用式(5.8)生成

$$\xi_\alpha = \gamma_x \left(\frac{-\ln(u_1)\cos\theta}{\cos((1-\alpha)\theta)} \right)^{1-1/\alpha} \frac{\sin(\alpha\theta)}{\cos\theta} \tag{5.8}$$

满足 Mittag-Leffler 分布的等待时间随机数采用式(5.9)生成

$$\tau_\beta = -\gamma_t \ln(u_1) \left(\frac{\sin(\beta\pi)}{\tan(u_2\beta\pi)} - \cos(\beta\pi) \right)^{1/\beta} \tag{5.9}$$

式中:$u_1, u_2 \in (0,1)$ 均匀分布的随机数;γ_x、γ_t 是随机数产生的尺度系数。

在实际的模拟中采用式(5.5)、(5.6)和(5.7)作为计算抛石在沿水流方向和垂直于水流方向的运动位移。式中等待时间及跳跃步长的随机数分别由式(5.8)和式(5.9)确定。图 5.1 至图 5.4 分别比较了不同参数下的 α 稳定分布与 Mittag-Leffler 分布的特性以及产生随机数的质量,通过比较可以发现当参数 α 越大时,其跳跃步长的分布越集中(反之则越分散),当 $\alpha=2.0$ 时,跳跃步长分布回归到正态分布;当参数 β 越大时,其等待时间分布的衰减速度越快,当 $\beta=1.0$ 时,等待时间分布回归到指数分布。跳跃步长分布越分散意味着抛石粒子有更大的概率在短时间内进行长距离的运动;而等待时间分布衰减越慢,意味着抛石粒子在河床中的停留概率越大(停留时间也越长)。后面将依据这种性质对抛石在河床中的输运行为进行分析。

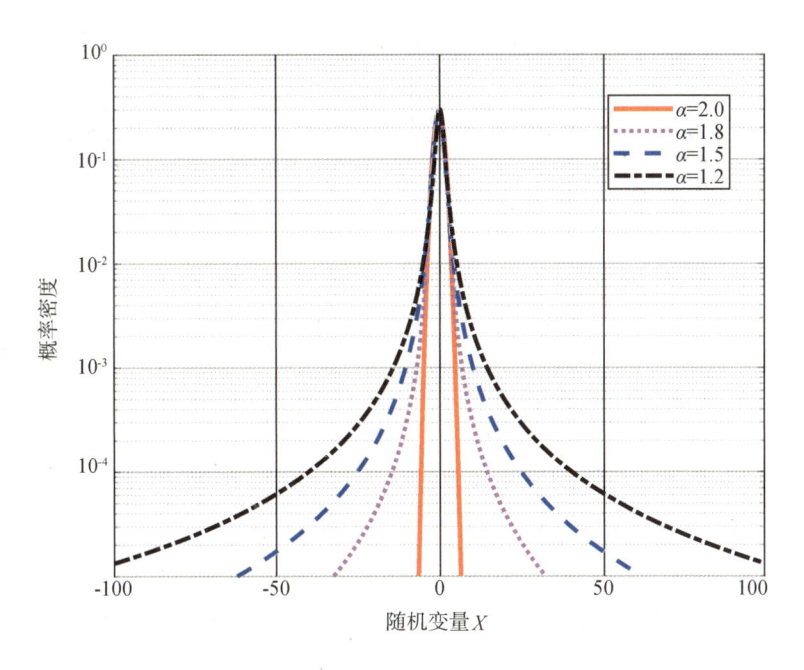

图 5.1　不同参数下 α 稳定分布对比

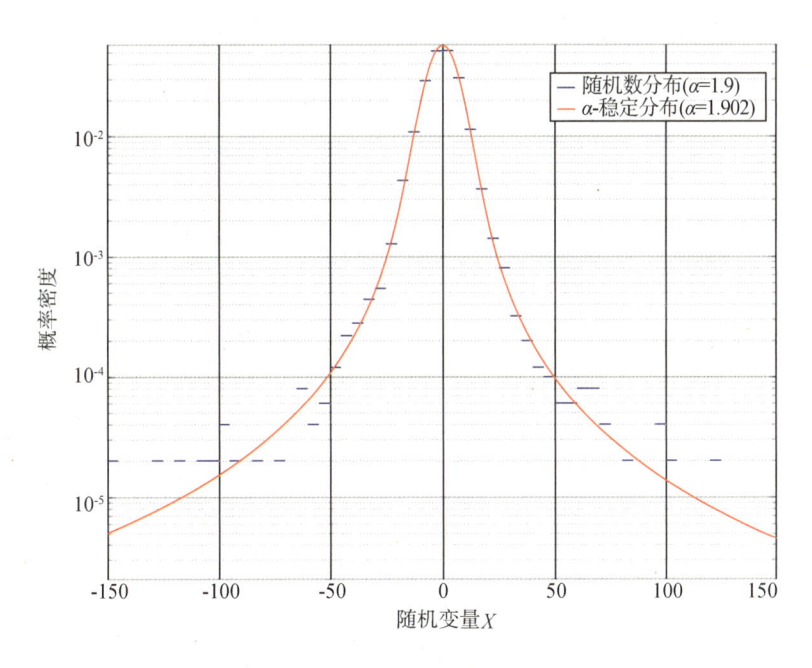

图 5.2　α 稳定分布随机数概率密度验证

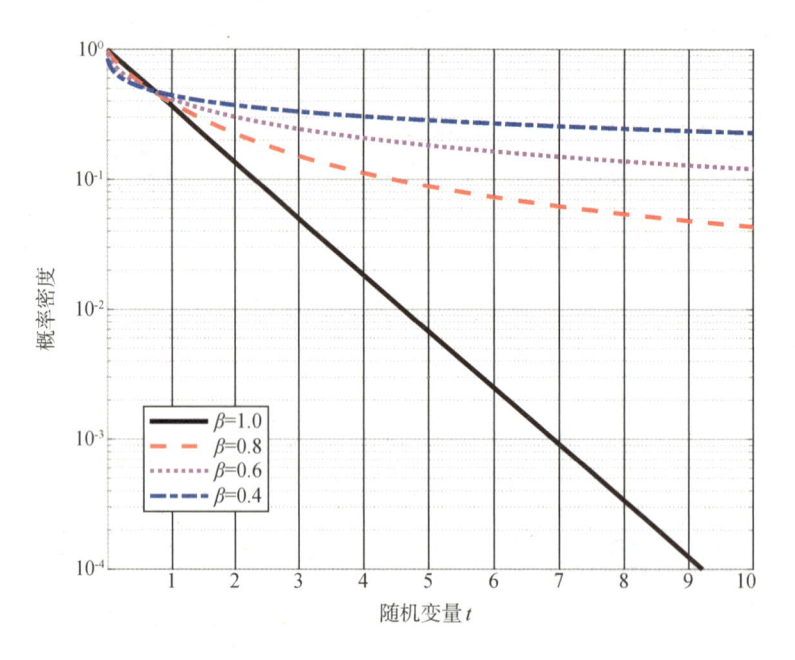

图 5.3　不同参数下 Mittag-Leffler 分布对比

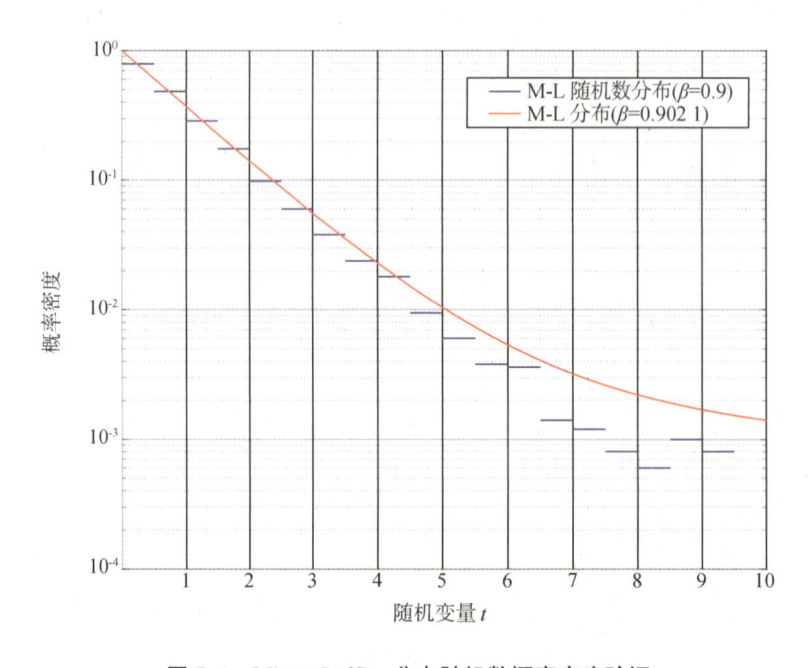

图 5.4　Mittag-Leffler 分布随机数概率密度验证

图 5.5 给出了式(5.6)计算的三种不同状态下抛石的时间-空间演化结果图。由于在此章节中将由对流引起的确定性位移与抛石的随机性位移分离开来，因此由确定性对流带来的位移只会使抛石的空间位置发生平移，故此处将模型中的确定性速度设置为 $v=0$，而关注由于随机性导致的空间分布差异。结果表明，在慢速输运状态下，抛石输运演化的空间分布随着时间的演化进行最为集中。在快速输运状态下，抛石粒子随着时间的演

化可以迅速分散而呈现空间最为分散状态。正常输运行为则处于中间状态。通过二阶矩（MSD）的计算结果可以发现，在连续时间随机行走模型中，粒子的输运状态由参数 α、β 控制，参数 α 越小，粒子的快速输运行为越强烈；参数 β 越小，粒子的慢速输运行为越强烈。

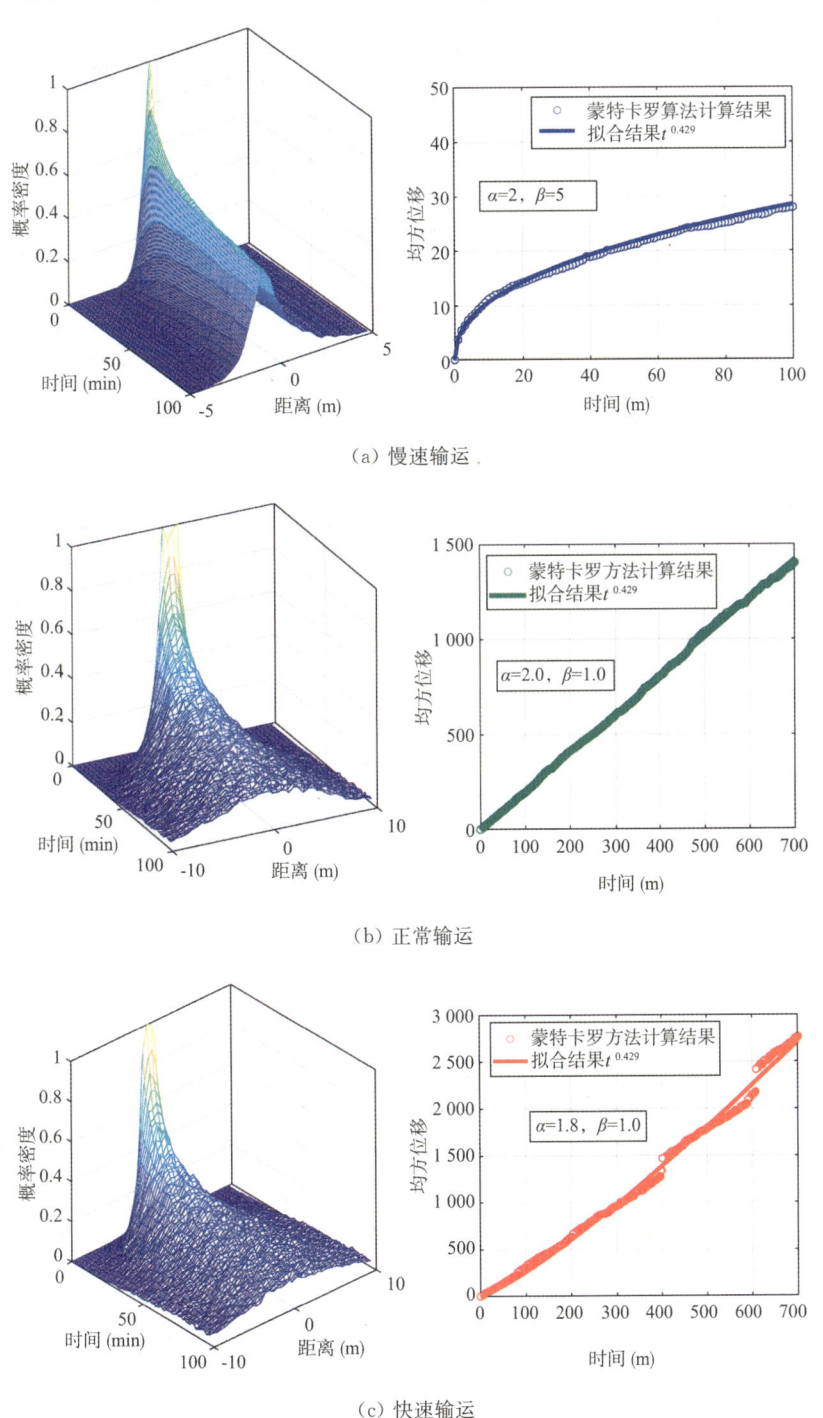

(a) 慢速输运

(b) 正常输运

(c) 快速输运

图 5.5 三种不同输运状态下（慢速、正常、快速）粒子的空间分布及二阶矩计算结果

5.2.2 模型计算结果

为了进一步验证连续时间随机行走模型在抛石输运中的适用性以及空间适宜度,分别对现场检测采集的数据进行模拟分析。通过现场监测获得了抛石之后不同时间段河床高程的变化情况,数据获取时间分别是 2015 年 5 月 22 日、2015 年 7 月 21 日、2015 年 12 月 18 日、2016 年 3 月 11 日、2016 年 5 月 22 日、2016 年 7 月 4 日。其中 2015 年 7 月之后无抛石工程,因此 7 月之后的河床高程变化主要就是由抛石在水流的作用下输运引起的。为了准确地预测抛石的输运行为,模拟时为了能将数据直接应用于连续时间随机行走模型中,首先需要了解河床在模拟时刻之前的初始河床状态,通过分析各次获取的河床高程数据,选取第二次捕捉的河床高程数据作为河床的初始高程状态(2015-07-21),不采用 2015 年 5 月 22 日数据作为初始状态是因为与后面数据相比其变化差异太明显;其次,高程分布很不均匀,故考虑是由于抛石工程在此期间仍在进行,而受河流条件影响巨大,模拟时采用其作为初始数据会导致模拟结果失真,不能真实反映抛石工程项目实施后对河床的影响状态。为了更准确地表征河床在不同时刻的变化程度,选取变化程度均匀的几组数据进行分析,分别是:2015 年 7 月 21 日、2015 年 12 月 18 日、2016 年 3 月 11 日、2016 年 5 月 22 日。由于各次采集数据量的差异,将未采集部分的河床高程进行二次插值计算,使数据量保持一致。具体的数据处理及计算步骤如图 5.6 所示。

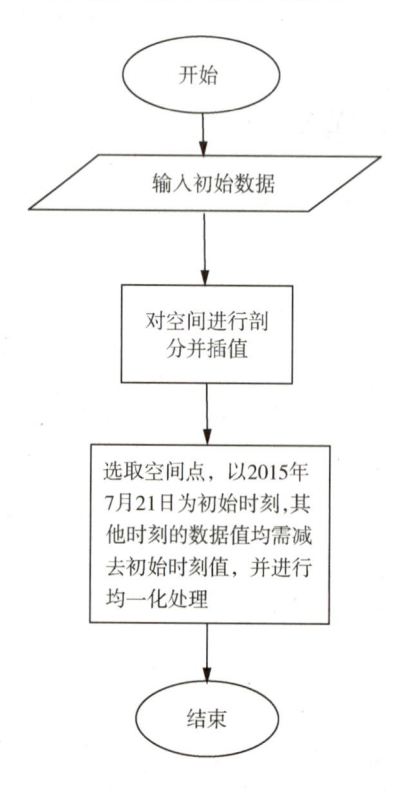

图 5.6　数据处理及计算步骤

为了验证连续时间随机行走在抛石预测中的空间适宜度以及空间尺度对模型的影响，研究中区域选取分别采用了线形方案、条带方案和区域整体方案。区域方案选取及模拟结果如下。

（1）区域的线形方案选取位置及对比结果如图 5.7、图 5.8 所示。对整个区域空间插值计算高程后，选取固定位置的高程作为初始高程位置及河床变化高程的数据，进行模型预测及抛石行为分析。模型参数设置如表 5.1 所示。

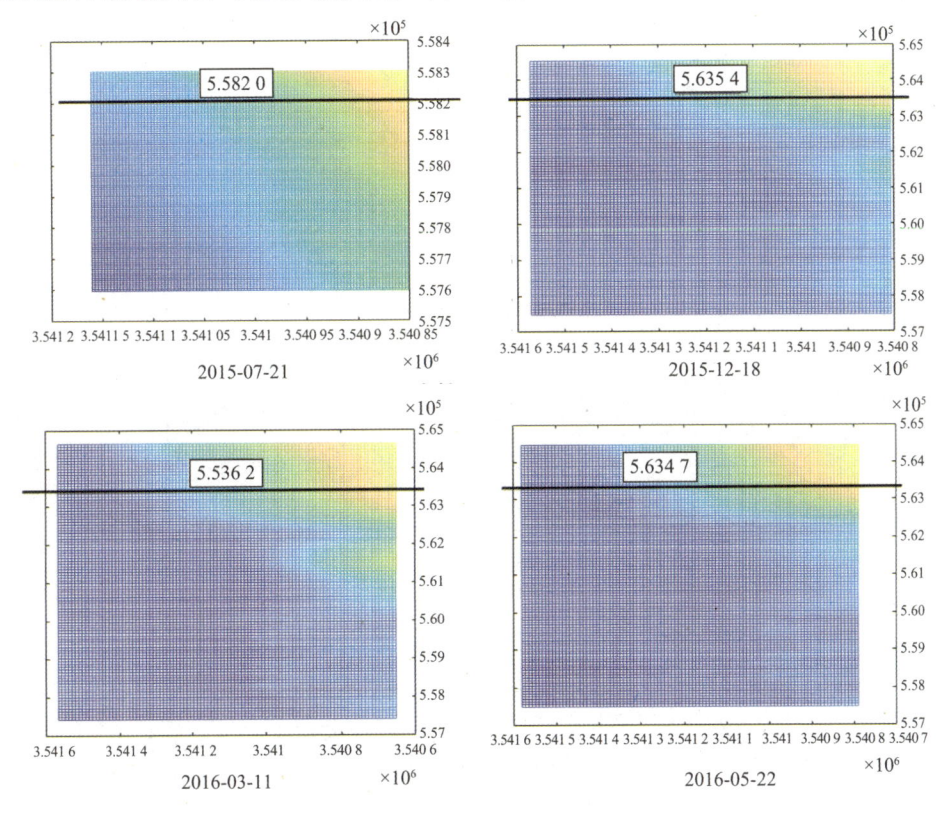

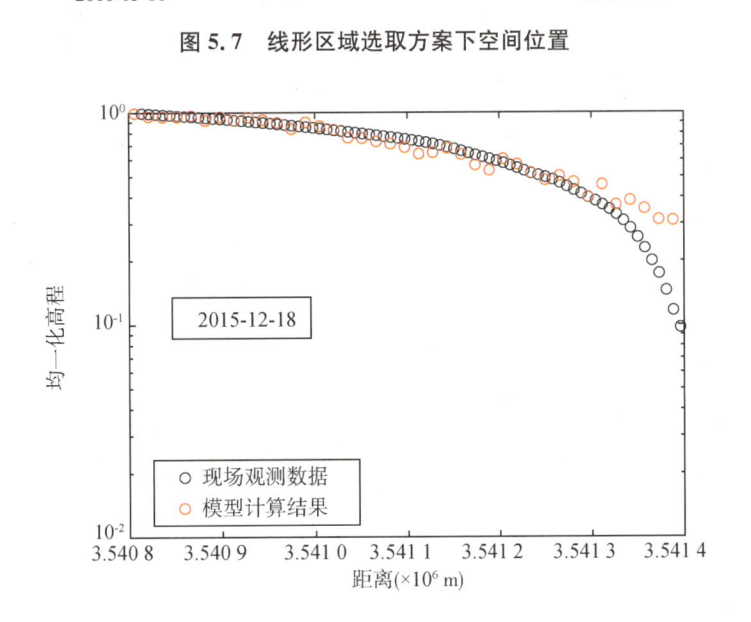

图 5.7　线形区域选取方案下空间位置

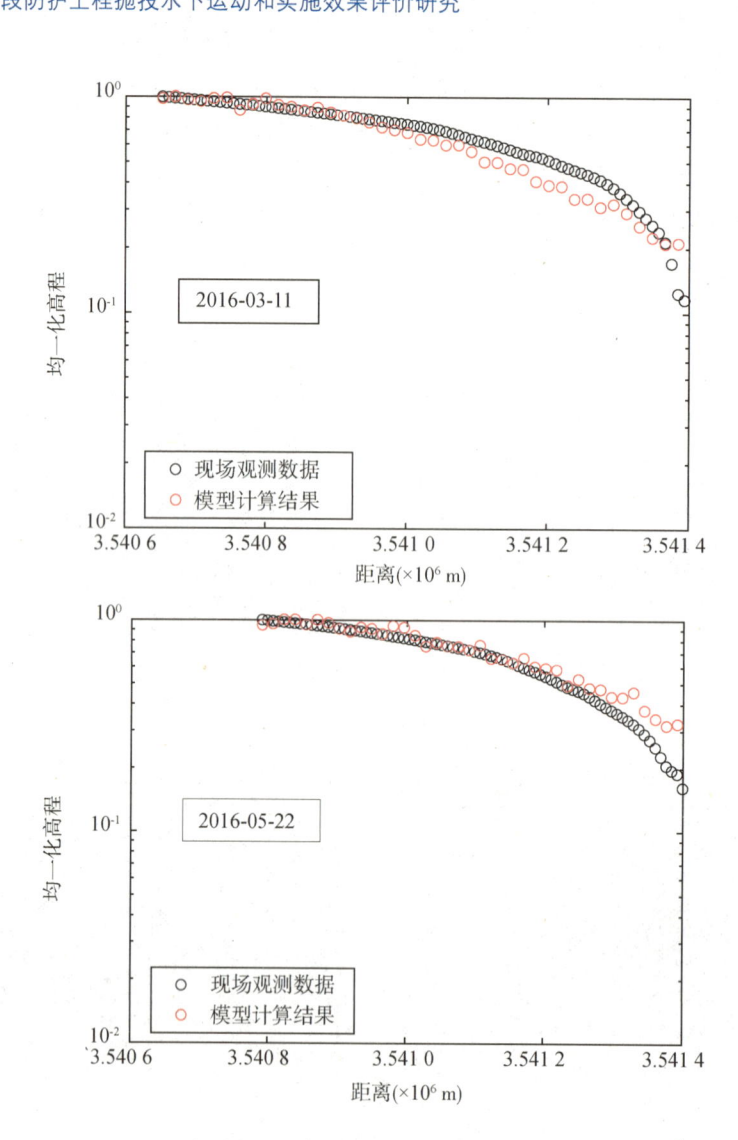

图 5.8　线形方案下三组观测值与模型计算值对比结果

表 5.1　线形方案下连续时间随机行走模型参数

实地观测组别	参数 α	参数 β	扩散系数 $D(M^\alpha/day^\beta)$	对流速度 $V(M/day)$
2015-12-18	1.98	0.98	5.0	0.134 625
2016-03-11	1.95	0.95	3.5	0.161 012
2016-05-22	1.95	0.95	3.5	0.139 111

（2）区域的条带方案一（小空间条带区域选取）选取位置如图 5.9 所示。对整个区域空间插值计算高程后，选取小空间区域条带的高程作为初始高程位置及河床变化高程的数据，并对条带中的高程变化数据平均后（沿 y 方向平均）进行模型预测及抛石行为分析。模型参数设置如表 5.2 所示，对比分析结果如图 5.10 所示。

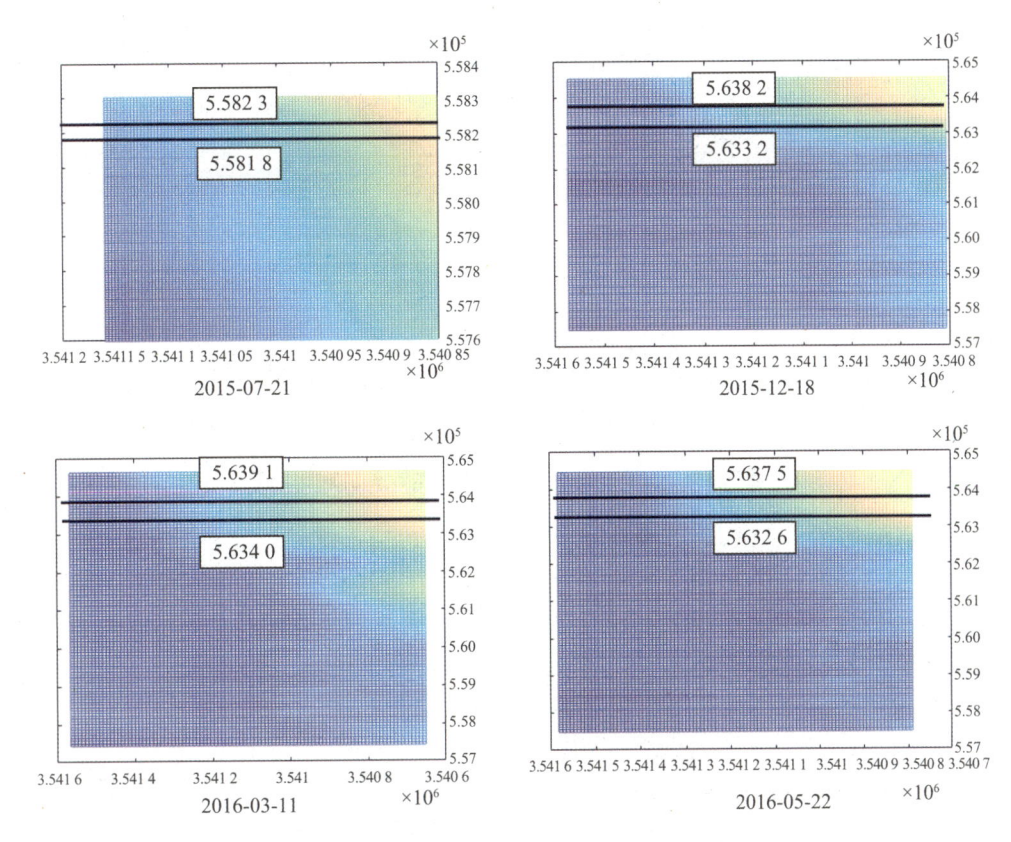

图 5.9　条带方案一选取的空间位置

表 5.2　条带方案一连续时间随机行走模型参数

实地观测组别	参数 α	参数 β	扩散系数 $D(M^\alpha/\text{day}^\beta)$	对流速度 $V(M/\text{day})$
2015-12-18	2.0	0.90	5.0	0.134 625
2016-03-11	2.0	1.00	4.5	0.161 012
2016-05-22	2.0	1.00	4.5	0.139 111

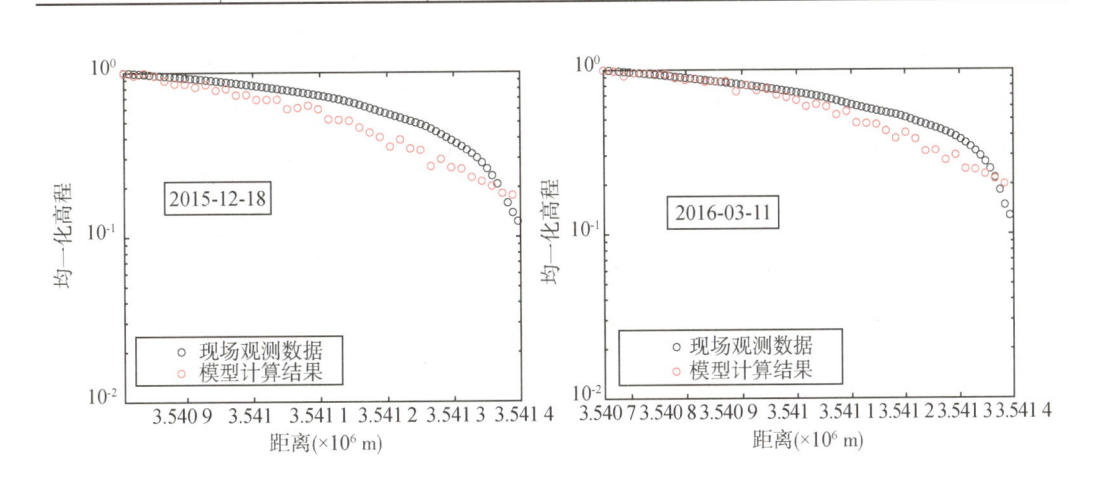

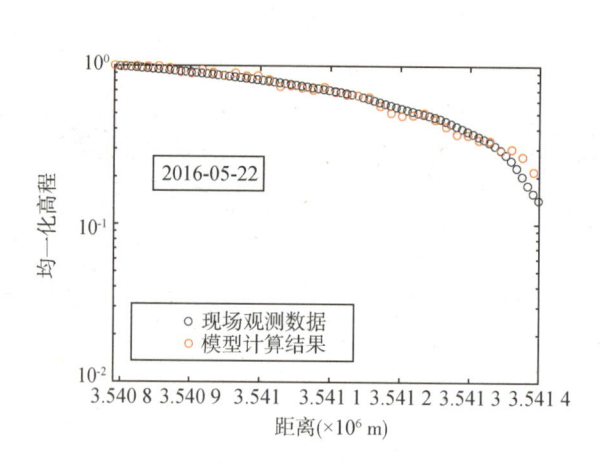

图 5.10　条带方案一观测值与模型计算值对比结果

（3）区域的条带方案二（中等空间条带区域选取）选取空间位置如图 5.11 所示。对整个区域空间插值计算高程后，选取中等空间区域条带的高程作为初始高程位置及河床变化高程的数据，并对条带中的高程变化数据平均后（沿 y 方向平均）进行模型预测及抛石行为分析。模型参数设置如表 5.3 所示，对比分析结果如图 5.12 所示。

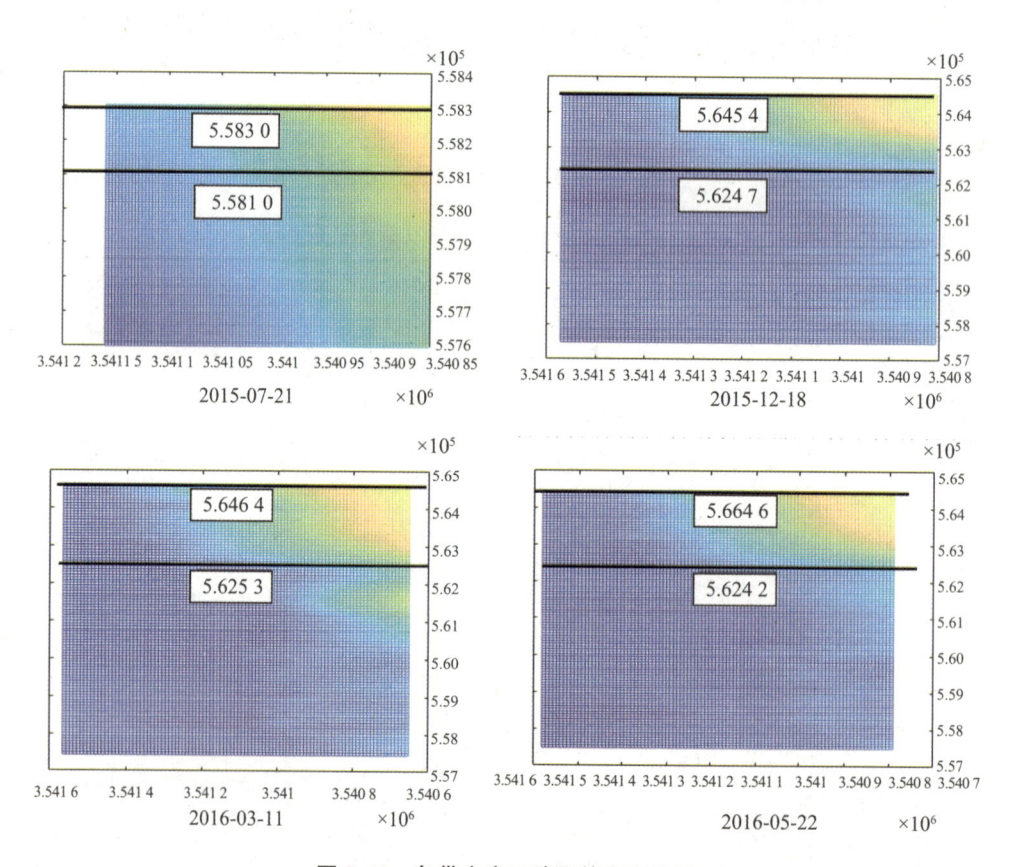

图 5.11　条带方案二选取的空间位置

表 5.3　条带方案二连续时间随机行走模型参数

实地观测组别	参数 α	参数 β	扩散系数 D ($M^α$/day^β)	对流速度 V (M/day)
2015-12-18	2.0	0.78	7.0	0.134 625
2016-03-11	2.0	1.00	4.5	0.161 012
2016-05-22	2.0	0.95	4.5	0.139 111

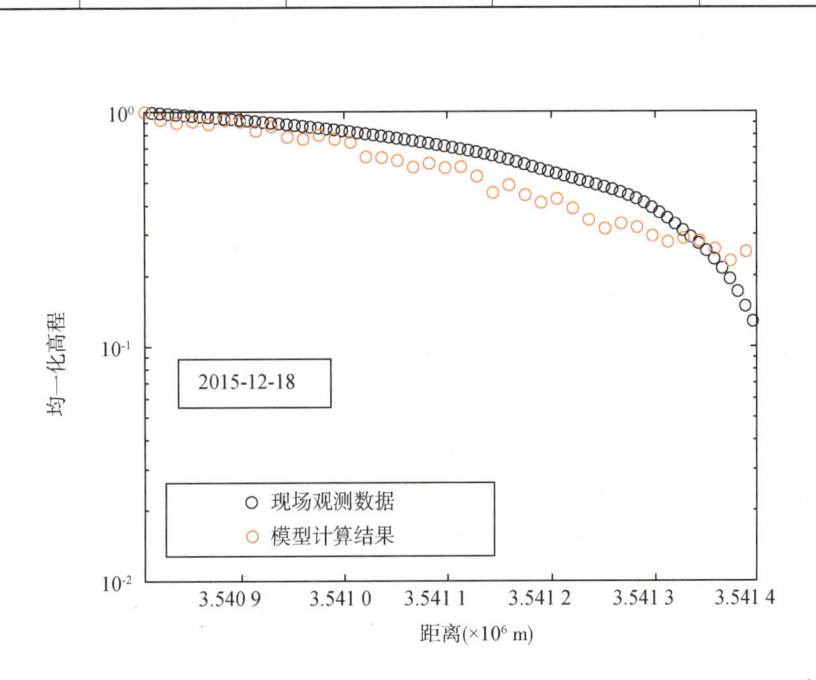

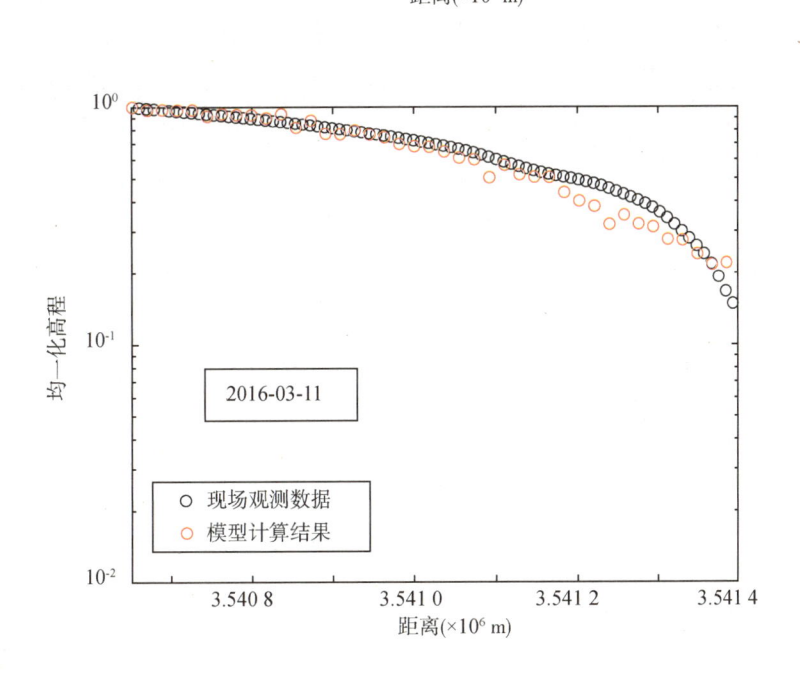

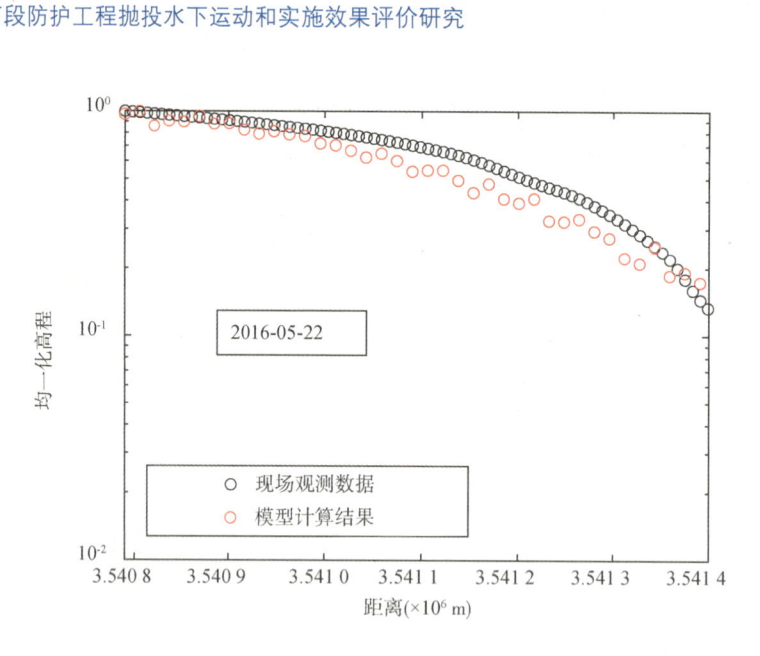

图 5.12　条带方案二观测值与模型计算值对比结果

（4）区域的条带方案三（大空间条带区域选取）空间位置如图 5.13 所示。对整个区域空间插值计算高程后，选取大空间区域条带的高程作为初始高程位置及河床变化高程的数据，并对条带中的高程变化数据平均后（沿 y 方向平均）进行模型预测及抛石行为分析。模型参数设置如表 5.4 所示，对比分析结果如图 5.14 所示。

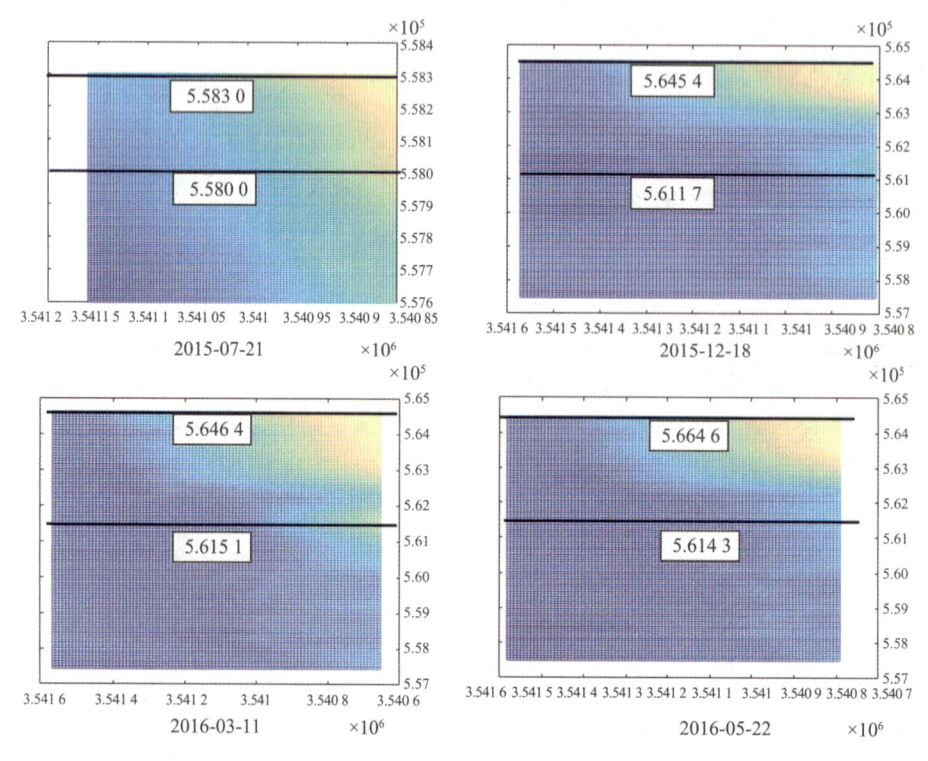

图 5.13　条带方案三选取的空间位置

表5.4 条带方案三连续时间随机行走模型参数

实地观测组别	参数 α	参数 β	扩散系数 D ($M^α/day^β$)	对流速度 V (M/day)
2015-12-18	2.0	0.78	7.0	0.134 625
2016-03-11	2.0	1.00	4.5	0.161 012
2016-05-22	2.0	0.95	5.0	0.139 111

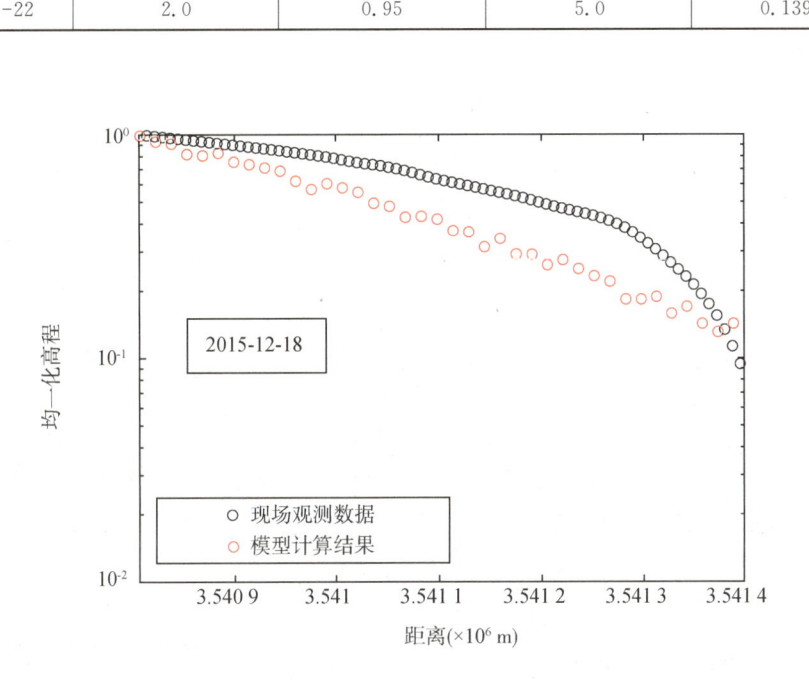

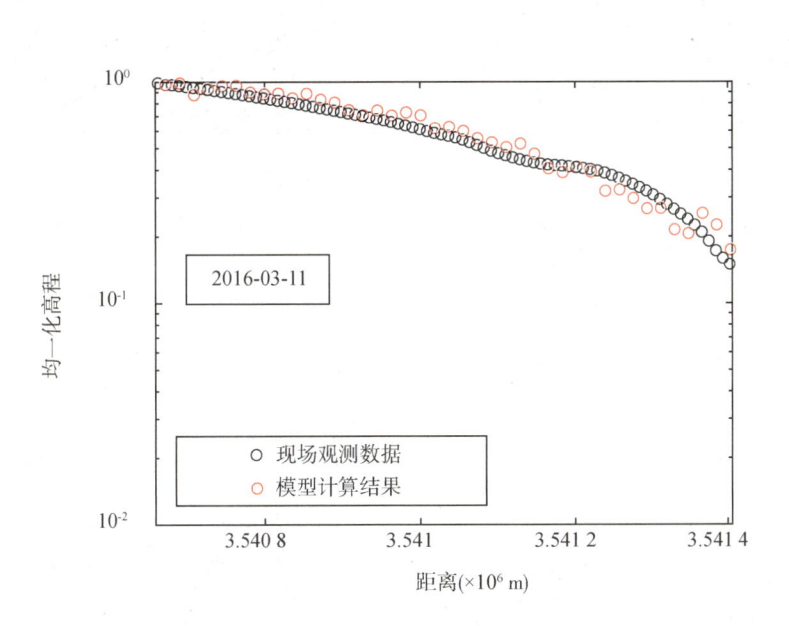

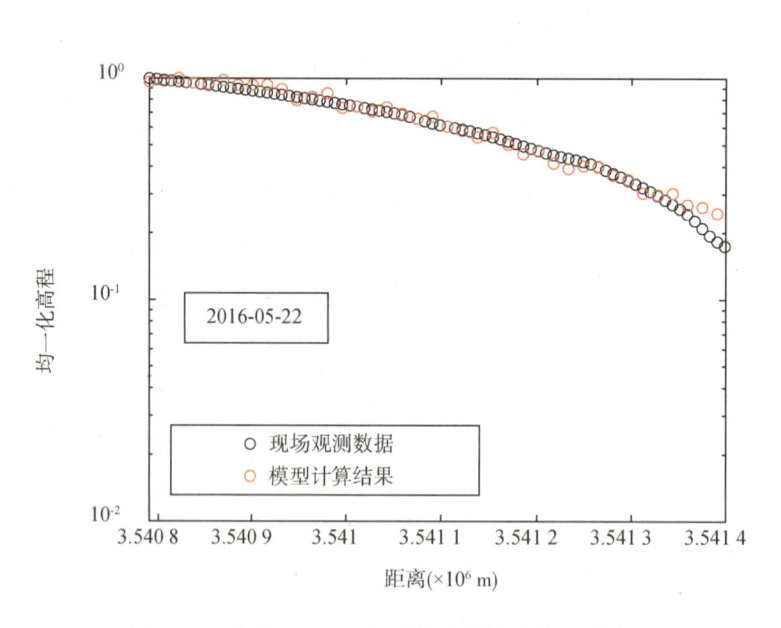

图 5.14　条带方案三观测值与模型计算值对比结果

（5）区域整体方案（全部区域选取）空间位置如图 5.15 所示。对整个区域空间插值计算高程后，选取整体空间区域条带的高程作为初始高程位置及河床变化高程的数据，并对整体区域的高程变化数据平均后（沿 y 方向平均）进行模型预测及抛石行为分析。模型参数设置如表 5.5 所示，分析结果如图 5.16 所示。

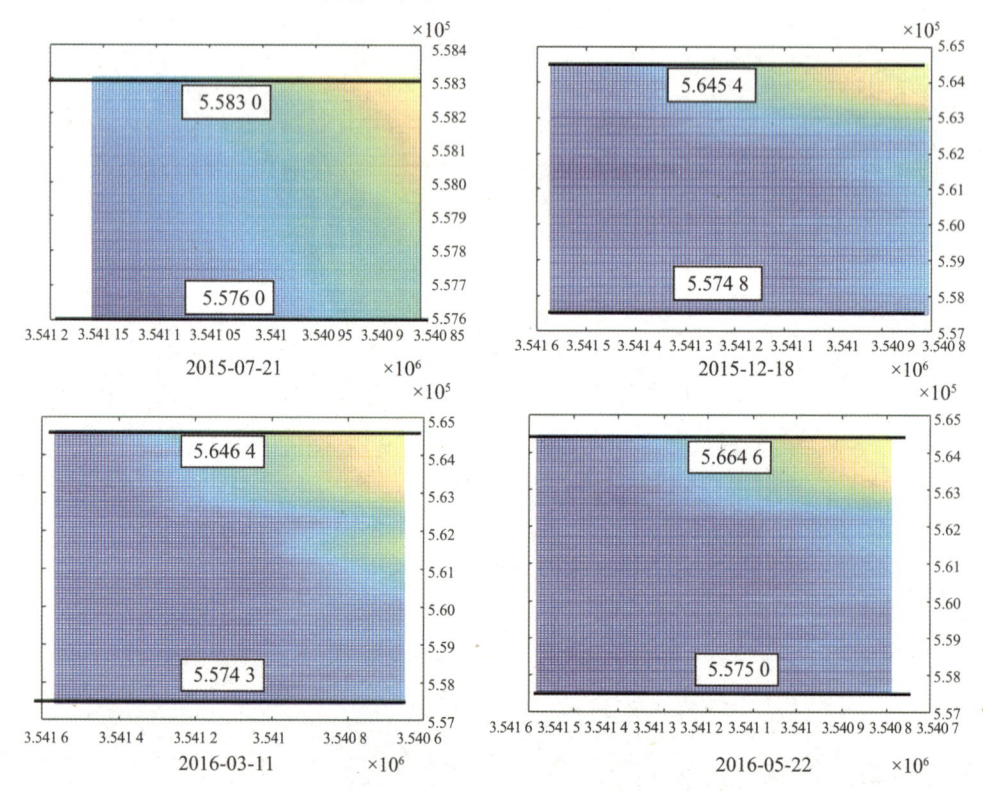

图 5.15　整体方案选取的空间位置

表 5.5 整体方案下连续时间随机行走模型参数

实地观测组别	参数 α	参数 β	扩散系数 D (M^α/day^β)	对流速度 V (M/day)
2015-12-18	2.0	0.90	5.5	0.134 625
2016-03-11	2.0	0.90	6.5	0.161 012
2016-05-22	2.0	0.95	7.5	0.139 111

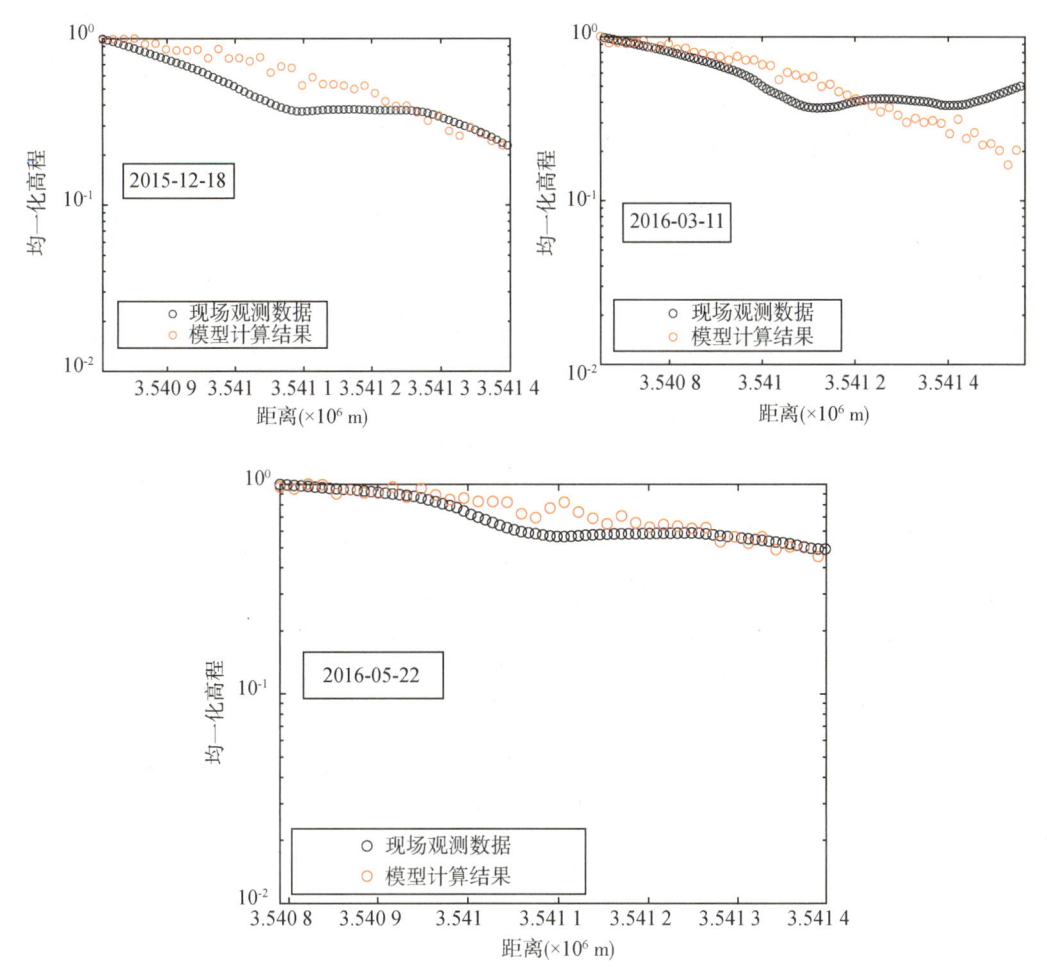

图 5.16 整体方案观测值与模型计算值对比结果

通过比较图 5.8、图 5.10、图 5.12、图 5.14 和图 5.16 可以发现，随着选取空间区域的增加，河床的高程变化逐渐趋于平缓，这是由于抛石的输运行为具有极强的随机性，当选取区域过小时，其随机性的反应更为强烈，可能有大量的粒子所在位置处于区域之外；然而当选取区域逐渐增加，这种随机性进一步降低，这与统计理论中的大数定理是相符的，当取样的样本数足够大时，样本的均值与整体的均值极其接近。

5.2.3 空间适宜度分析

通过以上对不同空间尺度的现场观测数据进行模拟,结果表明,连续时间随机行走模型可以有效预测抛石工程引起的河床高程变化行为。为了进一步分析不同空间尺度下连续时间随机行走模型的空间适宜度,对不同方案下连续时间随机行走模型的参数进行分析。考虑到连续时间随机行走理论中粒子由对流引起的速度和扩散系数不是引起抛石反常输运行为的原因,而跳跃步长参数 α 和等待时间分布参数 β 分别体现抛石粒子的快速和慢速输运行为,因此在此处分析考虑参数 α 和 β 在不同空间尺度下的变化行为,并进一步得出连续时间随机行走模型在实际预测抛石输运行为的空间适宜度。图 5.17 及图 5.18 分别展示了参数 α 和 β 在不同空间尺度下的变化情况。

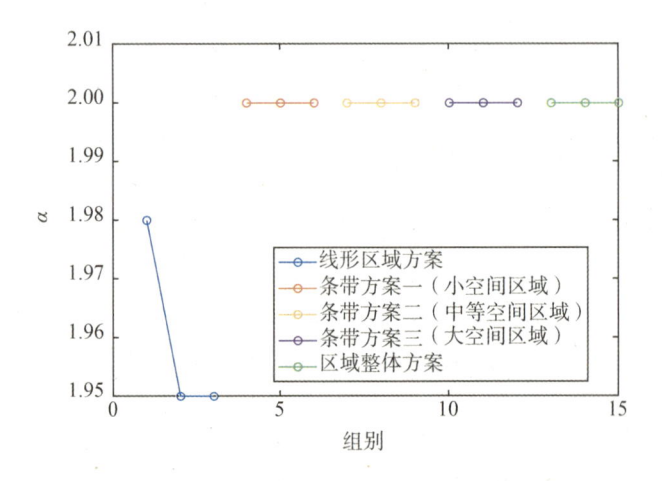

图 5.17 参数 α 在不同方案中的三个时间组别的变化情况

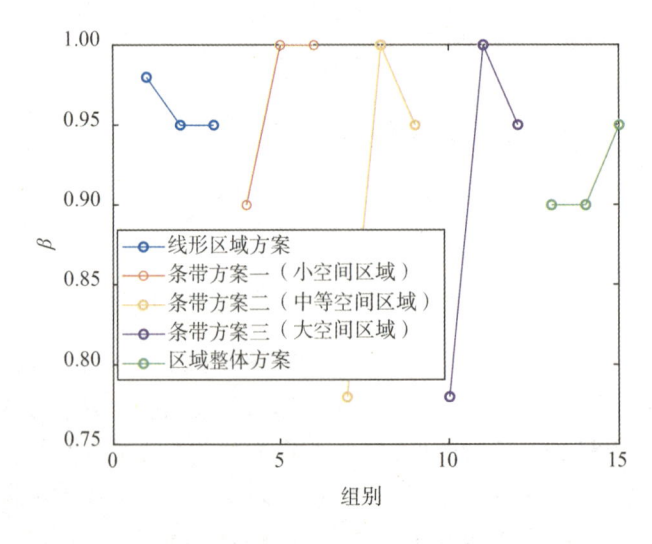

图 5.18 参数 β 在不同方案中的三个时间组别的变化情况

分析图 5.17 和图 5.18 发现参数 α 在线形方案下有微小幅度的波动,在其他方案情况下参数 $\alpha=2$ 始终保持不变,这意味着抛石的跳跃步长接近正态分布,短时间内发生长距离跳跃的概率较小;同时,在条带方案中参数 β 变化的幅度较大,在线形方案和区域整体方案中参数 β 的变化幅度较小。结果表明,参数 β 小于 1 的次数较多,说明抛石在各个状态下等待时间的分布是幂律衰减行为而不是指数衰减行为,这意味着抛石的输运行为在各个空间尺度均有慢速输运行为。当区域为小空间条带方案时,长时间后粒子的输运状态由慢速输运行为向正常输运行为转变。

分析参数 α、β 的变化幅度发现,连续时间随机行走模型在模拟抛石的输运行为时,参数 α 基本不受选取的空间尺度影响,表明在任何状态下抛石都难以发生快速输运行为,而 β 的变化幅度在整体区域中变化最小,这说明选取空间区域足够大时,粒子的输运行为保持稳定。因此,连续时间随机行走模型的空间适宜度随着选取区域的增加先逐渐降低再增加。

5.3 抛石空间分布预测及稳态条件下等待时间分布规律

5.3.1 不同输运条件下抛石的空间分布差别

抛石在河流中的输运状态主要体现为快速输运、慢速输运、正常输运以及同时存在快速与慢速输运行为。快速及慢速输运产生的机理主要是由于抛石输运空间的异质性决定的,当河床结构容易使抛石粒子被捕捉而难以释放时会产生慢速输运行为,而快速输运行为是因为河床往往也会产生裂隙形式的通道,使进入其中的抛石粒子快速向下游运动。快速输运行为反映在连续时间随机行走模型的跳跃步长分布中(研究中当 $\alpha<2.0$ 时,则快速输运行为发生),慢速输运行为由等待时间分布支配(研究中当 $\beta<1.0$,慢速输运行为发生)。以下模拟结果展示了抛石在各种输运行为支配下的空间分布预测结果。

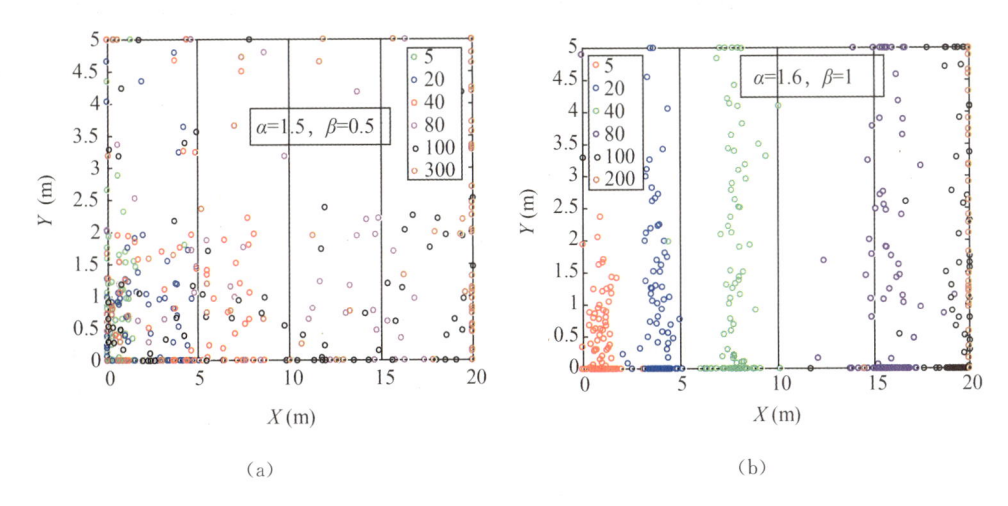

(a)

(b)

(c)　　　　　　　　　　　　　　　(d)

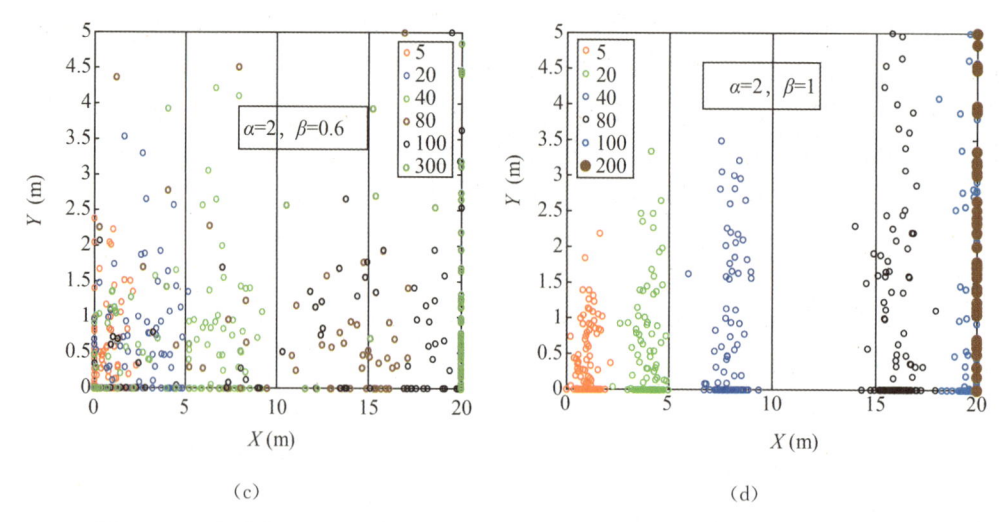

图 5.19　不同参数下连续时间随机行走模型中抛石颗粒不同时刻的空间分布情况

图 5.19 分别展示了从原点释放抛石粒子后，不同状态下抛石粒子在不同时间下的空间分布情况，图 5.19(a)表示快速与慢速同时存在的状态，图 5.19(b)、(c)和(d)则分别展示了快速、慢速以及正常输运状态下抛石的输运行为。结果表明，在以快速主导的抛石输运行为下，粒子能更快地到达下游；而以慢速主导的抛石输运行为，抛石粒子在长时间的冲刷下还有相当一部分的粒子停留在起始抛石点附近，且空间分布更加分散。与实际观测结果及数模计算结果对比发现，在实际的河流中，抛石工程实施后的抛石运动主要是由慢速输运行为支配，快速输运行为存在的条件比较苛刻，这可能是由于抛石粒子的数目多，粒径比河床组成的泥沙颗粒大，抛石粒子难以进入快速通道，即使少量进入被整体平均后仍然无法明显表现出来。

5.3.2　不同粒径抛石在河流中空间分布差别

在抛石工程中，释放的抛石粒径在整体上是需要满足工程需求的，然而实际操作中发现，满足工程需求的抛石在粒径上也有着明显的区别，这些不同粒径的抛石在河流中会产生不一样的输运行为，这也会对抛石工程的效果产生一定的影响。实际观测发现在抛石工程实施时，大粒径的抛石容易沉积在河床底部，需要经历河流的冲刷才能逐渐向下游移动，而小粒径的抛石在河流中的输运行为和悬移质粒沙颇为接近，其随着水流能够快速向下游运动，甚至在相当一段时间内不会接触到河床。根据以上的观测行为，模拟中同时释放了三种粒径的抛石，并分别赋予了所有粒径抛石同时存在慢速输运状态和快速输运状态，其中大粒径抛石由慢速输运状态主导，小粒径抛石由快速输运行为支配，中等粒径抛石则居于两者之间。图 5.20 则是经过时间 $T=30$（无量纲时间）之后各个粒径抛石的空间分布情况，结果表明大粒径抛石以及中等粒径抛石在经历一段时间的冲刷过后仍然存在一部分停留在释放抛石位置，而小粒径抛石则迅速向下游运动，且中等粒径抛石的空间分布更为分散，大粒径抛石集中在水流上游，小粒径抛石则集中于水流下游。

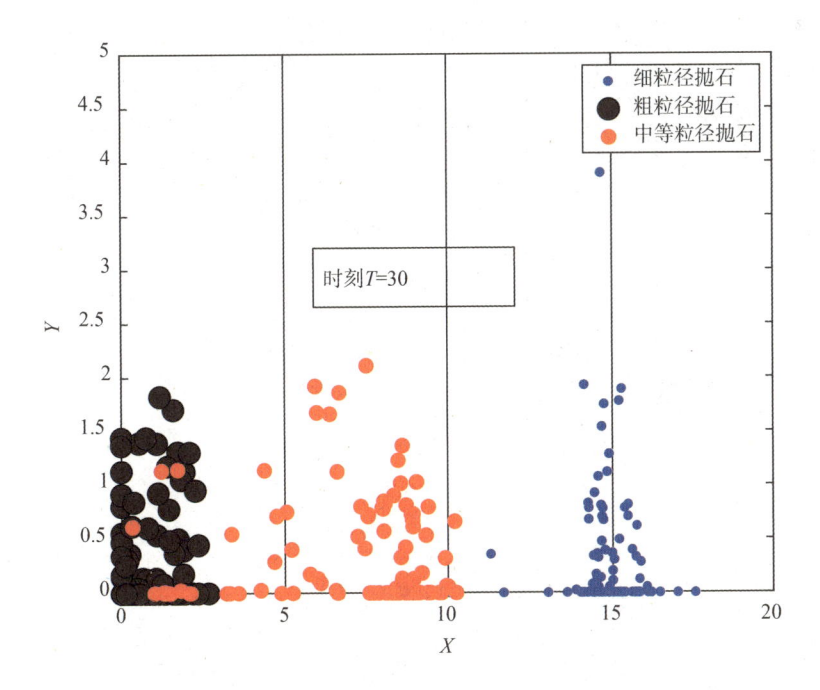

图 5.20　不同粒径的抛石颗粒在时刻 $T=30$ 时的空间分布情况

5.3.3　稳态条件下抛石粒子等待时间分布规律

通常在抛石工程项目实施一段时间之后,没有了上游的抛石颗粒供给,抛石在河流中的状态基本稳定下来,此时抛石的运动与河流中推移质的输运行为极其相似,主要是由于水流的冲刷以及与河床的交换作用。在抛石工程实施之后,抛石稳态情况下的运动行为也是对抛石工程评估的重要部分。抛石颗粒与河床之间的交换过程使得一部分抛石会成为河床的一部分,因此稳态下运动抛石的颗粒数量可以有效评估抛石工程的实施效果。

同时,为了分析抛石在稳态下的输运情况,直观地得到与连续时间随机行走模型中相关的等待时间分布情况,本书引入生-灭马尔可夫系统,对稳态下抛石颗粒与河床之间的交换过程做了如下四条主要假设:

(1) 河床中静止的粒子进入窗口中会使 N 数量增加,启动率为 c_1;

(2) 窗口的粒子会重新沉积为河床的一部分,导致 N 数量减少,沉积率为 c_2;

(3) 运动的粒子被冲刷出窗口,导致 N 数量减少,出窗率为 c_3;

(4) 上游冲刷进入窗口的粒子会使 N 数量增加,入窗率为 c_4。

系统中取单位窗口,并统计窗口内运动的抛石数量 N,其中数量 N 的变化由这四个假设影响。图 5.21 是生-灭马尔可夫系统的示意图和相应的反应链,反应链中的 N 表示窗口中运动的抛石数量,X 表示河床及窗口外界的粒子数量,在此系统中 X 的数量是无限的(这是由于自然条件下河床本身所含有的砾石数量大于被冲刷运动的砾石数量)。该系统可以很好地被方程(5.10)所描述,然而方程(5.10)的稳态解并不唯一,主要是因为粒子在交换中往往都是整数个发生的,因此连续的方程在求解离散问题时物理意义上会有一定的冲突,为了直观地展示生-灭马尔可夫系统状态,此处采用蒙特卡罗方法进行模拟。为了直观地得到与连续时间随机行走模型中相关的等待时间分布情况,此处定义粒子的等待时间为连续两次粒子运动出窗口之间的间隔时间(即 c_3 对应的事件发生间隔)。

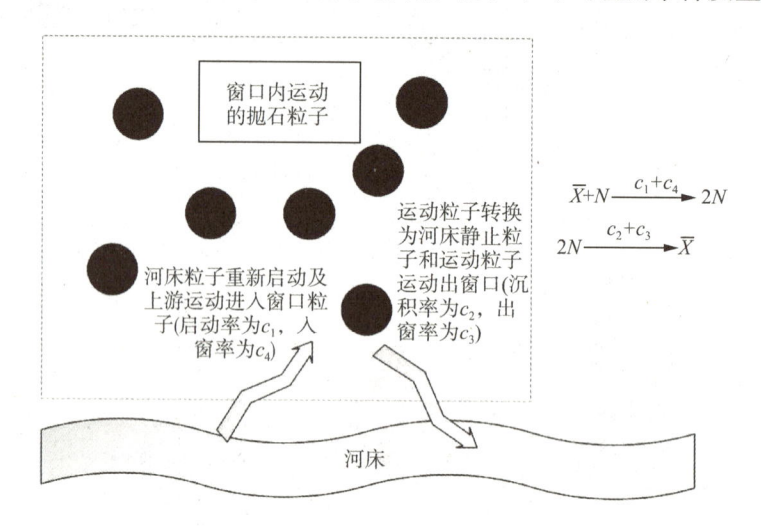

图 5.21 稳定状态下河流中抛石颗粒运动示意图

$$\mathrm{d}N/\mathrm{d}t = (c_1+c_4)X \cdot N - (c_2+c_3) \cdot N^2 \tag{5.10}$$

图 5.22 为窗口内粒子数目在两种情况下的变化趋势图,每种状态对应两种初始运动粒子数量分别是 0 以及 3 000。模拟采用 Gillespie 算法,该算法严格重现了生-灭马尔可夫系统中各个子过程的影响。通过模拟结果发现在生-灭马尔可夫系统中,抛石的运动粒子经过长时间的作用之后逐渐趋于稳定,其粒子数目的变化和初始的运动粒子数目相关。当初始粒子数目小于稳定状态粒子数目时,整体的运动粒子数目增加,说明在这种条件下

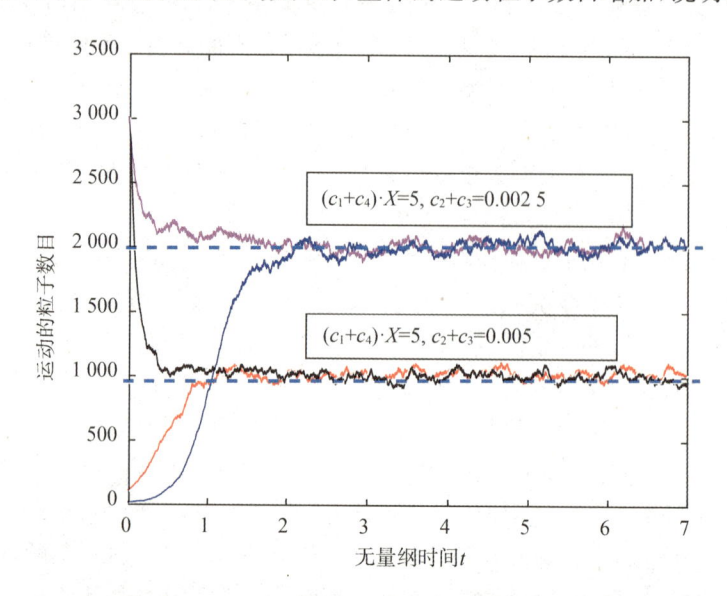

图 5.22 不同参数及不同数目的起始运动粒子情况下河道中运动抛石粒子随时间的变化

抛石粒子在河床中重新启动的概率大于运动粒子的沉积概率。然而，当初始粒子的数目大于稳定状态粒子时，整体运动粒子的数目减少，这说明在这种状态下运动粒子的沉积概率大于粒子的重新启动概率。

继续深入研究发现，稳态下运动粒子的数量由选取的参数 c_1、c_2、c_3 和 c_4 决定，稳态值为 $(c_1+c_4)X/(c_2+c_3)$；即当沉积率和出窗率增加后，稳态下窗口里运动的粒子数目减小，当 (c_2+c_3) 趋于无穷大时，这说明几乎所有进入窗口的粒子都发生沉积或者运动出窗口，因此导致稳定状态下窗口里没有运动的粒子，这与实际的猜想是相符的。

图 5.23 是不同参数条件下，抛石粒子的等待时间分布情况，通过比较各个图的等待时间衰减行为可以发现，在抛石输运行为稳定后，其等待时间分布均为指数分布形式。其中，参数 c_2 和 c_3 增加使等待时间的分布衰减更慢，这意味着沉积率和出窗率的增加会导致长等待时间的概率增加，虽然不是幂律的衰减，但是相对的概率粒子在窗口中停留，同时发现等待时间的分布对于沉积率更加敏感。另外，参数 c_1 和 c_4 增加会使等待时间分布衰减速度更快，其对等待时间分布的敏感性影响基本相当。以上结论表明在抛石项目实施一段时间后抛石粒子群体的等待时间分布呈现明显的指数分布形式，因此稳定状态下抛石粒子的输运行为表现为正常输运状态而不是慢速输运状态。

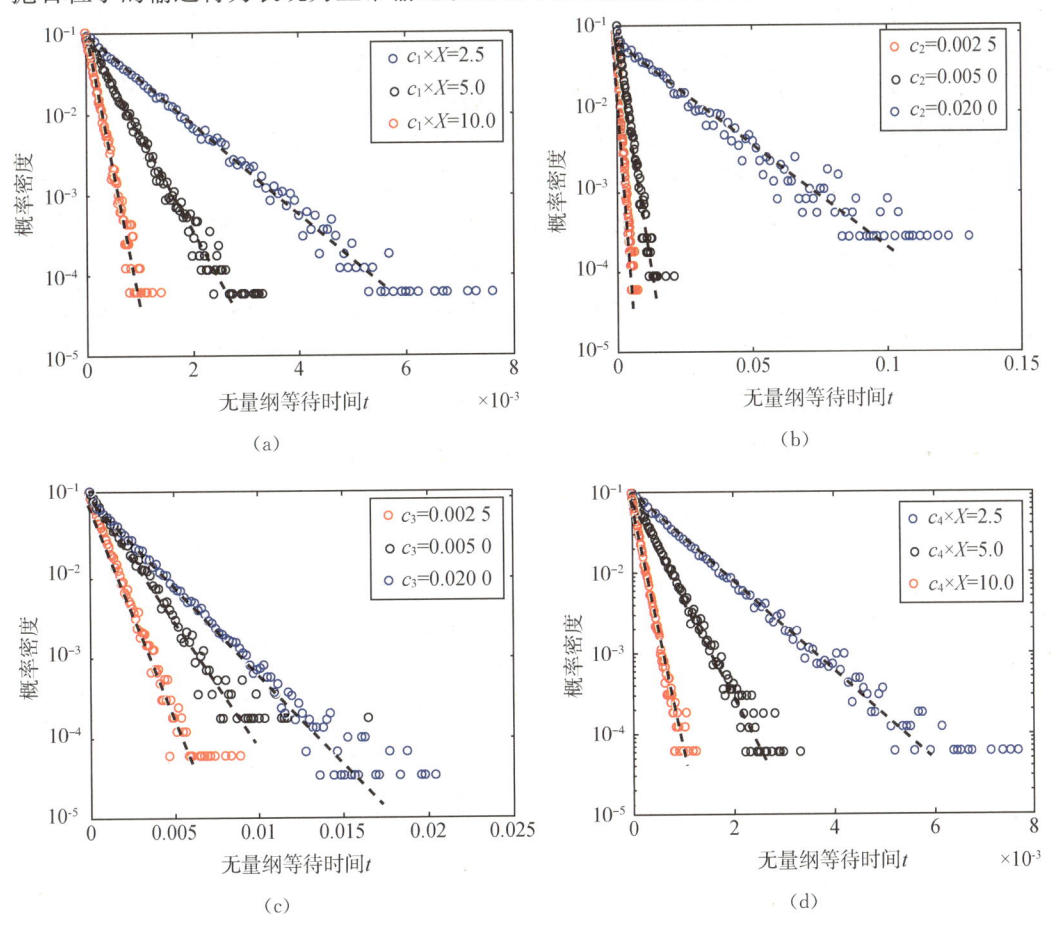

图 5.23 不同参数下稳定状态的抛石在马尔可夫模型中等待时间分布情况

同时需要注意的是,通过图 5.23 可以发现,即使抛石颗粒的整体等待时间分布呈现指数衰减形式,仍有部分颗粒的等待时间足够长,这与实际观测一致,当抛石颗粒与河床发生交换并成为河床结构的一部分时,抛石颗粒会产生极长的等待时间,甚至在观测的时间内无法起动,导致等待时间的均值发散,这也是抛石慢速输运行为产生的主要机理。因此,稳态下即使绝大多数抛石的行动符合正常输运行为,仍有小部分抛石表现出慢速输运行为。

5.4 本章小结

本章应用连续时间随机行走理论研究稳态下的抛石粒子在河床上的输运行为,通过采用等待时间及跳跃步长分布模拟抛石输运随时间-空间变化的分布状况,并通过现场观测的数据进一步验证了连续时间随机行走模型预测抛石输运行为的可行性,取得了如下研究成果和结论:

(1) 抛石在河流中输运有极强的随机性,这种随机性使得常规的确定性方程无法准确地捕捉抛石的输运行为,连续时间随机行走模型基于统计学理论可以很好地预测抛石的输运行为。

(2) 连续时间随机行走模型结果表明,模型对抛石预测的适宜性随选取区域的增加先减后增,这是因为抛石运动的随机性导致空间区域的大小对抛石整体运动有显著的影响,当区域足够大时抛石的随机性被整体的平均所抵消。

(3) 连续时间随机行走模型表明在抛石工程实施后相当一段时间内,抛石输运主要由慢速输运状态支配,而基本不表现快速输运行为;生-灭马尔可夫模型说明抛石的输运行为在达到稳态之后表现为正常输运状态,其运动粒子的数目与河流的条件密切相关。综上所述,抛石在由短时间到长时间尺度观测中,输运行为由慢速输运向正常输运行为转变。

第 6 章　感潮河段防护工程效果评价及标准分析

6.1　基于多波束测深系统的水下抛石监测

工程质量检测是保障工程发挥经济与社会效益的重要环节,其检测结果的正确性关系到工程能否正常运行。水下工程质量检测的主要测量手段为单波束测深仪与多波束测深系统,它们的测量结果存在一定差异,会对检测结果产生影响。单波束换能器垂直向下发射声波,可以忽略声波折射的影响,但它是单点连续测量,测线间没有数据。侧扫声呐虽然可以获取高精度的海底地貌信息,但无法得到精准的水深数据。多波束测深系统将水下地形监测技术从传统的点、线状延伸到面状,并进一步发展到三维立体图,具有高精度、全覆盖、高效率等特点,更适用于局部细微地形的监测。老海坝河段水深坡陡、水下地形变化剧烈,采用多波束测深系统进行水下地形监测,能够更加精细地反映地形特征。本书对这两种测量手段施工前、后的测量数据以及差值的检测断面数据进行定性和定量分析,为抛石护岸效果评价提供依据。

多波束获取的测深数据是对水下地形的高分辨率采样,其测点数量通常在百万或千万级以上,故通常将其称为"水下地形点云"。这种数据不仅实现了对水下地形的精细表达,且包含有许多隐式信息,如曲率、法向变化率、粗糙度等,这类信息在水利工程的质量检测中可以且也应该加以利用,以提高成果的综合利用率及质量评价的准确度。

6.1.1　多波束测深系统简介

目前国内护岸工程水下测量主要采用单波束回声测深仪法,单波束测深仪要实现高精度水下测量,需要克服两大障碍,一是采用窄波束技术,但是波束变窄需要通过加大换能器尺寸,从而增加了单波束测深仪的成本和安装难度;二是加密测线,又会大大增加测量成本。因此在传统单波束测深技术基础上寻觅精度与价格均合适的方案尤为艰辛。多波束勘测技术的出现,突破了传统单波束测深技术的局限,形成了新的水下地形勘测技术。与传统的单波束测深技术相比,多波束测深系统具有测量快速、精确、范围广等优势。它将测深技术从传统的点、线状延伸到面状,并进一步发展到三维立体图,因此使得海底地形测量技术发展到一个更高的水准,因此在水下抛石的三维形态监测中具有明显优势。

多波束测深系统采用多组阵和广角发射、接收,从而形成条带式的密集测深数据。多波束测深系统是集计算机技术、导航定位技术和数字化传感器技术等多种高新技术为一体的一种高精度、全覆盖式的测深系统。

1. 多波束测深系统的工作原理

传统的单波束的测深过程是采用换能器垂直向下发射短脉冲声波,当脉冲声波遇到河床底部时发生反射,反射的回波被换能器接收,这就是波束测量的原理。将单波束系统安装在测量船上,利用水体的平均声速来确定水深,公式如式 6.1 所示。

$$D = CT/2 \tag{6.1}$$

式中:C 为水里的平均声速;T 为声波往返程的时间。由于单波束是采用垂直于水面向下发射并且接收反射回波,所以不用考虑声音在水中的折射问题。但是由于要求航迹的布线相当密集,同时测深点也无法实现完全的覆盖,因此,单波束测深系统使勘测成本成倍地增长,并且测量精度不高,而多波束测深技术正是克服了上述的缺点。

多波束测深系统的工作原理是超声波的运用,通过发射器发射声脉冲完成。每次激发 0.5°(垂直航迹方向)×1°(沿航迹方向)的扇形声信号,在水中传播并被海底或行进中遇到的其他物体所反射,反射信号由探头一端水听器组合成 256 道接收阵,接收角为 10°~160°(在线可选),量程分辨率达到 1.25 cm,对声源阵中由不同基元所接收到的信号进行适当的相位延迟或时间延迟,以此来实现波束的导向。多波束几何构成及波束导向如图 6.1 所示。

(a) 多波束几何构成　　　　　　(b) 波束导向图

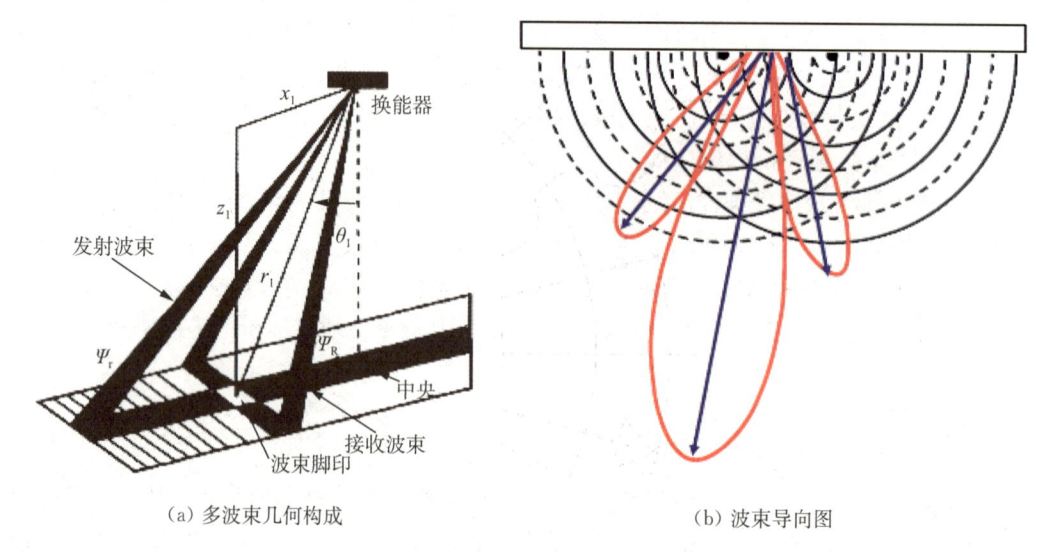

图 6.1　多波束几何构成及波束导向图

在一定的条件下,考虑换能器的吃水改正值 ΔDd 和潮位改正值 ΔDt,各波束测点的深度计算如公式 6.2 所示。

$$D = CT + \Delta Dd + \Delta Dt \tag{6.2}$$

其中，T 为侧向波束与船中心向河床底部的垂线的夹角，称为入射角。目前多波束测深系统的脉冲发射扇区的开角都能达到甚至超过 150°，并且通过阵列接收电子单元可产生 256 个波束，从而使多波束勘测发展成由 256 个密集条带测深数据组成的一个大于等于 150°扫描区域的测量技术。同时，通过适当地调整测线间的距离，使边缘波束部分重叠，便可实现扫测区域全覆盖、无遗漏的地形测量。

2. 多波束测深系统组成

多波束系统是一个综合系统，由声学系统、数据采集系统、数据处理系统和外围设备组成。声学系统担任波束的发射和接收职能。数据采集系统实现波束的形成和将声波信号转换为数字信号，将波束进行滤波后反算其测量距离或记录其往返程时间。数据处理系统将声波测量、定位、船姿、声速剖面和潮位等信息汇总，从而计算出波束脚印的坐标和深度。外围设备主要包括定位传感器、姿态传感器(如姿态仪)、声速剖面仪和罗经等。其中定位传感器(如 GPS)主要用于测量时的实时导航和定位。

(1) 声学系统组成

声学系统主要负责发射和接收多波束声学信号，以及与外围传感器之间进行数据和指令的交互传输，由水下换能器探头及声呐接口模块盒(SIM)组成。

(2) 数据实时采集系统组成

数据实时采集系统主要由系统控制软件和导航及数据采集处理软件(EIVA)组成。EIVA 软件是一个从测线布置到结果输出的完整的多波束外业测量作业软件。EIVA 软件工作界面示意图如图 6.2 所示。

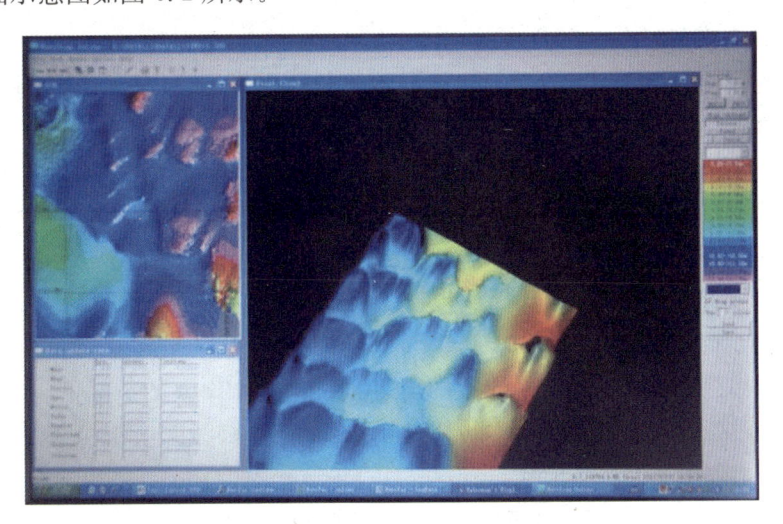

图 6.2 EIVA 软件工作界面示意图

(3) 数据后处理及可视化系统：CARIS HIPS 软件

内业处理采用 CARIS HIPS 及 SIPS 内业数据处理程序和 CARIS GIS 数据质量分析程序对外业采集的数据进行整理加工后输出数据、生成三维图及精度评价分析等。

CARIS HIPS 软件数据处理界面示意图如图 6.3 所示。

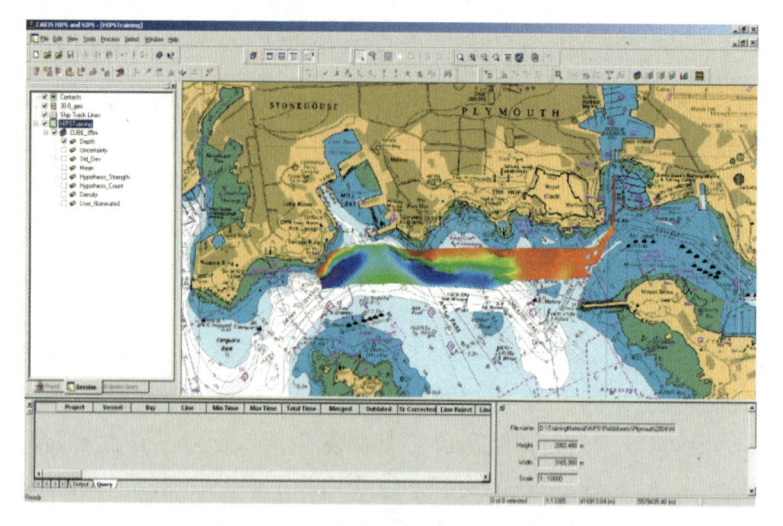

图 6.3　CARIS HIPS 软件数据处理界面示意图

HIPS 是一个功能强大的软件系统，采用先进的算法，对于已采集的数量巨大的测深数据自动进行分析和分类，剔除错误的和受干扰的数据。然后对清理后的数据可进行一系列的分析、描述和制图。

（4）外围辅助设备

① 定位传感器

GPS 系统主要用于实时导航和定位，定位数据可形成单独的文件，用于后续的测深数据处理。

② 姿态传感器

姿态传感器主要负责纵摇、横摇以及涌浪参数的采集，以及反映实时的船体姿态变化，用于后续的波束归位计算。

③ 光纤罗经

光纤罗经集罗经、运动传感器为一体，可以提供载体真实方位角、纵横摇摆角度、升降量等有关信息。这些信息输出到采集软件中，即可对多波束测到的条带水深数据，进行实时的方位和运动姿态改正。

④ 声速剖面仪

由于水中的温度、压力及盐度的不均匀，在水深大于 10 m 的条件下，水中的声波传播路径弯曲，声波传播速度将明显不同。如果对此影响不加考虑，多波束测深仪测得的水下深度，将会出现明显的误差。

声速剖面仪上装有固定距离的发射声源和反射器，在水中发射声源发射的声波经反射器反射后被接收，根据其往返程时间，声速剖面仪可直接测量计算出水中的声速。工作时，将声速剖面仪从水面投放到水底，即可得到该处的声速剖面。

3. R2SONIC 2024 多波速测深系统工作参数

本书中所开展的水下地形监测均采用 R2SONIC 2024 多波束测深系统进行。

R2SONIC 2024 可用于 2～500 m 水域的水底地形地貌测绘,量程分辨率为 1.25 cm,较其他类型多波束具有分辨率高、准确度高和波束具有导向性的优点,其主要技术参数如表 6.1 所示。

表 6.1　R2SONIC 2024 多波束主要技术参数

工作频率	200～400 kHz
带宽	60 kHz,全部工作频率范围内
波束大小	0.5°×1°
覆盖宽度	10°～160°
最大量程	500 m
量程分辨率	1.25 cm
脉冲宽度	10 μs～1 ms
波束数目	标准发射换能器:256 个@等角分布
工作温度	0℃～50℃
存储温度	−30℃～55℃

6.1.2　多波束数据采集与处理

采用 R2SONIC 2024 多波束测深系统于 2017 年 8 月—2020 年 2 月期间对研究区进行了全覆盖扫测,根据本项目研究制定的监测计划,在监测期间共进行了 9 次水下地形监测,监测时间主要选择在各年的汛前、汛中和汛后。监测过程中,测线与等深线平行布置,实际测量中随水深变化及时调整测线间隔,以保证全覆盖扫测。多波束声呐开角设为 130°,声呐频率为 400 kHz。扫测过程中,水位仪每 15 分钟记录一次潮位,不同水深、不同时间段均测量声速剖面,用于后期的校正。扫测区域覆盖老海坝综合整治工程水下抛石护岸区。图 6.4 为多波束野外作业现场照片。

1. 多波束数据预处理

多波束原始点云数据的预处理主要运用 CARIS 软件。CARIS 软件有 HIPS(水文地理信息系统)、GIS(地理信息系统)和 SIPS(侧扫声呐系统)三种系统模块,多波束测深后

GPS基站　　　声速仪　　　声学换能器

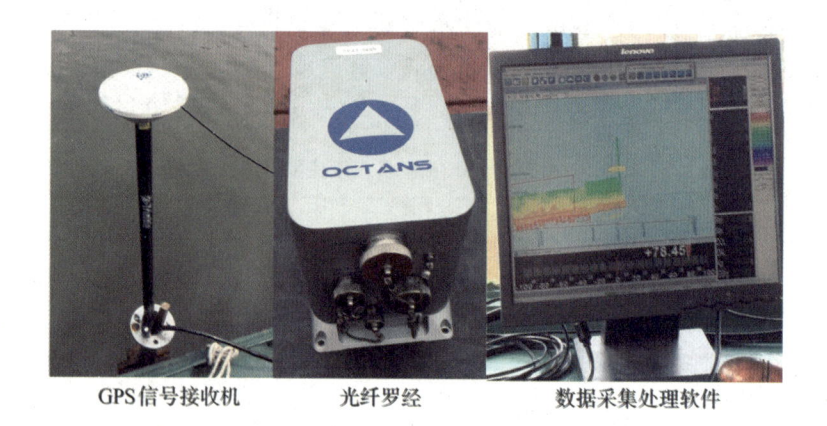

GPS信号接收机　　　光纤罗经　　　数据采集处理软件

图6.4　多波束扫描测量现场照片

处理主要涉及HIPS。HIPS软件对大数据的处理有着很高的质量和效率的控制能力,其特点主要在于整个数据处理流程可视化和内在的数据清理系统(HDCS)。HDCS是对测深、定位、姿态、潮位等数据进行误差处理,并将各类测量信息进行融合的数据处理模块,HDCS采用声线跟踪模型和科学的误差处理模型对水深数据进行归算、误差识别与分析,把误差改正参数应用到最终的水深数据中去,从而接近理想的精度。

多波束测深数据的预处理重点在于测深数据的归算。将姿态数据、声速数据、潮位数据、换能器吃水深度数据等参数汇总到最终的水深当中。同时在垂直方向和水平方向上分别对数据做转换处理。垂直方向上根据潮位数据把水深值转换到深度基准面上,得到最终水深;水平方向上,根据罗经和GPS数据将测量点的平面位置由测量船的坐标系(x,y)转换到大地坐标系,实现测线之间的契合,最后生成具有三维地理坐标的水深数据。可将处理流程分为两个模块:条带数据处理模块和条带间处理模块。具体处理流程见图6.5和图6.6。

原始的多波束数据经过校正编辑、格网化压缩后,即可输出成各种基础图件,如水深图、等深线图、水深剖面图、三维地形图等。老海坝一期水下抛石护岸工程区多波束数据预处理后生成的三维河底地形图如图6.7所示,河底的形态特征清晰可见。

2. 水下地形特征提取

多波束系统获取的数据量大,信息丰富,可以获得采样点的高精度的位置和深度信息,结合地理信息系统软件采用空间分析技术能够从水深数据中提取多种地形和形态变量,如坡度(Slope)、坡向(Aspect)、地形耐用指数(Terrain Ruggedness Index,TRI)、地形起伏度(Topographic Relief,TR)、粗糙度(Rugosity)等。通过这些地形变量可以定量分析抛石护岸工程引起的河底地形特征变化,为抛石护岸效果评价及运行维护提供数据支持。

地形是最基本的自然地理要素,河底数字高程模型(DEM)是用于表示河底形态特征的多种信息空间分布的有序数值阵列。它蕴含大量地形特征信息,可以以各种比例尺和多种形式表达地形信息(如地形图、断面图、透视图等);DEM便于存储,适合于定量描述地貌结构、水文过程等空间变化以及三维建模,是进行地形特征提取的有力工具。根据抛石护岸工程区的地形地貌特征,利用地理信息系统软件中地形分析模块及插件针对部分地形因子进行提取分析。

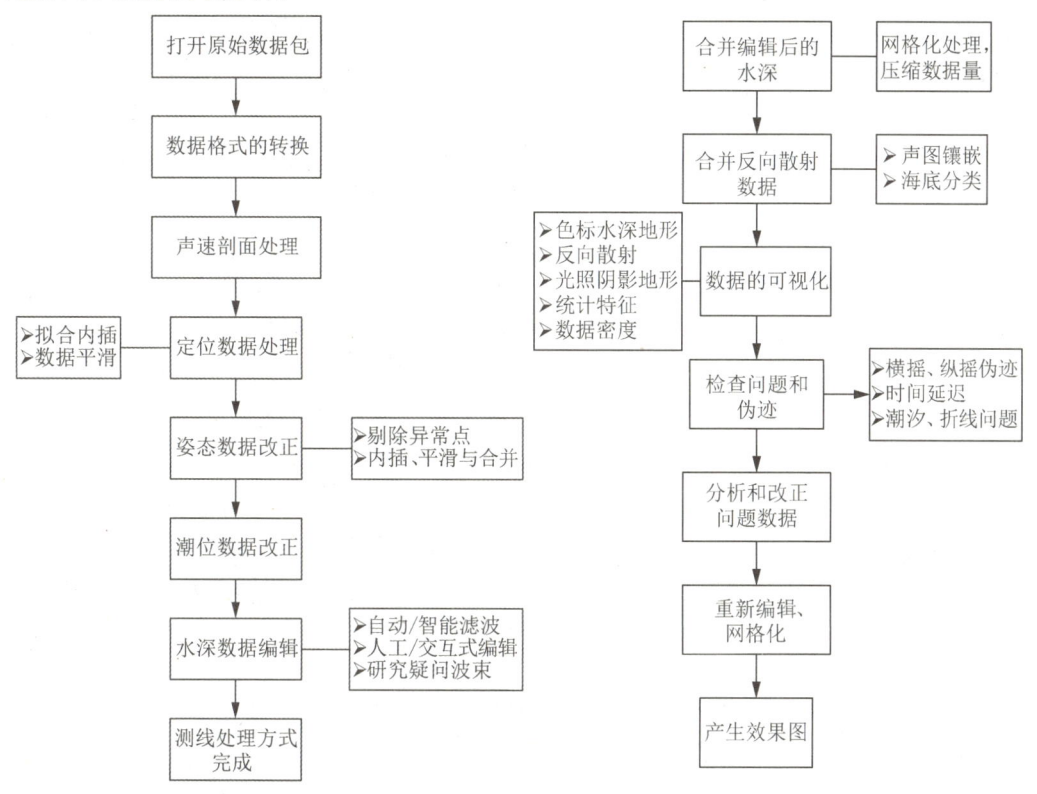

图 6.5　条带数据处理流程图

图 6.6　条带数据处理流程图

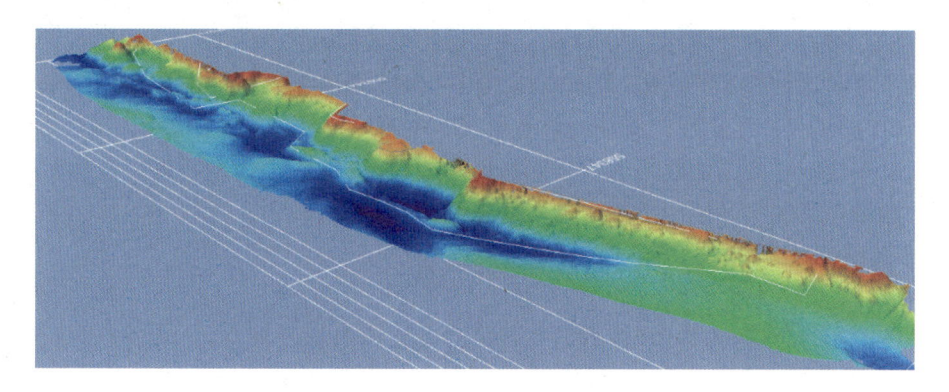

图 6.7　三维河底地形图

(1) 坡度表示水平面与局部地表之间夹角的正切值,即高度(z 值)变化的最大比率。Slope 工具将一个平面与要处理的像元或中心像元周围一个 3×3 的像元邻域的 z 值进行拟合,该平面的坡度值通过最大平均值法来计算。坡度值(用度表示)越小,地势越平坦,反之越陡峭。

(2) 坡向是坡面法线在水平面上的投影的方向,可视为坡度方向,用于识别表面上某一位置处的最陡下坡方向。平坦区域(坡度为 0°)坡向值为 −1,其他区域坡向值为 0°~

360°。坡向的数值只代表坡度方向,不表示数值大小。因此,按照0°~22.5°(北)和22.5°~67.5°(东北)、67.5°~112.5°(东)、112.5°~157.5°(东南)、157.5°~202.5°(南)、202.5°~247.5°(西南)、247.5°~292.5°(西)、292.5°~337.5°(西北)、337.5°~360°(北)进行划分。

(3) 曲率是表面的二阶导数,可以称为坡度的坡度。Curvature工具输出结果为每个像元的表面曲率。曲率为正说明该像元的表面向上凸,曲率为负说明像元的表面开口凹入,值为0说明像元表面是平的,通过曲率便于理解侵蚀过程和径流形成过程。

(4) 地形耐用指数是指中心点高程与特定邻域周围高程的差的平均值,反映水底地形的局部变化。水底生物栖息地的改变与水底地形变化密切相关,所以该指数常被应用于海洋底栖生境绘图的研究中。该变量同样可以由BTM工具计算输出。

(5) 地形起伏度是利用栅格邻域计算工具(Neighborhood Statistics)计算某一确定面积内所有栅格中最大高程与最小高程之差,它反映了地形的起伏特征,是定量描述地貌形态、划分地貌类型的重要指标。

(6) 粗糙度也称地表微地形,指特定区域内地表单元的曲面面积与其在水平面上的投影面积之比,是反映地表起伏变化和侵蚀程度的一个地形因子。其值越大说明受侵蚀和破碎程度越大。该变量可以利用美国国家海洋和大气管理局海岸服务中心研发的BTM(Benthic Terrain Modeler)工具计算得到。

6.1.3 两种测量手段在抛石护岸水下质量检测中的应用

当前,水下工程质量检测采用"断面法"进行数据分析,通过若干条断面施工前、后两期数据的叠置分析结果判断施工质量。相比一般的水下地形测量,它的应用要求比较特殊,一是要求检测断面测量数据的准确性;二是要求检测断面地形相对变化即检测结果的正确性。针对这种特殊的应用,单波束测深仪与多波束测深系统的两期测量结果有何差异、会对检测结果产生怎样的影响还鲜有研究。本书对这两种测量手段施工前、后的测量数据以及差值的检测断面数据进行定性和定量分析,以期可以为抛石护岸工程水下质量检测中测量手段的科学使用提供参考依据。

1. 两种测量手段检测特点比较

(1) 单波束测深仪检测特点

单波束测深仪(以下简称"单波束")测深特点是单点连续测量形成断面地形数据,数据沿测线密集分布,而测线间没有数据。当进行工程质量检测时,需要根据预设的检测断面进行测量,通过导航软件的偏航显示情况,对测船航向进行修正,确保测船始终沿着检测断面方向航行,对测船航向要求较高。

(2) 多波束测深系统检测特点

多波束测深系统(以下简称"多波束")是一种由多种传感器组成的复杂系统,主要由换能器、DSP数据处理系统、高精度的运动传感器、GPS卫星定位系统、声速剖面仪及数据处理软件构成。它采取多组阵和广角度发射与接收,可以同时获取上百条水下条带水深数据,形成条幅式高密度水深数据,是一种全新的海底地形精密探测技术。与单波束测深仪相比,多波束测深系统把测深技术从点、线扩展到面,测量时,多波束点云数据可以全覆盖工程区。

2. 实验方案及数据分析

(1)实验方案

大胜关段位于南京市雨花区和建邺区长江右岸梅山新码头至秦淮新河下游,在长江江苏段具有一定代表性。本书选取长 440 m,宽 100 m,设计抛厚 1.5 m 的部分工程区作为实验区,测深仪采用 ATLAS DESO 35 单波束测深仪[测深范围 0.2~200 m,精度 1 cm±0.1‰水深(210 kHz)]和 R2SONIC 2024 多波束测深系统(用于 2~500 m 深度的水域,量程分辨率 1.25 cm),按照规范布设了 10 条检测断面,共生成 210 个检测点。

在施工前和施工后,分别使用单波束与多波束对实验区进行水下地形测量,单波束根据预设检测断面进行测量,多波束进行全覆盖扫测。获取的测量数据均通过自检,主测深线与检查线的深度互差均满足规范要求。

(2)施工前测量数据分析

对施工前单波束与多波束的测量数据进行空间叠置,筛选同名点(两种测量数据 X、Y 互差不超过 5 cm)的测量数据作为实验数据,共筛选实验数据 480 个,水深在 25~45 m 范围内,对两者的测量差值进行统计分析。施工前测量差值绝大部分位于-0.2~0.2 m 之间,占比 92.8%(见表 6.2)。由此可见,抛石护岸施工前,单波束与多波束测量结果基本吻合。

表 6.2 抛前深度差值对比分析表

测点数	平均值(m)	标准差	差值绝对值占比 ≤0.1 m	≤0.2 m	≤0.4 m
477	0.02	0.13	54.3%	92.8%	97.7%

(3)施工后测量数据分析

对施工后单波束与多波束的测量数据进行空间叠置,筛选同名点(两种测量数据 X、Y 互差不超过 5 cm)测量数据作为实验数据,共筛选实验数据 409 个,水深在 25~45 m 范围内,对两者的测量差值进行统计分析。施工后,差值绝对值≤0.2 m,占比 50.9%;差值绝对值≤0.5 m,占比 91.1%(见表 6.3)。由此可见,抛石护岸施工后,单波束与多波束的测量差异增加。

表 6.3 抛后深度差值对比分析表

测点数	平均值(m)	标准差	差值绝对值占比 ≤0.2 m	≤0.4 m	≤0.5 m
409	0.04	0.588	50.9%	86.3%	91.1%

3. 断面统计分析

(1)检测断面统计分析

根据施工前、后的测量数据分别生成单波束与多波束的检测断面数据,再分别计算出它们的检测点增厚值,最后对单波束和多波束的检测点增厚值进行差异分析。由表 6.4

可见,单波束与多波束检测点增厚差值差异显著,远大于施工前与施工后两者的测量差异。

任选一条检测断面,作单波束与多波束施工前、后检测断面套比图。由图6.8可见,施工前,单波束与多波束生成的检测断面线基本吻合。由图6.9可见,施工后,两者的检测断面差异增加,尤其是陡峭和变化较大区域。单波束由于测量数据稀疏,生成的检测断面平滑了特征地形,而多波束数据密集,检测断面更接近真实地形,并且施工会增加单波束生成的检测断面误差。

表6.4 断面检测点增厚值差值占比表

测点数	平均值(m)	标准差	差值绝对值占比		
			≤0.5 m	≤1.0 m	≤1.5 m
210	−0.03	0.79	56.2%	84.3%	98.5%

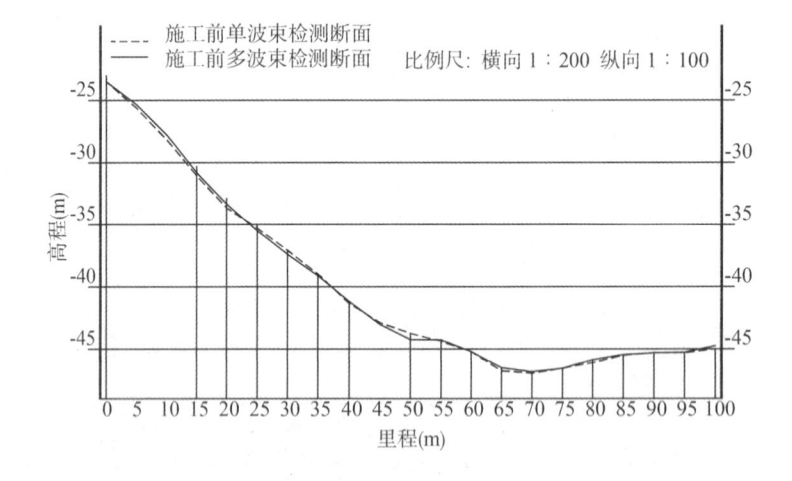

图6.8 施工前检测断面图

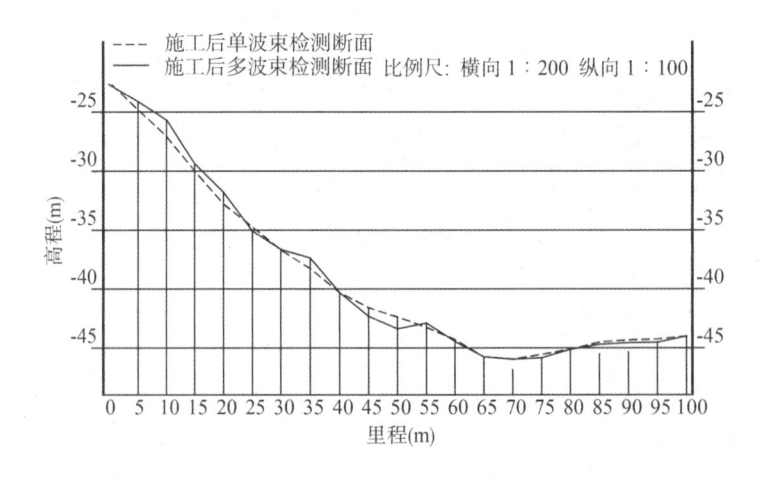

图6.9 施工后检测断面图

（2）原因分析

在测量环境相同，单波束与多波束测量数据自符性合格的情况下，出现上述现象主要有如下因素影响：

① 水下地形复杂度与波束角及波束偏移影响

抛石施工工艺随机性大，抛石后，水下地形粗糙不平，短期内人为破坏了水下地形的空间相关性。图6.10为工程区多波束数据生成的任意一条施工前、后水下地形断面套比图。由该图可见，施工后，水下地形的复杂度增加，地形复杂度增加放大了单波束测深仪的测量误差。一方面，单波束波束角普遍比多波束波束角大，波束角越大，脚印越大，水下地形分辨率就越低，测量误差就越大。另一方面，单波束测深没有进行测船姿态矫正，测船的横摇和纵摇使声波倾斜入水，产生了水深数值上的偏差和测点位置的偏移。表6.5列出了波束倾斜不同角度在不同水深下，测点位置的偏移距离。

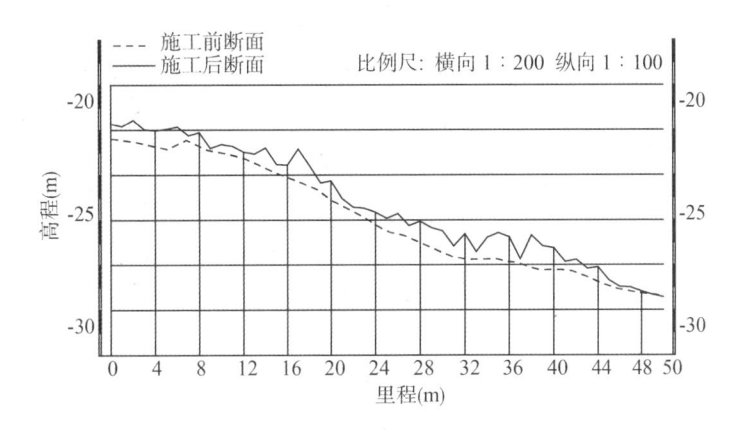

图6.10 施工前与施工后断面对比图

表6.5 波束倾斜不同角度对应的偏移距离

波束倾斜角 θ	水深(m)		
	20	30	40
1°	0.35	0.52	0.70
2°	0.70	1.05	1.40
4°	1.40	2.10	2.80

② 单波束航迹线偏移影响

目前，水下工程质量检测方法是"断面法"，测深仪获取的测量初始数据根据检测断面线差值生成检测数据。单波束测量时，测量船沿着检测断面线进行数据采集，但测量船航迹线与断面线难以完全重合，而是呈沿着断面线左右摆动的曲线（见图6.11）。航迹线的偏移导致测量数据位置的偏移，从而增加了差值生成的断面误差。更重要的是，施工前、后单波束的两次测量轨迹也不能完全重合，导致两期数据进行叠置分析时，数据之间位置偏移更大，从而使分析结果即检测点增厚值与断面增厚值存在较大误差。在工程水下质量检测时，多波束测量的海量点云数据可以实现两期数据位置与检测断面的统一，但单波束航迹线的偏移对工程水下质量检测结果的影响往往被忽略。

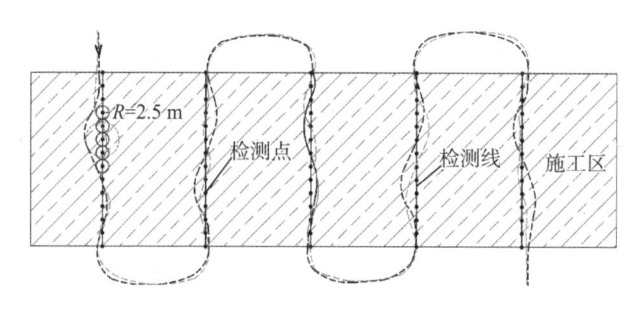

图 6.11 单波束航迹线与检测断面线关系示意图

为了说明施工前、后测点位置的偏移可能导致的误差,做如下统计分析:统计不同偏移距离下,施工前和施工后的测量数据在偏移距离范围内与检测数据的差异,图 6.12 和图 6.13 为任意选取的 3 组偏移距离的统计分析结果。由图可见,施工前,随着偏移距离的增加,数据差异没有明显增加,偏移 1 m 对检测结果无大影响,差异基本保持在 $-20\sim20$ cm(见图 6.12)。施工后,3 组深度差值发生明显变化,与施工前相比,相同的偏移半径,数据差异增加,同时,随着偏移半径的增加,差异越来越大,偏移 50 cm 对检测结果已经产生了较大影响(见图 6.13)。可见,施工后,测点位置的偏移对检测结果的生成有很大影响,这正是单波束与多波束检测结果差异明显的最主要原因。

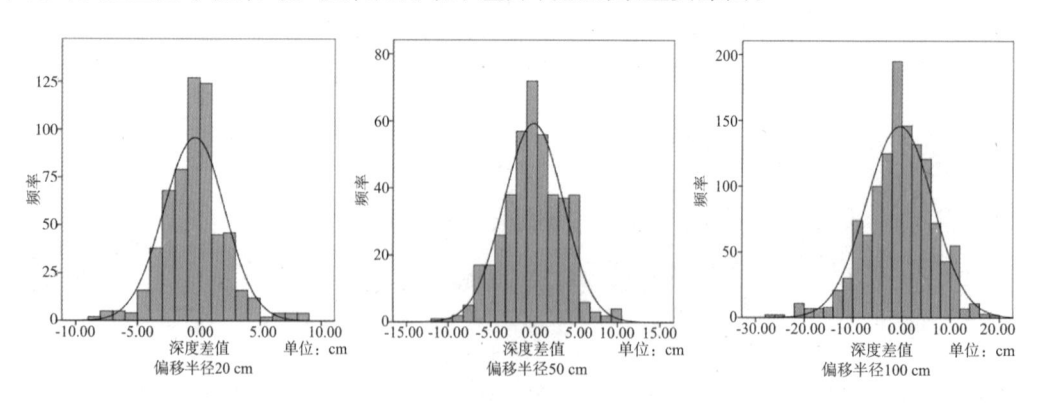

图 6.12 施工前偏移半径深度差值频数分布直方图

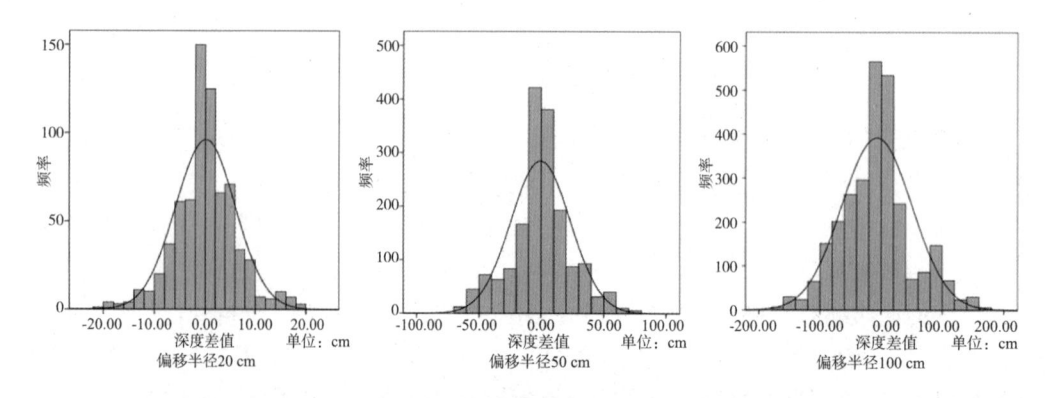

图 6.13 施工后偏移半径深度差值频数分布直方图

6.1.4 点云几何特征在抛石护岸中的应用

堤防工程是我国大江大河防洪体系中重要的工程措施之一，在防洪减灾中发挥着重要作用。为了维护堤防工程的安全稳定，增强其抗风险能力，我国在江河湖海堤岸两侧实施一系列护岸工程，以保护堤岸免受水流、风浪、海潮侵袭和冲刷，而水下抛石护岸是其中较常采用的一种护岸形式。水下抛石具有很多优点，如造价低，可以就地取材且施工、维护简单，可分期施工、逐年加固，而且在坡面变形（沉降或是水浪冲刷）时能够自动调整和自动弥合。但是由于水体的掩盖，水下地形十分复杂且无法直观查看，加上抛投石料为散粒结构，受水流的影响较大，致使抛石护岸工程成为一种水下的隐蔽工程。

抛石护岸的水下形态及分布情况直接影响护岸的运行效果，而由于水体的覆盖，无法直观对其质量进行评估，通常借助水下地形的变化对其抛投质量进行评价。因此，抛石前后的水下地形变化分析对工程质量的检测非常重要，目前多通过水下地形变化对抛石工程的质量进行评估。

水下地形的获取主要利用单波束、多波束等水深测量设备获取水体覆盖下的水底地形数据，并借助水深图、二维等深线图、分层设色图等特定的形式对其进行表达。在单波束点测深阶段，由于受作业效率、测点覆盖率等因素的制约，水下地形多以水深图、等深线图等形式表达，而利用此类成果进行抛石质量的评估主要采用抽查断面对比的方法。在多波束面测深阶段，测深技术在扫测范围、作业速度、测深精度等方面取得较大提升，从传统的点线状扩展到面状，使得水下地形成果由平面图发展为三维立体图。在此基础上，抛石工程的质量评估也将由断面式发展为全覆盖三维评估。

1. 水下地形点云的获取

目前，水下地形点云多利用多波束测深系统获取，它是一种高精度全覆盖式测深系统，采用多组阵和广角发射接收，并形成条幅式高密度测深数据，是计算机技术、导航定位技术和数字化传感器技术等多种高新技术的高度集成。多波束测深系统主要由声学系统、数据采集系统、数据处理系统以及外围辅助传感器等子系统组成。其中，声学系统负责波束的发射和接收；数据采集系统完成波束的形成和将接收到的声波信号转换为数字信号，将波束进行滤波后反算其测量距离或记录其往返程时间；数据处理系统以工作站为代表，综合声波测量、定位、船姿、声速剖面和潮位等信息，计算波束脚印的坐标和深度。多波束测深系统的配置示意图如图 6.14 所示。

多波束与单波束从回声测深原理上讲没有本质的区别，但是，单波束测深仅发射一个声波束，测的也只是换能器正下方的水深，而多波束测深采用发射、接收指向性正交的两组换能器获得一系列垂直航向分布的扇形窄波束，从而实现对水下地形的条带式测量。与单波束测深系统的数据采集与处理流程相比，多波束系统由于其组成的复杂性，其数据处理流程有其自身的特点，如图 6.15 所示。

2. 点云几何特征的估算

点云的几何特征是指用来描述点云的空间几何属性的指标特性，如点云的曲率、点云的仿射不变性等。从表达方式来分，可以分为显式特征与隐式特征，前者指清楚的、明确

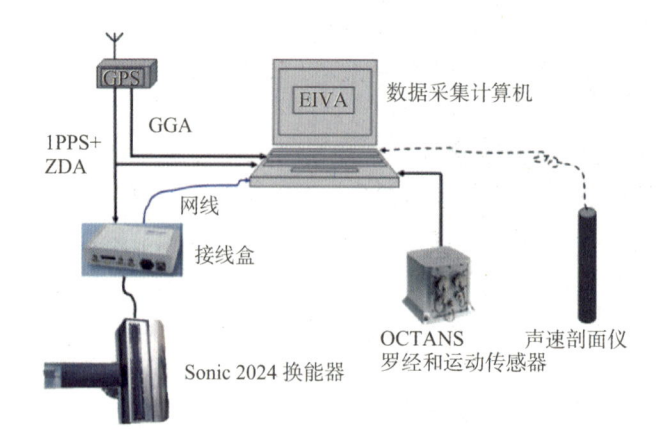

图 6.14　多波束测深系统的配置示意图

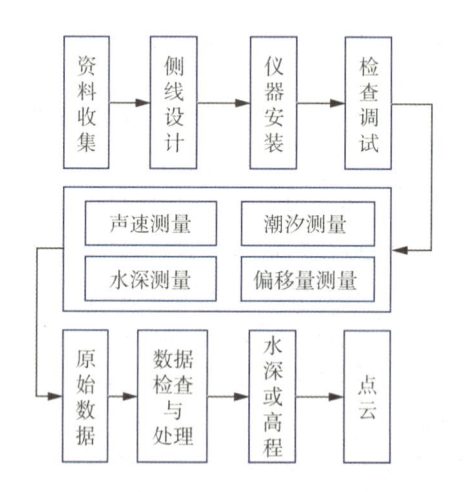

图 6.15　多波束点云的获取流程

的属性特征,如垂直方向的高程特征、测点的空间位置特征等;后者是指隐匿的、不言明的属性特征,如法向量特征、曲率特征等。从尺度上来分,一般分为局部特征和全局特征,例如局部的法线特征、曲率特征等,全局的拓扑特征等。对于空间拓扑结构明确的流形几何体,其几何特征量可以精确地计算,但对于多波束获取的散乱点云,其几何特征量无法精确评估,而多通过局部拟合进行估算。

多波束点云是对水下地形的精细表达,测点的几何特征直接反映了地形特征,例如曲率特性,在抛石工程实施前,水下地形较为平坦,此时地形的曲率变化较小,而抛石后,抛石掩盖区域的曲率变化较大,而未抛或漏抛的区域曲率变化不大。基于此类点云几何特征可以直观地查看水下抛石的施工质量。

(1) 曲率的估算

曲率是指曲线或者曲面上某个点的切线方向角对弧长的转动率,通过微分来定义,表明曲线或曲面偏离的程度。曲率越大,表示曲线或者曲面的弯曲程度越大。因此曲率常用于表征曲线或曲面形状变化的特征量。针对多波束获取的水下地形点云,采样点的曲率越大,该点所在局部曲面越有可能是被测物体的尖锐特征所在,往往包含着重要的信息,如抛石所在区域。

曲率值的计算对于用参数形式表示的曲面来说比较完备,计算结果也较准确,而对于仅含三维坐标信息的点云来说,其曲率只能近似估算。针对多波束点云的曲率,目前主要利用局部曲面拟合的方法估算,即利用测点近邻域内的点集拟合一个局部二次曲面,然后在局部曲面参数化的基础上,根据拟合曲面的曲率性质来估算被测曲面在测点处的曲率值。

根据三维流形几何的理论,任意曲面的局部形状可由二次曲面来近似描述,若一次项的系数 e、f 为零,则该二次曲面就是一个二次抛物曲面,即用局部坐标下的参数表示。

对多波束点云中的任一测点 P_i,利用近邻域搜索,可以获取其邻域点集 $P_j(x_j, y_j, z_j) \in N(P_i)$,$j = 1, 2, \cdots, k$。将邻域点 $P_j(x_j, y_j, z_j)$ 代入公式 6.3 与公式 6.4,当 k 大于 3 时,得到一超定方程组,利用最小二乘法求解,得到最佳拟合二次曲面的参数 a、b、c。曲率估算如图 6.16 所示。

$$S(u,v) = (u, v, w(u,v)) \tag{6.3}$$

$$w(u,v) = au^2 + buv + cv^2 + eu + fv \tag{6.4}$$

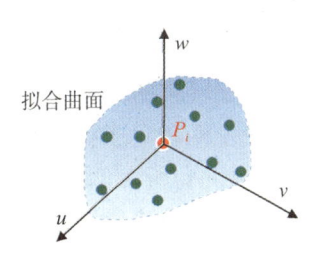

图 6.16 曲率估算

得到拟合二次曲面的参数方程后,根据参数曲面的曲率性质可得测点 P_i 的高斯曲率 K 与平均曲率 H。

$$\begin{cases} K = 4ac - b^2 \\ H = a + c \end{cases} \tag{6.5}$$

拟合的二次曲面是对被测面的局部估计,因此可以用拟合二次曲面的曲率值近似代替被测面的曲率,可将其认定为采样点的曲率。

(2) 粗糙度的估算

在地学中,地面粗糙度是指在一个特定的区域内,地球表面积与其投影面积之比。它是反映地表形态的一个宏观指标。针对多波束获取的水下地形点云,评估其粗糙度主要利用测点与局部表面模型间的标准中误差估算。针对多波束点云的粗糙度,本书通过正交距离回归法建立表面模型,计算每个点至模型的正交间距,解算点云数据中每个点的正交距离的标准中误差。计算过程如下。

① 利用近邻域搜索获取测点的邻域测点集。

② 将局部参考基准面定义为标准平面,通过正交距离回归法确定平面方程

$$z = \alpha x + \beta y + \gamma \qquad (6.6)$$

式中：x、y、z 为测点的三维坐标值；α、β、γ 为通过正交距离回归法得到的平面方程系数。

③ 将近邻域内的全部测点进行转换，使其基准面相同。

④ 计算转换之后的观测向量投影到平面的法向量。因为 Z 回归平面的截距（γ）已确定，所以将其选作为新的矢量。单位长度由缩放平面的法向量 $\boldsymbol{n}$ 确定，

$$D_i = |\boldsymbol{n_u} \cdot v_i|, i = 1, 2, \cdots, N \qquad (6.7)$$

式中：D_i 为测点与平面之间的正交间距；$\boldsymbol{n_u}$ 为标准回归平面的单位法矢；v_i 为点云在方向 Z 上的截距。

⑤ 当估算出全部点与平面的正交距离之后，即可确定点云的粗糙度 σ。

$$\sigma = \sqrt{\frac{1}{N}\sum_{i=1}^{n}(D_i - \overline{D})} \qquad (6.8)$$

3. 工程应用实例

（1）水下地形点云的获取

南京新济洲河道整治是长江中下游重点项目之一，河段位置如图 6.17 所示。南京河段的水动力及泥沙情况直接影响着新济洲河段的河床演变过程。南京段河流的稳定性和防洪安全性对两岸经济的发展起着举足轻重的作用，一直备受重视，历史上对该段河道已经进行了多次整治工程以确保河流稳定性和对于洪水的抵抗能力。然而近年来，随着三峡工程的建成使用，上游水沙并下的情况有所变化，使新生洲汊道出现的一些不利变化加速发展，这些新变化危害防洪安全性、破坏河势稳定，并且阻碍了两岸水土资源的开发利用，基于上述情况，南京市水利局开展了新济洲河段的整治工程，其中护岸工程以水下抛石护岸形式为主。

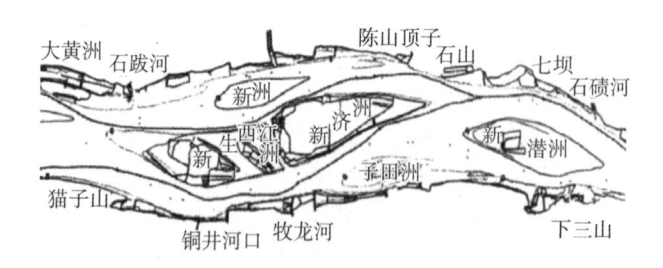

图 6.17　南京新济洲河段示意图

水下抛石工程具有一定的隐蔽性，无法直接查看，为了检测与分析其施工质量与护岸效果，采用多波束测深系统对其抛前与抛后水下地形进行了全覆盖扫测。相关的仪器设备选用 R2SONIC 2024 多波束、Trimble GPS、Octans 光纤罗经以及 SV Plus 声速剖面仪等。如图 6.18 所示，(a) 为利用 Trimble R10 架设的地面基准站，(b) 为多波束整体安装后的扫测场景。

(a) 地面基准站　　　　　　(b) 多波束扫测

图 6.18　多波束点云采集

(2) 水下地形变化分析

利用多波束获取抛石前后的水下地形点云后,分别利用点云的曲率特征与粗糙度特征对水下地形进行了分析,分析结果如图 6.19 与图 6.20 所示。图 6.19 中,蓝色部分为曲率小于 0.02 的区域,绿色部分为曲率 0.15 的区域,从抛石前后的曲率对比可以看出,靠近堤岸区域的地面曲率发生了明显的变化。图 6.20 中,蓝色部分为粗糙度小于 0.05 的区域,绿色部分为粗糙度 0.12 的区域,从粗糙度的前后对比可以看出,抛石前后水下地形的粗糙度发生了明显的变化。这说明抛石工程对水下地形产生了明显的影响,造成了地表几何特征的变化。

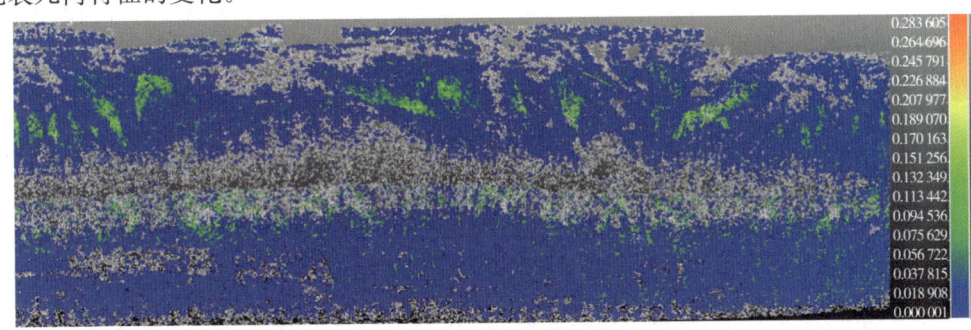

(a) 抛石前的曲率

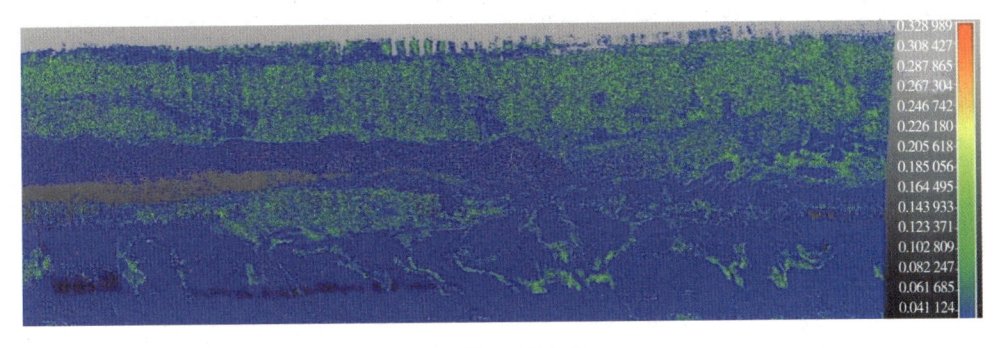

(b) 抛石后的曲率

图 6.19　抛石前后的曲率变化对比

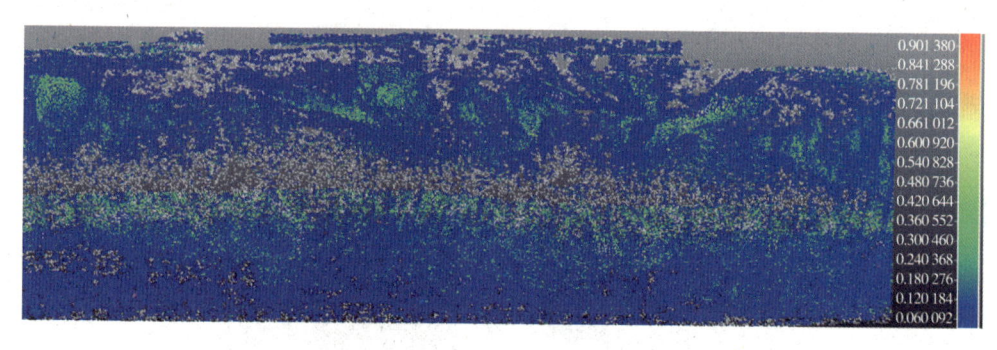

(a) 抛前粗糙度

(b) 抛后粗糙度

图 6.20　抛石前后的粗糙度对比

从图 6.19 和图 6.20 的对比可以看出：抛石前，水下地形比较平坦，地表曲率与粗糙度变化均比较小，而抛石后，水下新增了许多比较尖锐的抛石对象，导致水下地形的曲率与粗糙度特征发生了明显改变，尤其在靠近堤岸的抛石堆积区域。通过水下地形点云的几何特征分析，不仅可以直观地查看水下抛石的抛投位置及堆积情况，而且可以直观地检查欠抛及漏抛区域，从而更加直观地评定抛石工程的实施质量。

随着多波束测深技术的发展，水下地形的扫测越来越趋于精准化、全覆盖，实现了水下地形的精细化变化分析。针对水下抛石工程的质量检测，在充分挖掘多波束点云信息的基础上，既可以实现抛投质量的宏观分析，也可以实现抛投量与水下地形变化的精准量化分析。

多波束点云在提升水下地形测量精度、涵括更多信息的同时，伴随的是测点数量的激增（测点通常在百万或千万级以上），这既给我们带来了机遇，同时也带来了挑战。如何将这些信息更好地用于水利工程建设与检测，后面还有许多问题去解决，例如，如何平衡有用信息与测点数量之间的关系、如何提升海量点云的处理效率、如何更直观准确地表达检测分析成果等。

6.2　点云密度对水下抛石效果的影响分析

采用多波束测深系统对水下抛石护岸进行扫测，可以获取高密度的点云数据，克服了以往采用断面监测法进行抛石质量评价时精确度较低的缺陷。虽然点云数据越密，精度越高，但是点云数据过密，也会给数据分析工作带来一定的负担，因此通过分析不同点云密度下的水下抛石效果，可以帮助确定合适的抛石效果分析的点云密度。

6.2.1 水下抛投验收标准及效果指标

护岸工程是堤防工程的重要组成部分，是保障堤防安全的前沿工程。其中护脚工程经常受到水流冲刷和淘刷，是护岸工程的根基，关系着防护工程的稳定。目前下部护脚工程仍多采用抛石护岸形式，它能很好地适应近岸河床冲深，在长江中下游河道平顺护岸中经常采用。近年来随着对堤防工程建设投入的增加，新建堤防和堤防加固工程数量逐渐增多，新材料、新工艺不断涌现，对堤防工程施工质量的验收评定方法和质量标准也提出了新的要求。自2012年以来，有关堤防工程施工质量验收评定的国家标准、行业标准、地方标准相继发布施行，本节对有关散抛石护岸的施工质量验收评定标准做简要的梳理。

2012年由住房和城乡建设部发布实施的《堤防工程设计规范》，规定了护岸工程的设计要求。如护岸工程的结构、材料应满足坚固耐久，抗冲刷、抗磨损性能应强；适应河床变形能力应强；应便于施工、修复、加固；应就地取材，并应经济合理等。护岸工程的下部护脚延伸范围应符合下列规定：①在深泓近岸段应延伸至深泓线，并应满足河床最大冲刷深度的要求；②在水流平顺、岸坡较缓段，宜护至坡度为1∶3～1∶4的缓坡河床处。其中抛石护脚应符合下列要求：①抛石粒径应根据水深、流速情况确定；②抛石厚度不宜小于抛石粒径的2倍，水深流急处宜增大；③抛石护脚的坡度宜缓于1∶1.5。从护脚工程的设计要求来看，抛石粒径、抛石厚度、抛石护脚的坡度均是施工控制的重要因素。

为加强堤防工程施工质量管理，统一堤防工程单元工程施工质量验收评定标准，2012年水利部发布实施的水利行业标准《水利水电工程单元工程施工质量验收评定标准——堤防工程》（SL 634—2012），对堤防工程的施工质量检验项目、质量要求、检验方法和检验数量等进行了规定。对于划分工序的单元工程应先进行工序施工质量验收评定，在工序验收评定合格和施工项目实体质量检验合格的基础上，进行单元工程施工质量验收评定。对于不划分工序的单元工程，在单元工程中所包含的检验项目检验合格和施工项目实体质量检验合格的基础上，进行单元工程施工质量验收评定。

划分工序单元工程施工质量评定等级分为合格和优良两个等级，其标准应符合下列规定。

(1) 合格等级标准应符合下列规定：
① 各工序施工质量验收评定应全部合格。
② 各项报验资料应符合本标准的要求。
(2) 优良等级标准应符合下列规定：
① 各工序施工质量验收评定应全部合格，其中优良工序应达到50%及以上，且主要工序应达到优良等级。
② 各项报验资料应符合本标准的要求。

不划分工序单元工程施工质量评定等级分为合格和优良两个等级，其标准应符合下列规定。

(1) 合格等级标准应符合下列规定：

① 主控项目检验结果应全部符合本标准的要求。

② 一般项目逐项应有70%及以上的检验点合格，其中河道疏浚工程，一般项目逐项应有90%及以上的检验点合格；不合格点不应集中分布。

(2) 优良等级标准应符合下列规定：

① 主控项目检验结果应全部符合本标准的要求。

② 一般项目逐项应有90%及以上的检验点合格，其中河道疏浚工程，一般项目逐项应有95%及以上的检验点合格；不合格点不应集中分布。

防冲体抛投施工质量标准如表6.6所示。

表6.6 防冲体抛投施工质量标准

项次		检验项目	质量要求	检验方法	检验数量
主控项目	1	抛投数量	符合设计要求，允许偏差为0～+10%	量测	全数检查
	2	抛投程序	符合《堤防工程施工规范》(SL 260)或抛投试验的要求	检查	
一般项目	1	抛投断面	符合设计要求	量测	抛投前、后每20～50 m测1个横断面，每个横断面5～10 m测1个点

在2014年水利部颁布实施的水利行业标准《堤防工程施工规范》(SL 260—2014)中，对护脚工程抛投施工提出了以下要求：

① 抛投前应对抛投区水深、流速、断面形状等情况进行测量并绘制成图。

② 抛投前应通过现场抛投试验掌握抛投物料在水中的沉降规律。

③ 抛投物料质量和数量应满足设计要求。

④ 抛投宜在枯水期进行。

⑤ 抛投由深水网格开始依次向近岸浅水网格抛投，水深流急时，应先用较大石块在护脚段下游侧按设计厚度抛一石埂，然后再依次向上游侧抛投。

⑥ 抛投过程中应及时探测和检查水下抛投坡度、厚度是否满足设计要求。

除国家标准和行业标准外，许多地方都发布实施了地方标准。江苏省2013年发布实施了《水利工程施工质量检验与评定规范》(DB32/T 2334.2—2013)，对水下抛石防冲体单元工程质量检验项目与标准规定如表6.7所示。

表6.7 水下抛石防冲体单元工程质量检验项目与标准

项次		检验项目	质量标准（允许误差 mm）	检验方法	检验数量
主控项目	1	石料质量	粒径、块重符合设计要求，石块坚硬无风化	检查、试验	全数，每料源取样1组
	2	抛石数量	不小于设计抛石量	计量	全数

(续表)

项次		检验项目	质量标准（允许误差 mm）	检验方法	检验数量
一般项目	1	施工定位	施工船定位合适、定位资料齐全	检查	全数
	2	抛投顺序	符合设计或规范要求。宜从上游向下游、远岸向近岸靠近	观察	全数
	3	测点增厚值	≥75%设计值，水深流急区≥70%设计值	采用测深仪	顺水流方向20～50 m测1个断面，且每个单元工程不少于3个断面；每个断面5～10 m测1点
	4	断面增厚值	≥70%设计值，水深流急区≥65%设计值	采用测深仪，计算每个断面测点增厚值的平均值	顺水流方向20～50 m测1个断面，且每个单元工程不少于3个断面；每个断面5～10 m测1点
	5	抛石范围	符合设计抛石范围	检查	全数

由于水下地形探测难度较大，目前仍无法做到对天然河道中水下地形进行实时监测，因此在水下抛石质量评定时选取抛石施工前及竣工后的水下地形数据，进行空间数据叠加分析，以抛石前后水下地形的变化量作为衡量抛石效果的指标，定义为增厚值 t。

$$t = H_2 - H_1 \tag{6.9}$$

式中：H_1 为施工前的水下地形监测数据（单位 m）；H_2 为竣工后的水下地形监测数据（单位 m）。

相比于传统断面线测量法，将多波束扫测的整个抛石区域的两期数据进行空间数据叠加分析，进行全局计算，可有效减小测量误差，更加真实地反映水下抛石的变化情况。

6.2.2 抛石效果的统计对比方法

针对多波束测深系统获得的高密度点云数据，采用如下分析步骤，对不同点云密度下的抛石效果统计特征进行分析：

（1）运用 CARIS HIPS 数据处理软件和 CARIS GIS 数据质量分析软件对采集的数据进行整理加工后分别按 0.5 m、1 m、2 m、5 m、6 m、7 m 和 10 m 取样密度输出点云数据。

（2）通过 ArcGIS 软件，运用空间数据叠加分析工具，分别计算出不同密度点云数据相对应的增厚值，筛选出合格点，计算抛石合格率。

（3）运用 SPSS 软件对增厚值进行数据统计。利用 SPSS 软件中的描述性统计方法对不同密度下的7组增厚值数据进行统计分析。选取平均值、最大值、最小值、峰度、偏度对7组数据从集中趋势、分布状态以及抛石合格率三个方面进行描述性统计分析。

6.2.3 不同点云密度抛石效果对比分析

在长江南京河段新生洲洲头右岸相对比较宽阔、面积较大的抛石加固 1 m 区内,截取抛石长 150 m,宽 80 m,面积为 12 000 m² 的矩形区域(图 6.21 中虚线所包围的区域)作为研究区,对不同点云密度下的抛石效果进行对比分析。

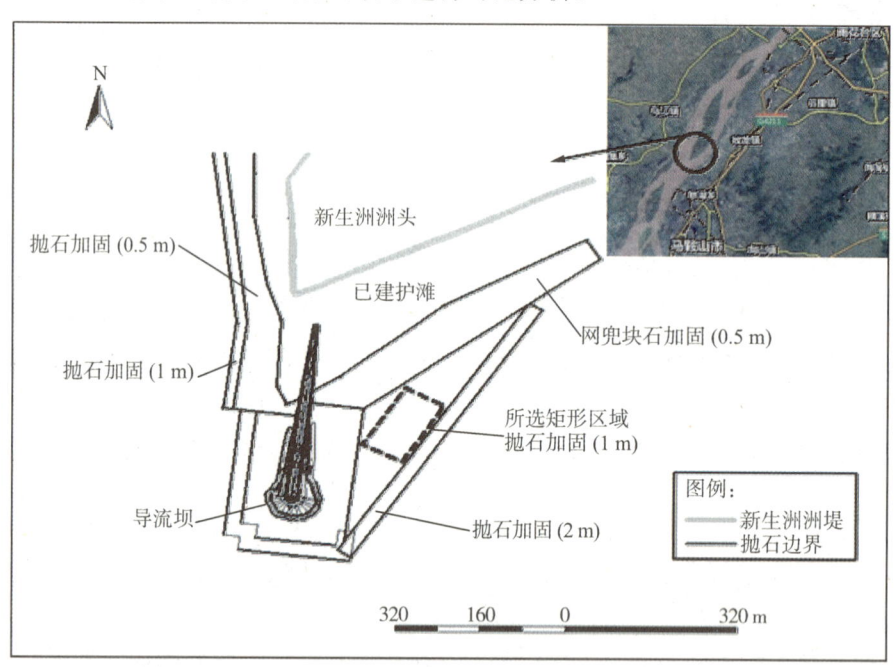

图 6.21 研究区位置示意图

研究区抛石厚度为 1 m,根据相关检测标准,将增厚值大于等于 75%(即 $t \geqslant 0.75$ m)的点定义为合格点,合格点占取样点总个数的百分比定义为合格率。图 6.22 分别是点云密度为 0.5 m、1 m、2 m、5 m、6 m、7 m 和 10 m 的抛石增厚值与合格点分布图。

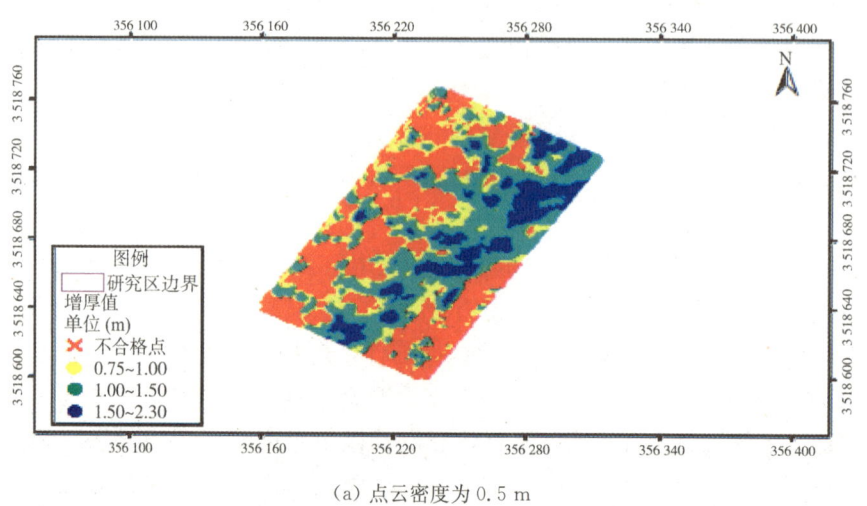

(a) 点云密度为 0.5 m

(b) 点云密度为 1 m

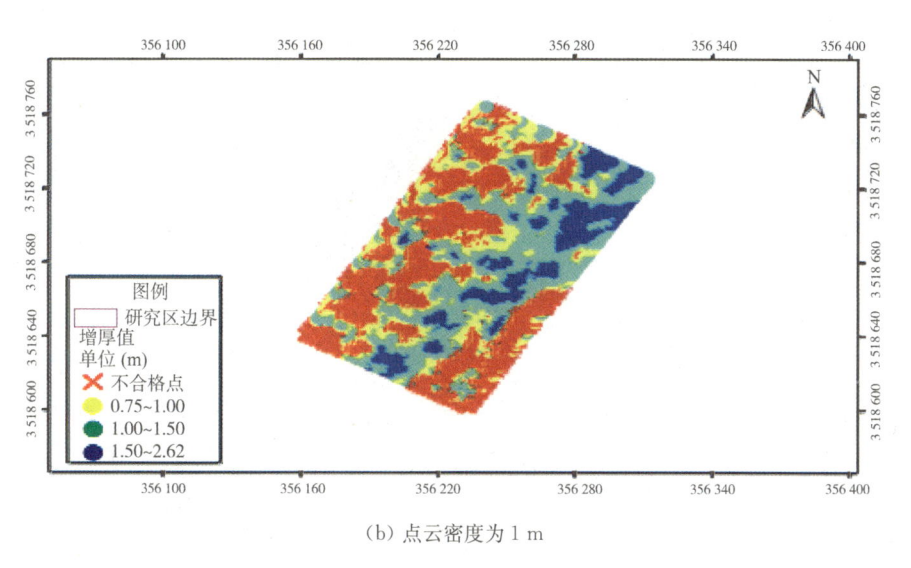

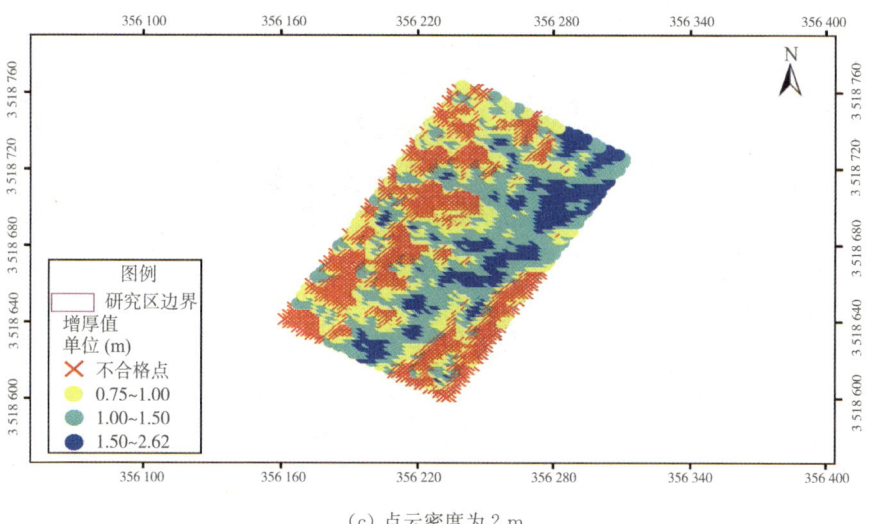

(c) 点云密度为 2 m

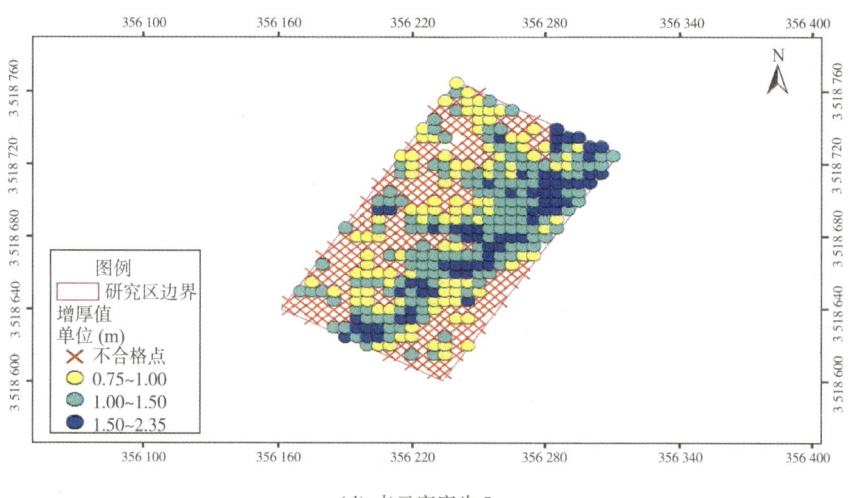

(d) 点云密度为 5 m

(e) 点云密度为 6 m

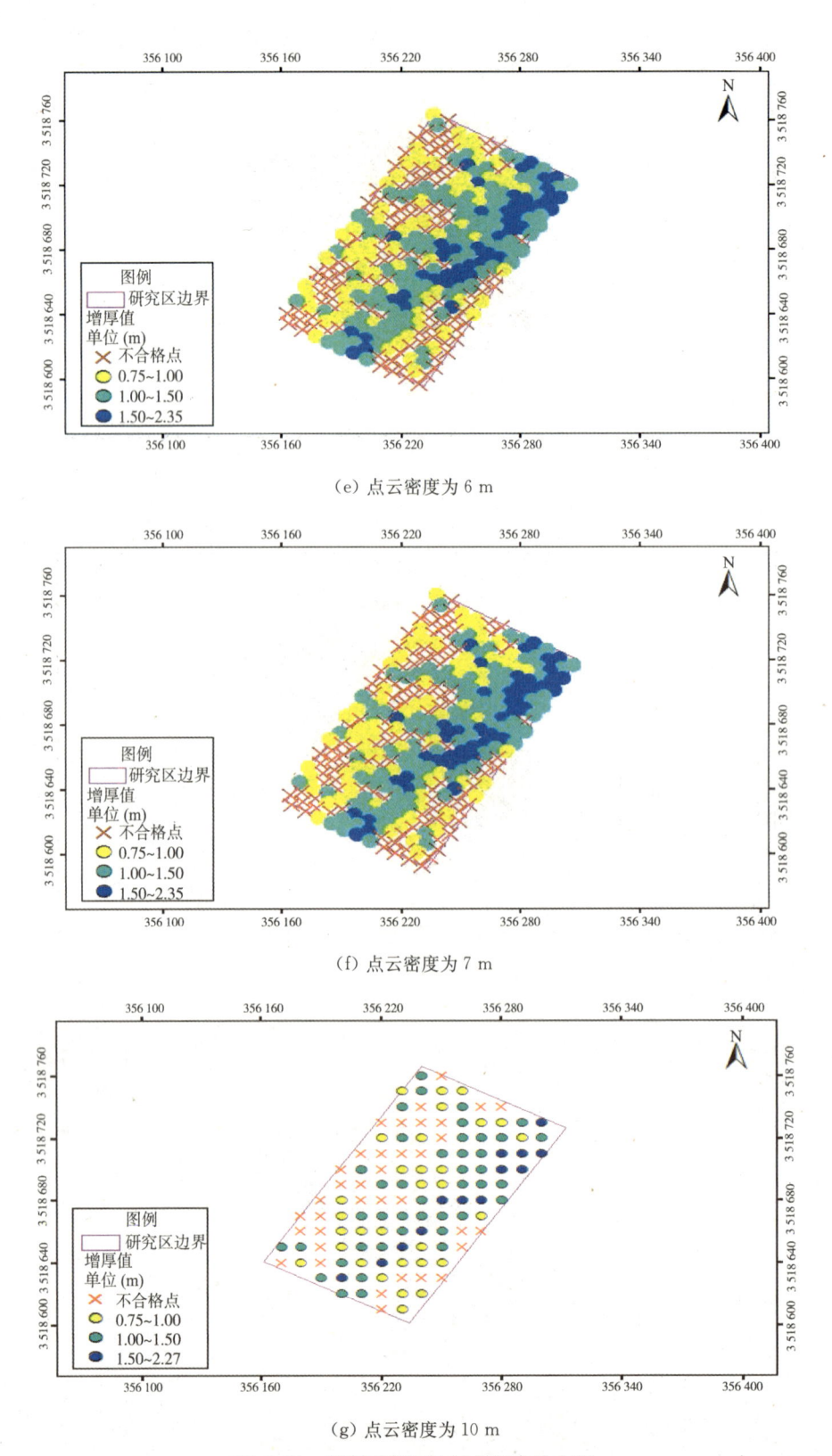

(f) 点云密度为 7 m

(g) 点云密度为 10 m

图 6.22　抛石区增厚值与合格点分布图

由图 6.22 可知,当点云密度为 0.5 m、1 m、2 m 时,采样点密集分布在整个抛石区,并且能够清晰地反映出空间不同位置的增厚值分布情况,计算得到的抛石合格率分别为 66.2%、66.11%、65.56%。当点云密度为 5～7 m 时,采样点较为稀疏,但是研究区内并没有明显的采样点缺失,遍布整个研究区,经计算得到的抛石合格率分别为 65.84%、70.26% 和 72.24%。当点云密度为 10 m 时,采样点过于稀疏,而且抛石区边界附近存在缺失,对水下地形的刻画有较为明显的失真,计算得到的抛石合格率为 72.49%。因此初步判定,进行抛石合格率计算时,点云密度最大不能超过 5 m。

其中 0.5 m 是本次多波束条带测深系统扫测的最高密度,所采集的点云数据是最全面、最密集的。因此,将以 0.5 m 密度采集的数据作为参考数据,供其他尺度取样间隔所测数据进行对比分析。0.5 m 密度的数据分析结果见表 6.8。

表 6.8　数据统计结果(点云密度:0.5 m)

取样间距 (m)	点数总计	合格点数 $t \geqslant 0.75$ m	合格率 (%)	最大值	最小值	平均值	偏度	峰度
0.5	24 301	16 091	66.2	2.63	−0.41	0.98	0.35	−0.056

平均值表示平均抛投厚度,最大值、最小值分别表示研究区内最大增厚值和最小增厚值,其中正值代表淤积,负值代表冲刷。

偏度和峰度表示研究区内增厚值的分布形态。偏度大于 0 说明研究区内增厚值大于平均抛投厚度的点较少,反之较多;峰度小于 0 说明研究区内增厚值分布与正态分布相比较为平缓,反之较为陡峭。

由表 6.8 可知研究区采集水深点共 24 301 个,其中合格点数 16 091 个,合格率为 66.2%。研究区平均增厚 0.98 m,最大增厚值为 2.63 m,最小增厚值为 −0.41 m。应用 SPSS 作 P-P 正态概率图,对增厚值数据进行正态分布检验。P-P 正态概率图是一种检验正态分布的统计图形,根据变量分布累积比和正态分布累积比生成图形。如果数据是正态分布,则被检验的数据基本上呈一条直线。0.5 m 密度计算后所得增厚值数据的 P-P 正态概率图如图 6.23 所示。增厚值近似服从正态分布,增厚值的直方图也直观地验证了这一点,其直方图如图 6.24 所示。

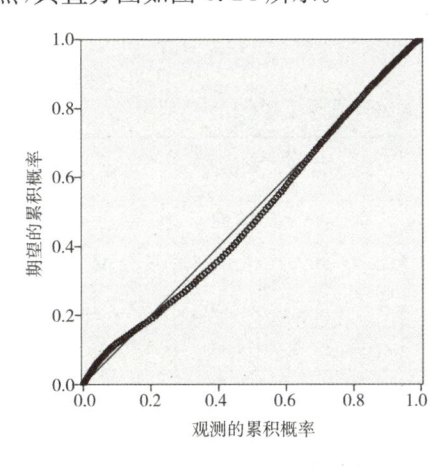

图 6.23　增厚值 P-P 正态概率图

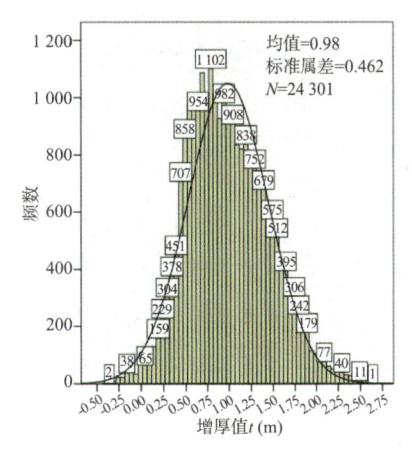

图 6.24　增厚值频数分布直方图

由图 6.24 可知,按 0.5 m 密度所取得的样本点的增厚值分布近似为正态分布,相对于标准正态稍向右偏,说明增厚值大于平均抛投厚度的点较少。其他尺度点云密度取样所得增厚值的 P-P 正态概率图与频数分布直方图见图 6.25。由图 6.25 可知,不同点云密度所得采样点的增厚值的分布大致均服从近似正态分布,频数直方图也相应做出了直观的验证,并且根据图中所示的正态曲线可知其偏度和峰度有所不同。

(a) 点云密度为 1 m

(b) 点云密度为 2 m

(c) 点云密度为 5 m

(d) 点云密度为 6 m

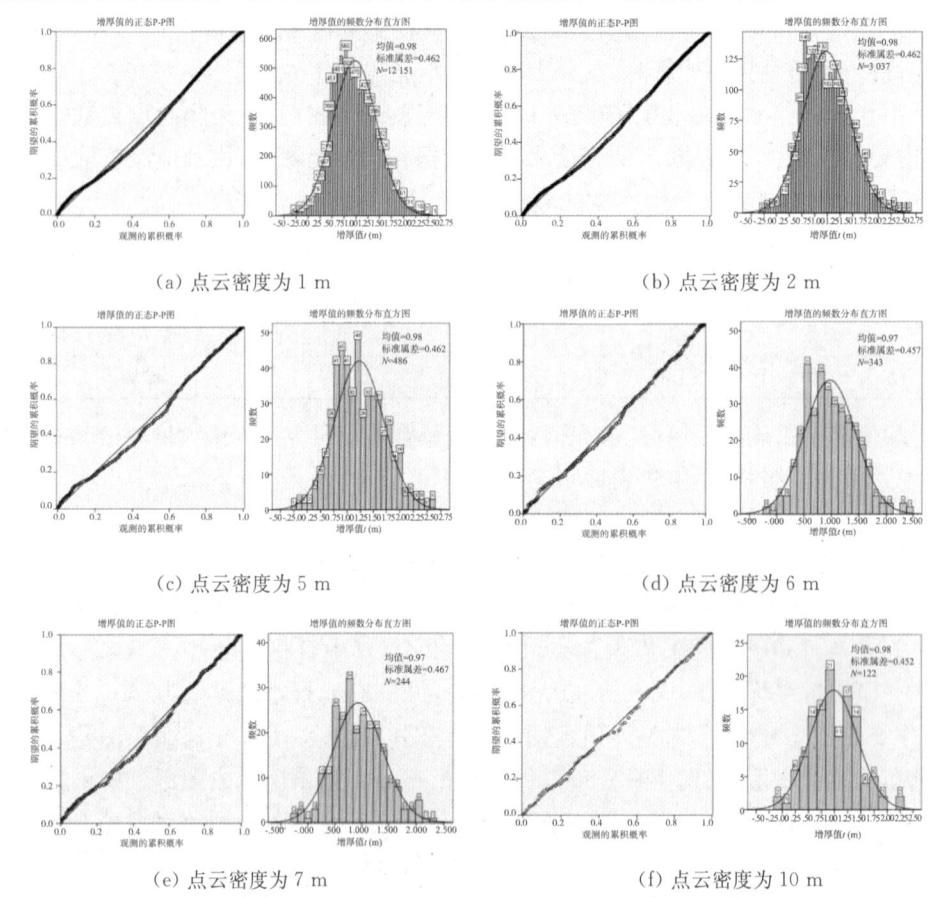

(e) 点云密度为 7 m

(f) 点云密度为 10 m

图 6.25 不同点云密度的增厚值 P-P 正态概率图及增厚值频数分布直方图

采样区点云数据密度不同的 7 组数据的具体统计结果汇总见表 6.9。

表 6.9 不同点云密度数据统计结果汇总表

点云密度 (m)	点数总计	合格点数 $t \geqslant 0.75$ m	合格率 (%)	最大值	最小值	平均值	峰度	偏度
0.5	24 301	16 091	66.2	2.63	−0.41	0.98	−0.056	0.35
1	12 151	8 033	66.11	2.62	−0.41	0.98	−0.059	0.35
2	3 037	1 991	65.56	2.62	−0.34	0.98	−0.078	0.34
5	486	320	65.84	2.35	−0.22	0.98	−0.16	0.33
6	343	241	70.26	2.30	−0.18	0.97	0.093	0.39
7	244	164	67.21	2.27	−0.16	0.97	0.093	0.26
10	122	88	72.13	2.27	−0.15	0.98	0.092	0.17

由表 6.9 可知:

(1) 合格率在点云密度为 0.5~5 m 区间内的变化波动较小,从变化趋势上看研究区采样点的合格率随着取样间隔尺度的增大呈逐渐减少趋势,但是当点云密度大于 5 m 时,所获得的点的合格率反而增大。

(2) 研究区内采样点的最大增厚值随着点云密度的降低而减小,最小增厚值随点云密度的降低而增大,两者的变化波动不大、呈下降(上升)趋势。平均抛投厚度变化基本稳定,不随点云密度的变化而发生变动。

(3) 峰度值在点云密度为 0.5~5 m 区间内均是负值,说明点云密度在 5 m(包含 5 m)以内所得采样点增厚值的分布与标准正态分布相比较平缓。峰度值在点云密度为 5 m 以内变化波动幅度较小,随着点云密度的降低逐渐减小,但是当点云密度在 5~10 m 之间时,峰度值却变为正值。而偏度值在点云密度为 0.5~5 m 区间内基本稳定在 0.34 左右,但是当点云密度在 5~10 m 之间时,偏度值波动较大,先是逆势上升,而后又迅速降低。

以上结果表明合格率、峰度和偏度随着点云密度的变化产生明显变化。将三个指标提取并制作柱状图,直观验证了这一结果,如图 6.26 所示。

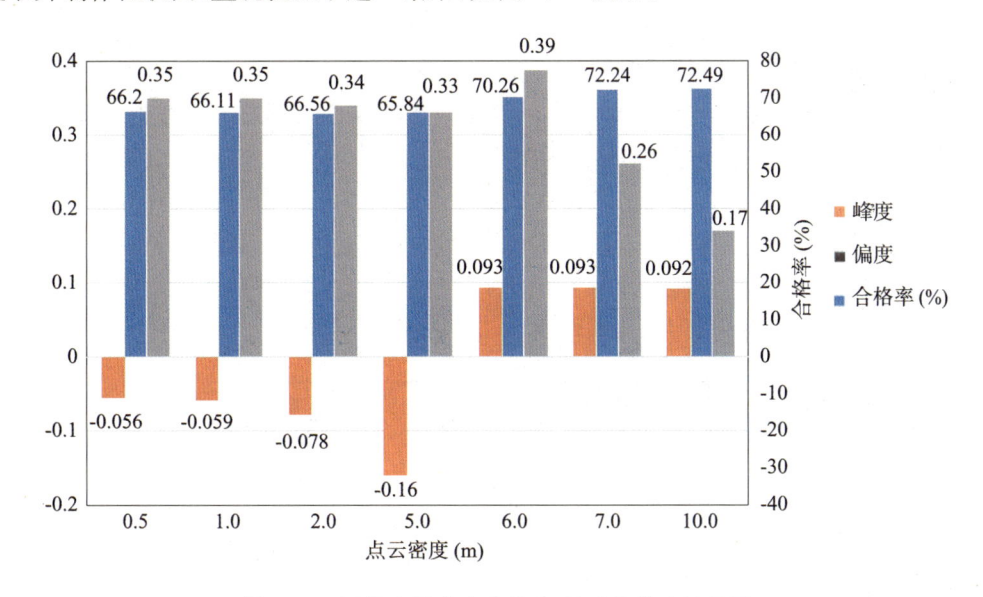

图 6.26　不同点云密度合格率、峰度和偏度柱状图

由图 6.26 可知,偏度、峰度和合格率在点云密度为 5 m 处有较大的变动。偏度由较平缓的下降趋势在 5 m 之后先上升后发生急剧下降;峰度和合格率甚至逆转下降趋势,呈急剧上升形态。点云密度在 0.5~5 m 之间时,各项指标变化幅度较小,说明当点云密度在 5 m 以内(包含 5 m)时,所取得的采样数据能够反映实际研究区水下抛石分布情况;但是当点云密度在 5~10 m 之间时,各项指标都与 0.5 m 取样结果有明显差异,说明在研究区内点云密度在 5~10 m 之间时,点云数据过于稀疏,不能够真实反映研究区的水下抛石分布情况。因此进行水下抛石质量评价时,为使评价结果能够更加真实地反映实际的水下抛石分布情况,采样数据的点云密度不能超过 5 m。

以上研究表明通过抛石区整个平面内的增厚值对水下抛石效果进行分析时,采样数据的点云密度不超过 5 m 时,分析结果较为准确,能够更加真实地反映实际的水下抛石分布情况。与目前长江水下平顺抛石质量评定标准中以断面增厚率评定抛石是否满足要求相比,本书提供的点云密度合格率法不仅可以提高检测的正确性,而且可以直观地显示出抛石区域增厚值的空间分布及合格点的分布情况,对进一步开展水下抛石补充工程具有指导意义。

6.2.4 点云密度对抛石效果评价的不确定性分析

1. 研究区域

研究区位于张家港市老海坝河段,是长江下游澄通河段重要的河势控制节点,也是重要的深水航道码头集中区。近几十年来,受如皋中汊和浏海沙水道汇流顶冲,河势变化急剧,坍岸严重,经抛石治理,现河势已基本稳定。但近岸处深槽不断冲刷,出现多个水深 50～70 m 的冲刷坑,离岸距离仅 150 m,严重威胁河势的稳定和近岸工矿企业的防洪安全。为维护老海坝河段河势和航道的稳定,保障沿线码头的运行安全,自 2014 年开始进行节点整治工程,于 2016 年完工并验收。其验收评价时关于抛石增厚值的重要指标是固定断面增厚率,由于该指标在 20～40 m 一个断面进行采样,故断面的选取情况对评价结果的影响较大。

数据来源于节点整治工程二期三个标段在施工期间(非汛期)的多波束水深数据,在施工期间共进行了 7 次测量,从相邻测次间施工的区域中分散性地选取 12 块 50 m×100 m 的区域(见图 6.27),然后分别按 0.5 m、1 m、2 m、3 m、4 m、5 m、6 m、7 m、8 m、9 m 和 10 m 的密度输出施工前和施工后对应日期测次的多波束点云数据。然后对每块区域施工的前后两期数据进行叠加分析(利用 ArcGIS 平台),得到每个区域在施工前后不同点云密度下的水深变化值,即测点增厚值。

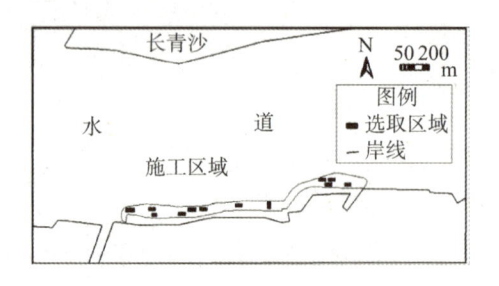

图 6.27 研究区位置示意图

2. 分析方法

(1) 增厚值的统计分析

根据《水利工程施工质量检验与评定标准》,测点增厚值大于设计值的 75% 的点为合格点,水深流急区大于 70% 的点为合格点。为提高工作效率,避免选取固定断面使高密度点云数据在不同软件中切换,根据相关文献,将合格点个数占总个数的百分比定义为测点合格率,所有测点增厚值的平均值定义为平均增厚值,所有测点增厚值的分布形态采用偏度和峰度来体现。利用统计分析软件(SPSS)计算所有区域不同点云密度下增厚值的统计特征值和评价结果,如偏度、峰度、测点合格率、平均增厚值等。

第6章 感潮河段防护工程效果评价及标准分析

(2) 误差分析

根据施工设计,研究区内抛石石块的粒径范围在 0.16~0.65 m,我们认为 0.5 m 点云密度下评价结果接近或等于真实值,这也是多波束测量系统可获取的点云密度。故将该点云密度下的测点合格率和平均增厚值作为参考值,用于分析其他点云密度评价结果的优劣程度。为统一分析所有区域不同点云密度下评价结果的优劣,取测量学中相对误差的概念,计算公式如下

$$\delta_i = \frac{b_i - b}{b} \times 100\% \tag{6.10}$$

式中:δ_i 定义为不同点云密度下的测点合格率相对误差(为了得出误差正负,不取绝对值);b 为 0.5 m 点云密度下测点合格率;b_i 为其他点云密度下测点合格率;i 取 1、2、3、4、5、6、7、8、9、10(平均增厚值相对误差的计算同理)。

(3) 不确定性分析

测量不确定度于 1993 年发布的《测量不确定度表示指南》被首次提出,它是一个与测量结果相关联的参数,表征合理赋予的被测量值的分散性,并反映了不同概率水平下可能的误差分布范围。测量不确定度分为 2 类:标准不确定度和扩展不确定度。当误差分布为正态分布时,对某一次测量 i,其标准不确定度为 u_c(即标准偏差),则其真值 Z_i 落在 $(Z_i - u_c, Z_i + u_c)$ 的可能性为 68.26%,即置信概率为 68.26% 时测量结果的置信范围为 $(Z_i - u_c, Z_i + u_c)$。同理,其扩展不确定度为 $2u_c$ 或 $3u_c$ 时,置信概率则分别为 95.4% 和 99.73%。

据此,对相对误差引入测量不确定度的概念,并利用 SPSS 软件进行检验,若其通过正态分布假设,则可计算其在不同概率水平下相对误差可能的误差分布范围。最后利用式(6.10)反推计算不同概率水平下评价结果的置信范围,具体见公式(6.11)。

$$\begin{cases} b_{\min} = \dfrac{b_i}{\delta_{\max} + 1} \\ b_{\max} = \dfrac{b_i}{\delta_{\min} + 1} \end{cases} \tag{6.11}$$

式中:$\delta_{\max}$、$\delta_{\min}$ 为相对误差的最大值、最小值;$b_{\max}$、$b_{\min}$ 为测量结果的可能最大值和最小值;b_i 为评价采用点云密度下的评价结果。

3. 结果与分析

(1) 点云密度对增厚值空间分布的影响

为分析不同点云密度对增厚值空间分布的影响,选取增厚值分布不均匀的区域并分别对 0.5 m、1 m、5 m、10 m 的点云密度下的增厚值进行分析。由于不同点云密度下点的密度不同,不能直观观察到空间分布的区别,故对数据点云进行克里金插值,对比分析不同点云密度下的增厚值分布情况,结果见图 6.28。然后对所有区域不同点云密度下增厚值的偏度和峰度做箱式图,见图 6.29 和图 6.30。在箱式图中,最上方、最下方的粗线分别代表最大值、最小值,箱子的上边缘、下边缘和中间线分别代表上四分位数、下四分位数和中位数,最上方和最下方的星号表示样本数据中的极端值。

初步结果表明:①当点云密度为1 m时,抛石增厚值的分布和0.5 m点云密度下的并无明显差异,细节部分也能精确展现;当点云密度为5 m时,增厚值的分布趋势和0.5 m点云密度下的相同,但局部地方的分布形态发生变化;当点云密度达到10 m时,增厚值的分布已基本不能体现,大部分区域的增厚值发生变化,说明此时增厚值的分布形态已发生明显变化,已不能作为最终评价的基础数据。②点云密度的变化对反映增厚值的分布形态的系数(偏度和峰度)的影响并不显著,符合工作实际情况和概率论相关理论。

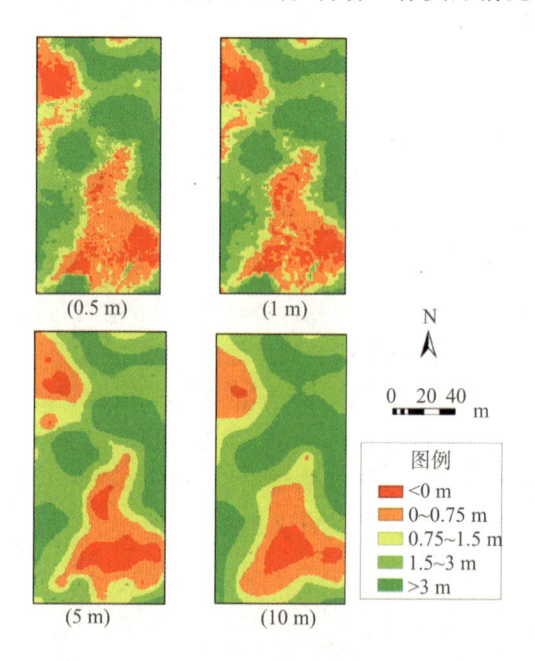

图 6.28 不同点云密度下增厚值空间分布图

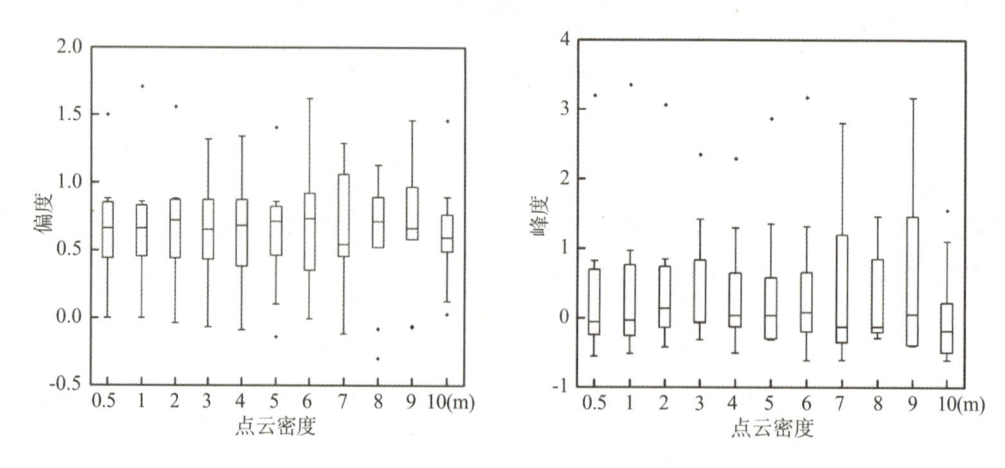

图 6.29 不同点云密度下偏度分布箱式图   图 6.30 不同点云密度下峰度分布箱式图

(2) 点云密度对评价结果的影响

根据式(6.10),计算不同点云密度下测点合格率和平均增厚值的相对误差,对所有点云密度下测点合格率和平均增厚值的相对误差做箱式图,得出不同点云密度下相对误差的分布情况,见图6.31和图6.32。结果表明:①当点云密度为1 m时,二者的相对误差均分布在±2%之间,可作为精确评价分析时的点云密度;②当点云密度小于5 m时,测点合格率和平均增厚值均逐渐增加;③当点云密度大于5 m时,测点合格率和平均增厚值的相对误差分布范围逐渐稳定,大部分数据均分布在±8%之间,但其离散趋势有所增加;④图6.31和图6.32证明了点云密度越小结果越精确的普遍规律,结果具备普适性。

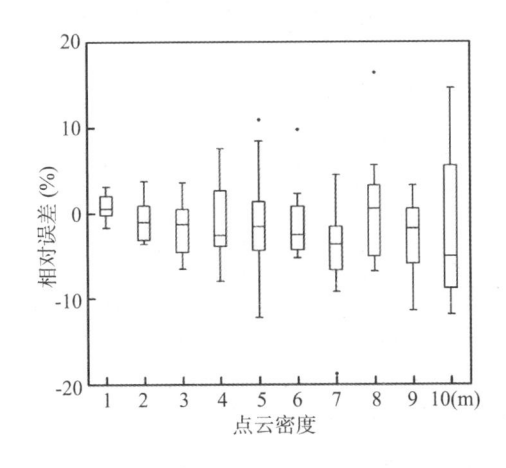

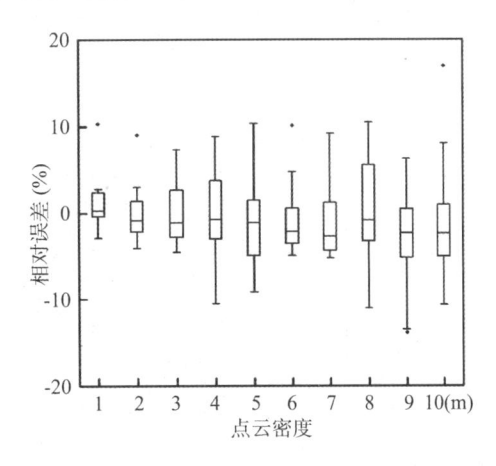

图6.31　不同点云密度测点合格率的相对误差　　**图6.32　不同点云密度平均增厚值的相对误差**

（3）点云密度对评价结果的不确定性影响

① 假设检验

由于实际工作以合格率作为验收标准,现对不同点云密度下的测点合格率的相对误差引入测量不确定度的概念,利用统计分析软件(SPSS)对其进行正态分布检验,见表6.10。由表6.10可知:除个别情况外,在显著性水平为0.05时,不同点云密度下测点合格率的相对误差均呈正态分布,符合自然界误差呈正态分布的规律;随着点云密度的增加,标准偏差呈现明显的增加趋势,平均值则先减少后增大。

表6.10　测点合格率相对误差假设检验汇总

点云密度(m)	均值(%)	标准差(%)	正态分布检验	点云密度(m)	均值(%)	标准差(%)	正态分布检验
1	0.8	2.0	Y	6	−1.2	4.0	N
2	−0.9	2.0	Y	7	−4.4	6.0	Y
3	−1.6	3.0	Y	8	0.5	7.0	Y
4	−1.0	5.0	Y	9	−2.9	5.0	Y
5	−1.0	6.0	Y	10	−2.0	9.0	Y

② 不确定性分析

由图6.25可知,增厚值合格率的相对误差呈正态分布,引入测量不确定度的概念,依据上述方法计算不同概率水平下合格率的可能范围,结果见图6.33。由图可知,在置信概率相同时,点云密度为5 m时的相对误差范围始终小于点云密度为10 m时的相对误差范围。在相同置信概率下,随着测量合格率的增加,其合格率可能分布范围也逐渐增加。当点云密度为5 m且测量得到的合格率为75%时,在置信概率分别为95.44%和68.26%下,合格率真值的可能分布范围分别为65%～83%和70%～78%;当点云密度为

10 m且测量得到的合格率为75%时,在置信概率分别为95.44%和68.26%下,合格率真值的可能分布范围分别为60%~87%和67%~80%;显然当点云密度为5 m时区间较窄,评价结果精度更高,结果的可靠性也较高。在进行抛石效果分析时,如遇重要施工区,如河流水势急剧变化区域,应选择精度较高的点云数据(如5 m),在河势较平稳区域及水下地形冲淤变化不明显的区域,可选择点云密度为10 m的数据进行抛石效果评价。不同置信概率下测点合格率可能分布范围如图6.33所示。

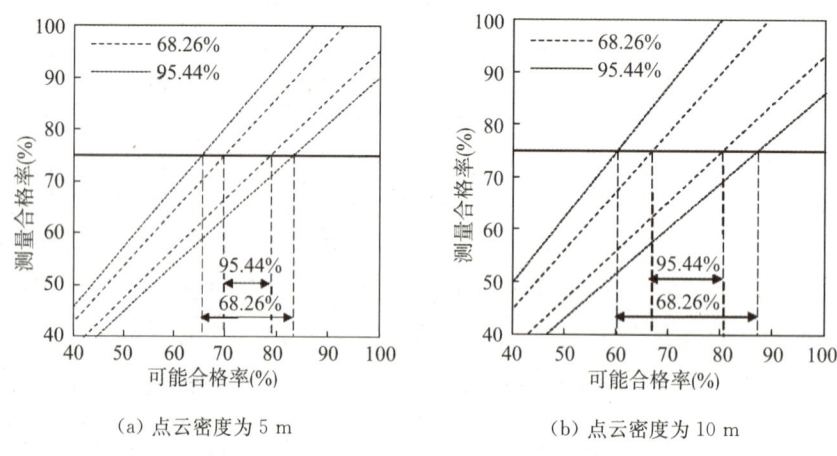

(a) 点云密度为5 m

(b) 点云密度为10 m

图6.33 不同置信概率下测点合格率可能分布范围

6.3 抽取断面对抛投效果评价的影响

目前,水下抛石效果评价的总要求是"抛准、抛足、抛匀",它的两个主要质量检验项目是测点增厚值和断面增厚值。断面和测点的生成要求是顺水流方向20~50 m生成1个断面,且每单元工程不少于3个断面;每个断面5~10 m生成1个检测点。当测点增厚值≥75%设计值、水深流急区≥70%设计值,断面增厚值≥70%设计值、水深流急区≥65%设计值时,测点和断面检测合格。当单元工程70%的断面合格时,单元工程合格。抛石护岸工程水下质量评价的主要方法是在工程区域上,按照要求抽取断面,通过断面的测点增厚值和断面增厚值是否达到设计要求来判断断面是否合格,但因为抽取的检测断面具有不确定性,所以根据断面进行的统计分析结果也不唯一。那么同一工程,不同位置的检测断面,其统计分析结果会对工程抛石效果评价产生何种影响?本书选取长江镇扬河段六圩弯道开发区段抛石护岸工程为研究对象,按规范要求,利用南方CASS(南方地形地籍成图软件)生成若干组检测断面,对比每组断面的统计结果,利用GIS空间分析技术分析不同组的检测断面是如何影响抛投效果的最终评价结论,以期可以为解决抛石护岸工程水下隐蔽工程质量控制的重点和难点问题提供一定的科学参考。

6.3.1 研究方案

长江六圩弯道位于镇扬河段,具有较明显的弯道水流河床演变特征,即凹岸冲刷、凸岸淤积。由于主流长期贴凹岸，左岸近岸河床冲深，岸坡很陡，是长江下游重点防护岸段。研究区位于六圩弯道五号丁坝至大运河口之间，长 750 m，宽 40 m，面积 30 000 m²。将研究区划分成 20 m、150 m 的单元工程(单元工程以下简称"DQ")，一共 10 个单元工程，其中 DQ1～DQ5 设计抛厚 1.0 m，DQ6～DQ10 设计抛厚 0.8 m。研究区位置示意图如图 6.34 所示。

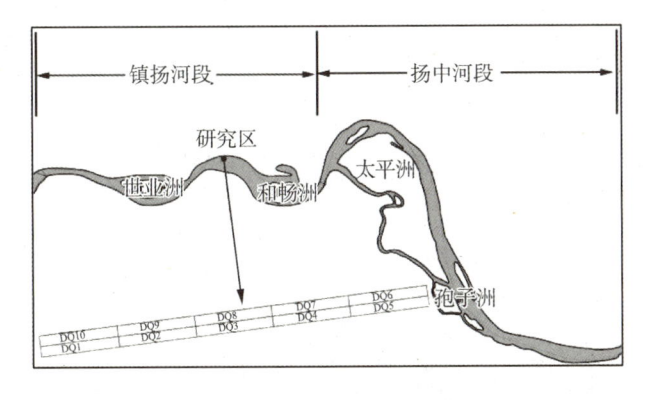

图 6.34 研究区位置示意图

使用 R2SONIC 2024 高分辨率多波束测深系统(用于 2～500 m 深度的水域，量程分辨率为 1.25 cm)对研究区块石抛投前、后两个阶段进行全覆盖扫测。以研究区起始里程 0 m 起每 30 m 生成一条检测断面(断面以下简称"DM")，每个单元工程生成 5 条检测断面，此为第一组检测断面，位置分布见图 6.35。以第一组检测断面为基础，向右分别偏移 5 m、10 m、15 m、20 m、25 m，共得到 6 组检测断面，位置分布见图 6.36。检测断面每 2 m 生成 1 个检测点，对每组的检测点增厚和断面增厚进行统计分析。

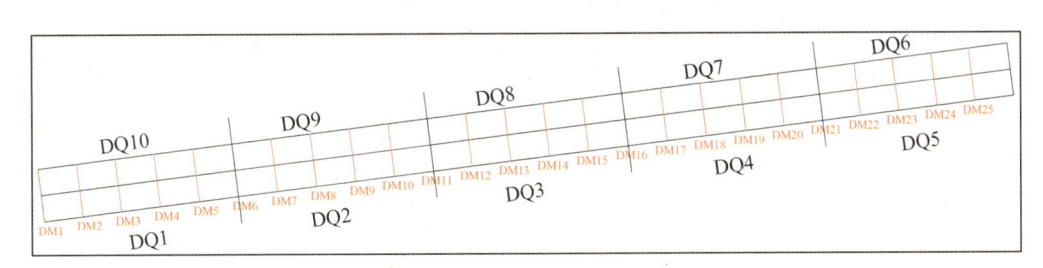

图 6.35 第一组检测断面分布示意图

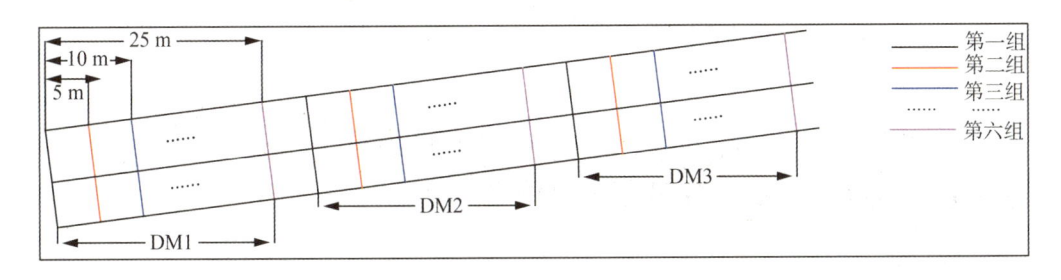

图 6.36 检测断面组分布示意图(局部)

6.3.2 数据分析

对单元工程六组断面的质量评价结论进行统计(结果见表6.11),并对单元工程质量评价的一致性进行分等级统计(结果见表6.12)。以单元工程质量评价一致性达100%、80%和50%作为统计的节点,一致性达100%说明工程质量评价结论一致,一致性达80%以上说明工程质量评价结论相符性较好,一致性低于80%说明工程质量评价结论相符性较差。

表6.11 单元工程质量评价统计

组号	单元工程									
	DQ1	DQ2	DQ3	DQ4	DQ5	DQ6	DQ7	DQ8	DQ9	DQ10
一组	不合格	合格	不合格	不合格	不合格	合格	合格	合格	合格	不合格
二组	不合格	不合格	合格	合格	不合格	合格	合格	合格	合格	合格
三组	不合格	不合格	合格	合格	不合格	合格	合格	合格	合格	合格
四组	不合格	合格	合格	不合格	不合格	合格	合格	合格	合格	合格
五组	不合格	合格	合格	不合格	不合格	合格	合格	合格	合格	不合格
六组	不合格	不合格	不合格	不合格	不合格	合格	合格	不合格	不合格	不合格

由表6.12可见,80%的单元工程质量评价的一致性都比较高,这说明断面检测分析法基本可以满足水下工程质量评价的要求。对于断面随机性影响比较大的20%的单元工程则需要进一步分析。

表6.12 单元工程质量评价一致性统计

一致性(%)	单元工程数量(个)	占比(%)
100	5	50
80~100	3	30
50~80	2	20

为了更好地分析检测断面的随机性如何影响抛石效果评价,本项目利用GIS空间分析技术生成单元工程欠抛率(抛石增厚小于70%的区域占总面积的百分比)与评价一致性的统计表(表6.12)以及研究区抛石增厚率(抛石增厚占设计抛厚的百分比)空间分布图(图6.37)作为分析参考依据。

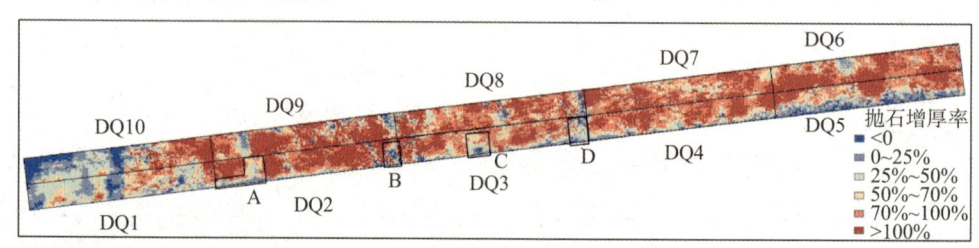

图6.37 抛石增厚率空间分布图

表 6.13　单元工程欠抛率与评价一致性统计

单元工程	欠抛率(%)	不合格评价一致性(%)	合格评价一致性(%)
DQ1	80.5	100.0	0.0
DQ2	25.7	50.0	50.0
DQ3	42.8	66.7	33.3
DQ4	32.0	83.3	16.7
DQ5	54.4	100.0	0.0
DQ6	17.8	0.0	100.0
DQ7	21.9	0.0	100.0
DQ8	28.7	16.7	83.3
DQ9	28.5	16.7	83.3
DQ10	68.8	100.0	0.0

由表 6.13 可知，质量评价一致性达 100%的单元工程有 DQ1、DQ5、DQ6、DQ7 和 DQ10。由图 6.37 和表 6.13 可知，位于工程区上游的 DQ1 和 DQ10 欠抛率分别为 80.5%和 68.8%，且工程起始处有大面积的冲刷，抛石增厚效果差。位于工程区下游的 DQ5 欠抛率为 54.4%，且欠抛区连接成片顺流分布，导致单元工程整体不合格。所以不同的断面对 DQ1、DQ5 和 DQ10 的质量评价无影响，6 组断面单元工程质量评价均为不合格。位于近岸的 DQ6 和 DQ7 抛石增厚效果较好，欠抛率分别为 17.8%和 21.9%，6 组断面单元工程质量评价均为合格。质量评价一致性位于 80%～100%的单元工程有 DQ4、DQ8 和 DQ9，欠抛率分别为 32.0%、28.7%和 28.5%。从图 6.37 可以看出，DQ4 欠抛区面积虽然不大，但欠抛区连接成片且顺流分布，对大部分断面都有影响，故不合格评价一致性较高。DQ8 和 DQ9 欠抛区面积接近 30%，欠抛区不聚集且分布分散，小部分区域相对集中，但是由于它是垂直岸线分布的，所以它对断面的影响较小，合格评价一致性较高。质量评价一致性低于 80%的单元工程有 DQ2 和 DQ3，欠抛率分别为 25.7%和 42.8%，从图 6.37 可以看出，DQ2 欠抛区的面积虽然较小，但因为欠抛区相对集中，尤其 A 处欠抛区顺流分布，影响的断面比较多。DQ3 欠抛区面积更大，区域集中且顺流分布，相对 DQ2 抛石效果较差，不合格评价一致性更高。

综上所述，抛石增厚效果好、欠抛率≤25%的区域或抛石增厚效果差、欠抛率≥50%的区域，断面抽取的随机性对区域的质量评价几乎没有影响。对于有明显抛石增厚，欠抛率位于 25%～50%的区域，其质量评价受欠抛区聚集与分布情况的影响。

6.4　基于 GIS 空间分析的水下抛石效果评价

抛石护岸工程是崩塌岸坡加固治理施工的重要措施，对江河河势稳定及堤防安全具有积极作用。作为水下隐蔽工程，抛石护岸工程水下抛石效果评价是工程质量控制的重点和难点，准确掌握和分析工程水下质量状况，对确保抛石护岸的施工质量起到了重要作用。目前，工程水下抛石效果评价使用的是"断面法"，但"断面法"具有局限性，随机选取的断面使施工质量评价结果不唯一，并且"断面法"检测分析方法没有发挥出多波束全覆盖和高分辨率的优势。针对"断面法"的缺陷,有少数学者尝试将空间分析技术应用到护岸抛石效果分析中,例如学者李明益将 GIS 技术应用在护岸抛石效果分析中,重点对比了断面分析与 GIS 分析的区别,研究表明 GIS 分析结果具有唯一性,避免了"断面法"分析统计结果不一致产生的纠纷,但该研究没有对抛石增厚的空间分布进行分析,也没有对抛石均匀度进行评价。地理信息系统随着计算机技术、通信技术的发展而迅速发展,该系统支持空间数据的采集、存储、管理、处理、分析、建模和显示,可以解决复杂的空间问题。地理空间数据经过 GIS 的空间分析和可视化技术处理,可以对地理空间的信息演变和地理价值做出分析和挖掘,广泛应用于军事、交通、电力、水利等众多领域。因而本书尝试利用 GIS 空间分析功能去处理和分析抛石护岸工程多波束检测数据,充分利用高分辨率的多波束点云数据,对抛石护岸工程水下抛石效果评价的抛足、抛准与抛匀指标进行定性与定量分析,深度挖掘抛石的空间信息,精确计算与展示施工后水下抛石增厚的空间分布情况,为抛石护岸工程水下质量评价、施工指导提供完善与准确的数据支撑,以期更好地为施工提供服务,为解决抛石护岸工程水下隐蔽工程质量控制的重点和难点问题提供一定的科学参考。

6.4.1 方案设计

1. 工程区概况

本书在长江江苏段选择了 3 个抛石研究区,分别位于南京河段、镇扬河段和澄通河段。研究区一位于南京河段梅子洲汊道,梅子洲河道深泓摆动幅度趋小,两岸岸线基本保持稳定,河床冲淤幅度较小,深槽的横向变化也较小,但岸坡相对较陡,是长江下游重点防护岸段。研究区一长约 440 m,宽约 20 m,面积约 9 000 m²,划分成 5 个单元工程(单元工程用 DQ 表示),设计抛厚 1.2 m。研究区二位于镇扬河段的六圩弯道,具有较明显的弯道水流河床演变特征,即凹岸冲刷、凸岸淤积,由于主流长期贴凹岸,左岸近岸河床冲深,岸坡较陡,是长江下游重点防护岸段。研究区二长约 750 m,宽约 40 m,面积约 30 000 m²,划分成 10 个单元工程,其中 DQ1~DQ5 设计抛厚 1.0 m,DQ6~DQ10 设计抛厚 0.8 m。研究区三位于澄通河段福姜沙右汊道,属长江下游典型的鹅头形汊道,汊道进口缩窄,河槽总体向窄深形发展,弯顶区域迎流顶冲,河床边坡较陡,是长江下游重点防护岸段。研究区三长约 430 m,宽约 60 m,面积约 26 036 m²,划分成 8 个单元工程,其中 DQ1~DQ4 设计抛厚 1.5 m,DQ5~DQ8 设计抛厚 2.0 m。图 6.38 为上述研究区位置示意图。

2. 研究方案

使用 R2SONIC 2024 多波束测深系统(用于 2~500 m 深度的水域,量程分辨率 1.25 cm)对研究区施工前、后两个阶段进行全覆盖扫测。利用 ArcGIS 软件对研究区施工前、后两期多波束点云数据进行空间插值获取高精度栅格数据,对两期栅格进行叠置分析,获取抛石增厚空间分布数据。对抛石增厚空间分布数据进行聚合分析、统计分析、栅格计算等一系列 GIS 空间分析,深入挖掘数据信息,划分抛石增厚率等级,获取抛石增厚不合格区域的空间分布图,定性与定量评价单元工程抛石均匀度与施工质量,同时获取需

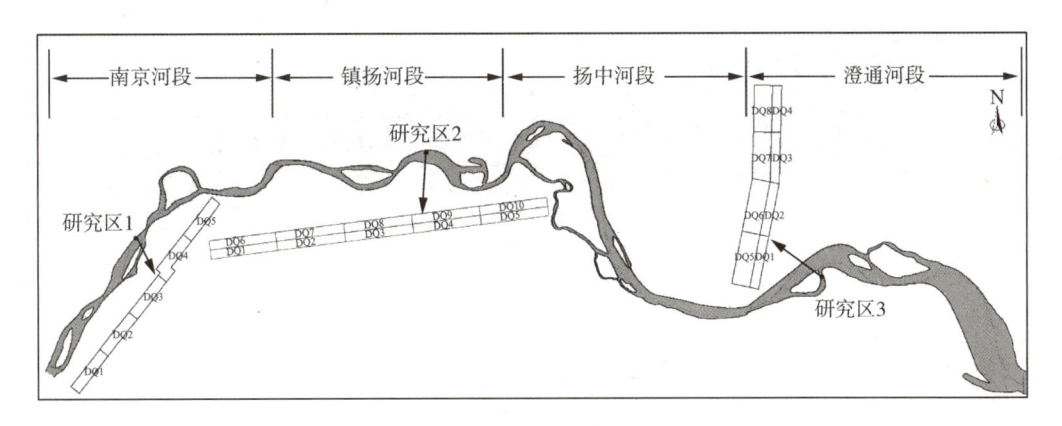

图 6.38 研究区位置示意图

补抛的土石方量与空间分布信息,为后续施工提供精准指导,为弥补施工缺陷、降低施工成本提供技术支撑。

6.4.2 数据分析

1. 抛石增厚空间分析

由于栅格形式的数据非常适合 GIS 空间分析,因而通常把矢量数据转化成栅格数据,将施工前、后的多波束点云数据分别进行空间插值,对两期的插值数据进行空间叠置计算,获取抛石增厚数据(见图 6.39)。由于施工是一个动态的过程,研究区不仅受到抛石施工的影响,还受到水流的冲刷,即使抛投了足量的块石,也可能得不到理想的增厚,往往需要二次甚至多次返工补抛。由图 6.39 可见,研究区一和研究区二上游以及下游深水侧部分区域存在较明显冲刷,研究区三在抛石时因为设置了足够的前置抛投距离,所以上游没有明显冲刷,但下游深水侧部分区域存在明显冲刷。3 个研究区中部区域有明显增厚,但分布不均匀。

(a) 研究区一抛石增厚空间分布图

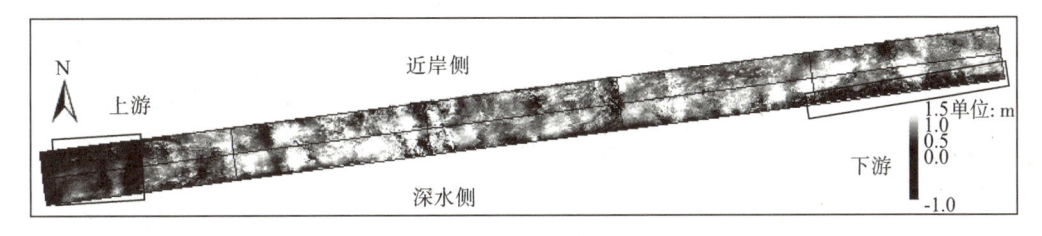

(b) 研究区二抛石增厚空间分布图

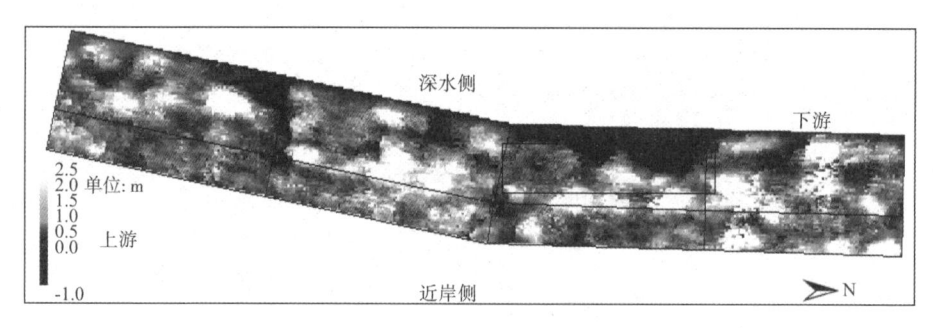

(c) 研究区三抛石增厚空间分布图

图 6.39　研究区抛石增厚空间分布图

为了更进一步挖掘抛石增厚空间信息,根据设计抛厚将研究区按照表 6.14 对抛石增厚进行聚合分析,从聚合结果可以直接了解研究区抛石增厚率的空间分布情况,根据规范断面增厚率到 70%(急流区域 65%)的视为施工合格,以此标准判断区域增厚是否合格。由图 6.40 可见抛石合格区域主要分布在工程区中部,研究区上游起始处以及下游深水侧区域抛石效果较差,甚至存在较明显冲刷,施工时,应格外关注这些区域。通过空间查询可以提取出研究区各种抛石增厚率的空间分布图,对这些缺陷区域可以重新划分施工区,精准指导补抛工作。图 6.41 为 3 个研究区提取出来的冲刷区域空间分布图。

表 6.14　抛石增厚率分类表

设计增厚(m)	增厚率					
	<0	0~25%	25%~50%	50%~70%	70%~100%	>100%
0.8	冲刷	0~0.20 m	0.20~0.40 m	0.4~0.56 m	0.26~0.80 m	>设计增厚值
1.0	冲刷	0~0.25 m	0.25~0.50 m	0.5~0.70 m	0.70~1.00 m	>设计增厚值
1.2	冲刷	0~0.3 m	0.30~0.60 m	0.6~0.84 m	0.84~1.2 m	>设计增厚值
1.5	冲刷	0~0.375 m	0.375~0.75 m	0.75~1.125 m	1.125~1.5 m	>设计增厚值
2.0	冲刷	0~0.5 m	0.2~1.0 m	1.0~1.5 m	1.5~2.00 m	>设计增厚值

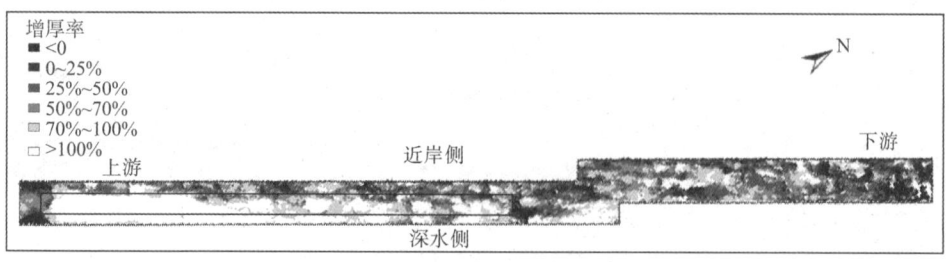

(a) 研究区一

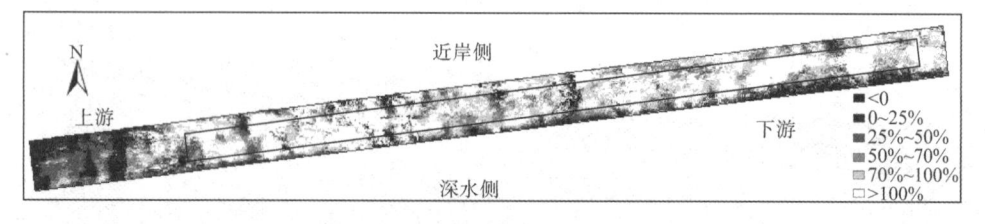

(b) 研究区二

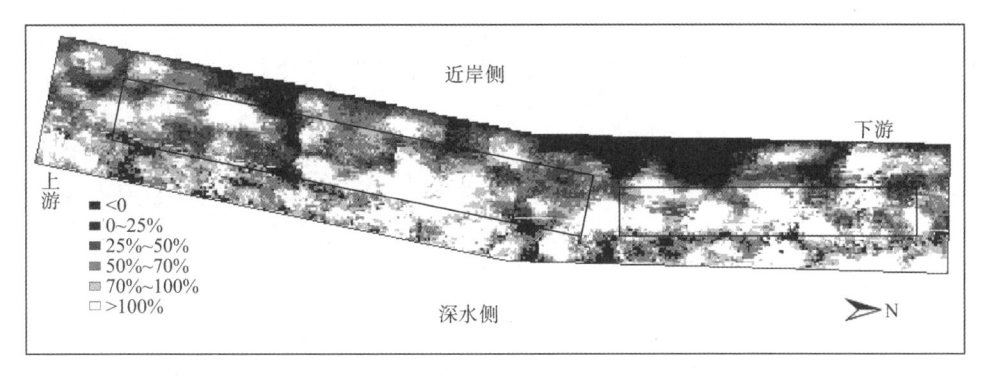

(c) 研究区三

图 6.40　研究区抛石增厚率空间分布

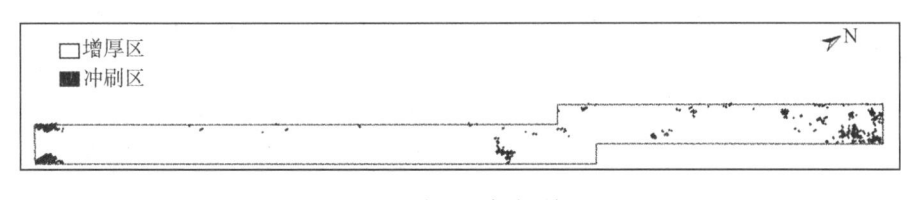

(a) 研究区一冲刷区域

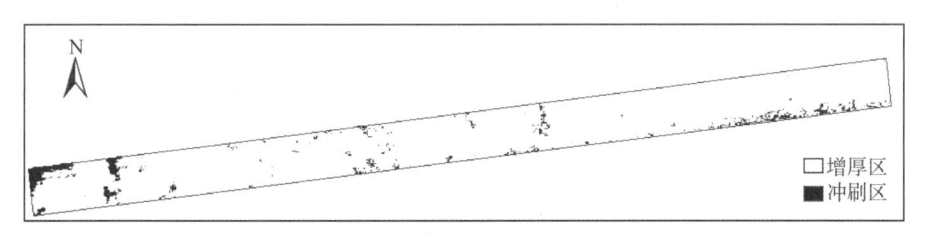

(b) 研究区二冲刷区域

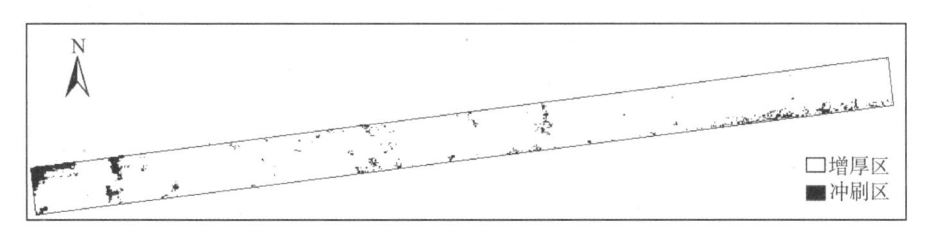

(c) 研究区三冲刷区域

图 6.41　研究区冲刷区空间分布图

对抛石增厚进行统计分析,定量研究抛石增厚情况,由表 6.15 可见,3 个研究区分别冲刷 4.0%、4.4% 和 5.7%。从图 6.41 可知,冲刷区域主要集中于研究区上游起始处以及下游深水侧,这也是抛石增厚效果较差相对集中区域。因此在施工中,对这些区域需要重点关注,尤其在抛石起始处应该设有一个前置抛投距离。

表 6.15 研究区抛石增厚率占比

增厚率	研究区一 面积(m^2)	研究区一 占比(%)	研究区二 面积(m^2)	研究区二 占比(%)	研究区三 面积(m^2)	研究区三 占比(%)
<0	361	4.0	1 313	4.4	1 485	5.7
0~25%	780	8.7	2 547	8.5	1 921	7.4
25%~50%	1 767	19.6	3 908	13.0	4 476	17.2
50%~70%	1 776	19.7	4 339	14.4	6 136	23.6
70%~100%	2 003	22.3	7 925	26.3	5 168	19.8
>100%	2 313	25.7	1 0012	33.4	6 849	26.3

利用 GIS 三维分析计算出研究区不合格区域面积以及缺省的块石方量(见表 6.16)。根据块石方量合理准备块石,根据不合格区域的空间信息,指导施工,实现精准抛石,减少施工成本。

表 6.16 研究区补抛块石方量表

研究区	设计高程(m)	不合格面积(m^2)	补抛方量(m^3)
研究区一	1.2	3 630.51	3 501.37
研究区二	0.8	4 476.27	1 215.98
研究区二	1.0	6 520.29	2 119.47
研究区三	1.5	3 004.43	804.02
研究区三	2.0	10 426.50	8 018.62

2. 抛石均匀度分析

由于水下抛石是隐蔽工程,施工难度较大,抛投位置控制不够精确再加上水流影响,抛石增厚通常是不均匀的。通过抛石增厚空间分析结果对抛石的均匀程度有了直观的了解,在此基础上通过空间分析,对每个单元工程抛石增厚的均匀度进行定量分析。据研究,抛石增厚的空间分布均匀度适合使用相对性指标去衡量,推荐离差系数 C_V 和克里斯琴森均匀系数 CU 作为抛石均匀度衡量指标。

离差系数 C_V 为抛石增厚的标准差与抛石增厚的均值之比。C_V 值越大,则抛石增厚值的离散程度越大,即抛石增厚值与均值差异越大;C_V 值越小,则抛石增厚的离散程度越小,即抛石增厚值与均值差异越小。

克里斯琴森均匀系数 CU 是 Christiansen 于 1942 年提出的描述农业喷灌水量分布均匀程度的定量指标,广泛应用于各个领域。它描述的是农田喷灌系统中各测点水深与平均水深偏差的绝对值之和,可以较好地表征整个田间水量分布与平均值偏差的情况,本书用该指标衡量抛石增厚是否均匀,CU 越大,表明抛石增厚均匀,反之,抛石增厚不均匀。

利用 GIS 的数据统计与空间计算功能,计算出 3 个研究区每个单元工程的均匀度指标(见表 6.17 至表 6.19),将 $C_V \leqslant 0.5$ 且 $CU > 60\%$ 的单元工程视为抛石相对均匀的区域,其中研究区一的第 2 单元工程、研究区二的第 4、9、10 单元工程以及研究区三的第 1、

2、3、4 单元工程抛石相对比较均匀。

表 6.17　研究区一单元工程均匀度分析表

单元工程序号	1	2	3	4	5
C_V	0.56	0.44	0.56	0.53	0.92
$CU(\%)$	54.9	65.0	57.3	58.8	33.5
平均增厚(m)	1.2	1.06	0.79	0.78	0.53
设计增厚值(m)	1.2	1.2	1.2	1.2	1.2

表 6.18　研究区二单元工程均匀度分析表

单元工程序号	1	2	3	4	5	6	7	8	9	10
C_V	0.67	0.52	0.55	0.48	0.81	1.19	0.54	0.55	0.47	0.44
$CU(\%)$	47.5	61.5	60.0	63.9	35.0	6.8	57.9	62.8	69.7	68.0
平均增厚(m)	0.46	0.99	0.75	0.85	0.64	0.36	0.83	0.73	0.79	0.84
设计增厚值(m)	1.0	1.0	1.0	1.0	1.0	0.8	0.8	0.8	0.8	0.8

表 6.19　研究区三单元工程均匀度分析表

单元工程序号	1	2	3	4	5	6	7	8
C_V	0.39	0.38	0.49	0.47	0.64	0.54	1.49	0.6
$CU(\%)$	69.8	69.7	62.4	63.2	52.2	55.9	−15.2	52.6
平均增厚(m)	1.2	1.48	1.26	1.59	1.27	1.45	0.83	1.50
设计增厚值(m)	1.5	1.5	1.5	1.5	2.0	2.0	2.0	2.0

单元工程划分的大小会影响抛石均匀度的分析结果，可以制定相应的划分标准。也可以对整个研究区域进行均匀度评价，但研究区如果存在冲刷或过抛现象会急剧降低研究区的均匀度。

3. 抛石施工质量评价

根据相关规范可知，工程质量评价合格的依据是检测点增厚值达到 75% 的设计值（水深流急区 70%），断面增厚值（断面测点增厚值的平均值）达到 70% 的设计值（水深流急区 65%）。利用 GIS 三维空间分析功能查询出每个单元工程大于等于 75% 设计值的面积，该面积视为研究区合格面积，如果合格面积占单元工程总面积超过 70%，即该单元工程合格，统计结果见表 6.20 至表 6.22。研究区一下游的单元工程 5、研究区二上游的单元工程 1 和 6 以及下游深水侧的单元工程 5、研究区三上游的单元工程 1 以及下游深水侧的单元工程 7 抛投效果差且不均匀。抛石效果相对较好的单元工程多集中于研究区中部以及部分近岸地区，比如研究区二的第 7、8、9、10 单元工程，研究区三的第 2 和第 4 单元工程，但需要注意研究区中部不能过抛。

表6.20 研究区一单元工程合格信息统计表

单元工程序号	1	2	3	4	5
合格面积(m²)	1 174	1 106	660	712	312
合格面积占比(%)	66.7	62.8	37.5	36.3	17.7
单元工程合格判定	不合格	不合格	不合格	不合格	不合格

表6.21 研究区二单元工程合格信息统计表

单元工程序号	1	2	3	4	5	6	7	8	9	10
合格面积(m²)	629.54	2 277.41	1 725.41	2 027.96	1 366.93	979.8	2 178.56	2 119.85	2 280.22	2 414.45
合格面积占比(%)	21.0	75.9	57.5	67.6	45.6	32.7	72.6	70.7	76.0	80.5
单元工程合格判定	不合格	合格	不合格	不合格	不合格	不合格	合格	合格	合格	合格

表6.22 研究区三单元工程合格信息统计表

单元工程序号	1	2	3	4	5	6	7	8
合格面积(m²)	1 349.32	1 757.88	1 204.74	1 463.13	1 719.76	2 120.55	1 212.70	1 971.66
合格面积占比(%)	58.7	76.4	55.8	73.4	37.4	46.1	29.6	49.5
单元工程合格判定	不合格	合格	不合格	合格	不合格	不合格	不合格	不合格

由于GIS空间分析已经将判定标准由点、线扩展至面,利用的数据更全面,更准确,评价时可适当降低评价标准。

6.5 施工期老海坝水下抛石检测效果

以张家港老海坝一期工程为例,根据多波束实测水下地形数据,观察抛石护岸工程施工抛投位置和抛投厚度是否满足设计要求,分析抛石护岸工程的效果。在抛石施工过程中,按照规划好的网格单元进行抛投,为使地形监测成果能够较真实地反映抛前、抛后的实际情况,多波束水下地形监测是在设计网格单元抛石完工后立即进行的。施工完成后,为继续观测水下抛石形态,每隔2~3个月对抛石后的水下地形施测一次。施工期和完工后多波束水下地形监测时间见表6.23,从2014年12月至2016年7月期间共进行9次水下地形监测,其中施工期监测4次,工程完工后监测5次。

表6.23 抛石区域定期监测时间表

时段	监测次序	监测时间
施工期监测	1	2014-12-24
	2	2015-02-03
	3	2015-03-17
	4	2015-05-22

(续表)

时段	监测次序	监测时间
完工后监测	1	2015-07-21
	2	2015-12-18
	3	2016-03-11
	4	2016-05-22
	5	2016-07-04

6.5.1 抛石增厚空间分析

根据2014年12月24日和2015年2月3日的水下地形监测数据,通过空间数据叠加分析,得到抛石后的增厚值,并绘制水下地形增厚值图,如图6.42所示。由图6.42可知,该阶段的计划施工区内水下地形增厚明显,说明抛石的实际抛投位置与设计抛投位置较为吻合,增厚值普遍在2~5 m范围内,满足设计要求。此外,设计抛石区域轮廓线内河床较第一次监测时显著淤积,增厚值分布在0~2 m范围内,平均淤积厚度1.48 m,淤积面积达23.1万 m²,占设计抛石区总面积的80.7%,总淤积方量341 864 m³。平均冲刷厚度0.79 m,冲刷面积仅4.7万 m²,占设计抛石区总面积的16.4%,总冲刷方量37 192 m³。其中部分未抛石区域,增厚值在-2~0 m范围内,说明这些区域的河床仍处于冲刷状态。

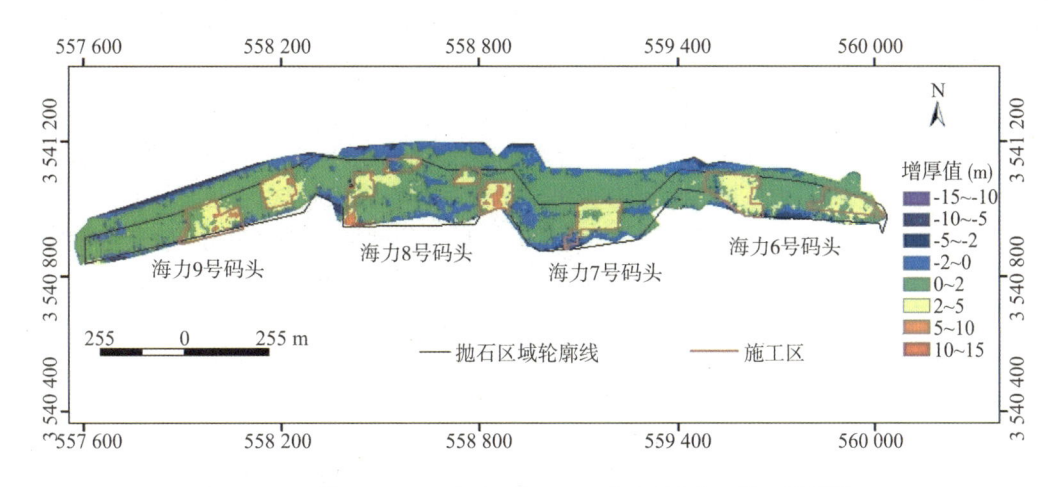

图6.42 抛石区(2014年12月—2015年2月)水下抛石增厚图

2015年3月17日第三次监测时,抛石区在2015年2月3日至2015年3月17日的水下抛石增厚图如图6.43所示。由抛石区增厚值分布图可知,河床增厚较明显的区域仍然分布在该阶段的计划施工区,增厚值范围为2~5 m,但是本阶段施工区域,抛石不够均匀,部分位置增厚2~5 m,而有些位置增厚0~2 m。其中海力8号码头前沿抛石区的抛投效果较差,部分位置没有达到设计增厚值。抛石区域轮廓线内其他区域与2015年2月3日第二次监测时相比,河床增厚值多分布在-2~2 m范围内,平均冲刷厚度0.38 m,与上一阶段相比减小了近一半,但是冲刷范围扩大,冲刷面积由4.7万 m²增加至

14.6万 m²，占设计抛石区域总面积的51.1%，总冲刷量55 289 m³，增加了18 097 m³。平均淤积厚度0.71 m，淤积面积占设计抛石区域总面积的46%。由此可见，随着水流条件和边界条件的变化，在2014年12月24日—2015年2月3日时间段内进行施工的抛石区较不稳定，近岸部分遭受冲刷，该阶段水下抛石处于明显的调整阶段，抛石流失较多。

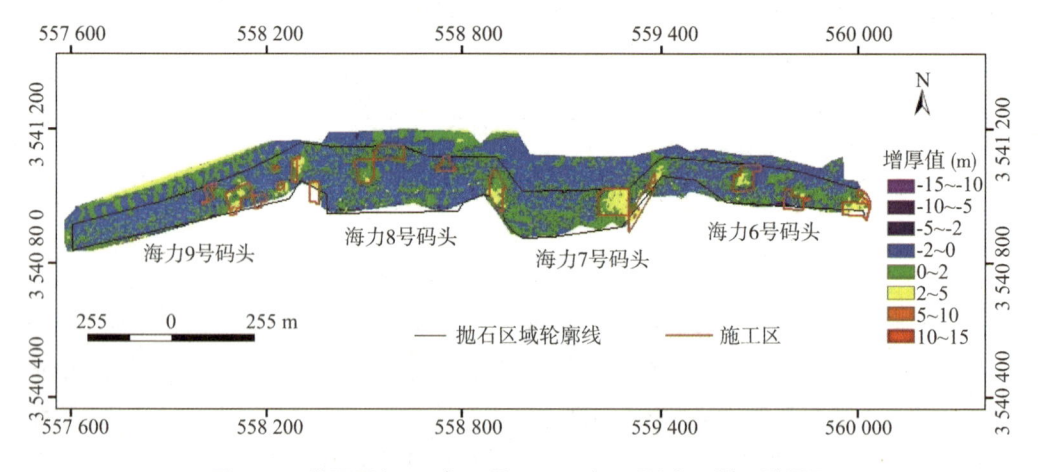

图6.43 抛石区(2015年2月—2015年3月)水下抛石增厚图

2015年5月22日第四次监测时，2015年3月17日至2015年5月22日时段内水下抛石变化情况如图6.44所示。施工区域抛石后增厚仍在2~5 m范围内，局部增厚值变化较大，达5~10 m，抛石过于集中。抛石区域地形平均增厚1.3 m，平均冲刷厚度0.39 m，冲刷区域面积约8.2万 m²，总冲刷量约3.2万 m³。在抛石区域轮廓线以外河床出现冲刷坑，但是冲刷坑的范围较小，最大深度约5 m。这主要与抛石护岸的实施限制了河床的横向变形有关，工程实施造成了河床的垂向冲刷的加剧。在离岸较远深水处的防崩层进行抛石，首先保护了坡脚，因此虽然抛石轮廓线以外河床冲刷较大时，抛石区域仍较为稳定。施工完成后于2015年7月21日开展第一次完工后水下地形监测，水下地形变化情况如图6.45所示，海力8号码头前沿施工区域水下地形增厚明显，其他区域地形变化不大。

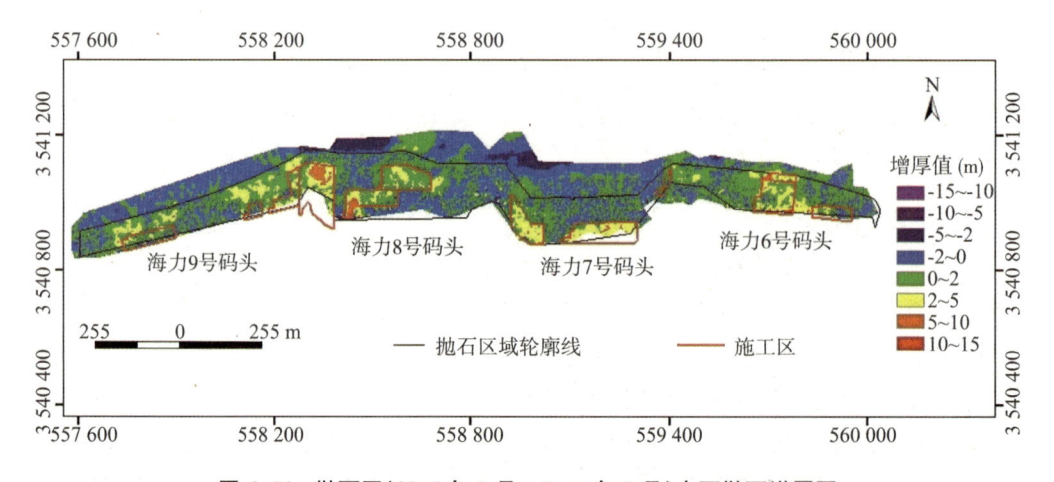

图6.44 抛石区(2015年3月—2015年5月)水下抛石增厚图

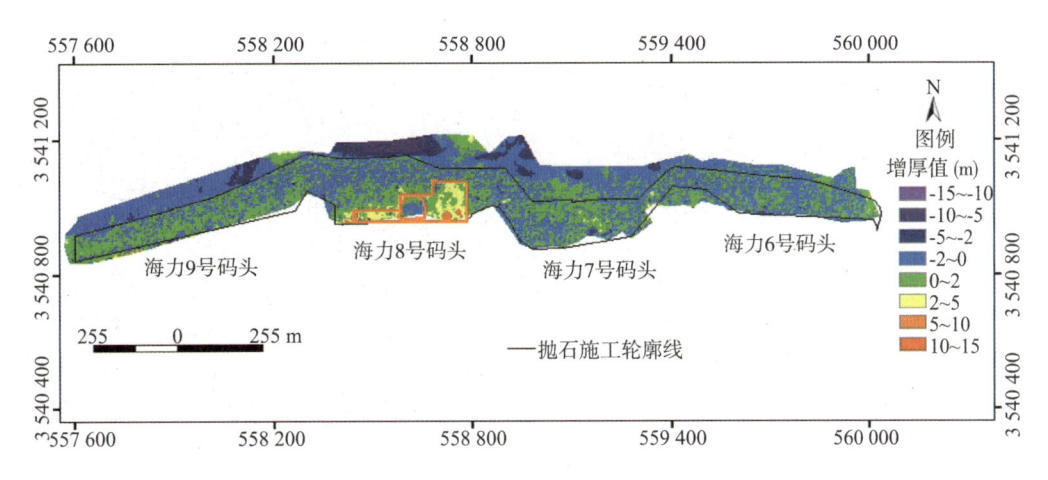

图 6.45　抛石区(2015 年 5 月—2015 年 7 月)水下抛石增厚图

综合上述分析可知,施工期内设计阶段施工区的水下地形增厚明显,增厚值一般均在 2~5 m,平均冲刷厚度逐渐减小,由施工初期的 0.79 m 减小至施工期末的 0.39 m。由此可见,抛石抛投定位较准确,抛投厚度满足设计要求,施工效果较好,抗冲能力逐渐提高。

6.5.2　抛石均匀度分析

利用 GIS 的数据统计与空间计算功能,计算出 3 个研究区每个单元工程的均匀度指标(见章节 6.4.2 的表 6.17 至表 6.19),将 $C_v \leqslant 0.5$ 且 $CU > 60\%$ 的单元工程视为抛石相对均匀的区域,其中研究区一的第 2 单元工程,研究区二的第 4、9、10 单元工程,以及研究区三的第 1、2、3、4 单元工程抛石相对比较均匀。

6.5.3　水下抛石护岸三维形态监测

在张家港老海坝节点综合整治工程一期水下抛石施工后持续定期对水下地形进行监测,监测内容主要为工程设计防冲层及防崩层抛石的水下地形。采用多波束扫测水下地形,并运用 CARIS 软件进行水下地形的三维建模,2015 年 7 月施工完成后第一次监测的水下地形的平面图和侧视图如图 6.46 和图 6.47 所示。由水下抛石护岸三维形态分布图可知,岸坡全部被水下抛石所覆盖,并且抛石在岸坡坡面上的分布比较均匀,抛石抛投效果较好。9 号、7 号码头前沿抛石外边线与抛石设计轮廓线基本吻合,8 号码头前沿抛后水深仍较大,最深处河床高程约−63 m,6 号码头前沿设计抛石轮廓线以外仍有部分块石分布。

根据多波束扫测的水下地形三维形态图,可以直观地观察到水下抛石的分布形态,为进行水下抛石效果评价提供了一定的参考依据。为进一步研究抛石护岸的位移特性,通过对比竣工后各段时期内水下地形的变化,分析完工后抛石护岸的位移变化情况。

对比施工完成后,2015 年 7 月 21 日—2015 年 12 月 18 日多波束监测的抛石区水下地形变化图,如图 6.48 所示,抛石区内的水下地形增厚明显,普遍增厚 0~5 m,泥沙淤积

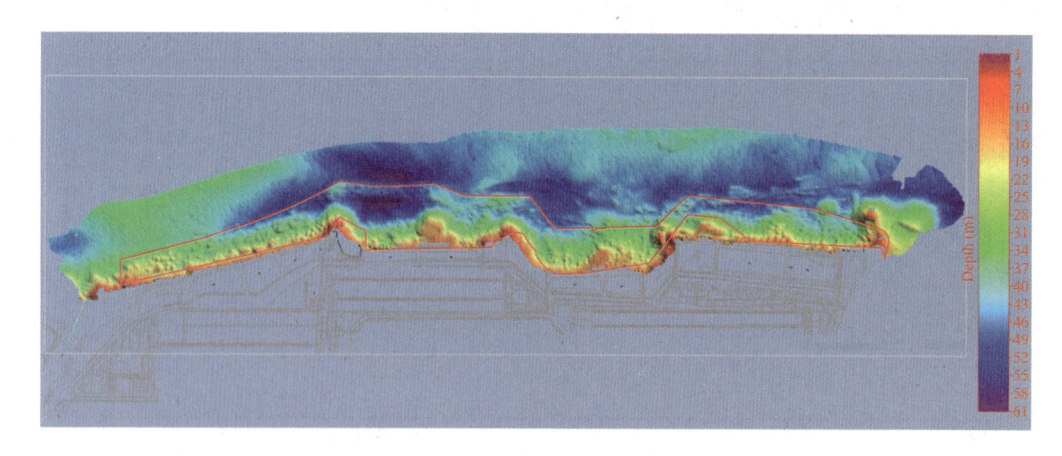

图 6.46　老海坝节点综合整治工程(一期)完工后水下地形平面图

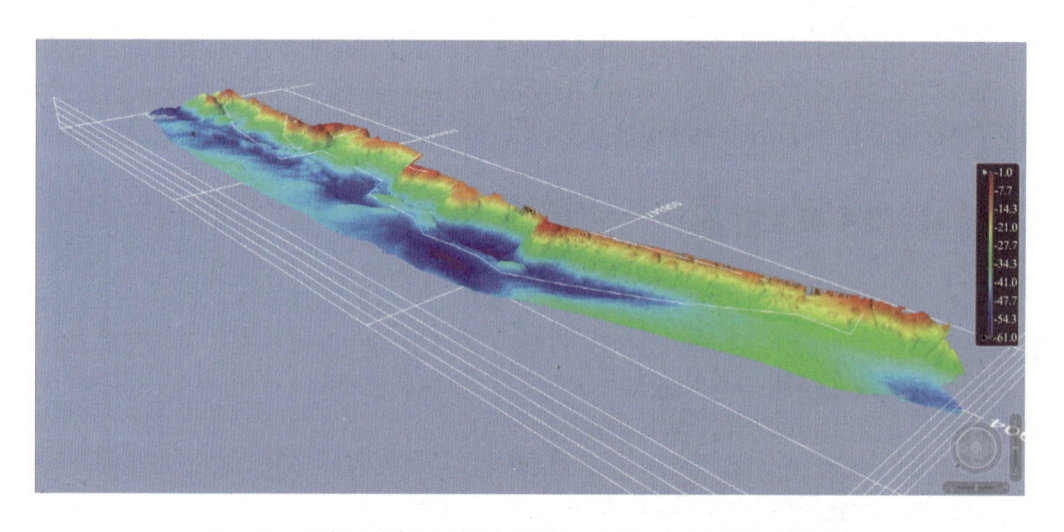

图 6.47　老海坝节点综合整治工程(一期)完工后水下地形侧视图

量达 27.8 万 m^3,抛石区内局部冲刷厚度为 $-2.5\sim0$ m,冲刷量约 2.4 万 m^3。根据 2015 年 7 月 21 日和 2015 年 12 月 18 日多波束扫描的海力 9 号码头前沿点云图(图 6.49 和图 6.50),可知抛石大多分布在设计抛石轮廓线以内。2015 年 7 月 21 日监测的海力 9 号码头前沿抛石区的平均河床高程为 -32.28 m,2015 年 12 月 18 日的平均河床高程为 -31.92 m,河床平均高程增加了 0.36 m。对比两期的多波束点云图可知,抛石护岸的整体形态基本稳定,至 2016 年 12 月 18 日,抛石护岸上层有较为明显的泥沙落淤。根据 2015 年 7 月 21 日和 2015 年 12 月 18 日多波束扫描的海力 8 号码头前沿点云图(图 6.51 和图 6.52)所示,可知该时段内 8 号码头前沿抛石区淤积明显,深槽基本淤平。2015 年 7 月 21 日 8 号码头前沿抛石区的平均高程为 -41.21 m,至 2015 年 12 月 18 日平均高程抬升至 -39.39 m,平均增高 1.82 m,主要与洪水期间水流含沙量增加有关,同时抛石后河床阻力增加明显,导致大量泥沙落淤。

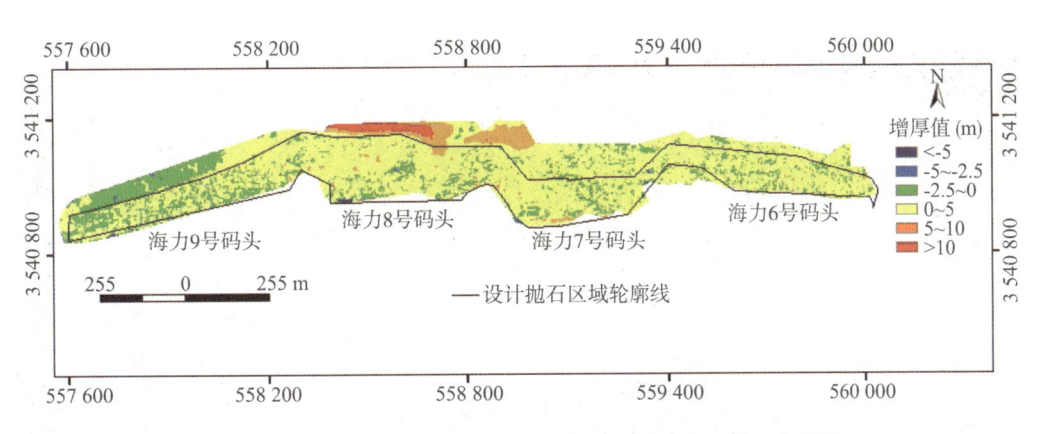

图 6.48 抛石区(2015 年 7 月—2015 年 12 月)水下地形变化图

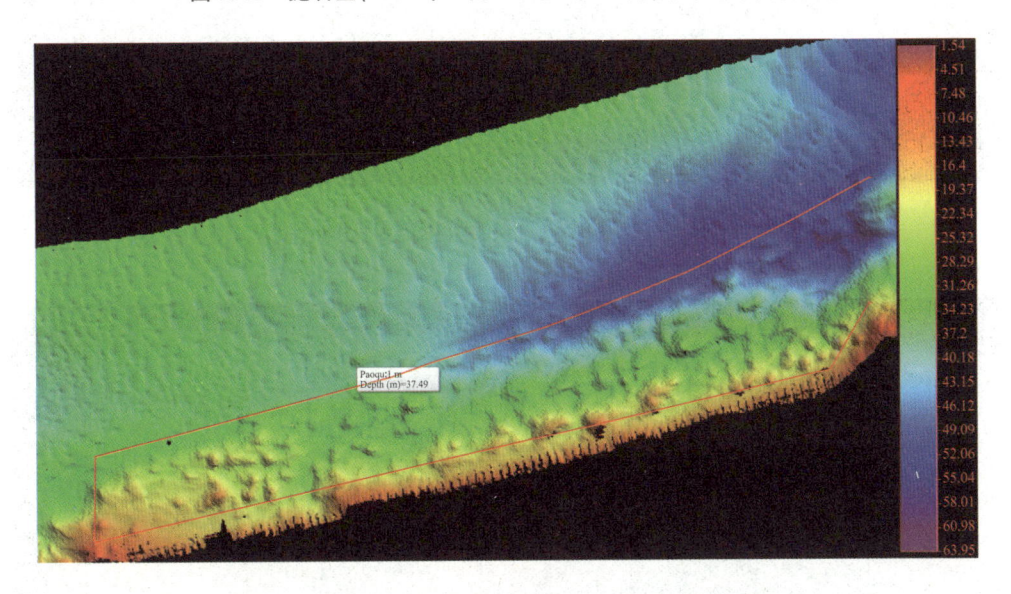

图 6.49 2015 年 7 月海力 9 号码头前沿多波束扫描点云图

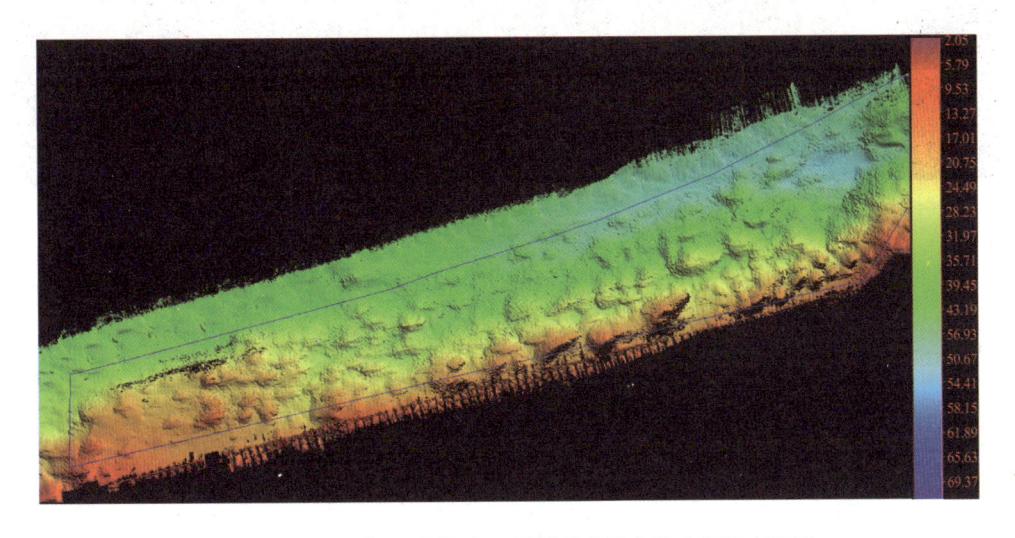

图 6.50 2015 年 12 月海力 9 号码头前沿多波束扫描点云图

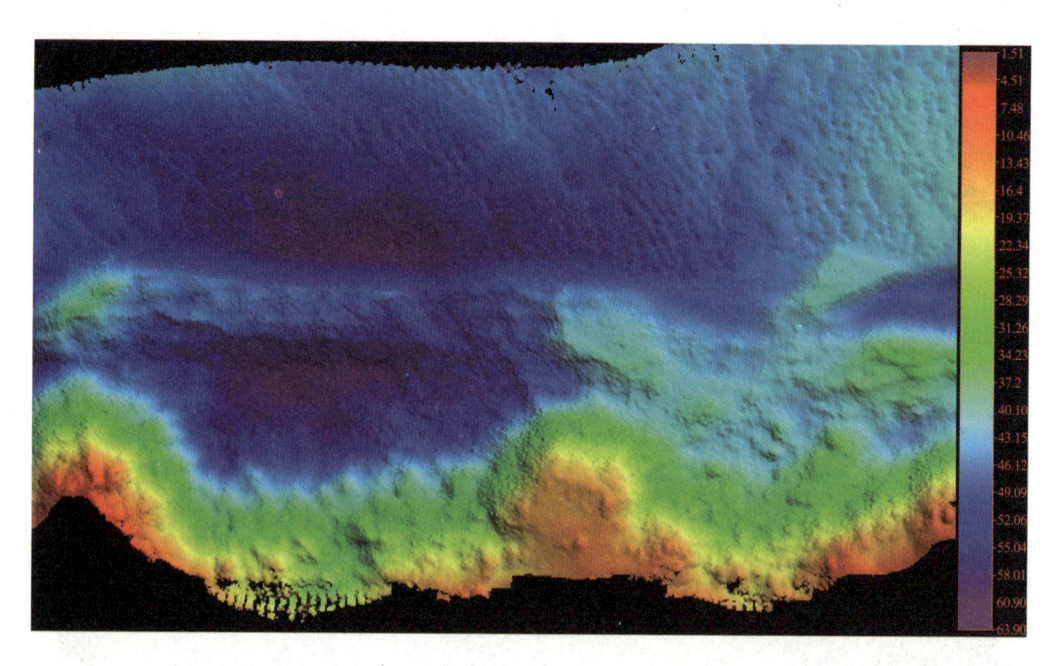

图 6.51　2015 年 7 月海力 8 号码头前沿多波束扫描点云图

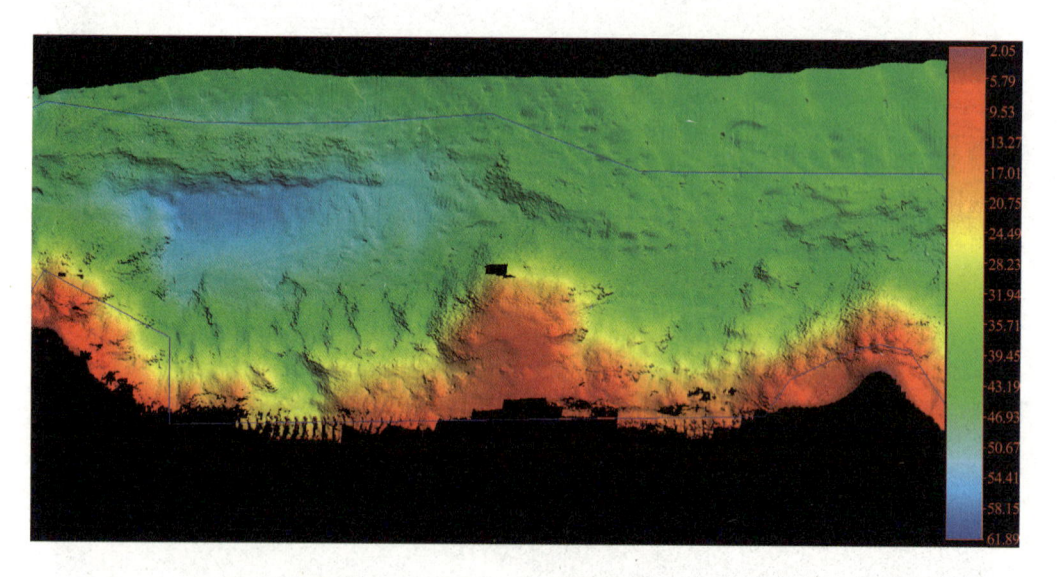

图 6.52　2015 年 12 月海力 8 号码头前沿多波束扫描点云图

根据 2015 年 12 月 18 日和 2016 年 3 月 11 日多波束监测的抛石区水下地形数据绘制的抛石区地形变化图(图 6.53)可知,该阶段冲刷范围明显增加,冲刷深度主要分布在 0~2.5 m 范围内,其中海力 8 号码头和 7 号码头前沿局部冲刷深度为 2.5~5 m。根据多波束扫描点云图(图 6.54)可知,8 号码头前沿的冲刷主要发生在上期出现较大淤积的深槽位置,岸坡位置的冲淤变化较小,并且局部出现 5~10 m 的淤积。由此可见,海力 8 号码头前沿深槽部分出现较大冲淤变化的原因主要与泥沙落淤与起动变化有关,当抛石层以上有较厚的泥沙覆盖时,河床阻力明显下降,抗冲能力降低,因此当河床发生较为明显

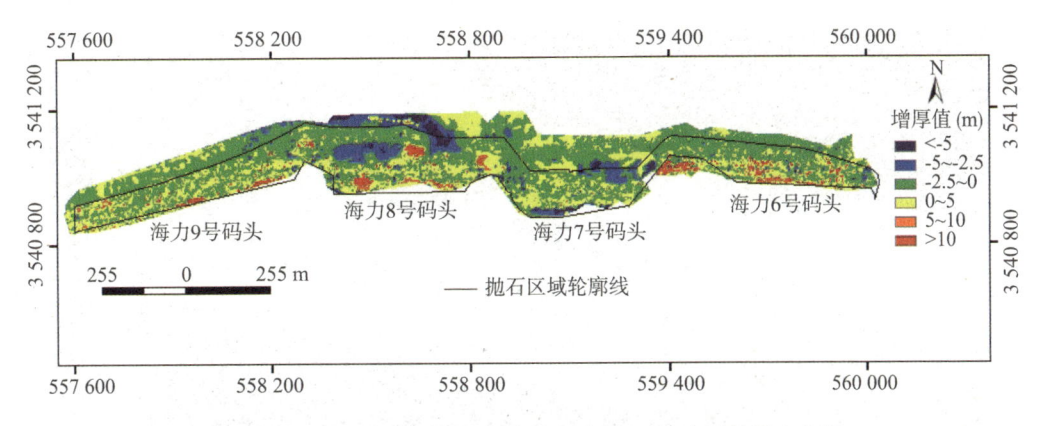

图6.53 抛石区(2015年12月—2016年3月)水下地形变化图

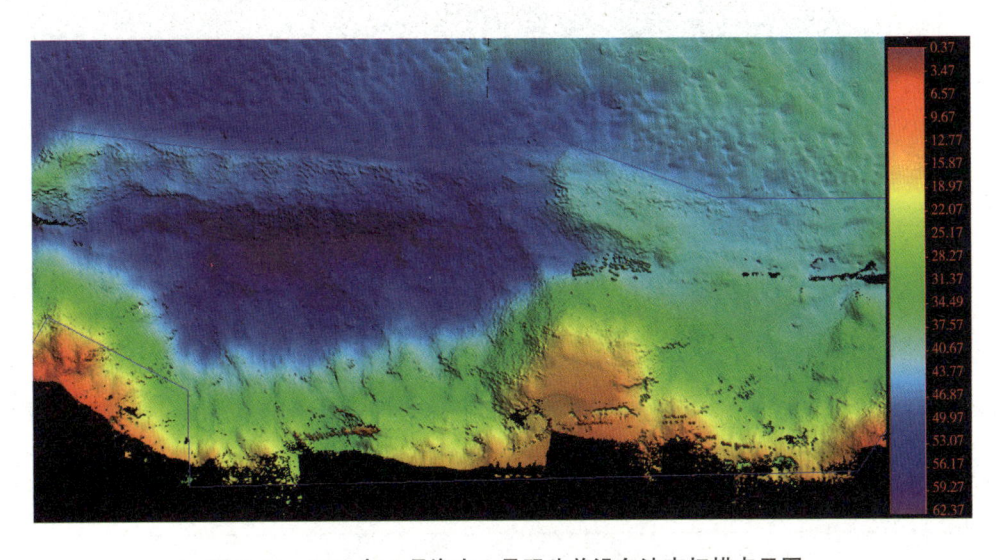

图6.54 2016年3月海力8号码头前沿多波束扫描点云图

的淤积后,随后发生冲刷的可能性较大,而位于下层的抛石护岸本身相对稳定,无明显的位移变化特征。海力9号码头前沿与海力6号码头前沿有冲有淤,海力9号码头前沿的多波束扫描点云图如图6.55所示,与2015年12月的多波束扫描点云图对比可知,抛石的分布形态变化不大,岸坡上的块石基本无下滑,上游石块基本没有出现明显的向下游冲刷移动的现象。由海力9号码头与上一阶段水下地形对比可知,本阶段河床的冲刷仍主要为河床表层泥沙的冲刷变化,对抛石护岸本身的影响较小,与海力8号码头前沿相似。

根据2016年3月11日和2016年5月22日多波束监测的抛石区水下地形数据绘制的抛石区地形变化图(图6.56)可知,该阶段抛石区淤积范围明显增加,尤其海力9号码头和8号码头前沿局部淤积可达10 m以上。根据2016年5月的多波束扫描点云图(图6.57)可以明显看出,岸坡以下河床部分有大量的泥沙落淤,8号码头前沿冲刷坑被淤平。海力6号码头前沿岸坡部分局部出现5 m以上的冲刷,结合2016年3月和2016年5月的多波束扫描点云图(图6.58、图6.59)可知,抛石护岸整体形态基本相似,没有出现严重的护岸变形现象。

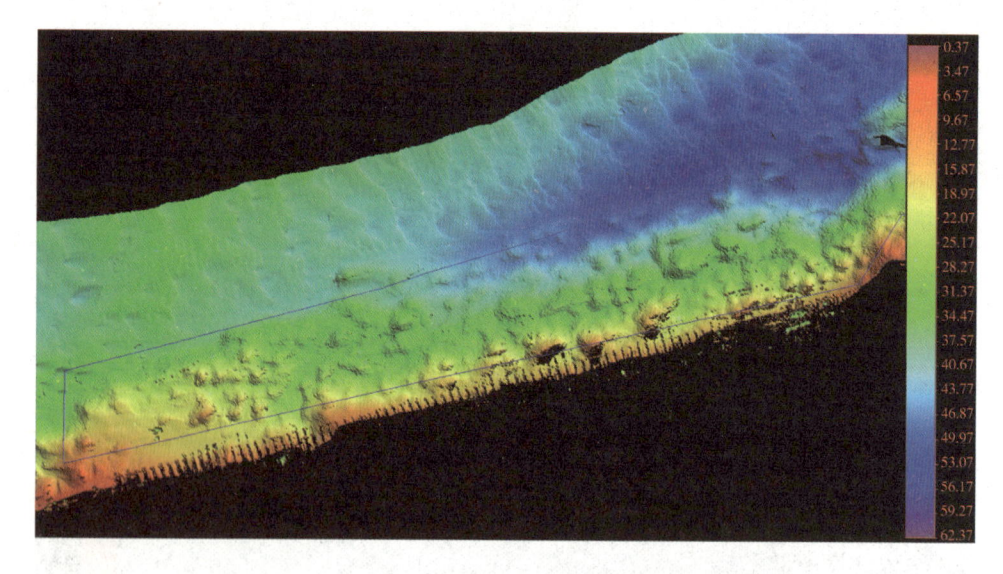

图 6.55　2016 年 3 月海力 9 号码头前沿多波束扫描点云图

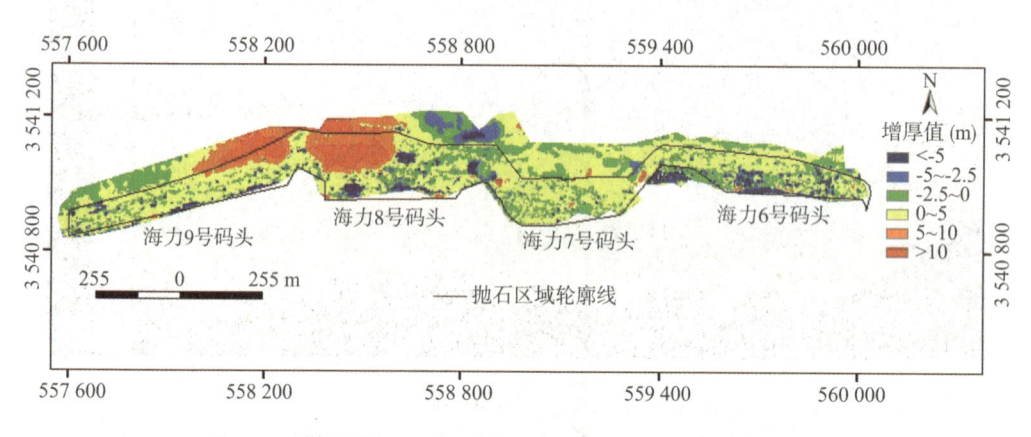

图 6.56　抛石区(2016 年 3 月—2016 年 5 月)水下地形变化图

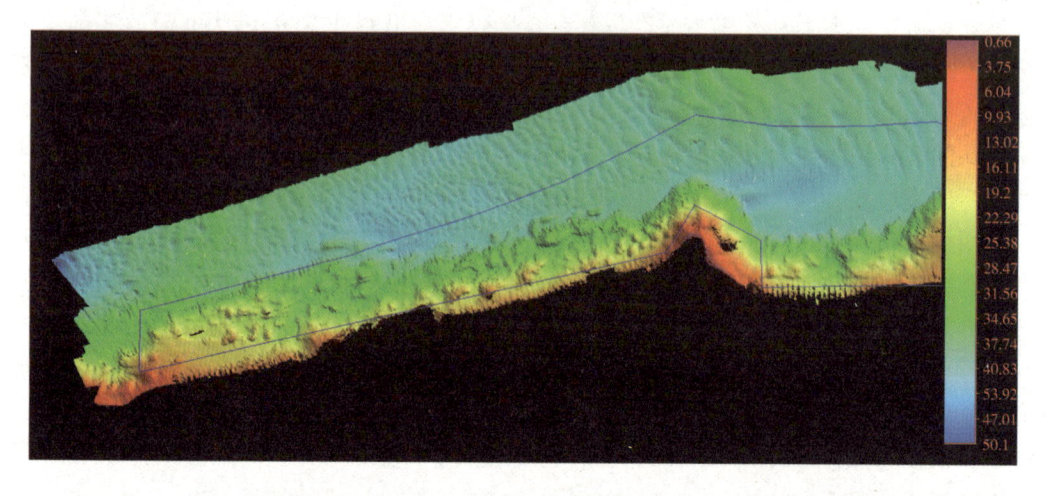

图 6.57　2016 年 5 月海力 9 号和 8 号码头前沿多波束扫描点云图

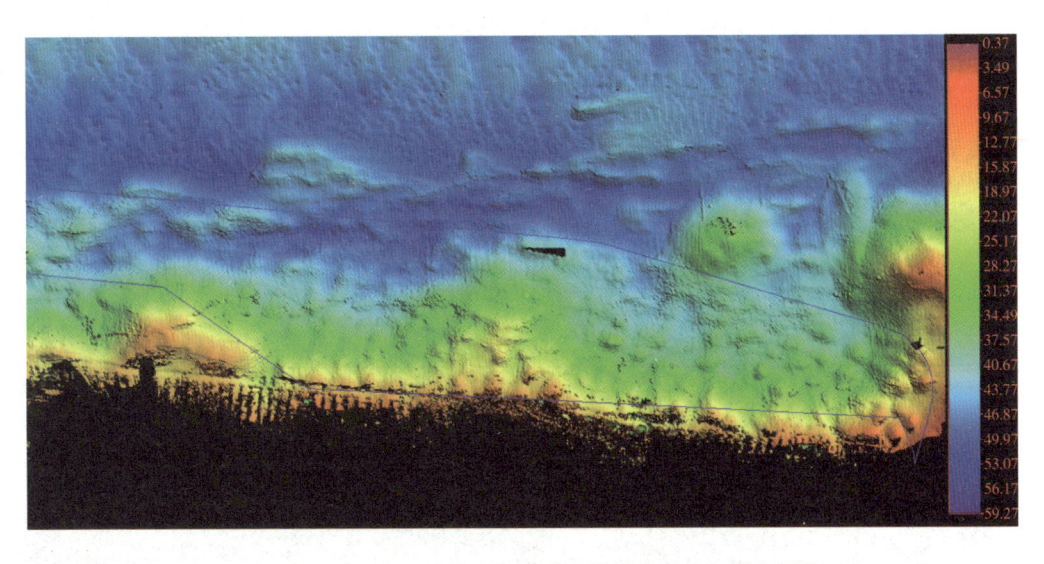

图 6.58　2016 年 3 月海力 6 号码头前沿多波束扫描点云图

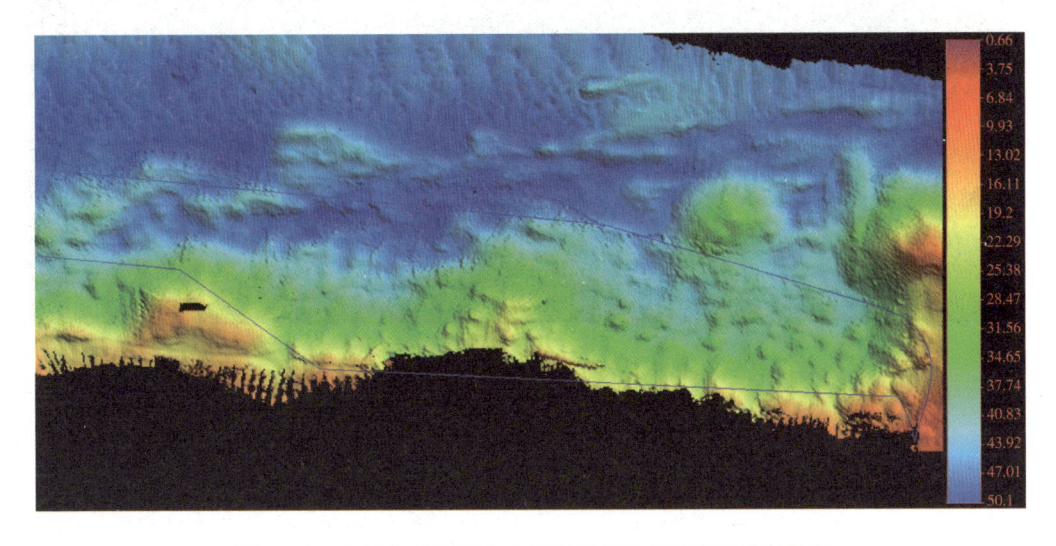

图 6.59　2016 年 5 月海力 6 号码头前沿多波束扫描点云图

根据 2016 年 5 月 22 日和 2016 年 7 月 21 日多波束监测的抛石区水下地形数据绘制的抛石区地形变化图（图 6.60）可知，该阶段抛石区普遍冲刷，尤其以海力 9 号和 8 号码头前沿发生淤积最为明显的区域冲刷最为剧烈。但是根据 2016 年 7 月 21 日海力 8 号码头前沿的多波束扫描点云图（图 6.61）可知，河床深槽虽有一定的冲刷，但是深槽附近的河床仍与附近基本齐平，因此 8 号码头前沿河床与施工结束后相比仍表现为相对淤积状态，护岸工程防护效果明显。

以上分析表明老海坝一期抛石护岸工程防护效果较好，抛石后抛石区河床地形的变化主要以上层泥沙的冲淤变化为主，海力 9 号和海力 8 号码头前沿河床冲淤变化最为剧烈，但是监测时段内抛石护岸形态总体较为稳定，没有出现大规模的位移变化。

经分析，各监测时段内，水下地形的冲淤变化较大，与不同时期河道来水、来沙量密切

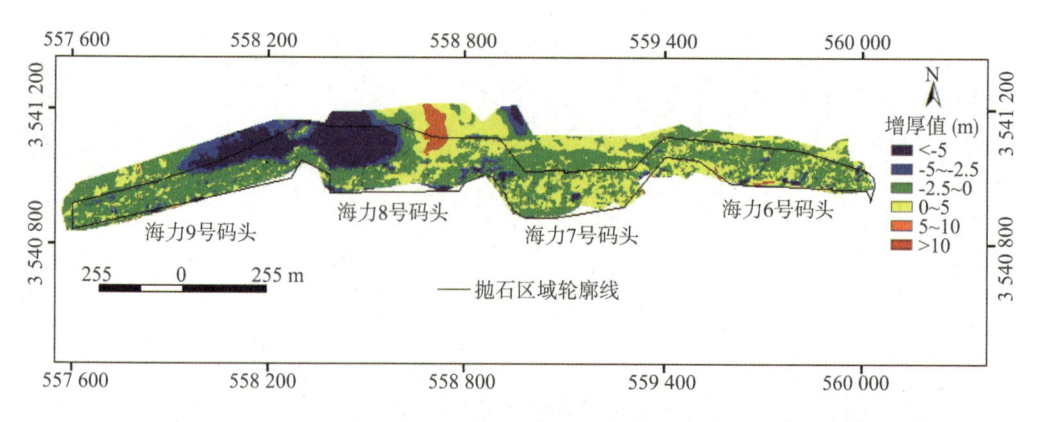

图 6.60　抛石区(2016 年 5 月—2016 年 7 月)水下地形变化图

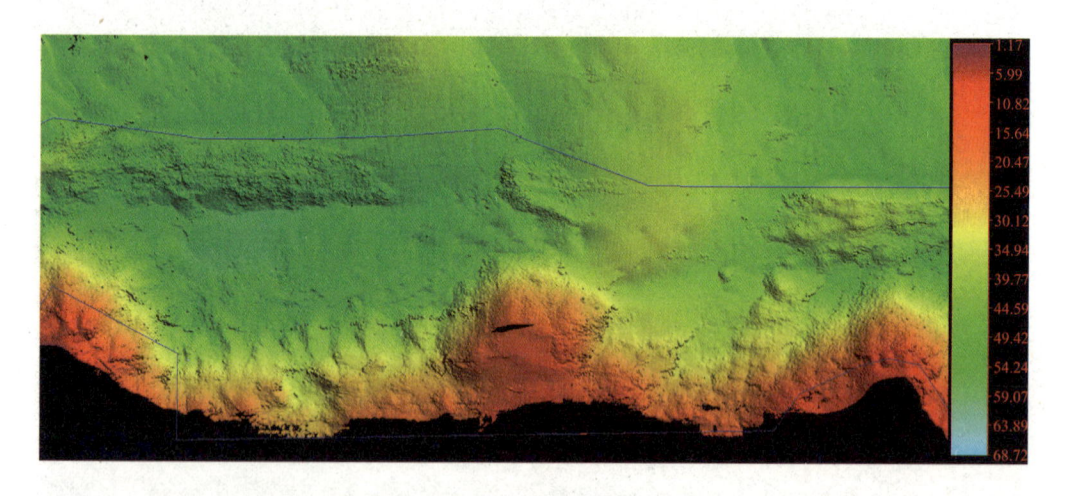

图 6.61　2016 年 7 月海力 8 号码头前沿多波束扫描点云图

相关。以 9 号码头前沿为例,由码头前沿增厚值分布直方图(图 6.62)变化可知,各监测期内增厚值均值和偏度变化均较大,其中 2015 年 7 月—2015 年 12 月,增厚值变化较小,平均增厚值为 0.408 5 m,增厚值范围为 −2~6 m,最大冲刷厚度不超过 2 m,增厚值的标准偏差为 0.774 1。2015 年 12 月—2016 年 3 月,平均增厚值减小为 −2.497 0 m,增厚值变化范围为 −6~2 m,以冲刷为主,但大部分区域的冲刷厚度小于 3 m,增厚值的标准偏差增大为 1.363 4。结合该时期的多波束扫描地形图可知,抛石护岸区地形变化以上层泥沙的冲淤变化为主,抛石护岸自身没有发生较为明显的位移变化。2016 年 3 月—2016 年 5 月,平均增厚值为 3.38 m,增厚值基本都在 0 m 以上,淤积明显,但淤积厚度较不均匀,大部分区域的淤积厚度分布在 0~4 m,局部的淤积厚度达 10 m 以上,增厚值的标准偏差为 3.919 6,与上一期相比显著增加。2016 年 5 月—2016 年 7 月,抛石水下地形发生大范围冲刷,平均增厚值由 3.38 m 减小为 −1.165 6 m,但是大部分区域的河床高程变化范围分布在 −2~2 m,部分区域冲刷较为严重,最大冲刷厚度达 −10 m,增厚值标准偏差为 3.023 8,与上一期相比有所减小。

(a) 2015年7月—2015年12月

(b) 2015年12月—2016年3月

(c) 2016年3月—2016年5月

(d) 2016年5月—2016年7月

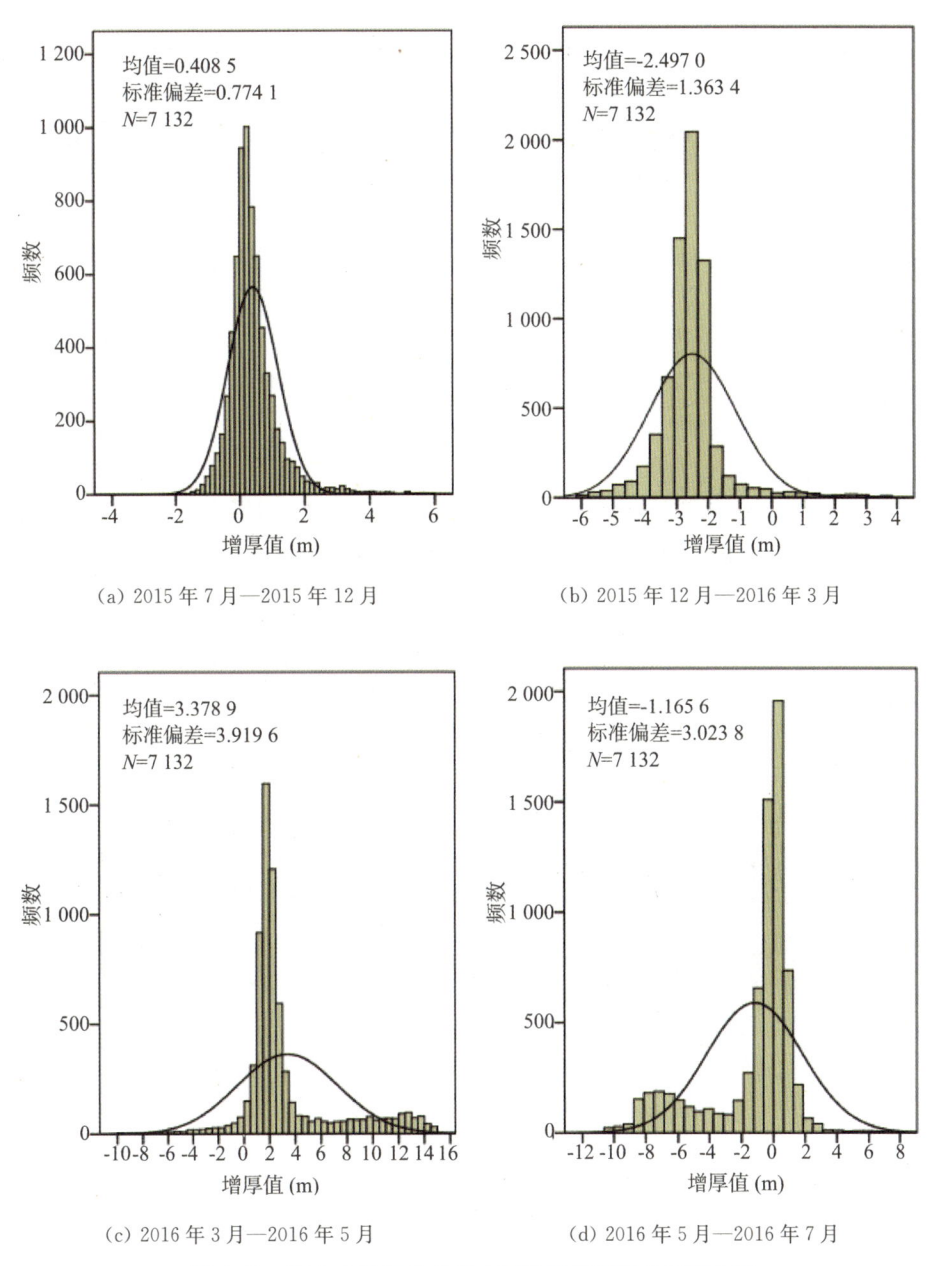

图6.62　海力9号码头前沿水下地形增厚值分布直方图

综上所述，在不同时期不同来水来沙条件下，抛石区增厚值的均值和标准偏差不断变化，可见不同位置泥沙的冲刷落淤情况存在较大差别，当来水来沙量显著增加时，增厚值的标准偏差明显增加。结合抛石区水下地形变化图和多波束扫描点云图可知，深槽位置泥沙更容易落淤，增厚值的最大变化量可达10 m左右，但岸坡上增厚值变化相对较小，增厚值的变化范围一般分布在－2～2 m。但是当来水来沙量继续增加，水流流速大于泥沙的起动流速时，深槽位置的冲刷也较其他位置剧烈。

6.6 新型抛石工艺在深水区应用效果对比

为了使水下抛石工程达到"抛足、抛准、抛匀"的质量标准，抛石施工工艺不断改进，目前长江下游护岸工程中较多采用网兜散抛石和沉箱式抛石等改进的施工工艺。其中网兜散抛石工艺是通过网兜将抛石吊至目标区域，再打开网兜，抛石自水面落水的施工工艺。沉箱式抛石工艺是先把块石放入尼龙网兜中打包，再通过专用沉箱船将装有网兜块石的箱体通过链轮传送下放到接近河床面后，打开底门结构装置，将网兜块石全部抛投至河床，再回收箱体的施工工艺。与传统的抛石工艺相比，改进后的施工工艺在施工安全性方面有较大提高，但少有对这两种工艺施工效果的对比研究。目前常用的抛石效果评价指标为抛石区测点增厚及断面增厚，缺少抛石均匀度的定量评价指标。均匀度指标种类较多，在各个领域均应用非常广泛，本书引入离差系数和克里斯琴森均匀系数作为均匀度评价指标，以长江澄通河段老海坝节点综合整治工程深水区抛石为例，针对网兜散抛石和沉箱式抛石两种工艺的抛石效果，从抛石增厚和抛石均匀度两个方面进行对比分析，以期为施工质量评价提供依据。

6.6.1 方案设计

1. 断面布置

长江老海坝段位于澄通河段的浏海沙水道，历史上演变剧烈，受涨落潮影响和长江主流顶冲，水沙运动复杂，水下地形变化剧烈，水下岸坡陡峭，是长江下游重点防护岸段。研究区一位于张家港海力8号码头前沿，长约390 m，宽约100 m，区域内河床冲刷严重，最大水深约65 m，近岸平均宽约60 m的范围内采用沉箱式抛石施工，单元工程用WD表示，设计抛石厚度2.5 m。沉箱式抛石区向外约40 m的范围内采用网兜散抛石施工，单元工程用FB表示，设计抛石厚度2.0 m。研究区二位于研究区一下游约3.9 km，张家港海力1号码头前沿，长约500 m，宽约150 m，近年来河势变化剧烈，水下岸坡坡度较陡，近岸平均宽约55 m的范围内采用沉箱式抛石施工，沉箱式抛石区向外约95 m的范围内采用网兜散抛石施工，单元工程表示及设计增厚同研究区一。研究区位置示意见图6.63。

2. 研究方案

采用R2SONIC 2024多波束测深系统获取抛石前后抛石区水下地形，通过在各单元工程内布设监测断面和选取监测点，获取抛石前后各监测点和监测断面的高程。各单元工程内至少布置3条监测断面，各断面每5 m布置一个监测点，研究区一共布置了19个监测断面，研究区二共布置了15个监测断面，如图6.63所示。根据监测点和监测断面高程变化，计算沉箱式抛石区和网兜散抛石区的抛石增厚值和抛石均匀度，作为评价抛石效果的定量分析指标。分别进行同一研究区内两种不同工艺抛石增厚值和抛石均匀度的对比，以及同种工艺不同研究区之间的对比，分析两种工艺在深水区抛石中的应用效果。

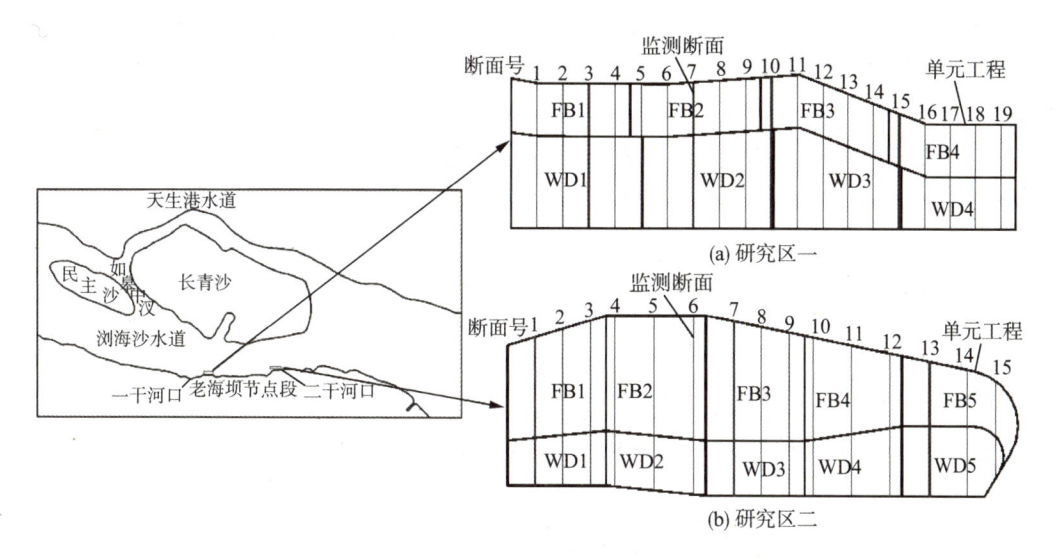

图 6.63　研究区位置示意及监测断面布置

6.6.2　抛石效果评价指标及计算方法

1. 抛石增厚

抛石增厚是抛石效果评价的一项重要评价指标，在目前抛石质量检测及效果分析中被广泛采用，分为测点增厚和断面增厚。测点增厚值计算公式为

$$d = H_2 - H_1 \tag{6.12}$$

式中：d 为测点增厚值，m；H_2 为抛石后测点高程，m；H_1 为抛石前测点高程，m。

断面增厚即为断面所有测点增厚的平均值，计算公式为

$$D = \frac{\sum_{i=1}^{n} d_i}{n} \tag{6.13}$$

式中：D 为断面平均增厚，m；d_i 为断面测点增厚值，m；n 为断面测点总数。

由于水流条件、岸坡条件及防护等级不同，不同抛石单元工程的设计增厚也往往存在差异，因此可以采用断面相对增厚率对比不同抛石区的抛石效果，计算公式为

$$r = \frac{D}{D_0} \tag{6.14}$$

式中：r 为断面相对增厚率；D 为断面平均增厚，m；D_0 为设计增厚值，m。

2. 抛石均匀度

由于水下抛石为隐蔽工程施工，无法直观获取抛石的位置，并且无法进行整平，因此抛厚往往是不均匀的。衡量空间分布不均匀性的变异指标通常有极差、平均差、标准差、变异系数等。但极差、平均差、标准差都是用绝对量来显示标志值的变异程度，而水深测

量由于测量误差的存在,采用绝对量可能会带来较高的误导性。采用相对量表示的均匀性指标可以克服以上指标的缺点。常用的衡量均匀度的相对指标有离差系数 C_V、基尼系数 $Gini$、集中指数 CI、赫氏指数 HHI、克里斯琴森均匀系数 CU 等。不同均匀度评价指标所采用的原理不尽相同,由上文可知,抛石监测点采用抽样的方法进行选取,因此基尼系数 $Gini$ 不适合用来分析抛石均匀度;另外不同抛石区因面积不同,监测点选取的数量也有所不同,导致集中指数 CI 和赫氏指数 HHI 均不具有可比性,但对离差系数 C_V 和克里斯琴森均匀系数 CU 没有影响。因此本书尝试引入离差系数 C_V 和克里斯琴森均匀系数 CU 作为抛石均匀度衡量指标。

(1) 离差系数

离差系数又称变差系数,为抛石测点增厚值均方差与均值的比值,可表示不同均值系列的离散程度。C_V 越接近于 1,离散程度越大,抛投越不均匀;C_V 越接近于 0,离散程度越小,抛投越均匀。其计算公式为

$$C_V = \frac{\sigma}{\bar{d}} = \frac{\sqrt{\frac{\sum_{i=1}^{n}(d_i - \bar{d})^2}{n-1}}}{\bar{d}} \tag{6.15}$$

式中:σ 为标准差;n 为抛石个数;d_i 为第 i 个测点增厚值;$\bar{d}$ 为测点平均增厚。

(2) 克里斯琴森均匀系数

克里斯琴森均匀系数 CU 是 Christiansen 于 1942 年提出的描述农业喷灌水量分布均匀程度的定量指标,在多个领域得到广泛应用。其描述的是农田喷灌系统中各测点水深与平均水深偏差的绝对值之和,可以较好地表征整个田间水量分布与平均值偏差的情况,计算公式为

$$CU = \left(1 - \frac{\sum_{i=1}^{n}|h_i - \bar{h}|}{\sum_{i=1}^{n}h_i}\right) \times 100\% \tag{6.16}$$

式中:h_i 为各测点降水深;$\bar{h}$ 为平均降水深。

本书将其引入抛石均匀度评价中,如式(6.17)所示,用该指标衡量抛投是否均匀,K_{CU} 越大,表明抛投越均匀,反之,抛投越不均匀。

$$K_{CU} = \left(1 - \frac{\sum_{i=1}^{n}|d_i - \bar{d}|}{\sum_{i=1}^{n}d_i}\right) \times 100\% \tag{6.17}$$

式中:d_i 为第 i 个测点的增厚值,$\bar{d}$ 为测点平均增厚。

6.6.3 抛石效果对比分析与讨论

研究区一♯3、♯10、♯15 监测断面和研究区二♯1、♯7、♯13 监测断面抛前、抛后断

面变化见图6.64。可以看出,施工区河床深槽水深普遍较深,最深处河床高程接近—75 m,其中研究区一沉箱式抛石区整体地形较为平缓,平均水深约50 m,但WD1、WD2所在区域存在一个非常明显的冲刷坑,冲刷坑一侧岸坡较陡,最大坡比约1∶2。研究区二沉箱式抛石区岸坡坡比基本在1∶3左右,水深变化范围为15~50 m,与研究区一相比,平均水深相对较浅。研究区一网兜散抛石区平均水深约46 m,地形平缓,研究区二网兜散抛石区平均水深约58 m,坡比约1∶5,岸坡也较为平缓。抛石后各断面线总的趋势与抛前基本一致,但岸坡相对变缓,有利于岸坡的稳定。

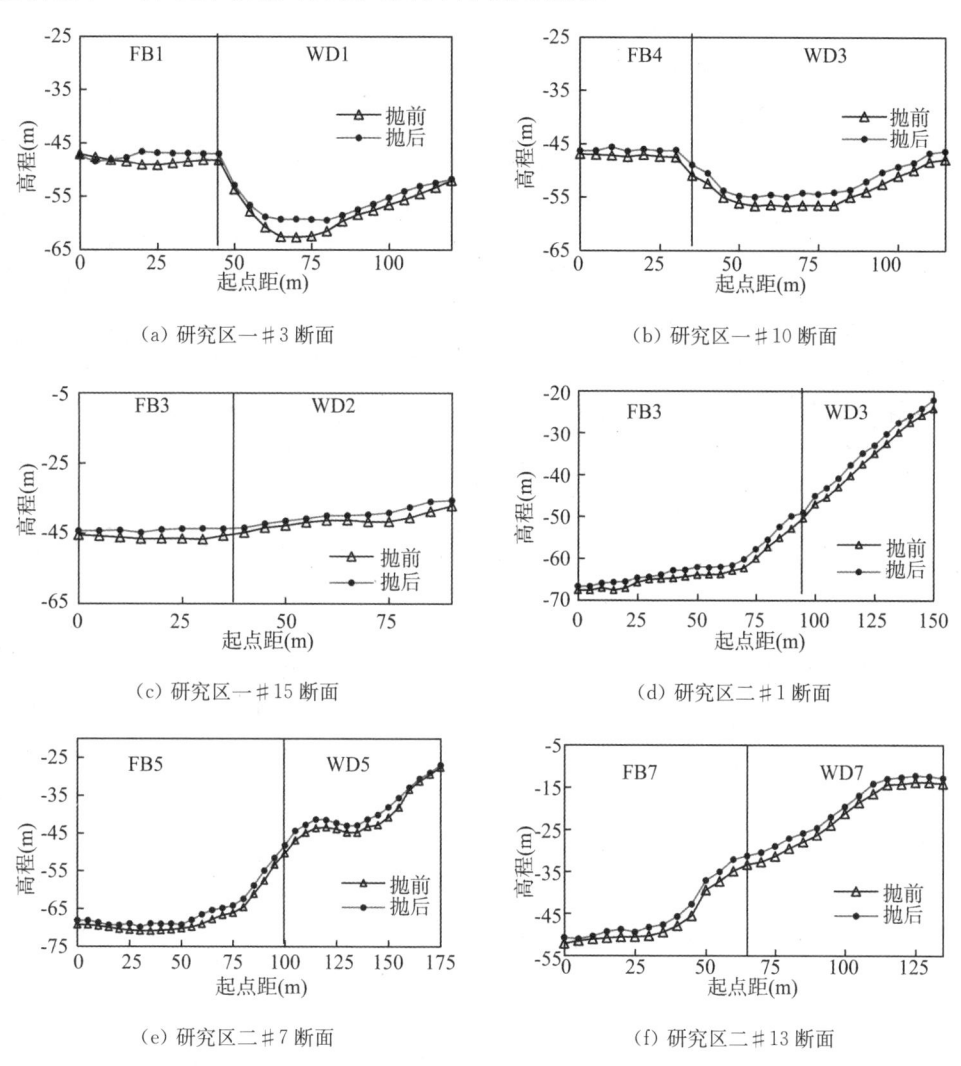

(a) 研究区一#3断面

(b) 研究区一#10断面

(c) 研究区一#15断面

(d) 研究区二#1断面

(e) 研究区二#7断面

(f) 研究区二#13断面

图6.64 抛石前后研究区监测断面变化图

1. 抛石增厚效果分析

在河势急剧变化区抛石,施工质量受水流和岸坡的影响较大,质量控制难度非常大。由于研究区均位于冲淤急剧变化区,根据江苏省地方标准《水利工程施工质量检验与评定规范》(DB32/T 2334.2—2013)(以下简称"规范"),设计要求测点增厚值和断面增厚值达到1 m即为合格,增厚值统计情况见表6.24。

表 6.24 测点及断面合格率统计

单元工程		统计量							
		测点增厚 d				断面增厚 D			
		最大值(m)	最小值(m)	测点总数(个)	测点合格率(%)	断面平均增厚(m)	设计增厚(m)	断面总数(个)	断面合格率(%)
研究区一	WD	3.06	0.24	235	84.8	1.77	2	19	100.0
	FB	4.44	−1.1	171	73.1	1.39	2.5	19	100.0
研究区二	WD	3.77	0.49	182	88.3	1.92	2	15	100.0
	FB	4.06	0.84	288	76.0	1.67	2.5	15	100.0

由表 6.24 可知,沉箱式抛石区和网兜散抛石区测点合格率均达到 70% 以上,断面合格率均为 100%,两种抛石工艺的抛石质量等级均为合格,但沉箱式抛石区的测点合格率要高于网兜散抛石区。研究区一沉箱式抛石断面平均增厚为 1.77 m,研究区二沉箱式抛石断面平均增厚为 1.92 m,断面平均增厚均高于网兜散抛石区。研究区一沉箱式抛石区和网兜散抛石区的断面相对增厚率分别为 0.89、0.56,研究区二沉箱式抛石区和网兜散抛石区的断面相对增厚率分别为 1.01、0.67,沉箱式抛石工艺下的断面相对增厚率均高于网兜散抛石工艺,由此可见在深水区抛石增厚控制方面,沉箱式抛石工艺表现较好。

根据不同研究区的抛石增厚效果对比可知,研究区二沉箱式抛石增厚效果较好,测点合格率和断面平均增厚均高于研究区一。结合不同研究区水深情况可知,对于沉箱式抛石工艺,水深较浅时抛石增厚效果相对较好。研究区二网兜散抛石区平均水深大于研究区一,但研究区二网兜散抛石的测点合格率和断面平均增厚均高于研究区一,由此可见网兜散抛石增厚效果不仅与水深有关,而且也受施工时的水流条件、施工船只定位等其他因素影响。

2. 抛石均匀度分析

沉箱式抛石区和网兜散抛石区的抛石均匀度统计结果见表 6.25。沉箱式抛石区离差系数 C_V 均小于 0.4,克里斯琴森均匀系数 K_{CU} 均高于 70%,抛石均匀度较高。研究区一网兜散抛石 C_V 达到 0.647,相对较高,K_{CU} 仅为 52.0%,相对较低,抛石均匀度较低。与研究区一相比,研究区二网兜散抛石均匀度相对较高。综合来看,沉箱式抛石 C_V 均低于网兜散抛石,K_{CU} 均高于网兜散抛石,两项均匀度指标的评价结果一致表明沉箱式抛石工艺的抛石均匀度高于网兜散抛石工艺。此外,通过两个研究区之间的对比也可以看出研究区二两种工艺下的抛石均匀度均高于研究区一,表明同种工艺不同区域之间的抛石均匀度仍存在差异。其中研究区一和研究区二沉箱式抛石的均匀度相差仅 4.2%,不同研究区之间抛石均匀度相差较小,而不同研究区网兜散抛石的均匀度相差达 17.7%,因此可以认为沉箱式抛石工艺在抛石效果稳定性控制方面优于网兜散抛石工艺。

表 6.25 抛石均匀度统计

抛石均匀度指标	沉箱式抛石		网兜散抛石	
	研究区一	研究区二	研究区一	研究区二
C_V	0.370	0.305	0.647	0.366
K_{CU}	72.9%	77.1%	52.0%	69.7%

根据抛石均匀度的计算公式可知,抛石均匀度直接受测点增厚和断面平均增厚影响,采用灵敏度分析方法初步分析抛石均匀度对断面平均增厚变化的敏感程度,灵敏度用抛石均匀度指标的变化率与断面平均增厚变化率比值的绝对值表示,计算结果如表6.26所示。可以看出,C_v 的灵敏度值较大,K_{cu} 的灵敏度值较小,表明 C_v 对断面平均增厚变化更敏感,因此在对比断面平均增厚相差不大的抛石区的均匀度时 C_v 的评价效果会较好,指标的适应性较强。

表 6.26 抛石均匀度指标灵敏度

施工工艺	断面平均增厚变化率(%)	C_v 变化率(%)	C_v 灵敏度	K_{cu} 变化率(%)	K_{cu} 灵敏度
沉箱式抛石	8	−17.62	2.08	5.80	0.68
网兜散抛石	20	−43.43	2.16	34.04	1.69

6.7 本章小结

(1) 通过对不同点云密度下抛石护岸工程效果进行分析,可知采样数据的点云密度一般不超过 5 m 时能够比较真实地反映实际的水下抛石分布情况。

(2) 与目前长江水下平顺抛石质量评定标准中以断面增厚率评定抛石是否满足要求相比,采用空间点云分析方法不仅可以提高检测的准确性,而且可以直观地显示出抛石区域增厚值的空间分布及合格点的分布情况,对进一步开展水下抛石补充工程具有指导意义。

(3) 沉箱式抛石工艺的抛石测点合格率、断面平均增厚和断面相对增厚率均高于网兜散抛石工艺,在深水区抛石增厚控制方面,沉箱式抛石工艺表现较好,并且水深较浅时沉箱式抛石工艺抛石增厚相对较好。

(4) 选取离差系数 C_v 和克里斯琴森均匀系数 K_{cu} 作为抛石均匀度衡量指标,沉箱式抛石 C_v 均低于网兜散抛石,K_{cu} 均高于网兜散抛石,表明沉箱式抛石工艺的抛石均匀度高于网兜散抛石工艺。不同研究区同种工艺抛石均匀度也存在差异,沉箱式抛石工艺区域间的抛石均匀度相差较小,在抛石效果稳定性控制方面优于网兜散抛石工艺。

(5) 离差系数 C_v 和克里斯琴森均匀系数 K_{cu} 的评价结果一致,均可用于抛石均匀度评价中,通过两项指标对断面平均增厚变化的灵敏度对比可知,C_v 对断面平均增厚变化的灵敏度高于 K_{cu},指标的适应性较强。

(6) 工程检测断面抽取的随机性对工程质量评价的影响由工程欠抛面积的大小、欠抛区聚集与分布情况决定。当区域欠抛率≤25%或欠抛率≥50%时,检测断面抽取的随机性并未对其质量评价结论产生影响。

(7) 当区域欠抛率位于 25%~50%时,欠抛区越集中且顺水流分布,工程不合格评价的一致性越高。相反,欠抛区越分散且垂直岸线分布,工程合格评价的一致性越高。为减少断面选取的随机性对工程质量评价的影响,建议提高施工工艺水平,增加工程抛石增厚的均匀度检测指标,提升工程质量检测分析的准确性。

(8) 施工区上游工程起始处以及下游深水侧的区域容易被冲刷,抛石效果较差,建议施工时重点关注,同时工程需要设置一个前置抛石距离。工程中部及近岸区域抛石效果相对较好,但容易过抛。

(9) GIS空间分析功能强大,充分利用了多波束点云数据,从"抛足、抛准、抛匀"等角度分析了抛石情况,一方面检测结果更直观、更准确,提高了质量评定精度;另一方面可以准确定位施工缺陷区域,获取缺省抛石方量,实现施工的精准指导,最大程度降低施工成本。建议针对基于GIS空间分析的施工质量评价,制定相应的规范标准,更好地发挥出GIS技术与多波束测深技术的优势。

第7章 基于动力地貌数值模拟的防护工程效果分析

基于多波束测深系统的水下地形监测数据分析表明,不同监测期内水下地形冲淤变化较大,枯季抛石区域水下地形呈现明显淤积态势,洪水期时抛石区域水下地形普遍呈现冲刷态势,表明抛石区水下地形的变化与水流泥沙条件变化密切相关。虽然不同码头前沿水下岸坡坡度不同,但是各岸坡前水下地形的冲淤变化差异不大。以上研究基于多波束测深系统获取的三维点云数据,着重分析了水下抛石运动规律,通过各监测时段的水下地形变化,探讨了不同监测时段内水下抛石护岸的冲淤变化规律。分析表明,抛石护岸区水下地形冲淤变化剧烈。由于水下地形监测需要较大人力、物力的投入,监测时间受到较大的限制,目前仍难以做到实时水下地形监测,因此拟采用水沙耦合数值模拟的方法,对抛石区河床的冲淤演变进行分析及预测。

以往对于水下抛石防护效果的研究大多采用监测数据进行对比分析,较少采用基于过程的数值模型进行计算分析,这主要是受困于计算效率和计算成本。然而计算机技术在当今时代发展十分迅速,在过去半个多世纪中,无论微型计算机还是大型计算机,计算能力的进步都遵循着信息技术迅猛发展的摩尔定律,即在成本不变的前提下,计算机计算能力大约每隔两年就能提高一倍,这使得利用复杂的基于过程的数值方法可以成为一种广泛的研究手段。近年来水沙数值模型成为解决河道水沙问题、河床河势演变问题的最常用的手段和工具之一。水沙数值模型的计算速度快、耗时短、成本比较低,并且能够人为操控和改变边界条件,能够模拟真实条件下和理想条件下的水沙运动情况,因此得到了广泛的应用。常用软件包括代尔夫特水利学院(Delft Hydraulics)开发的 Delft3D、DHI 开发的 MIKE 系列等,也可以通过海洋环流数学模型如 ROMS、POM 等耦合地貌演变进行计算。本章主要采用耦合了水动力、地貌的开源软件——Delft3D 进行研究。

本章在已收集的澄通河段水流、泥沙和水下地形资料的基础上,运用 Delft3D 水动力数值模拟软件,计算洪水期张家港老海坝节点综合整治二期抛石护岸工程实施后水下地形的冲淤变化情况,与无抛石护岸工程工况下进行对比,进一步认识抛石护岸的防护效果。张家港老海坝节点综合整治二期工程范围为九龙港至二干河以下 1 260 m 之间的岸线。其中,堤防稳定要求整治范围长 3 585.35 m,维持码头前沿现状岸坡稳定要求及抗冲刷要求整治范围长 5 732 m。主要工程内容为两部分:堤防与岸坡整体抗滑稳定要求的加固整治工程和维持码头前沿现状岸坡稳定要求及抗冲刷要求的平顺护岸整治工程。其中平顺护岸工程抛石分为堤防外坡的散抛石(围堤外有码头平台及栈桥围成的内侧水域抛石)与码头外部前沿深水区抛石(散抛大块石、散抛小粒径块石防崩层)。散抛大粒径块石的粒径范围为 0.4～0.65 m,散抛小粒径块石的粒径范围为 0.16～0.4 m。水下抛石主要功能是提高岸坡的抗冲刷能力,维持岸坡稳定,为保证工程效果,设计抛石宽度为 40～120 m,设计最大抛石厚度为 2.5 m。

7.1 水沙耦合数学模型

Delft3D 的水动力模型控制方程基于非线性浅水假设,由 Boussines 假设(只在压力项中考虑密度可变的影响)的不可压缩流三维纳维-斯托克斯(Navier-Stokes)方程推出,其中垂直动量方程基于浅水假设,即水体水平尺度远大于垂直尺度。通过合适的边界条件与控制方程组成定解条件,方程在空间上采用有限差分法进行离散、在时间上采用欧拉向前差分法离散。求解变量在网格中交错布置,采用 ADI 交替隐式方法进行求解。

7.1.1 坐标转换关系的基本方程

平面直角坐标系下的任意形状的区域,通过边界贴体坐标,可转化为新坐标系下的规则区域。新旧坐标采用 $\xi = \xi(x,y)$,$\eta = \eta(x,y)$ 函数关系联系起来。假定变换关系满足 Poisson 方程与 Dirichllet 边界条件。

Poisson 方程为

$$\frac{\partial^2 \xi}{\partial x^2} + \frac{\partial^2 \xi}{\partial y^2} = P(\xi, \eta, x, y) \tag{7.1}$$

$$\frac{\partial^2 \eta}{\partial x^2} + \frac{\partial^2 \eta}{\partial y^2} = Q(\xi, \eta, x, y) \tag{7.2}$$

Dirichllet 边界条件为

$$\begin{pmatrix} \xi \\ \eta \end{pmatrix} = \begin{bmatrix} D_1 \\ \eta_1(x,y) \end{bmatrix} \quad (x,y) \in \Gamma_1 \tag{7.3}$$

$$\begin{pmatrix} \xi \\ \eta \end{pmatrix} = \begin{bmatrix} \xi_1(x,y) \\ C_1 \end{bmatrix} \quad (x,y) \in \Gamma_2 \tag{7.4}$$

$$\begin{pmatrix} \xi \\ \eta \end{pmatrix} = \begin{bmatrix} D_2 \\ \eta_2(x,y) \end{bmatrix} \quad (x,y) \in \Gamma_3 \tag{7.5}$$

$$\begin{pmatrix} \xi \\ \eta \end{pmatrix} = \begin{bmatrix} \xi_2(x,y) \\ C_2 \end{bmatrix} \quad (x,y) \in \Gamma_4 \tag{7.6}$$

新旧坐标的变换关系为

$$\xi = \xi(x,y) \tag{7.7}$$

$$\eta = \eta(x,y) \tag{7.8}$$

式中：P、Q 是与 ξ、η、x、y 有关的某一函数，反映了 (ξ,η) 平面上等值线在 (x,y) 平面上的疏密程度，适当选择 P、Q 函数，可使坐标变换为正交变换。根据水流势函数与流函数的性质及水流等势线与等流线的正交性，可导出生成正交曲线网格的转换方程为

$$\begin{cases} \alpha \dfrac{\partial^2 x}{\partial \xi^2} + \gamma \dfrac{\partial^2 x}{\partial \eta^2} + J^2 \left(P \dfrac{\partial x}{\partial \xi} + Q \dfrac{\partial x}{\partial \eta} \right) = 0 \\ \alpha \dfrac{\partial^2 y}{\partial \xi^2} + \gamma \dfrac{\partial^2 y}{\partial \eta^2} + J^2 \left(P \dfrac{\partial y}{\partial \xi} + Q \dfrac{\partial y}{\partial \eta} \right) = 0 \end{cases} \tag{7.9}$$

式中：$\alpha = x_\eta^2 + y_\eta^2$；$\gamma = x_\xi^2 + y_\xi^2$；$J = \sqrt{\alpha\gamma}$；$P = -\dfrac{1}{\gamma}\dfrac{\partial(\ln K)}{\partial \xi}$，$Q = -\dfrac{1}{\alpha}\dfrac{\partial(\ln K)}{\partial \eta}$，$K = \sqrt{\gamma/\alpha}$。

7.1.2　水流动力模型

天然河道的水流运动非常复杂，各水力要素沿程变化的同时，又有沿垂向水深和横向河宽方向的变化，属于三维运动。但是长江澄通河段属于宽浅型河道，水流水平方向的运动尺度远远大于垂向的运动尺度，因此可以忽略水力要素沿垂向水深的变化，将三维问题简化为二维问题来处理。Delft3D 的水动力模型控制方程为基于浅水假设以及 Boussines 假设的不可压缩流 Navier-Stokes 方程，其中垂直动量方程基于浅水假设可以忽略垂向加速度，因此可以简化为静压方程。通过合适的边界条件与控制方程组成定解条件，方程在空间上采用有限差分法进行离散、在时间上采用欧拉向前差分法离散。求解变量在网格中交错布置，采用 ADI 交替隐式方法进行求解。

将 Navier-Stokes 方程沿水深积分并取平均值可得平面二维连续方程以及动量方程，即浅水方程，以此作为控制方程，采用贴体坐标技术，通过坐标转换可得正交曲线坐标系统 (ξ,η) 下的 Navier-Stokes 方程。

$$\frac{\partial \zeta}{\partial t} + \frac{1}{\sqrt{G_{ij}}\sqrt{G_{m\eta}}} \frac{\partial \left[(d+\zeta) U \sqrt{G_{\eta\eta}} \right]}{\partial \xi} + \frac{1}{\sqrt{G_{i\xi}}\sqrt{G_{\eta\eta}}} \frac{\partial \left[(d+\zeta) V \sqrt{G_{\xi\xi}} \right]}{\partial \xi} = Q \tag{7.10}$$

式中：Q 表示单位面积源或汇流量；$G_{\xi\xi}$、$G_{\eta\eta}$ 表示笛卡尔坐标系与正交曲线坐标系之间的转换系数；U、V 分别为水平方向和垂直方向的流速分量；d 为水深（相对于参考平面）；ζ 为自由表面的高度。

ξ 和 η 方向的动量方程分别为

$$\frac{\partial u}{\partial t} + \frac{u}{\sqrt{G_{\xi\xi}}}\frac{\partial u}{\partial \zeta} + \frac{v}{\sqrt{G_{\eta\eta}}}\frac{\partial u}{\partial \eta} + \frac{\omega}{d+\zeta}\frac{\partial u}{\partial \sigma} + \frac{uv}{\sqrt{G_{\xi\xi}}\sqrt{G_{\eta\eta}}}\frac{\partial \sqrt{G_{sk}}}{\partial \eta} - \frac{v^2}{\sqrt{G_{\xi\xi}}\sqrt{G_{\eta\eta}}}\frac{\partial \sqrt{G_{\eta\eta}}}{\partial \xi} -$$

$$fv = -\frac{1}{\rho_0 \sqrt{G_{\xi\xi}}}P_\xi + F_\xi + \frac{1}{(d+\zeta)^2}\frac{\partial}{\partial \sigma}\left(\nu_v \frac{\partial u}{\partial \sigma}\right) + M_\xi \tag{7.11}$$

$$\frac{\partial v}{\partial t} + \frac{u}{\sqrt{G_{ij}}}\frac{\partial v}{\partial \zeta} + \frac{v}{\sqrt{G_{\eta\eta}}}\frac{\partial v}{\partial \eta} + \frac{\omega}{d+\zeta}\frac{\partial v}{\partial \sigma} + \frac{uv}{\sqrt{G_{\xi\xi}}\sqrt{G_{\eta\eta}}}\frac{\partial \sqrt{G_{\eta\eta}}}{\partial \xi} - \frac{u^2}{\sqrt{G_{\xi\xi}}\sqrt{G_{\eta\eta}}}\frac{\partial \sqrt{G_{s\xi}}}{\partial \eta} -$$

$$fu = -\frac{1}{\rho_0 \sqrt{G_{\eta\eta}}}P_\eta + F_\eta + \frac{1}{(d+\zeta)^2}\frac{\partial}{\partial \sigma}\left(\nu_v \frac{\partial v}{\partial \sigma}\right) + M_\eta \tag{7.12}$$

式中：$G_{\xi\xi}$、$G_{\eta\eta}$表示笛卡尔坐标系与正交曲线坐标系之间的转换系数；f为与科氏力相关的参数，$f=2\Omega\sin\phi$；P_ξ和P_η是压力梯度；F_ξ和F_η代表水平雷诺应力的不平衡性；M_ξ和M_η代表外来源汇引起的附加动量。

7.1.3　泥沙地貌模型

泥沙地貌模块中将泥沙类型分为"mud"（黏性沙）和"sand"（非黏性沙）。在评估泥沙输移时，将这两个部分分开处理，为非黏性沙提供了推移质和悬移质输沙的模型，为黏性沙的计算提供了悬移质输沙的模型。本节介绍黏性和非黏性泥沙输移的控制方程和多组分泥沙输移和形态演化的信息。

1. 黏性沙控制方程

黏性沙的计算（悬浮输沙模型）是通过用源和汇项来解决平流扩散方程从而描述侵蚀或者沉积。

$$\frac{\partial h c_i}{\partial t} + \frac{\partial h u_x c_i}{\partial x} + \frac{\partial h u_y c_i}{\partial y} - \frac{\partial}{\partial x}\left(\varepsilon_{s,x} h \frac{\partial c_i}{\partial x}\right) - \frac{\partial}{\partial y}\left(\varepsilon_{s,y} h \frac{\partial c_i}{\partial y}\right) = E_i - D_i \tag{7.13}$$

式中：h为水深(m)；c_i为第i个泥沙成分的悬沙浓度(kg/m³)；u_x和u_y分别为x和y方向上垂线流速分量(m/s)；$\varepsilon_{s,x}$和$\varepsilon_{s,y}$为泥沙成分的涡动扩散系数(m²/s)；E_i和D_i分别为第i个泥沙成分的悬浮和沉降通量[kg/(m² · s⁻¹)]，这里的泥沙成分均指黏性泥沙，通过Partheniades-Krone公式进行计算，具体公式为

$$E_i = \begin{cases} M_i\left(\dfrac{\tau_{cw}}{\tau_{e,i}} - 1\right) & \tau_{cw} > \tau_{e,i} \\ 0 & \tau_{cw} \leqslant \tau_{e,i} \end{cases} \tag{7.14}$$

$$D_i = \begin{cases} w_{s,i} c_i \left(1 - \dfrac{\tau_{cw}}{\tau_{d,i}}\right) & \tau_{cw} < \tau_{d,i} \\ 0 & \tau_{cw} \geqslant \tau_{d,i} \end{cases} \tag{7.15}$$

式中：M_i为第i个泥沙成分的冲刷系数[kg/(m² · s⁻¹)]；τ_b为最大床面剪切力(N/m²)；$\tau_{e,i}$和$\tau_{d,i}$分别为临界冲刷/沉降切应力(N/m²)；τ_{cw}为水流和泥沙共同作用下的床面剪切力(N/m²)；$w_{s,i}$为第i个泥沙成分的沉降速度(m/s)。

在模型中制约沉降的影响采用 Richardson-Zaki 公式，

$$w_s = w_0 (1-\varphi)^n \tag{7.16}$$

式中：w_0 为颗粒在清水中的沉速；w_s 为颗粒在含沙量为 φ 的水体中的沉速。

考虑盐度后的黏性沙的泥沙沉速根据简化的絮凝模型计算，具体公式为

$$w_{s,0} = \begin{cases} \dfrac{w_{s,\max}}{2}\left(1-\cos\left(\dfrac{\pi S}{S_{\max}}\right)\right) + \dfrac{w_0}{2}\left(1+\cos\left(\dfrac{\pi S}{S_{\max}}\right)\right), & \text{当 } S \leqslant S_{\max} \\ w_{s,\max} & \text{当 } S > S_{\max} \end{cases} \tag{7.17}$$

式中：$w_{s,0}$ 为考虑盐度后的泥沙沉速；$w_{s,\max}$ 为在最大盐度情形下的泥沙沉速；S 为盐度；$S_{\max}$ 为对应最大沉速时的最大盐度。更多详细的内容见 Delft3D 手册和相关文献等。

2. 非黏性沙控制方程

① 悬移质输沙

悬移质输沙率主要通过对悬沙浓度的三维对流扩散方程进行求解来得到。

$$\frac{\partial c}{\partial t} + \frac{\partial (cu)}{\partial x} + \frac{\partial (cv)}{\partial y} + \frac{\partial (w-w_s)c}{\partial z} = \frac{\partial}{\partial x}\left(\varepsilon_{s,x}\frac{\partial c}{\partial x}\right) + \frac{\partial}{\partial y}\left(\varepsilon_{s,y}\frac{\partial c}{\partial y}\right) + \frac{\partial}{\partial z}\left(\varepsilon_{s,z}\frac{\partial c}{\partial z}\right) \tag{7.18}$$

式中：c 为泥沙浓度；w_s 为泥沙的沉降速度；$\varepsilon_{s,x}$、$\varepsilon_{s,y}$、$\varepsilon_{s,z}$ 分别为泥沙的扩散系数，扩散系数的取值依赖于所选取的湍流模型，具体见 Delft3D 手册。

参考泥沙浓度与床面顶层中的相对有效泥沙成比例地施加在参考高度处以将泥沙挟带入水体中。泥沙的中值粒径是一个主导参数，它决定了基于 Shields 曲线的非黏性泥沙开始的沉降速度和临界垂线平均速度。其沉速由 Van Rijn 提出的悬浮泥沙粒径的公式进行计算。

$$w_s = \begin{cases} \dfrac{(s-1)g\,d_{50}^2}{18\nu}, & 65\ \mu m < D_s \leqslant 100\ \mu m \\ \dfrac{10\nu}{d_{50}}\left(\sqrt{1+\dfrac{0.01(s-1)g d_{50}^3}{\nu^2}}-1\right), & 100\ \mu m < D_s \leqslant 1\,000\ \mu m \\ 1.1\sqrt{(s-1)g d_{50}}, & 1\,000\ \mu m < D_s \end{cases} \tag{7.19}$$

式中：s 为泥沙相对密度，即 ρ_s/ρ；d_{50} 为泥沙的中值粒径；ν 为水的运动黏滞系数(m^2/s)。

悬沙对流扩散偏微分方程的求解需要指定边界条件，底部床面设定参考高度为 a，参考高度以上的泥沙运动被认为是悬移质输沙，反之则为推移质输沙。因此悬移质输沙的计算需要利用获取参考高度处的泥沙浓度 c_a 分布作为底部边界条件。底部边界条件为

$$-w_s c - \varepsilon_{s,z}\frac{\partial c}{\partial z}\bigg|_{z=a} = D - E \tag{7.20}$$

式中：D、E 分别为泥沙沉积率和侵蚀率，计算公式为

$$E = \varepsilon_{s,z}\frac{\partial c}{\partial z}\bigg|_{z=kmx} \tag{7.21}$$

$$D = w_s c_{kmx} \tag{7.22}$$

泥沙在床面和流体中的转化可以通过近底层的源汇项的模拟来表达,该层完全处于 Van Rijn 参考高度以上,称之为 kmx 层。

对于非黏性颗粒,遵循 Van Rijn 的方法,泥沙在底部参考高度 a 之上和之下的输移分别被视为悬移和推移。底部参考高度 a 的计算如下,

$$a = \min\left[\max\left\{Fac \cdot k_s, \frac{\Delta r}{2}, 0.01h\right\}, 0.20h\right] \tag{7.23}$$

式中:Fac 为自定义的比例因子;k_s 为与水流相关的粗糙高度;Δr 为沙纹高度(0.025 m)。

② 推移质输沙

平坦床面上的推移质输沙率通常采用改进的 Van Rijn 等提出的近似的输沙公式进行计算。

$$|S_b| = 0.0006 \rho_s w_s d_{50} M^{0.5} M_e^{0.7} \tag{7.24}$$

式中:S_b 为推移质输沙率[kg/(m² · s⁻¹)];M 为泥沙移动数;M_e 为超越泥沙移动数,其计算公式分别为

$$M = \frac{\nu_e^2}{(s-1)gd_{50}} \tag{7.25}$$

$$M_e = \frac{(\nu_e - \nu_{cr})^2}{(s-1)gd_{50}} \tag{7.26}$$

式中:ν_e 为假设流速分布为对数剖面时,由底部计算层的流速所求出的水深平均流速的值;ν_{cr} 为泥沙初始运动时的临界水深平均流速(基于希尔兹曲线的参数化)。

③ 床面演变

床面变化通过基于黏性和非黏性泥沙的连续方程进行求解。

$$\rho'_{s,i}\frac{\partial Z_{b,i}}{\partial t} + \frac{\partial S_{X,i}}{\partial X} + \frac{\partial S_{y,i}}{\partial y} = 0 \tag{7.27}$$

式中:$\rho'_{s,i}$ 为泥沙组分的床面密度(kg/m³);$Z_{b,i}$ 为泥沙组分的床面厚度(m)。

模型中地貌形态演变在水流计算中进行更新,泥沙和动力地貌的计算均与水流同时计算。该模型可以通过使用代表性的水动力设置和加速因子来模拟从数秒到数千年时间尺度上的动力地貌演化过程。Lesser 和 Ranasinghe 等对泥沙输移和动力地貌模型的验证进行了详细的阐述。

7.1.4 数值解法

为了利用数值方法求解以上提出的偏微分方程,需要将其转化至离散的空间域及时间域中。对于水动力的求解主要基于有限差分法(FDM),为了将三维浅水方程进行空间上的离散,模型区域主要考虑了矩形正交或球面网格。计算均采取结构化的正交网格进行空间离散,变量的存储采取交错布置,水位点定义在网格中心处,速度点布置在网格线

的中间位置。具体变量的空间布置如图 7.1 所示。

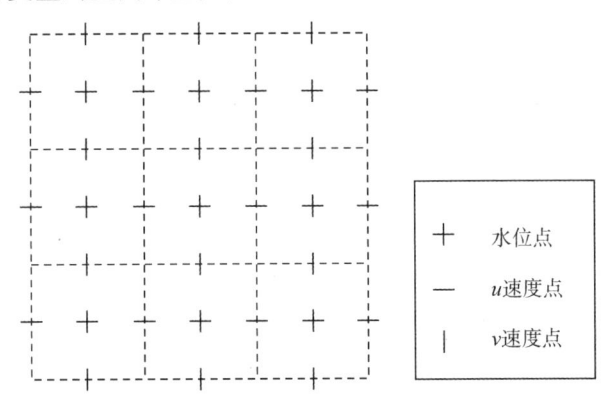

图 7.1 水动力模型三个开边界示意图

在矩形网格上利用显式格式求解浅水方程，时间步长需要满足 Courant 数的要求。对于很多实际计算状况，需要几秒的时间步长来计算潮流传播，超过了该时间步长就会导致计算的不稳定。因此，通常采用基于 Crank-Nicholson 隐式格式的方法进行求解。Delft3D 中浅水方程利用 Leendertse 和 Gritton 等提出的交替方向隐式（ADI）方法进行方程的离散。

ADI 方法将一个时间步 Δt 分为两个部分，每一部分包括半个时间步 $\Delta t/2$。以平面二维方程为例，第一个半时间步中 x 方向的速度采用隐式格式，y 方向采用显示格式；第二个半时间步则相反，即 x 方向采用显示格式，y 方向采用隐式格式。ADI 方法得到的方程如下所示。

第一个半时间步为

$$\frac{\vec{U}^{n+1/2}-\vec{U}}{\frac{1}{2}\Delta t}+\frac{1}{2}\boldsymbol{A}_x\vec{U}^{n+1/2}+\frac{1}{2}\boldsymbol{A}_y\vec{U}^n+\boldsymbol{B}\vec{U}^{n+1/2}=\vec{d} \tag{7.28}$$

第二个半时间步为

$$\frac{\vec{U}^{n+1}-\vec{U}^{n+1/2}}{\frac{1}{2}\Delta t}+\frac{1}{2}\boldsymbol{A}_x\vec{U}^{n+1/2}+\frac{1}{2}\boldsymbol{A}_y\vec{U}^{n+1}+\boldsymbol{B}\vec{U}^{n+1}=\vec{d} \tag{7.29}$$

其中，

$$\boldsymbol{A}_x=\begin{pmatrix}0 & -f & g\frac{\partial}{\partial x} \\ 0 & u\frac{\partial}{\partial x}+v\frac{\partial}{\partial y} & 0 \\ H\frac{\partial}{\partial x} & 0 & u\frac{\partial}{\partial x}\end{pmatrix},\boldsymbol{A}_y=\begin{pmatrix}u\frac{\partial}{\partial x}+v\frac{\partial}{\partial y} & 0 & 0 \\ f & 0 & g\frac{\partial}{\partial y} \\ 0 & H\frac{\partial}{\partial y} & v\frac{\partial}{\partial y}\end{pmatrix},\boldsymbol{B}=\begin{pmatrix}\lambda & 0 & 0 \\ 0 & \lambda & 0 \\ 0 & 0 & 0\end{pmatrix}$$

式中：λ 为线性化的摩阻系数；$\vec{d}$ 为源汇项，如风应力等。在第一个半时间步内首先求解 V 方向的动量方程，然后求解与连续性方程隐式耦合在一起的 U 方向动量方程；第二个

半时间步首先求解 U 方向的动量方程，然后求解与连续方程耦合在一起的 V 方向的动量方程。根据 ADI 格式所求的方程，所得解在时间上为二阶精度。

水平对流项的空间离散提供了三种格式：WAQUA 格式、Cyclic 格式以及 Flooding 格式；垂直对流项则采用二阶中心差分进行离散。扩散项基于中心差分格式进行方程的离散。

7.1.5 边界条件

偏微分类型的控制方程需要边界条件组成定解问题。

1. 表面边界条件

运动学自由表面边界条件为

$$\omega \mid_{\sigma=0} = 0 \tag{7.30}$$

动力学自由表面边界条件为

$$\frac{\nu_v}{H} \frac{\partial u}{\partial \sigma} \bigg|_{\sigma=0} = \frac{1}{\rho_w} \mid \vec{\tau_s} \mid \cos\theta \tag{7.31}$$

$$\frac{\nu_v}{H} \frac{\partial u}{\partial \sigma} \bigg|_{\sigma=0} = \frac{1}{\rho_w} \mid \vec{\tau_s} \mid \sin\theta \tag{7.32}$$

式中：θ 为风应力矢量方向与 y 方向的夹角；τ_s 为风应力，当不考虑风的作用时，右端为 0。

2. 底部边界条件

底部运动学边界条件为

$$\omega \mid_{\sigma=1} = 0 \tag{7.33}$$

底部动力学边界条件为

$$\frac{\nu_v}{H} \frac{\partial u}{\partial \sigma} \bigg|_{\sigma=1} = \frac{1}{\rho_w} \tau_{bx} \tag{7.34}$$

$$\frac{\nu_v}{H} \frac{\partial u}{\partial \sigma} \bigg|_{\sigma=1} = \frac{1}{\rho_w} \tau_{by} \tag{7.35}$$

式中：τ_{bx}、τ_{by} 分别为床面剪切应力；该应力可以包含波、流的相互作用，在本节中仅介绍流的作用。在三维模型下，床面剪切应力可以通过二次摩擦法则进行求解。

3. 开边界条件

对于开边界条件驱动模型的计算，Delft3D 提供了多种开边界条件：水位（Waterlevel）、流速（Velocity）、流量（Discharge）、纽曼（Neumann）条件、黎曼（Riemann）条件等。前几种为常规的开边界条件，黎曼条件为基于 Engquist 和 Majda 的理论，使边界处反射大幅削弱的边界条件。

4. 闭边界条件

闭边界处认为所有的流速、剪切应力、对流项及扩散项均为 0。

7.2 模型的建立及验证

7.2.1 大通至长江口二维潮流模型的建立

1. 计算区域及模型网格

本模型的计算区域包括大通至长江口河段、杭州湾区域以及其毗邻海域,长江河口二维模型计算范围及网格如图 7.2 所示。上游边界至潮区界大通站,外海东边界在−50 m 等深线以外,最远位于东经 123.34°,北边界位于北纬 32.36°,南边界最远位于北纬 29.41°。模型东西跨度约为 510 km,南北跨度约为 400 km。模型网格为正交化网格,横向网格 1 219 个,纵向 114 个。外海处网格尺寸较大,达到 2 km×2 km,最小网格尺寸为 50 m×60 m。根据柯朗数(Courant number)原则,时间步长取 60 s。模型采用 2014 年实测地形资料作为 2014 年洪、枯季水沙运动验证的地形。平面坐标系采用北京 1954 投影坐标,地形高程及计算潮位均采用 1985 国家高程基准。

图 7.2 大通至长江口数学模型网格边界

2. 模型边界条件

模型中外海开边界条件为水位控制,上游大通站边界采用流量控制。选取 2014 年 2 月(枯季)与 2014 年 8 月(洪季)的实测大通逐日流量条件与东中国海模型计算的随时间变化的外海水位条件作为边界条件对模型进行水动力、含沙量验证。值得注意的是,模型有三个开边界,一个是离岸边界,另外两个是与海岸垂直的接岸边界。Delft3D 提供了多种开边界条件：水位、流速、流量、纽曼（Neumann）、黎曼（Riemann）边界等。图 7.3 给出了水动力模型三个开边界示意图，其中 A—B 是位于深水中的离岸边界，而 A—A' 和 B—B' 是两个接岸边界。在应用动力地貌模型研究近海工程及其演变时，边界条件在设置和验证过程中通常会遇到困难。主要问题是开边界如何确定合适的边界条件。这是由于作用在模型域上的过程的组合使得水位和流速在沿岸方向发生变化。如果边界条件与这种分布不相匹配，则会产生边界扰动，模型计算时位于边界处的结果将不再准确。提出一个解决方法是让模型通过施加沿岸水位梯度（Neumann 边界）代替固定的水位或流速作为边界条件，使边界不受扰动地与实际情况相匹配。值得注意的是，Neumann 边界只能应用于接岸边界，同时离岸边界使用水位边界，这样设置可以解决潮波在传递过程中对开边界的扰动。

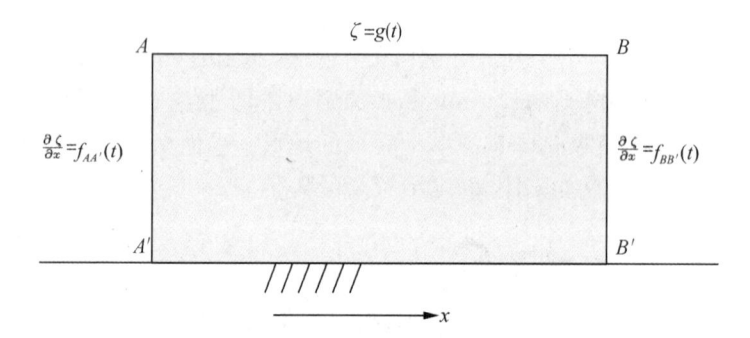

图 7.3　水动力模型三个开边界示意图

根据下列公式给出接岸边界的水位过程，

$$\zeta = \sum_{j=1}^{N} \hat{\zeta}_j \cos(\omega_j t - k_j x) = \sum_{j=1}^{N} \hat{\zeta}_j \cos(\omega_j t - \varphi_j) \quad (7.36)$$

式中：$\hat{\zeta}_j$ 为振幅（m）；$\omega_j = \dfrac{2\pi}{T_j}$，表示频率（rad/h）；$k_j = \dfrac{2\pi}{L_j}$，表示波浪数（rad/m）。

d_{AB} 代表 A 和 B 之间的距离，则 A 和 B 之间相位的差别可表示为 $k_j d_{AB} = \dfrac{2\pi}{L_j} d_{AB}$；$L_j$ 是波长，$L_j = \dfrac{2\pi}{\omega_j} u$，$u$ 为流速，对于浅水流速可以根据 $u = \sqrt{gh}$ 求得。

本书中将近岸边界设置为潮汐边界，接岸边界设置为 Neumann 边界。上游大通流量边界含沙量根据历年实际年径流量和年输沙量给出。下游开边界天文潮由调和分潮常数确定，选取 M2、S2、N2、K2、K1、O1、P1、Q1 八个主要分潮，由东中国海潮波模型计算确定分潮参数。开边界的泥沙通量设置为给定零含沙量梯度。糙率根据沉积物粒径分布和水深计算，其值在 0.013~0.025 之间。

3. 模型验证

模型水动力验证采用 2014 年 7 月 27 日—7 月 31 日的实测潮位、流速和流向资料（测站位置见图 7.4），验证结果如图 7.5 和图 7.6 所示。模拟计算的水位、流速、流向的幅值和相位与实测值吻合较好。因此模拟结果可信，模型在模拟水流运动时是较为合理和准确的，可以为小模型提供准确的边界条件。

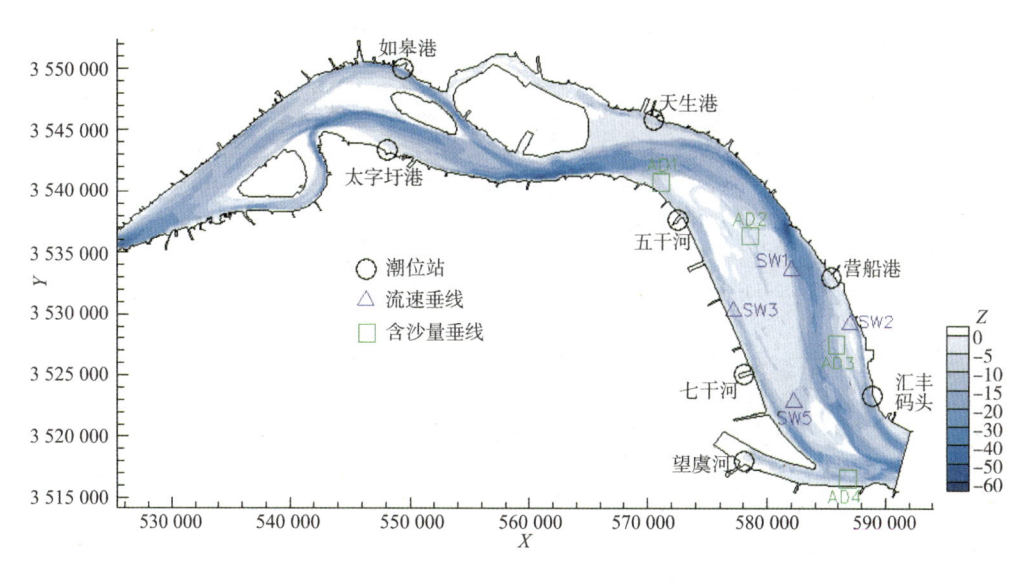

图 7.4　研究区域水尺、测流、采砂点布置

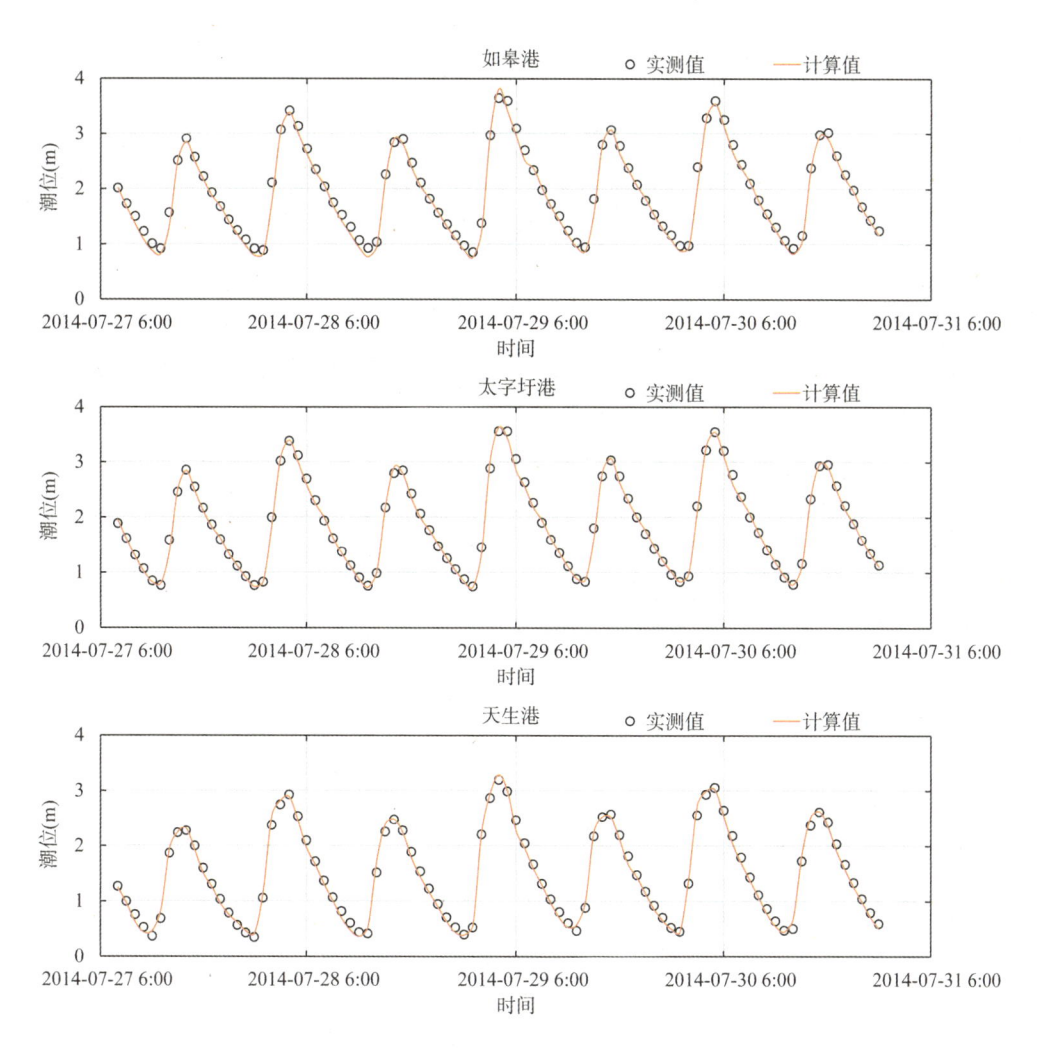

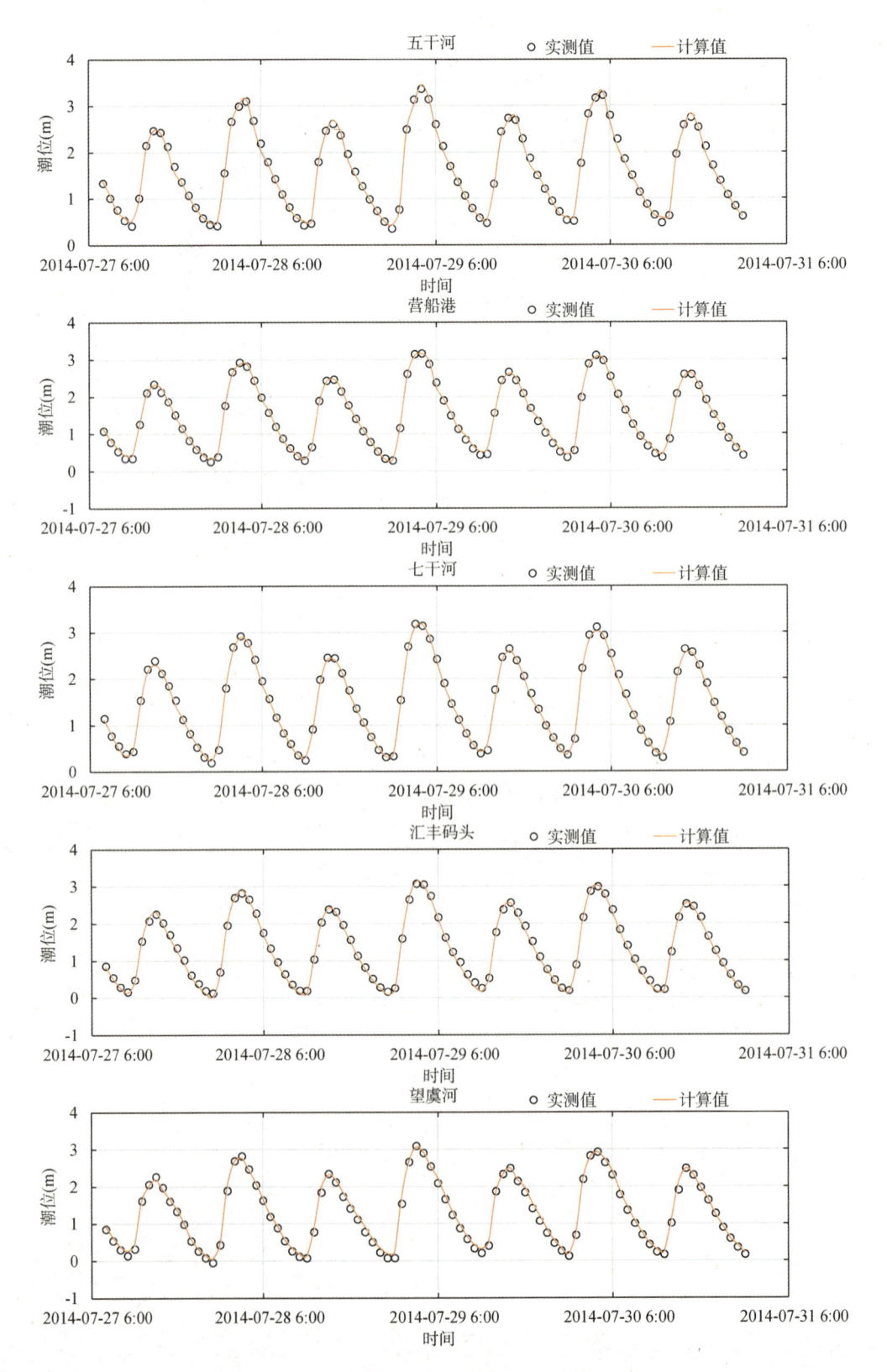

图 7.5 潮位验证

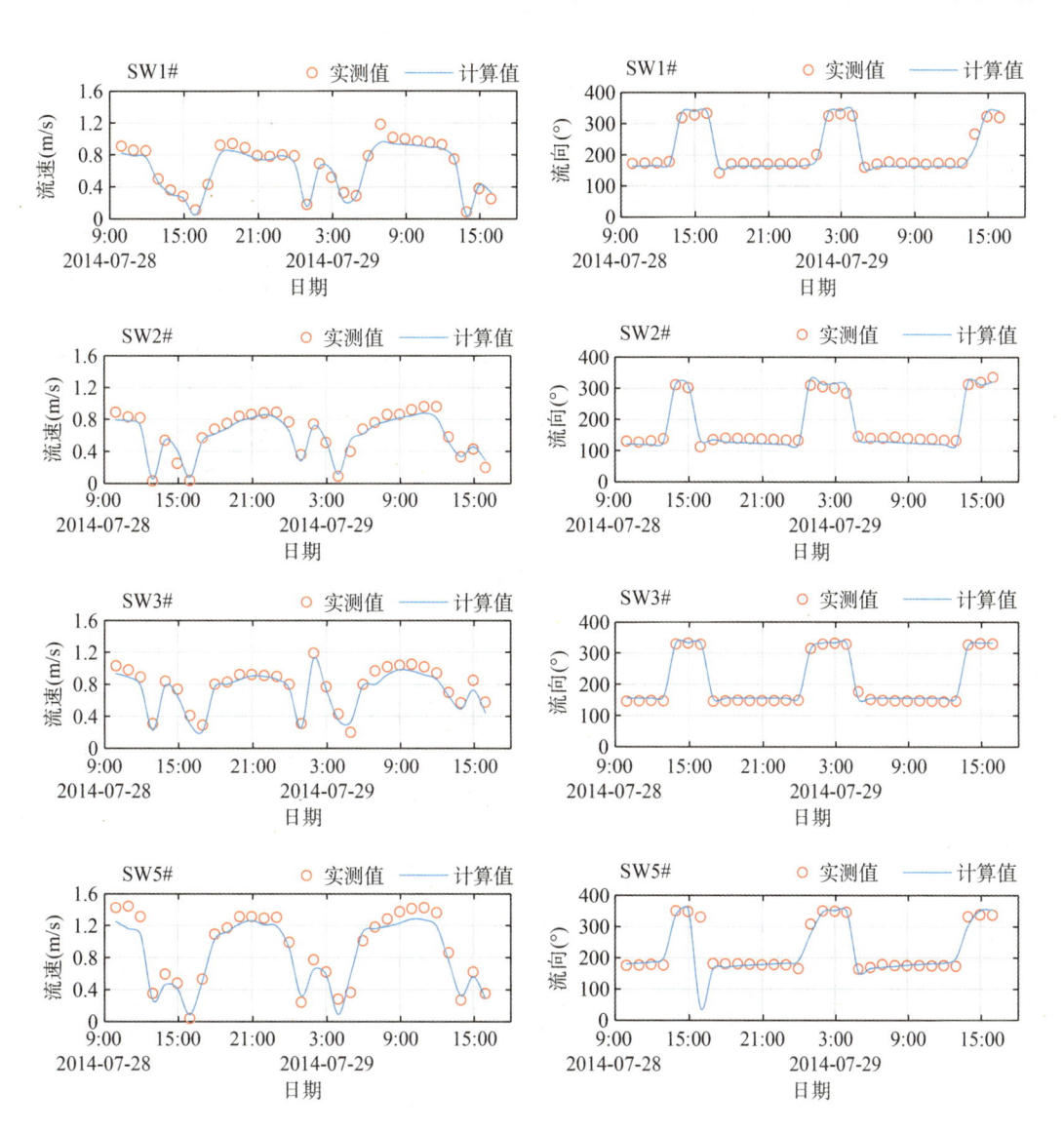

图 7.6　流速、流向验证

7.2.2　江阴至徐六泾水沙模型的建立

1. 计算区域及模型网格

为了提高模型计算效率,同时减小模型网格尺度,便于工程河段更精确地模拟计算,建立了局部动力地貌模型,其边界条件可由大范围模型提供。局部模型计算区域网格如图 7.7 所示。上游边界为江阴,下游边界至徐六泾,模型横向网格 673 个,纵向网格 168 个,对老海坝抛石工程区进行加密,最小网格尺寸为 10 m 左右。计算时间步长为 0.3 min,以确保柯朗数(Courant number)在计算过程中不超过 1.0。

2. 泥沙组分及参数

根据工程河段河床床面泥沙采样结果,研究河段床沙粒径差异较大,粒径变化范围从

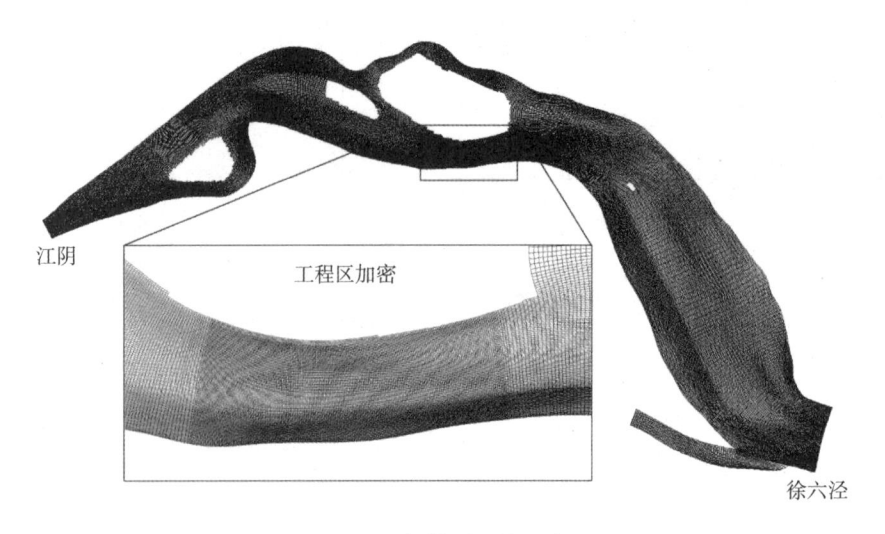

图 7.7　局部模型网格示意图

0.01 mm 到 0.5 mm,从粉质黏土到中砂不等,区域有碎石。总体来看,边滩泥沙颗粒较细,中值粒径在 0.03~0.1 mm,深槽颗粒较粗,根据采样结果,中值粒径范围一般在 0.15~0.25 mm。研究河段悬沙中值粒径在 0.01 mm 左右,中值粒径大于 0.1 mm 的泥沙较少,其中参与造床的床沙质粒径在 0.07 mm 以上的悬沙占总量不到 10%,因此河段造床主要以推移质造床为主。因此,采用的数值模型主要以推移质输沙的方式计算老海坝抛石区域的冲淤演变,暂不考虑边界含沙量的作用。

根据上述分析可知,研究河段床沙质分界线为中值粒径 0.07 mm 左右,河床床沙中粒径在 0.1~0.3 mm 的泥沙约占 90%。考虑到抛石工程实施后,抛石区床沙明显增粗,因此模型中非黏性沙中值粒径选择 0.1 mm、0.3 mm 和 1 mm 三组,黏性沙中值粒径 d_{50} 选择 0.03 mm,其对应沉速 w 见表 7.1,其中中值粒径为 1 mm 的泥沙基本不再起动,可用来代表抛石后工程区地质条件。

表 7.1　模型中泥沙组分的相关参数

分类	组分名称	d_{50} (mm)	ω (mm/s)	M [kg/(m²·s)]
黏性沙	m1	0.03	1	5×10⁻⁵
非黏性沙	s1	0.1	—	—
	s2	0.3	—	—
	s3	1	—	—

非黏性沙密度 1 600 kg/m³,黏性沙干密度取 500 kg/m³。模拟的泥沙通量和局部河床形态由沉降通量(D)和冲刷通量(E)共同决定。而沉降/冲刷通量又取决于临界冲刷切应力 $\tau_{cr,E}$、临界淤积切应力 $\tau_{cr,D}$ 和侵蚀速率 M 等参数的值。临界淤积切应力 $\tau_{cr,D}$ 采用 Winterwerp 的建议,在模型中取 1 000 N/m²,表示泥沙颗粒的沉降不断发生,临界冲刷切应力 $\tau_{cr,E}$ 根据敏感性分析取 0.35~0.55 N/m²。对于所有黏性沙,侵蚀速率 M 取 5×10⁻⁵ kg/(m²·s),通过数模结果调试可知,过大或者过小的 M 值都使得潮汐通道的演变速率与实际情况有所偏差。模型参数设置见表 7.2。

表 7.2　模型参数设置

参数	值
时间步长	1 min
侵蚀速率	5×10^{-5} kg/(m²·s)
沉速	1 mm/s
曼宁系数	0.015～0.025
沉降临界剪切应力	1 000 N/m²
冲刷临界剪切应力	0.35～0.55 N/m²

由于床沙粒径分布的采样点分辨率不足以识别浅滩和深槽之间的空间变化，模型中插值后的河床组成会有较大误差。因此，首先根据实测值给定不同粒径泥沙在床面所占比例作为初始条件，在每次模型计算前，进行 720 h 的河床重组计算（Bed Composition Generation）。采用 Van der Wegen 等的方法，BCG 运行时采用每个模型的初始时刻实测值，在地形不更新的情形下进行泥沙模块的计算，达到河床重组的目的。BCG 计算持续一个月，得到各组分的百分比，所得的河床组成更符合实际的水流及冲淤条件，将泥沙百分比结果应用于模型，作为初始床面条件。

3. 模型验证

（1）含沙量验证

选取 2014 年 7 月 28 日—7 月 29 日实测含沙量资料进行验证。由于模型边界没有连续的 15 日含沙量过程，边界含沙量精度有限。从验证结果来看（图 7.8），模型计算值与实测值误差在 30% 以内，基本满足规范要求，可认为本模型可较好地模拟出研究河段的含沙量过程。

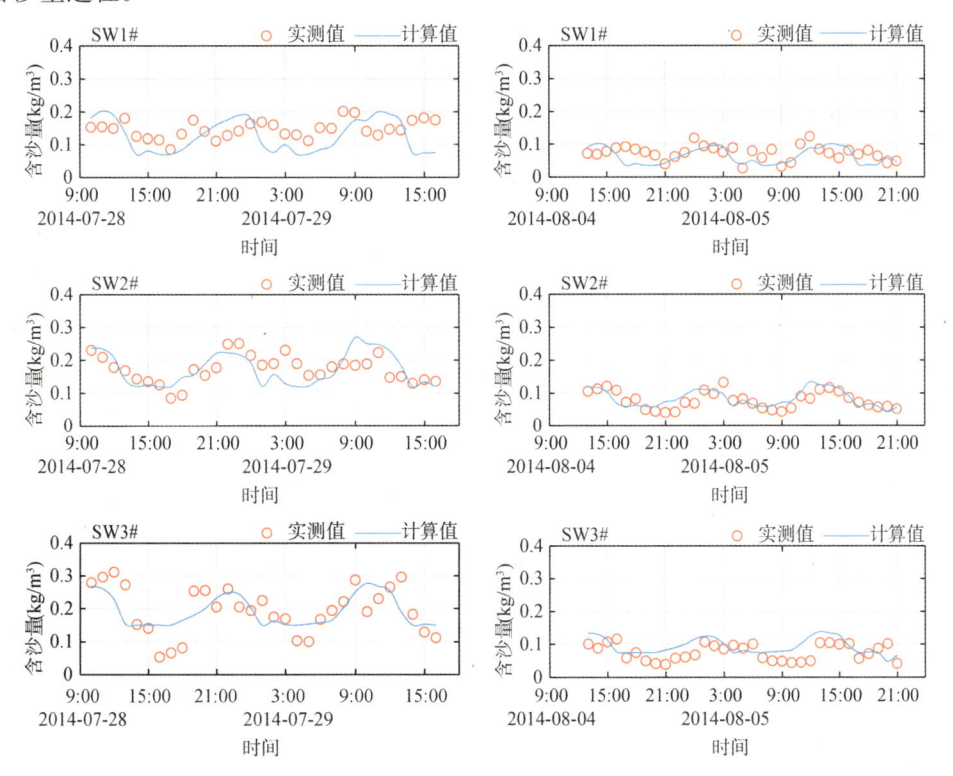

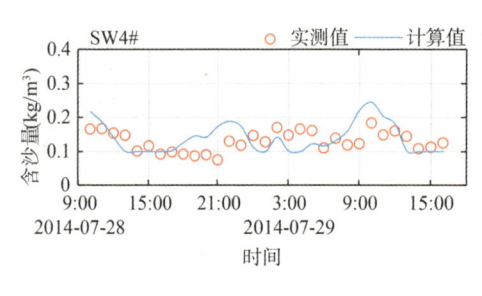

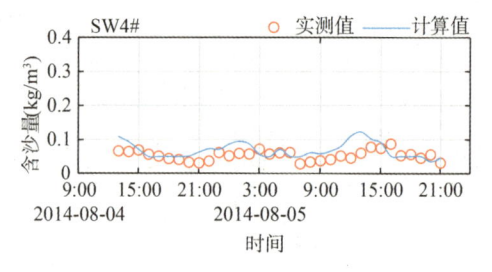

(a) 7月28日—29日大潮　　　　　　(b) 8月4日—5日小潮

图 7.8　含沙量验证

(2) 冲淤变形验证

在河床冲淤变形模拟中,模型的泥沙组成对动力地貌发展影响巨大。河床冲淤变形的模拟关键之一在于选取合适的泥沙组分,较好地模拟出河床的冲淤演变规律。本次河床冲淤验证主要采用 2014 年 7 月—2015 年 7 月为期一年的实测地形资料,实测地形冲淤结果与模型计算结果如图 7.9 所示。表 7.3 给出了研究河段河床冲淤计算值与实测值的比较,实测淤积量为 1 527 万 m^3,计算值为 1 382 万 m^3,偏差为 -9.47%;实测冲刷量为 3 068 万 m^3,计算值为 3 416 万 m^3,偏差为 11.34%,验证河段总体淤积厚度为 -0.67 m,计算值为 -0.73 m,偏差为 8.2%。冲淤计算结果表明,冲淤部位总体上比较吻合,不论是在冲淤量值还是在冲淤分布上,计算值与实测值都吻合较好。

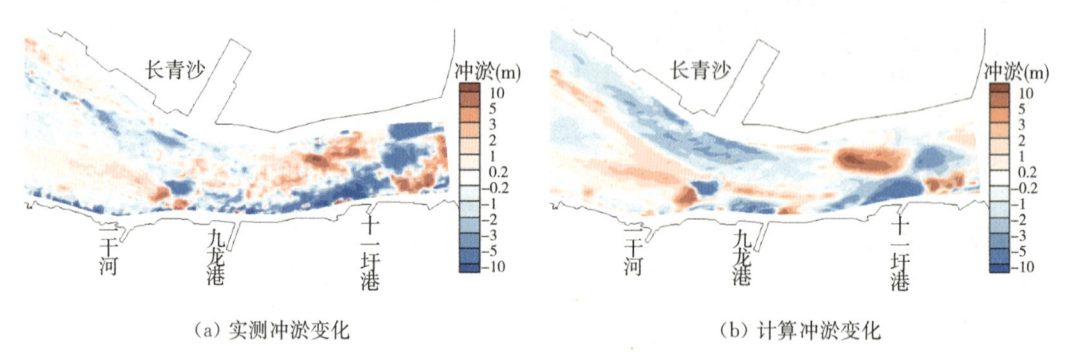

(a) 实测冲淤变化　　　　　　　　　(b) 计算冲淤变化

图 7.9　河床冲淤变形验证

表 7.3　工程河段河床变形验证

| 冲刷量(万 m^3) ||| 淤积量(万 m^3) ||| 冲淤厚度(m) |||
实测	计算	偏差	实测	计算	偏差	实测	计算	偏差
3 068	3 416	11.34%	1 527	1 382	−9.50%	−0.67	−0.73	8.96%

7.3　抛石护岸后水流条件变化分析

抛石护岸工程的实施增加了河床高程,且有效地增加了岸坡处河床的阻力,改变了工程河段的水流条件。抛石工程的实施对河道水流条件的影响主要包括潮位的变化、流速分布的变化以及分流比的变化。

7.3.1 研究方案及计算条件

张家港老海坝节点综合整治工程位于长江澄通河段的中段右岸,隶属如皋沙群段,是长江下游河段重要的河势控制节点工程。整治工程位于一干河至九龙港至二干河沿线 1 260 m 之间的岸线,里程总长约 7 250 m,沿岸线走势长度约 6 800 m。整治工程分两期实施。

张家港老海坝节点综合整治工程分两期实施,一期工程主要内容如图 7.10 所示,主要包括两个方面,一是对河床深槽及岸坡进行抛石防护,阻止水流对河床和岸坡的进一步冲刷。其中在距离码头平台外边线 25~100 m 宽范围内为带状防冲层,防冲层外侧为宽 20~120 m 的带状防崩层,抛石厚度 2.5 m。在距海力 8 号码头平台外边线 150 m 范围内设置长 418 m 的网兜石护面,抛厚 2 m。二是对部分不满足抗滑稳定性要求的岸坡进行抛石压载,压载平台宽 8~15 m,边坡 1∶3,并在 8 号码头堤外侧设置连排灌注桩,长度约 214 m,以消除滑坡隐患。散抛块石粒径范围和相应重量如表 7.4 所示。一期工程抛石总量为 964 794 m³,其中堤防块石压载(包括 8 号码头保持堤防稳定的大块石)109 115 m³,防冲层水下抛石(150~300 kg)435 721 m³,防崩层水下抛石(5~100 kg)268 654 m³,网兜抛石(5~100 kg)151 303 m³。二期工程岸线整治工程主要位于九龙港至二干河河段,抛石总量为 1 431 453.7 m³,其中堤防块石压载 102 336 m³,防冲层水下抛石(70~550 kg)336 776.6 m³,防崩层水下抛石(5~250 kg)898 336 m³,网兜抛石 94 005.1 m³。

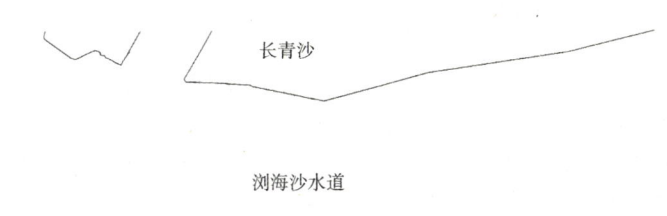

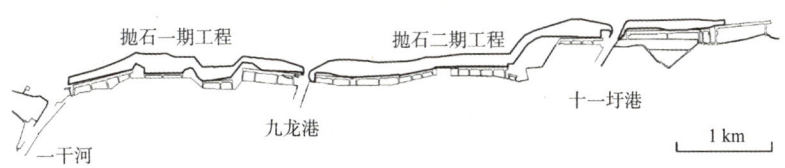

图 7.10 老海坝抛石护岸工程位置示意图

表 7.4 水下抛石基本情况

护岸结构形式	稳定的抗冲粒径范围(m)	相应重量(kg)	备注
抛小粒径块石	0.16~0.40	5~100	防崩层
抛大块石	0.50~0.65	150~300	抗冲刷要求
抛块石	0.30~0.40	50~100	堤防稳定要求

河床演变在汛期的演变速率明显高于非汛期,为综合分析抛石护岸工程实施对研究河段水流条件的影响,选择汛期实测潮位模拟典型水动力边界下河段水动力过程。计算工况分别为工程实施前实际地形和抛石护岸工程实施后地形,上下游边界条件及其他区

域参数保持一致。为详细分析工程对水流特性产生的影响,在不同河段内选取多个特征点,如图 7.11 所示,其中 P1—P13 位于浏海沙水道,P14、P15 位于如皋中汊,P16—P18 位于如皋左汊。抛石工程位置见该图中红色区域。

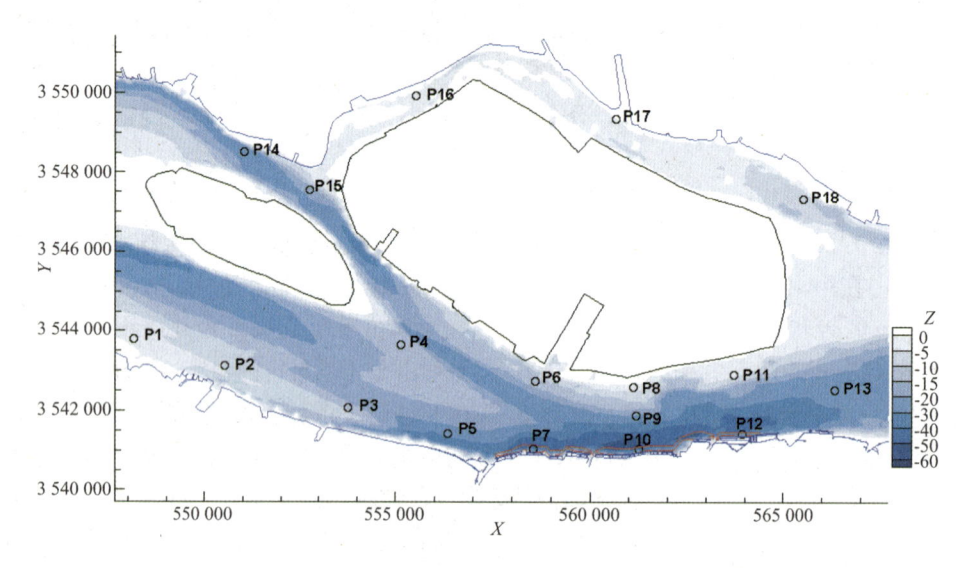

图 7.11　工程区附近特征点位置示意图

7.3.2　工程对潮位影响分析

潮位变化主要体现的是抛石护岸工程对河段防洪、排涝的影响。台风、洪水、天文潮两者或者三者同时发生是长江口河段高潮位形成的重要原因,本书重点对洪季条件下工程对潮位的影响进行分析。工程河段受非正规半日浅海潮影响,水位呈周期性涨落变化。为分析工程潮位变化对河段防洪、排涝的影响,选取模拟期内涨憩(潮水涨到最高时)和落憩(潮水落到最低时)的两个时间点进行工程前后的水位变化分析。

工程实施后涨憩、落憩时刻水位变化分布如图 7.12 所示。由图可见,涨憩时刻抛石护岸工程实施后,工程河段水位变幅大多在 0.01 m 以内,离工程区越远水位变化幅度越小,整体呈上游水位壅高、下游水位下降的规律。落憩时刻与涨憩时刻水位变化规律相似,工程实施后,河道内呈现更为明显的工程区上游水位壅高、下游水位降低且离工程区越远水位变幅越小的规律,但总体来看水位变幅在 0.01 m 以内,工程实施对河段的水位影响较小。表 7.5 给出了工程河段内监测点水位的变化结果,由表可见,所有监测点水位变化值都在 0.01 m 以内,抛石工程区刚好为水位壅高与水位降低的分界点,因此上游抛石区 P7 水位壅高,下游抛石区 P12 水位下降,而 P10 则在涨憩时刻水位壅高,在落憩时刻水位下降。其余监测点也符合上游测点水位壅高,下游测点水位下降的规律。总体上,落憩时刻水位变化幅度略高于涨憩时刻水位变幅,这可能是由于涨潮时,水流在径流和潮汐的共同作用下因抛石区地形拔高而产生的影响有些许抵消作用,而落潮时,河道内水流受径流作用,呈现较为规律的水位变化情势。

(a) 涨憩

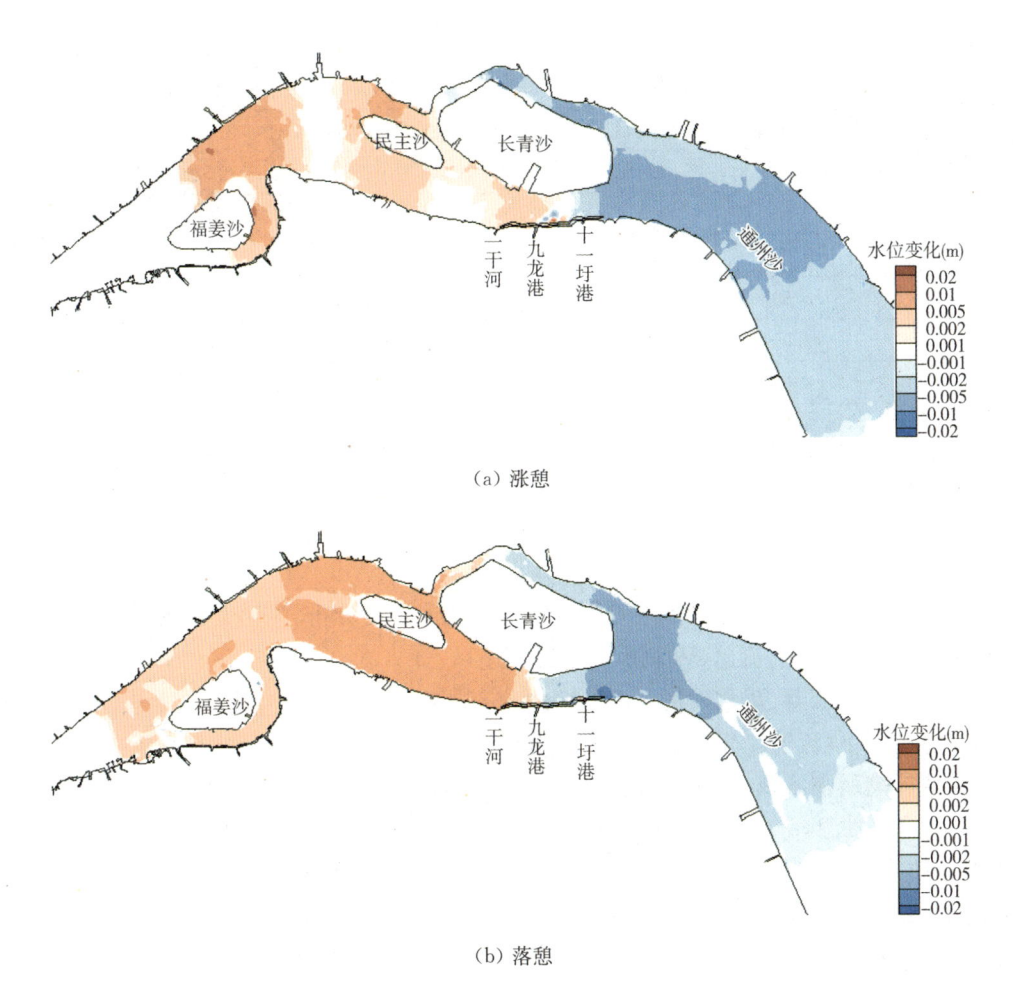

(b) 落憩

图 7.12　工程实施后涨憩、落憩水位变化分布图

表 7.5　监测点潮位变化统计

特征点	涨憩水位(m)			落憩水位(m)		
	工程前	工程后	变化值	工程前	工程后	变化值
P1	3.813	3.814	0.001	0.896	0.902	0.006
P2	3.810	3.815	0.005	0.878	0.884	0.006
P3	3.810	3.810	0.000	0.837	0.844	0.007
P4	3.807	3.808	0.001	0.834	0.841	0.007
P5	3.813	3.814	0.001	0.799	0.807	0.008
P6	3.810	3.813	0.003	0.732	0.737	0.005
P7	3.815	3.817	0.002	0.711	0.721	0.010
P8	3.822	3.823	0.001	0.657	0.653	−0.004
P9	3.826	3.824	−0.002	0.673	0.669	−0.004
P10	3.819	3.824	0.005	0.718	0.714	−0.004
P11	3.832	3.828	−0.004	0.646	0.639	−0.007

(续表)

特征点	涨憩水位(m) 工程前	涨憩水位(m) 工程后	变化值	落憩水位(m) 工程前	落憩水位(m) 工程后	变化值
P12	3.830	3.826	−0.004	0.637	0.630	−0.007
P13	3.825	3.819	−0.006	0.648	0.641	−0.007
P14	3.805	3.811	0.006	0.890	0.896	0.006
P15	3.807	3.809	0.002	0.881	0.886	0.005
P16	3.957	3.958	0.001	0.807	0.809	0.002
P17	4.082	4.078	−0.004	0.632	0.628	−0.004
P18	3.932	3.927	−0.005	0.625	0.620	−0.005

7.3.3 工程对流速影响分析

选取工程实施后河段涨、落急时刻垂向平均流速进行分析，流速变化按照 $V_2 - V_1$ 进行计算（V_1 表示工程前流速、V_2 表示工程后流速）。

工程实施后涨急、落急情形下流速变化分布如图 7.13 所示。模拟结果表明，工程实施后涨急情形下，流速变化主要发生在抛石工程区所在河段，即浏海沙水道从上游一干河至下游西界港所在区域，最大变幅在 0.2 m/s 以内，其余河段流速变化均小于 0.01 m/s。流速增大和减少区域无明显规律，主要可能因为，抛石护岸工程不仅增加了抛石区的河底高程，还改变了河道及岸坡的糙率，加上涨潮流与径流相互作用导致该处流速流向较为复杂，总体表现为抛石区及岸坡流速减小，抛石区外侧流速增大，深槽内流速又减小的规律。工程实施后在落急情形下，流速变化区域与涨急时刻类似，主要局限在抛石区及下游 10 km 范围河段内，流速变化大多在 0.1 m/s 以内，离工程区越远，流速变化越小。流速变化规律较为明显，抛石区及其下游带状区域流速减小，而抛石区外侧河道内则流速增

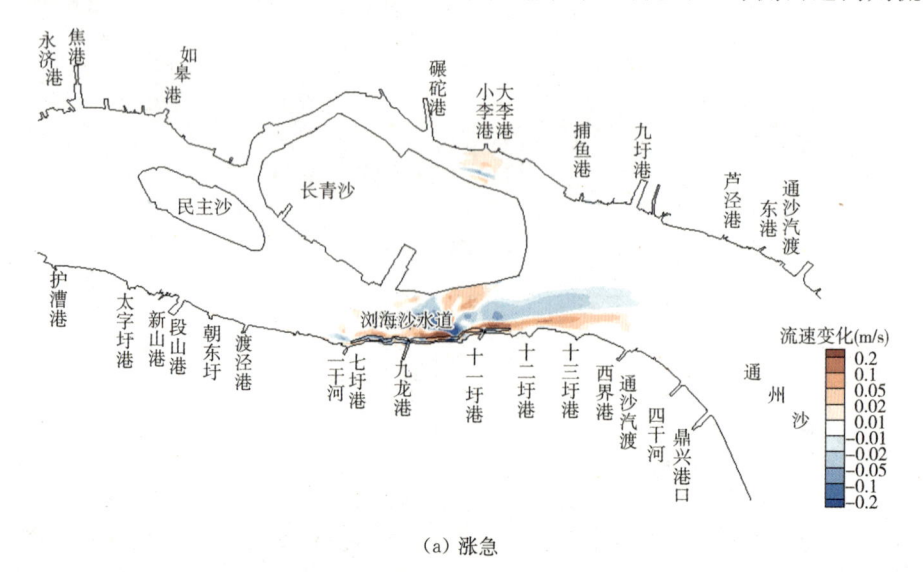

(a) 涨急

(b) 落急

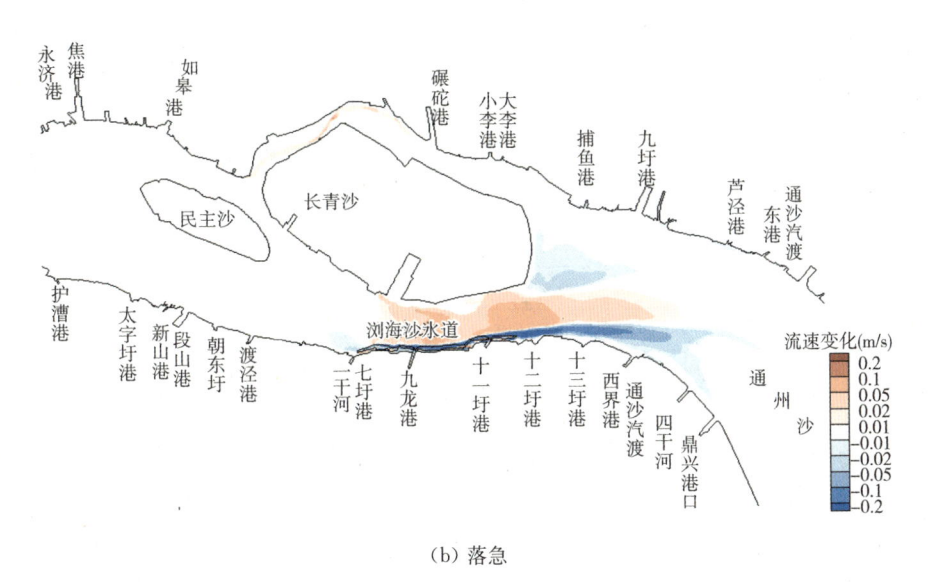

图 7.13　工程后涨憩、落憩水位变化分布图

大,这是由于抛石施工增加了河底高程,且块石增大了河道的糙率,从而增大了水流经过的阻力,使得一部分水流从左侧河道通过,增大了浏海沙水道左侧河道的流速。

为了更加直观地了解工程附近的流速变化情况,表 7.6 给出了监测点工程前后的涨急和落急的流速大小,并给出了其差值大小及变化率。由表可知,涨急情形下,工程区以外各测点流速变化很小,变幅小于 0.005 m/s,工程区内流速变化在 −0.15～0.21 m/s,最大变幅发生在 P10 测点,流速增幅达 43.52%。落急时刻,非工程区流速变化较涨急时刻有所增大,整体流速变化在 0.02 m/s 以内,浏海沙水道及如皋中汊流速以减少为主,如皋左汊流速有所增加。工程区内流速变化较大,流速变化范围为 −0.32～0.1 m/s,最大变幅发生在 P12 测点,流速减幅达 31.51%。综上所述,工程实施后,不论是涨急时刻还是落急时刻,流速变化主要集中于抛石工程区域,流速最大变幅在 0.3 m/s 左右,主要呈现抛石区流速减小、深槽流速增大的规律。

表 7.6　监测点流速变化统计　　　　　　　　　　　　　　单位:m/s

位置	监测点	大潮涨急				大潮落急			
		工程前	工程后	差值	变化率(%)	工程前	工程后	差值	变化率(%)
浏海沙水道	P1	0.393	0.393	0.000	0.000	0.361	0.360	−0.001	−0.277
	P2	0.475	0.474	−0.001	−0.211	0.655	0.653	−0.002	−0.305
	P3	0.451	0.450	−0.001	−0.222	0.909	0.904	−0.005	−0.550
	P4	0.156	0.157	0.001	0.641	1.189	1.183	−0.006	−0.505
	P5	0.368	0.367	−0.001	−0.272	1.259	1.249	−0.010	−0.794
	P6	0.761	0.760	−0.001	−0.131	1.341	1.354	0.013	0.969

(续表)

位置	监测点	大潮涨急				大潮落急			
		工程前	工程后	差值	变化率(%)	工程前	工程后	差值	变化率(%)
工程区	P7	0.562	0.468	−0.094	−16.726	0.420	0.364	−0.056	−13.333
	P8	0.684	0.657	−0.027	−3.947	0.287	0.298	0.011	3.833
	P9	0.706	0.568	−0.138	−19.547	1.571	1.624	0.053	3.374
	P10	0.478	0.686	0.208	43.515	1.403	1.129	−0.274	−19.530
	P11	0.798	0.802	0.004	0.501	0.677	0.721	0.044	6.499
	P12	1.030	1.125	0.095	9.223	0.987	0.676	−0.311	−31.510
	P13	0.505	0.470	−0.035	−6.931	1.554	1.590	0.036	2.317
如皋中汊	P14	0.115	0.114	−0.001	−0.870	1.364	1.357	−0.007	−0.513
	P15	0.301	0.301	0.000	0.000	1.233	1.227	−0.006	−0.487
如皋左汊	P16	0.406	0.410	0.004	0.985	0.317	0.320	0.003	0.946
	P17	0.416	0.420	0.004	0.962	0.355	0.363	0.008	2.254
	P18	0.637	0.637	0.000	0.000	0.204	0.209	0.005	2.451

7.3.4 工程对分流比影响分析

对于分汊河道来说,分流比是反映汊道兴衰变化的重要水动力学指标,影响汊道分流比变化的主要因素有上游主泓的摆动、汊道形态、汊道阻力和河槽容积等。工程实施后河段的汊道形态、汊道阻力、河槽容积等均有所改变,影响汊道分流比,进而影响本河段的河势变化,因此研究整治工程对于分流比的影响非常必要。为分析工程的实施对河道分流比的影响,在工程附近河道布置断面,如图 7.14 所示。

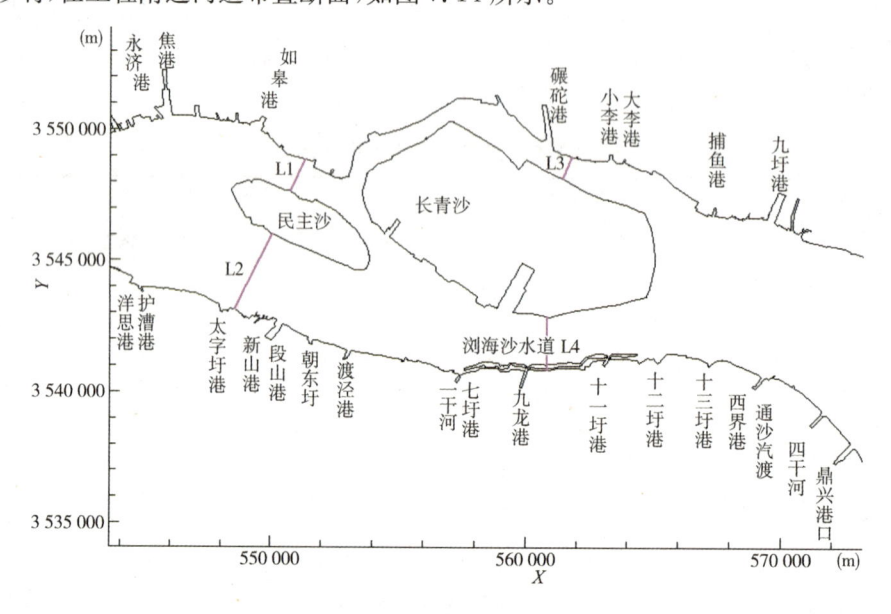

图 7.14 断面布置图

工程前后各断面分流比统计见表7.7,民主沙将福姜沙水道分为如皋中汊(断面1)和浏海沙水道(断面2),其中浏海沙水道落潮时分流比占比超70%,落潮时刻占比大于涨潮时刻,工程前后两河道的涨落潮分流比有所变化。如皋中汊分流比在涨急时增加1.84%,在落急时减少0.02%,浏海沙水道分流比在涨急时减少1.84%,在落急时减少0.02%。长青沙的存在使如皋中汊的水流一部分从如皋左汊流过,两股水流合并为浏海沙水道(断面4),与如皋左汊(断面3)共同流入通州沙水道,其中浏海沙水道落潮时流量占比超98%,落急时刻占比大于涨急时刻,工程实施后断面4分流比略微减小,断面3略微增大。总体而言,工程的实施阻碍了浏海沙水道的水流,使得断面2和断面4分流比有所减小,断面1和断面3分流比增大。同时,涨潮流所受工程影响大于落潮时刻,特别是断面1分流比变化最大,变幅达1.84%。

表7.7 工程前后各断面分流比　　　　　　　　　　　　　　　单位:%

位置		大潮涨急			大潮落急		
		工程前	工程后	变化	工程前	工程后	变化
民主沙	断面1	67.37	69.21	1.84	24.64	24.66	0.02
	断面2	32.63	30.79	−1.84	75.36	75.34	−0.02
长青沙	断面3	5.40	5.42	0.02	1.01	1.02	0.01
	断面4	94.60	94.58	−0.02	98.99	98.98	−0.01

7.4　抛石护岸后河床冲淤演变分析

河床演变的根本原因在于河道输沙的不平衡,当河流上游的来沙量小于河段内水流的挟沙力时,河道便被冲刷,河床下降,当河流上游的来沙量大于河段内水流的挟沙力时,便产生淤积,河床升高。同时,河床的变化也会引起水动力条件的变化,从而引起水流挟沙能力的变化。这是一个动态过程,河床演变会受水动力条件的影响,水动力条件又会受河床的影响,二者属于相互联系、相互制约的关系。因此,研究工程的影响不仅需要描述对水动力条件的影响,更应分析其对泥沙特性和河床冲淤演变的影响。

7.4.1　抛石对河床冲淤的影响

河床的冲淤变化不仅与水流、泥沙条件密切相关,河床边界条件也起到至关重要的作用。水下抛石护岸工程的实施增加了边岸的抗冲性,改变水流条件,也在一定程度上改变河床的冲淤变化。以2014年工程前地形作为初始计算地形,采用2014年大通流量过程作为进口边界,外海潮位作为出口边界进行大通至长江口大范围模型的计算,计算结果为江阴至徐六泾局部模型提供边界条件,模型计算包括无抛石护岸工程情形和老海坝抛石护岸综合整治工程全部实施完成后两个工况。通过对不同计算时间内有无工程的冲淤对比来分析工程实施对河道冲淤演变的影响。

图7.15给出了无工程情形下不同计算时期河床地形变化。由图可见,无工程情形下

模型计算一个月时,冲淤变化较为明显的区域位于十一圩港抛石区附近,抛石区内也发生冲刷,最大冲深约为 2 m,这是由于此处位于浏海沙水道的凹岸顶冲点附近,且南岸岸线明显凸向河道深槽,因此此处首先遭受水流冲刷。模拟三个月后,十一圩港附近冲刷更加剧烈,冲刷最严重的区域位于抛石工程区内,最大冲深达 8 m 左右,同时,七圩港与九龙港之间抛石区以及长青沙侧河道内也发生冲刷,冲深 2~5 m。模拟六个月时,冲淤态势与三个月时类似,但冲淤幅度和范围有所增大。模拟一年后,工程河段冲淤形势基本稳定,冲刷较为严重区域集中于抛石工程区附近,最大冲深达 12 m,主要发生冲刷的原因还是由于该处河道内深槽贴近南岸,且南岸属于凹岸,遭受水流顶冲较为严重。而如皋中汊深槽沿线也发生大面积冲刷,但冲深小于 3 m。此外,由于该河段主要依靠推移质输沙,冲刷的泥沙堆积在河道缓流区形成淤积,主要淤积区位于冲刷顶冲点两侧,最大淤积厚度约为 10 m。

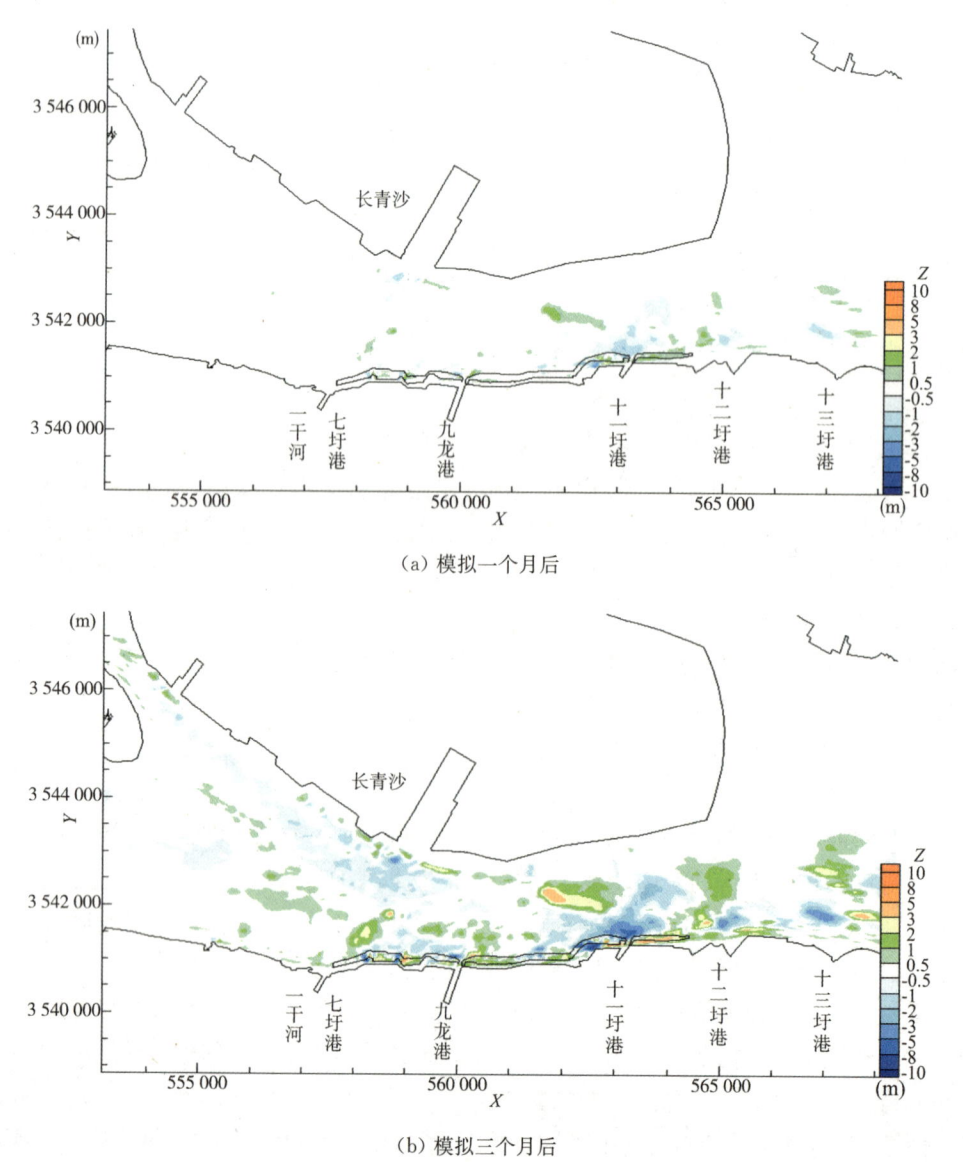

(a) 模拟一个月后

(b) 模拟三个月后

(c) 模拟六个月后

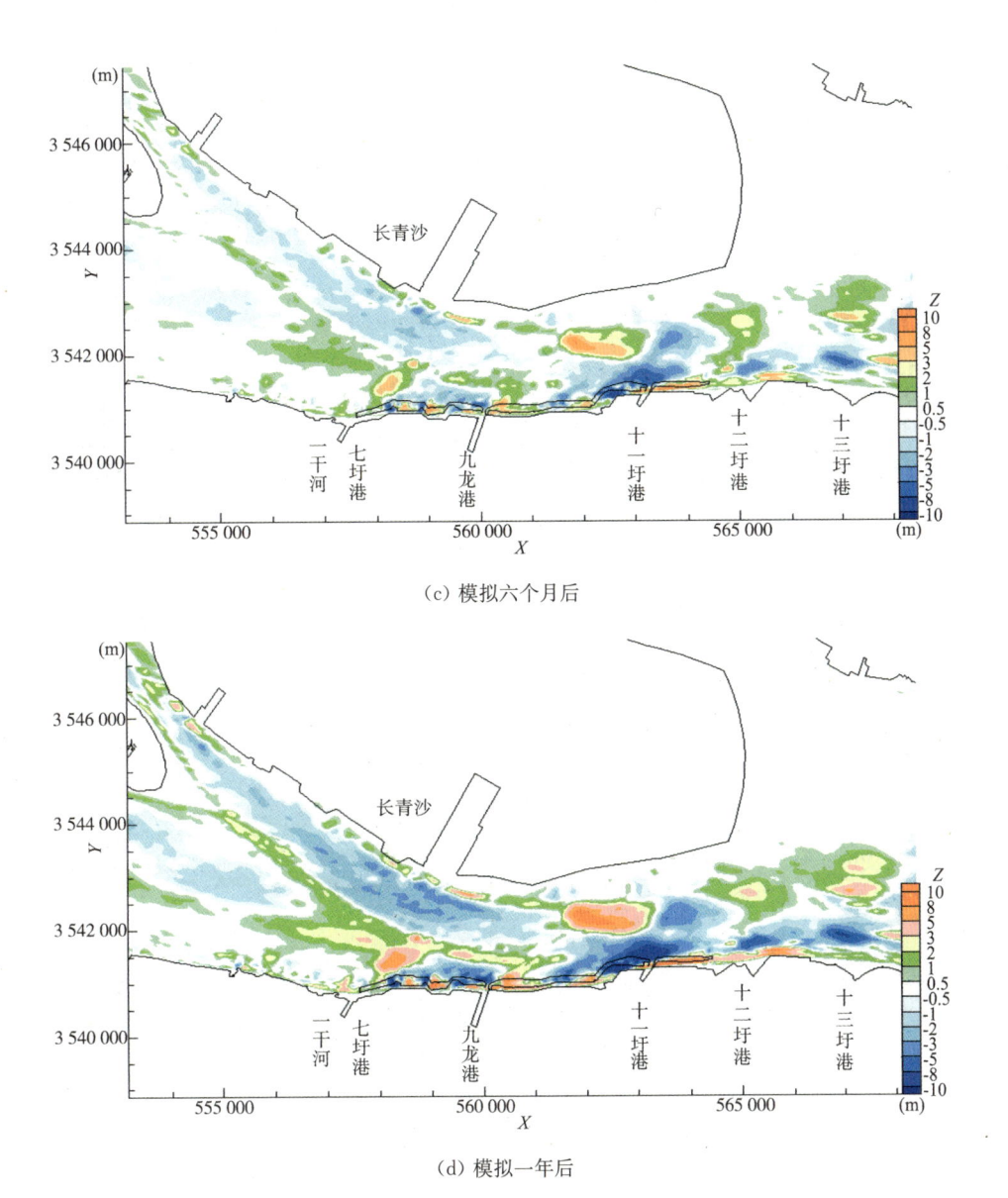

(d) 模拟一年后

图 7.15　无抛石工程情形下河床冲淤分布图

图 7.16 给出了有抛石工程情形下河床冲淤分布图。由图可见，抛石护岸工程实施后，冲刷区域有所变化。模拟一个月时，首先在十一圩港附近水域发生冲刷，但工程区未有明显变化，随着模拟时间的增长，抛石工程区逐渐发生淤积，还在工程区外侧深槽内发生带状冲刷，最大冲刷区域仍然位于十一圩港附近，冲刷态势并未缓解。

(a) 模拟一个月后

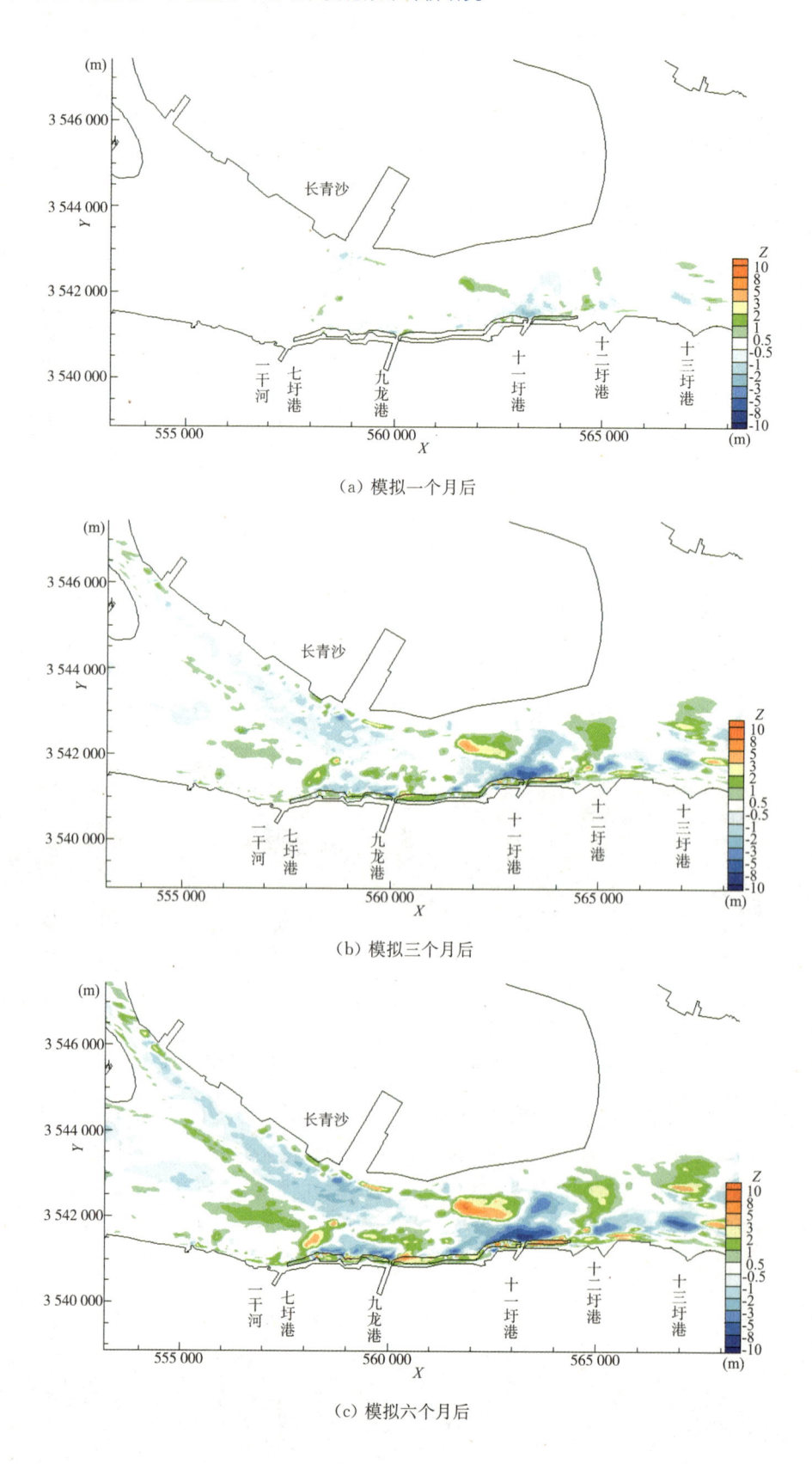

(b) 模拟三个月后

(c) 模拟六个月后

(d) 模拟一年后

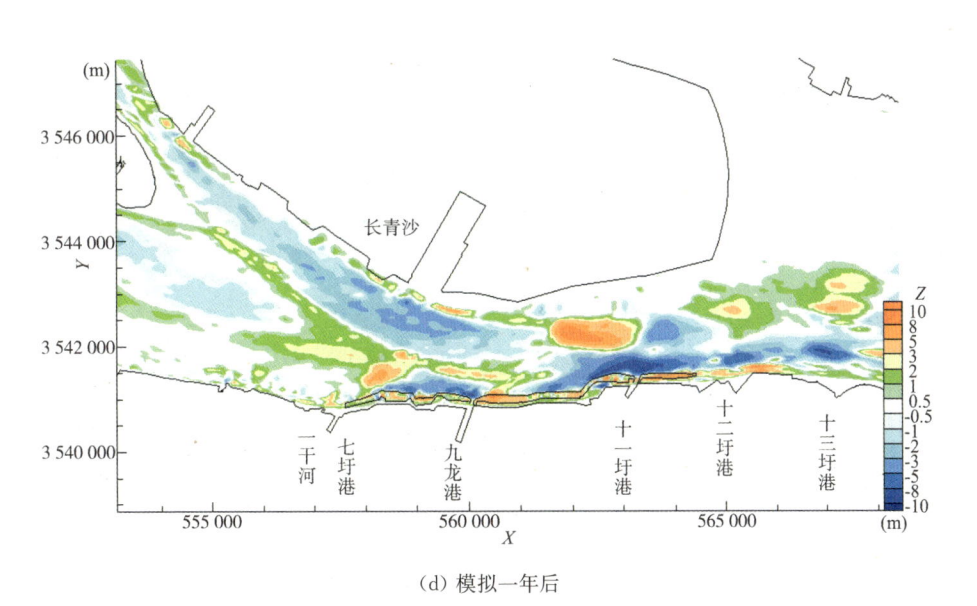

图 7.16　有抛石工程情形下河床冲淤分布图

为了更直观地分析工程对河道冲淤的影响，图 7.17 给出了工程实施对冲淤分布的影响结果。如图所示，工程实施后对河段冲淤演变的影响仅限工程区附近，模拟一年后工程实施的影响以抛石工程区的淤积为主，最大淤积幅度为 8 m 左右，冲刷主要发生在沿着抛石区的两侧河床，越远离抛石区冲刷幅度越小，工程影响范围大约在 1 km 河道宽度以内，不论是抛石区内的淤积还是抛石区外的冲刷，变化幅度最大的区域仍然为十一圩港附近河段。此外，抛石的实施也使得部分区域发生冲刷，实际上为原本发生淤积的区域淤积幅度减小。可见，工程的实施不仅可以减小冲刷的深度，同时也降低了淤积的强度，工程的实施十分有利于抛石段河床的稳定，也促使了老海坝河段岸坡的稳定。

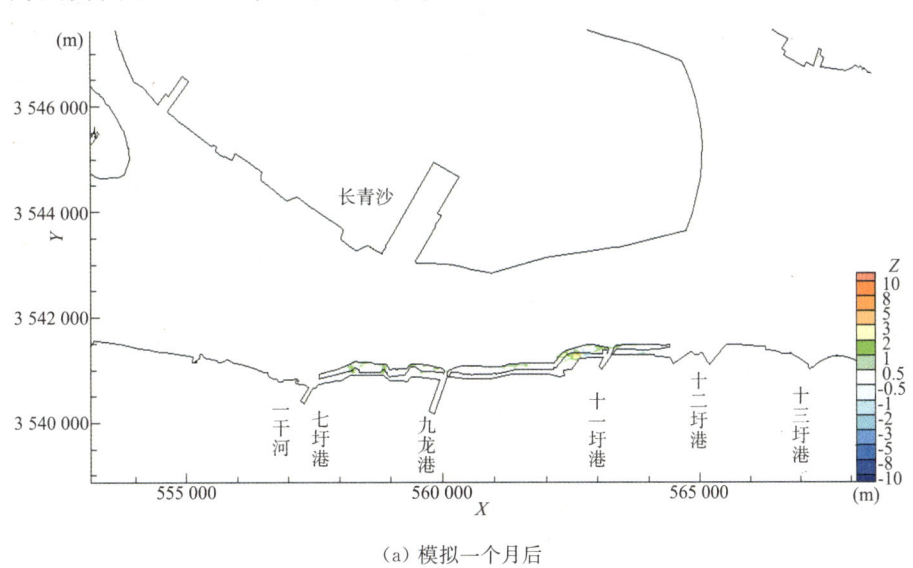

(a) 模拟一个月后

(b) 模拟三个月后

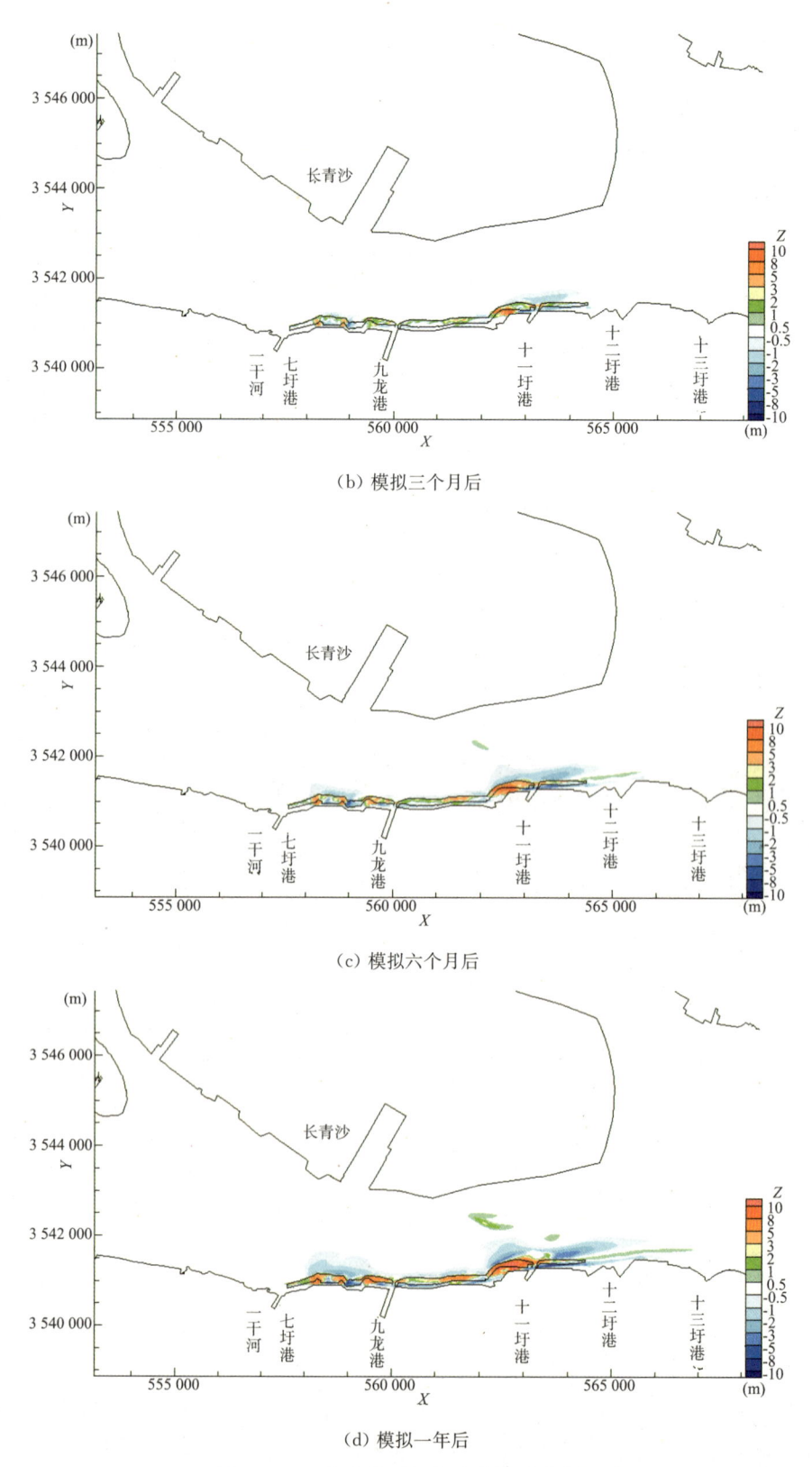

(c) 模拟六个月后

(d) 模拟一年后

图 7.17 工程实施对河床冲淤影响分布图

7.4.2 抛石对河床平面形态的影响

1. 对等深线的影响

图 7.18 给出了 2014 年初始地形有无抛石工程情形下一年后 −5 m、−20 m 以及 −40 m 等深线变化。由图 7.18(a)可见，−5 m 等深线位于近岸码头前沿，不论是自然条件下还是工程实施后，其变化幅度均较小。自然情形下，等深线最大变幅发生在海力 1 号码头处，−5 m 等深线向岸延伸约 50 m，海力 8 号码头处 −5 m 等深线向岸侧移动约 40 m，海力 2 号及海力 5 号码头附近等深线离岸偏移 20~30 m。抛石工程实施后，海力 1 号码头前沿等深线向岸偏移变为 25 m 左右，其余几处码头附近 −5 m 等深线不论是近岸还是离岸偏移量都有所减小，可见工程实施后岸坡处冲淤变化有所减小。由图 7.18(b)可见，−20 m 等深线位于抛石区近岸边界附近，无工程一年后，−20 m 等深线向岸推进的区域发生在海力 1 号、海力 6 号、海力 8 号码头附近河段，变化最大的区域位于海力 1 号码头附近，推进幅度为 90 m 左右。相反，海力 2 号至海力 5 号码头附近河段主要以离岸偏移为主，变幅在 20~50 m。工程实施一年后，海力 1 号码头附近 −20 m 等深线变幅

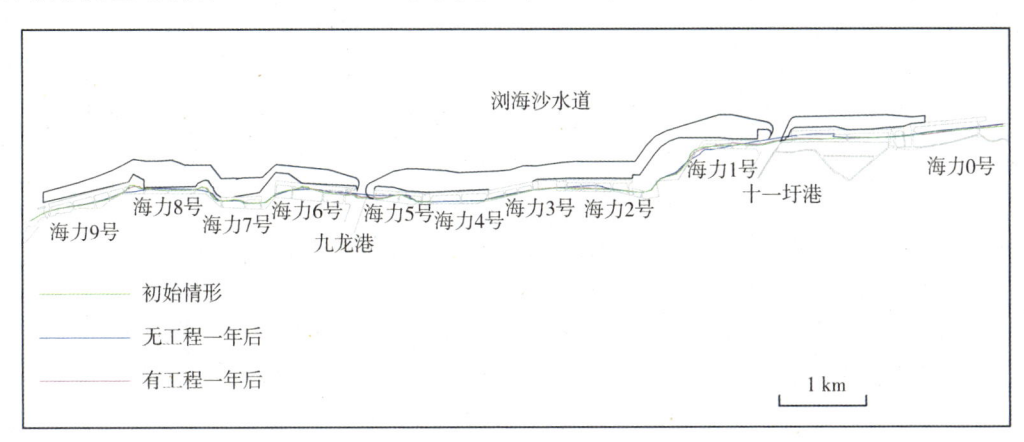

(a) 工程实施后 −5 m 等深线变化

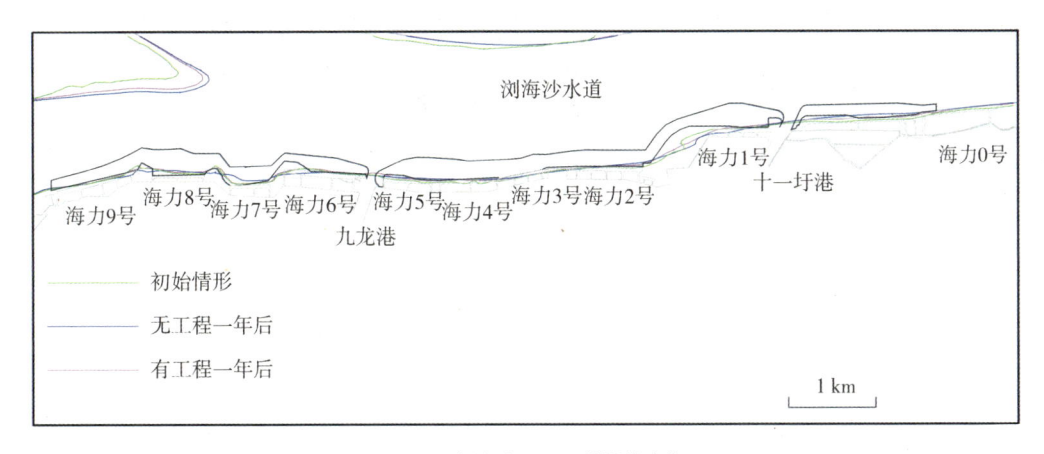

(b) 工程实施后 −20 m 等深线变化

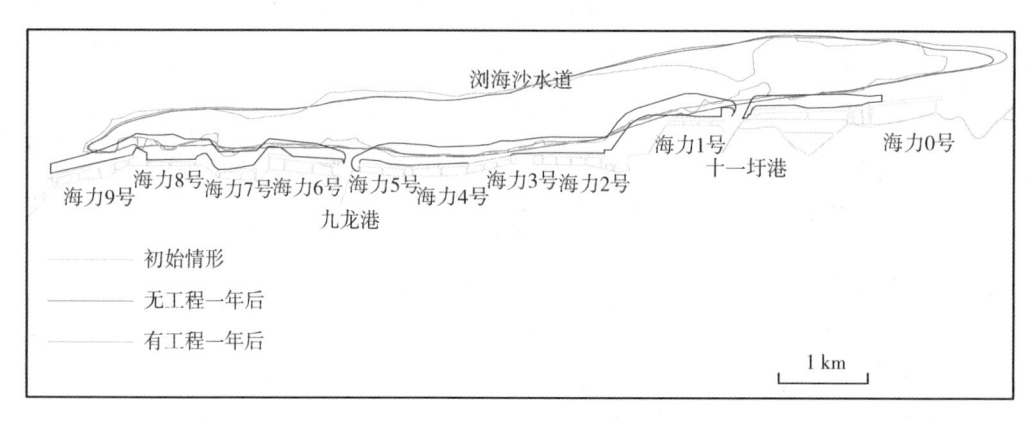

(c) 工程实施后-40 m等深线变化

图7.18 工程实施对等深线影响

从90 m减小到20 m左右,其余河段等深线变化均显著减小,等深线整体移动幅度变为5~20 m,可见工程实施后,抛石区内等深线移动幅度较抛石区外变得更小,河床平面形态更为稳定。由图7.18(c)可见,-40 m等深线围绕抛石区北侧形成一个封闭的椭圆形。自然条件下一年后,靠近抛石区的-40 m等深线发生向岸侧偏移的区域主要位于十一圩港及九龙港附近,最大偏移距离为145 m左右,其余河段偏移距离在60~100 m。工程实施一年后,靠近抛石区的-40 m等深线偏移距离有所减小,但减幅不大,最大偏移距离约为120 m,而有无工程对远离抛石区的-40 m等深线影响不大。由此可见,由于-40 m等深线已有部分区域位于抛石区外侧,因此工程实施并未能减缓等深线的向岸侧偏移,即抛石区外侧河床的冲刷仍然在发生,抛石内冲刷态势有所抑制。

2. 对深泓线的影响

深泓线,即沿河流方向最大水深处的连线,沿该线的剖面为河流的纵剖面。图7.19给出了工程区河段深泓线变化情况。可见,有无工程时抛石区内深泓线均有所变化,深泓线最大偏移量约为100 m,主要发生偏移的区域位于海力1号上下游局部区域,特别是工程实施后,深泓线向离岸侧偏移,主要是由于护岸工程实施后,冲刷主要发生在抛石区外侧,使得抛石区外侧的河底高程迅速下降,深泓线从抛石区内逐渐转移到外侧。其余区域深泓线变化不大,最大偏移量在50 m以内。

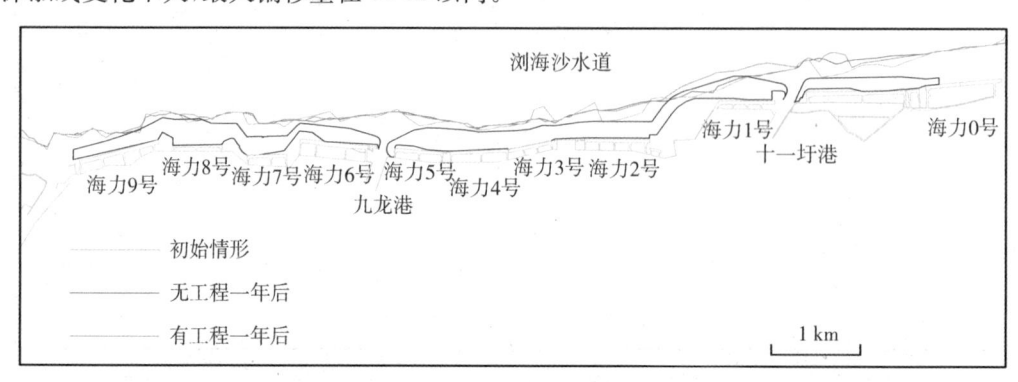

图7.19 有无工程情况下深泓线变化对比

7.4.3 抛石对河道断面的影响

重点关注抛石工程区附近浏海沙水道河道断面在工程前后地形变化情况,根据上节对河床平面形态的分析结果,选择河道内冲淤变化较为明显的节点设置典型断面进行河床演变的进一步分析。断面位置布置如图 7.20 所示。

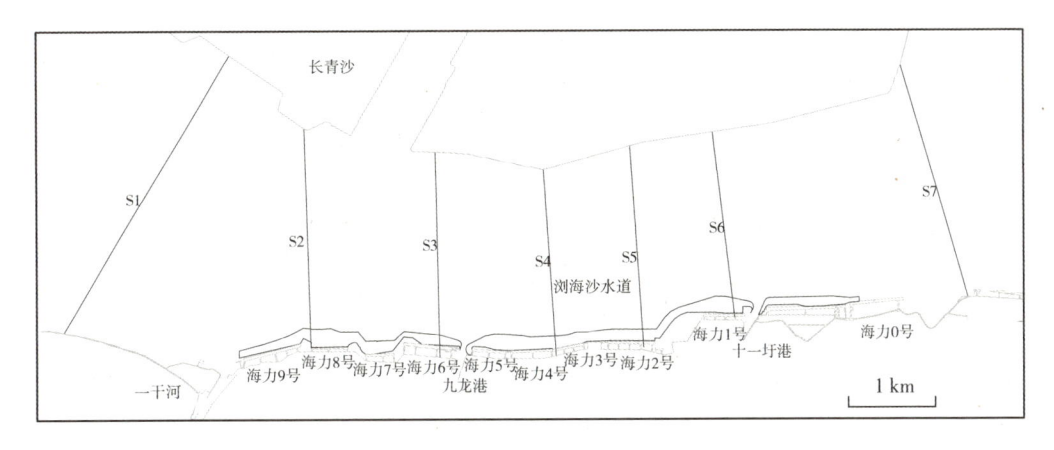

图 7.20 断面位置布置示意图

图 7.21 给出了各断面高程变化。由图可知,S1 断面位于工程区上游,有无工程一年后断面形态几乎重合,说明工程影响微乎其微;可明显观察到,S2 断面在靠近南岸工程区(距离为 2 150 m 左右)附近,无工程一年后,河道断面最大冲深约 8 m,而工程后一年断面显示,工程区附近断面冲刷显著减小,而靠近工程区的深槽内冲刷 2~3 m;S3 断面,工程区无论有无工程,一年后都处于淤积态势,而有工程时淤积厚度要大于无工程时;S4 断面类似 S3 断面,工程区内处于微淤状态,工程实施后淤积幅度有所增大;S5 断面处,由于工程区外侧有所冲刷,深泓向离岸侧发生偏移,最大冲深在 5 m 左右;S6 断面处于冲刷最为严重的区域之一,最大冲刷达 10 m 以上,无工程时,最大冲深点位于抛石区内,而工程实施后,最大冲深点移动到抛石区外侧,抛石区内冲刷幅度明显减小;S7 断面由于受工程影响较小,无论有无工程断面几乎重合。总体而言,除了冲刷严重区域工程后深泓线向离岸侧有所偏移,其余断面深泓线变化受工程影响较小。

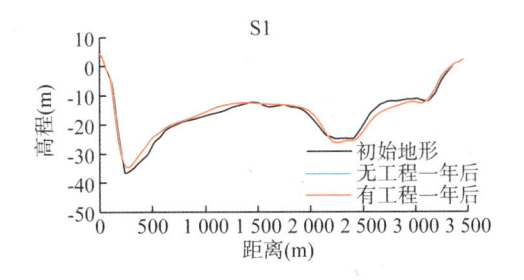

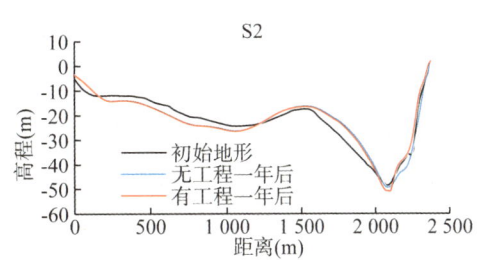

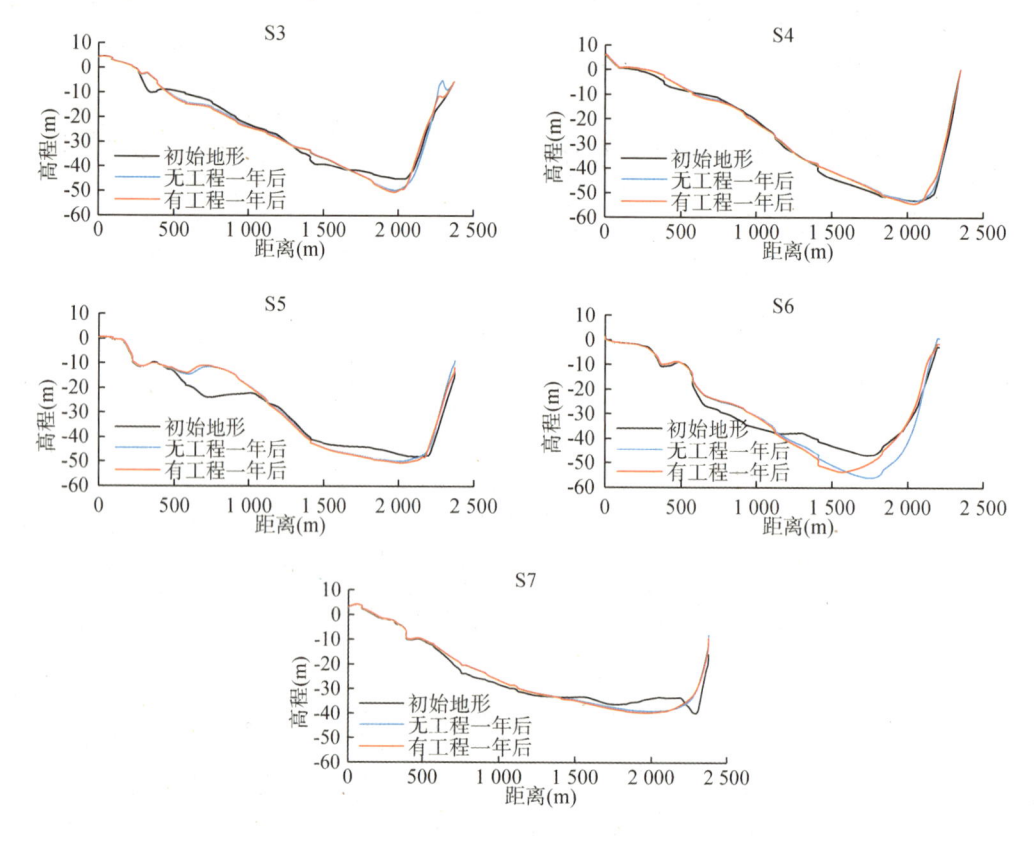

图 7.21　工程前后河道断面高程变化

7.5　河床冲淤变化影响因素研究

7.5.1　水下地形变化

采用多波束测深系统对张家港老海坝节点综合整治工程水下抛石护岸后的河床地形进行扫测,并运用 CARIS 软件进行水下地形的三维建模,图 7.22 和图 7.23 为 2015 年 7 月张家港老海坝节点综合整治工程一期工程施工完成后的水下地形的平面图和侧视图。由水下抛石护岸三维形态分布图可知,9 号码头和 8 号码头之间的 −50 m 深坑依然存在,并且范围较大,最深处河床高程约 −63 m,同时在该段抛石护岸工程区外边界附近可以明显看到一条抛石带。7 号码头和 6 号码头前沿也可看到 −50 m 深潭的存在。

从抛石效果来看,抛石区岸坡基本被水下抛石所覆盖,并且抛石在岸坡坡面上的分布比较均匀,抛石抛投效果较好。9 号码头前沿抛石外边线与抛石设计轮廓线基本吻合,7 号、6 号码头前沿设计抛石轮廓线以外有部分块石分布。

图 7.24 为老海坝节点综合整治工程一期工程和二期工程全部施工完成后 2016 年 7 月的水下地形图,可以看出,与 2015 年 7 月相比,一期工程区及前沿河床淤积明显,−50 m

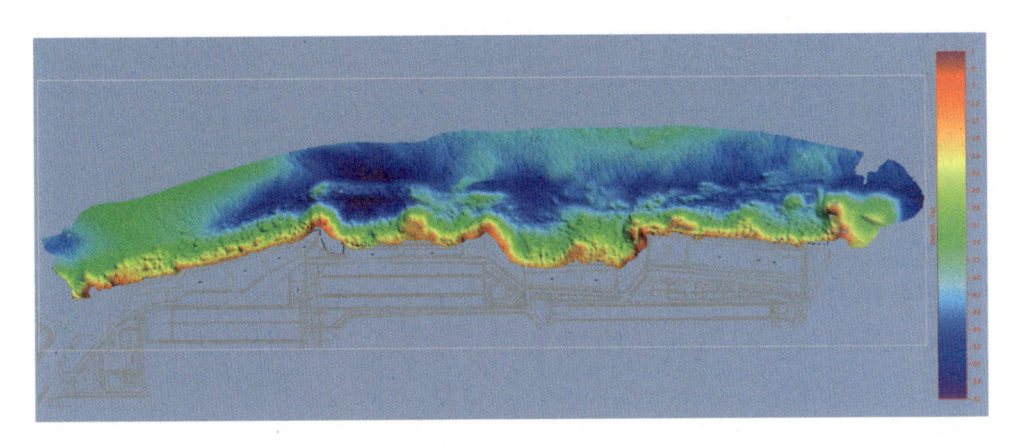

图 7.22 老海坝节点综合整治工程(一期)完工后水下地形平面图

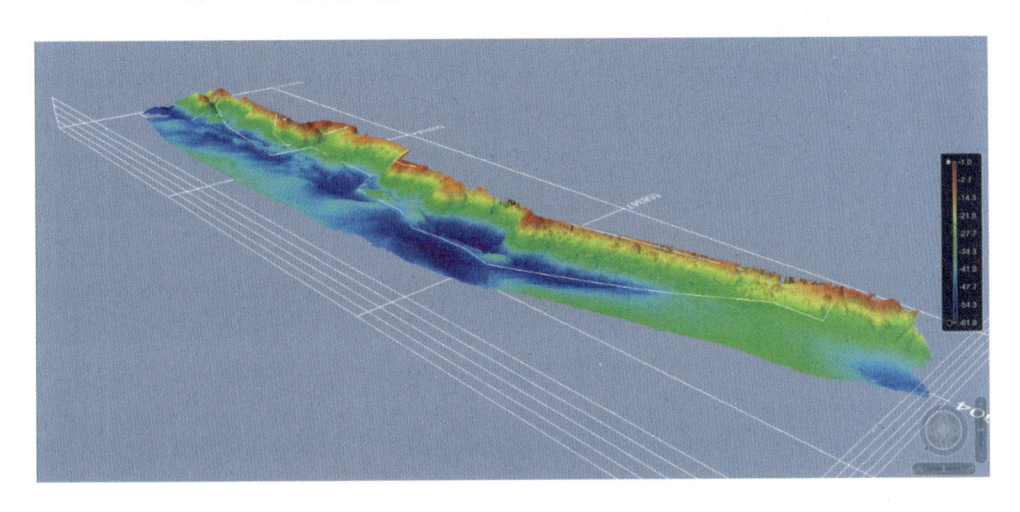

图 7.23 老海坝节点综合整治工程(一期)完工后水下地形侧视图

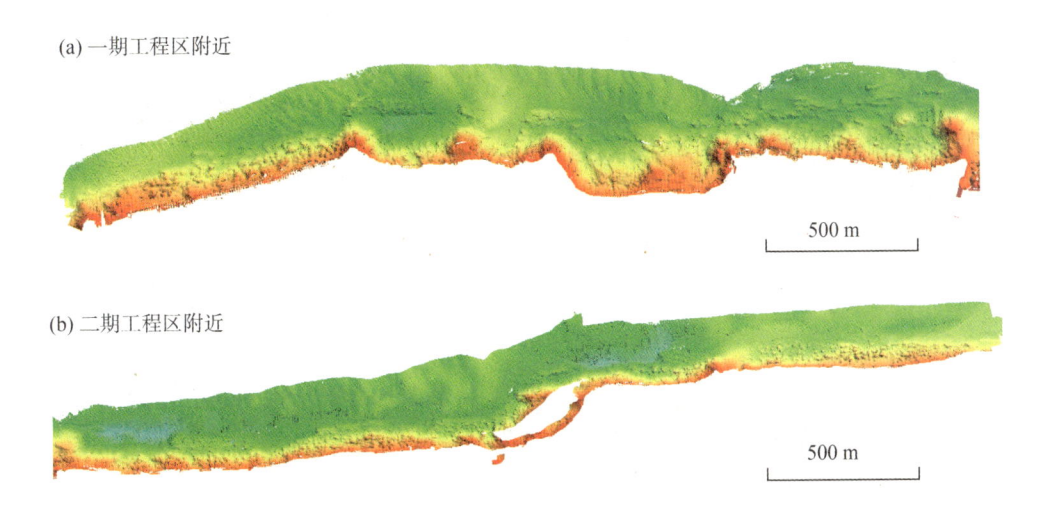

(a) 一期工程区附近

500 m

(b) 二期工程区附近

500 m

图 7.24 老海坝节点综合整治工程全部完工后 2016 年 7 月水下地形图

深潭消失，岸坡前沿河床地形趋于平坦，能够看到部分块石分布。二期工程区附近河床总体也比较平坦，抛石区内抛石清晰可见，且分布也较均匀。

7.5.2 岸坡坡度变化

根据多波束扫测的水下地形三维形态图，可以直观地观察到水下抛石的分布形态，为进行水下抛石效果评价提供了一定的参考依据。此外，采用多波束水深数据水下地形特征提取方法，提取坡度、坡向、地形起伏度等地形变量信息，为更好地分析抛石区及附近河床演变提供依据。

坡度是地表单元陡缓的程度，是影响滑坡、崩塌等灾害的一个重要因素。根据河床地形特征，将坡度分为 0°~5°、5°~10°、10°~15°、15°~20°、20°~30°、30°~40°、≥40°共七个区间。通过 2015 年 7 月、2016 年 7 月和 2020 年 2 月抛石区及附近河床地形的坡度对比（图 7.25）可以看出，岸坡坡度主要分布在 15°以上，岸坡前沿深槽区域地形坡度相对较小，主要为 0°~10°。2015 年 7 月抛石范围内深槽区地形较陡，坡度在 15°~20°的区域分布范围较广，相比之下，2016 年 7 月抛石区内坡度有所变缓，2020 年 2 月抛石区前沿河床平坦，抛石区坡度进一步趋缓。综合来看，抛石区以北外边线附近是坡度容易发生变化的区域，说明该区域河床的冲淤变化较为频繁。根据一期抛石护岸工程区内不同坡度级别所占面积比例（图 7.26）可知，抛石护岸工程区的坡面普遍较陡，15°以上坡度范围占抛石区总面积的 45%以上，其中 2015 年 7 月达到总面积的 53%。与 2015 年 7 月相比，2016 年 7 月抛石区内 0°~5°、5°~10°坡度等级所占总面积的比例显著增加，10°~15°、15°~20°面积比例变化不大，20°~30°、30°~40°范围的面积比例明显下降。2020 年 2 月，抛石区内坡度大于 40°的陡坡区域消失，30°~40°陡坡区域面积显著下降，10°~15°区域面积显著增加，达到 25%。由此可见，一期抛石区的缓坡区面积增加，陡坡区面积减少，抛石区岸坡朝稳定方向发展。

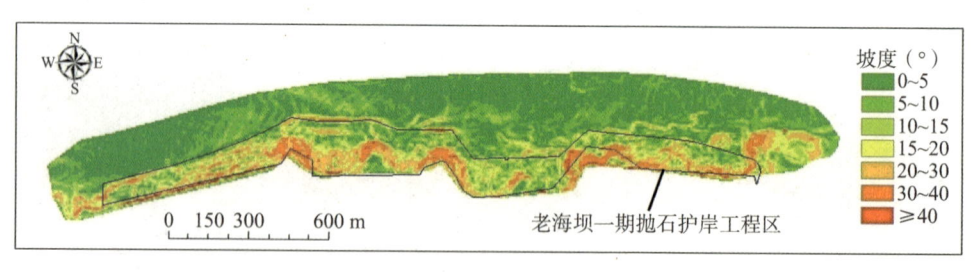

(a) 2015 年 7 月

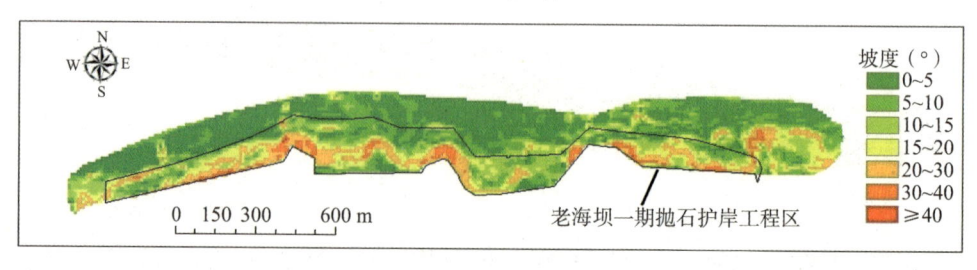

(b) 2016 年 7 月

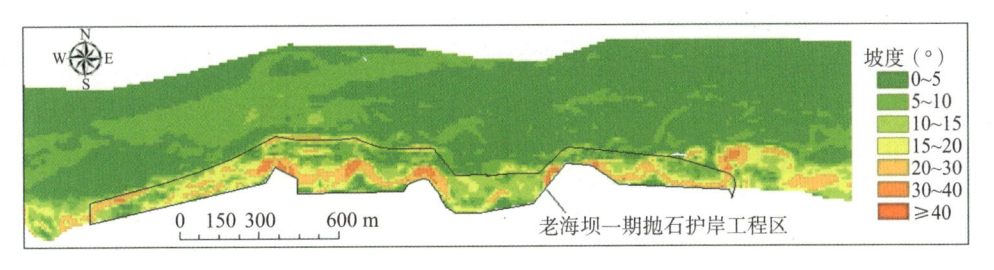

(c) 2020 年 2 月

图 7.25　一期工程区及附近水下地形坡度

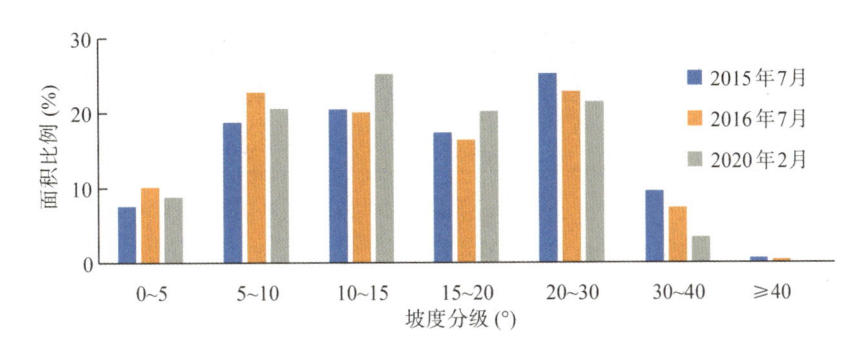

图 7.26　一期抛石区不同坡度分级所占面积比例对比

二期工程抛石完工后的水下地形坡度如图 7.27 所示。由地形坡度分布图可以看出，二期抛石区内的岸坡比一期的缓，坡度范围主要分布在 15°～30°且抛石区外侧河床也较平坦。2016 年 7 月和 2020 年 2 月坡度分布差异较小，抛石区内和河床外侧的坡度变化都不大，表明二期工程区及附近河床冲淤变化较小，水下地形较为稳定。

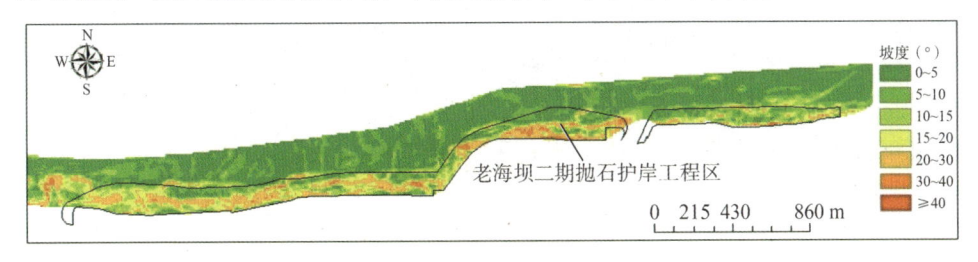

(a) 2016 年 7 月

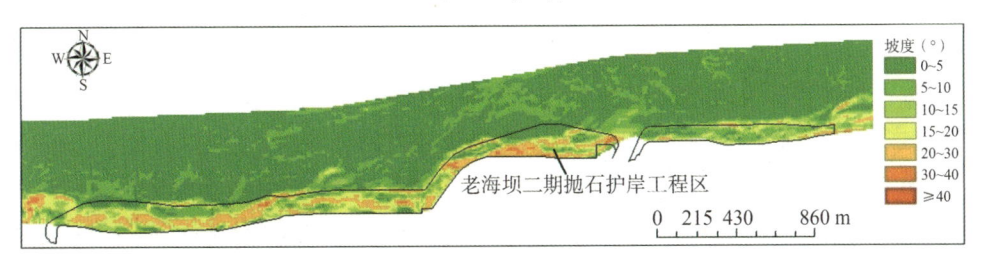

(b) 2020 年 2 月

图 7.27　二期工程区及附近水下地形坡度

坡向主要用于识别表面上某一位置处的最陡下坡方向,河底坡向是水流与河床边界条件长期作用的结果,根据一期工程区及附近河床 2015 年 7 月、2016 年 7 月和 2020 年 2 月的坡向分布结果(图 7.28)可以看出,抛石区以南岸坡坡向以北、东北向为主,抛石区以外河床坡向以南、东南为主,表明河道主流紧贴老海坝河段南岸。坡向发生明显变化的区域主要位于 8 号码头前沿抛石区北侧外边线附近,表明 8 号码头前沿河床的冲淤变化较为频繁。从抛石区坡向分布来看,坡向分布总体变化不大,表明主流基本稳定,南岸岸坡没有发生明显的侧向侵蚀。

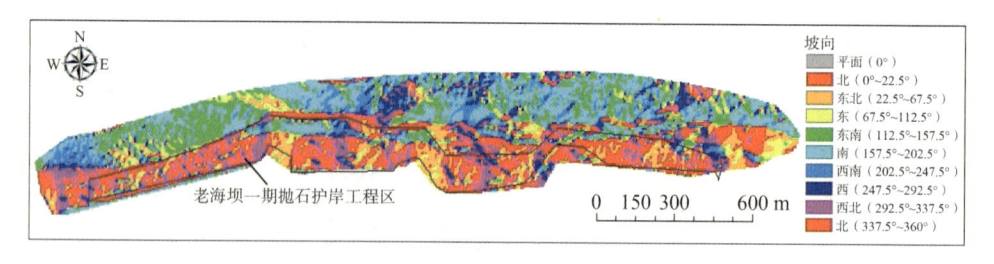

(a) 2015 年 7 月

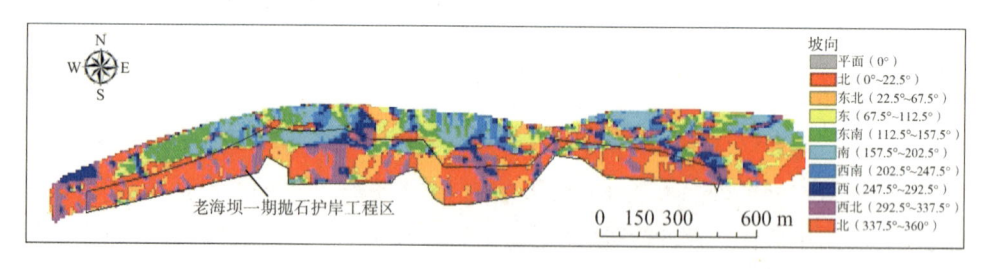

(b) 2016 年 7 月

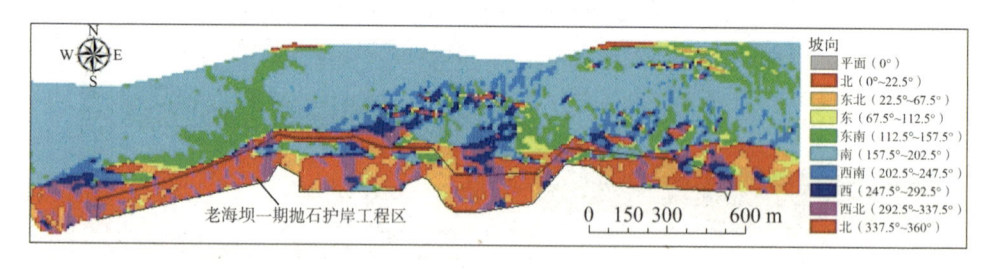

(c) 2020 年 2 月

图 7.28 一期工程区及附近水下地形坡向分布

根据二期工程区及附近河床 2016 年 7 月和 2020 年 2 月的坡向分布结果(图 7.29)可以看出,二期抛石区岸坡坡向以北向为主,抛石区以外河床坡向以南、东南为主,表明河道主流也是紧贴老海坝河段南岸。抛石区外侧河床坡向变化较大,其中 2016 年 7 月,抛石区外侧河床出现垂直水流方向的条带状坡向分布,以西向和东向的分布为主,表明河床地形存在沿水流方向的高低起伏变化,可能与河床上存在的大型沙波有关。抛石区边界附近及抛石区内坡向分布总体变化不大,表明主流基本稳定,南岸岸坡没有发生明显的侧向侵蚀。

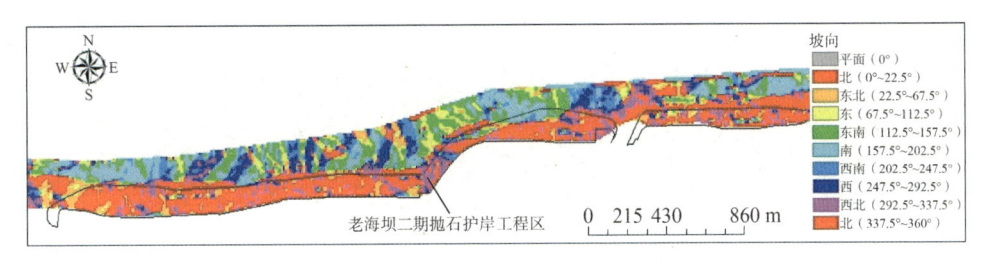

(a) 2016 年 7 月

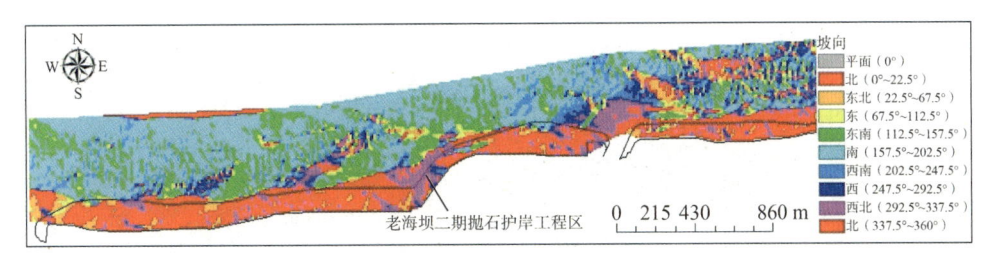

(b) 2020 年 2 月

图 7.29　二期工程区及附近水下地形坡向分布

7.5.3　河床冲淤变化

根据抛石区地形特征的初步分析结果可知,除一期工程 8 号码头前沿地形变化较大外,老海坝综合整治工程一期和二期水下抛石区总体稳定,抛石护岸工程实施后岸坡没有出现明显的冲刷后退现象,说明抛石工程具有一定的防护效果。

根据实测水下地形分析老海坝水下抛石工程实施后抛石区及附近河床的冲淤变化情况,老海坝一期水下抛石护岸工程区及附近河床的冲淤分布如图 7.30 所示。可以看出,一期抛石工程施工后,抛石区及附近河床年际间总体冲淤变化幅度不大,冲淤变幅主要分布在 −2～2 m 范围内,抛石区内最大冲淤厚度不超过 5 m,其中 2016—2017 年抛石区内冲淤变化幅度比 2017—2018 年和 2018—2019 年变化幅度稍大。抛石区外侧河床局部冲淤变化幅度较大,存在 5～10 m 的冲淤变化,但分布范围均较小。海力 9 号码头前沿抛石区外侧河床以持续微冲为主,其他区域抛石区外侧河床年际间冲淤往复,冲淤总体相对平衡。由此可见,工程实施后 2016—2019 年抛石区河床有冲有淤,以微淤为主,抛石区外侧河床基本处于冲淤相对平衡状态。

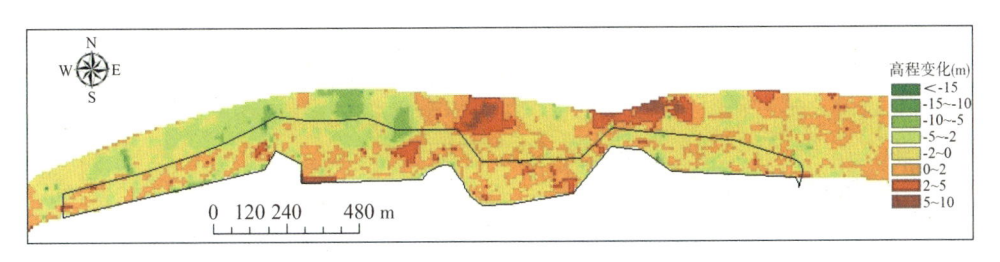

(a) 2016 年 7 月—2017 年 8 月

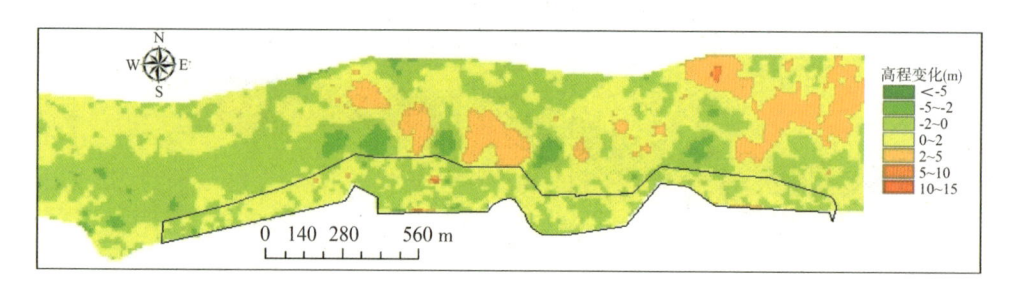

(b) 2017 年 8 月—2018 年 6 月

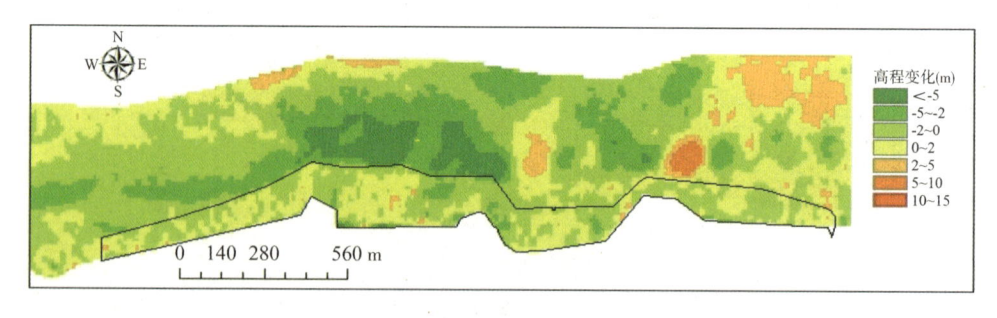

(c) 2018 年 6 月—2019 年 8 月

图 7.30　近期老海坝一期工程区附近河床冲淤分布图

老海坝二期水下抛石护岸工程区及附近河床的冲淤分布如图 7.31 所示。可以看出，二期抛石工程施工后，抛石区内冲淤变化幅度不大，冲淤变幅主要分布在－2～2 m 范围内，以微淤为主，2016—2017 年淤积幅度相对较大，局部存在 2～5 m 的淤积。抛石区外侧河床 2016—2017 年冲刷幅度相对较大，局部存在冲刷厚度在 10 m 以上的冲刷坑；2017—2018 年冲淤幅度相对较小，2018—2019 年淤积幅度大于冲刷幅度，其中海力 1 号码头前沿抛石区外侧淤积明显，最大淤积幅度超过 10 m，海力 0 号码头附近抛石区外侧

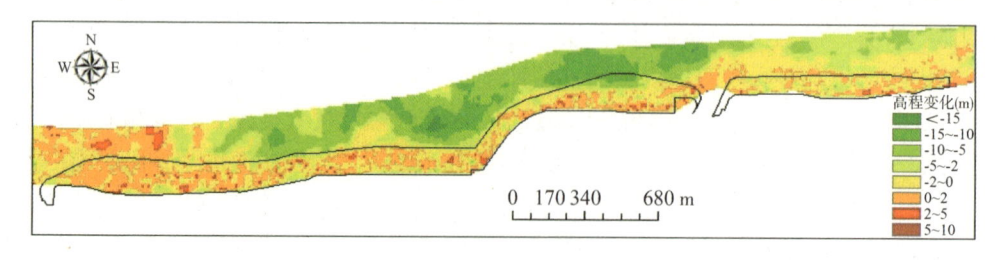

(a) 2016 年 7 月—2017 年 8 月

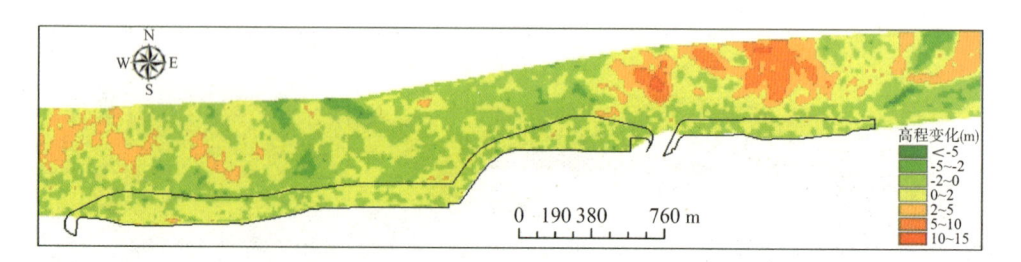

(b) 2017 年 8 月—2018 年 6 月

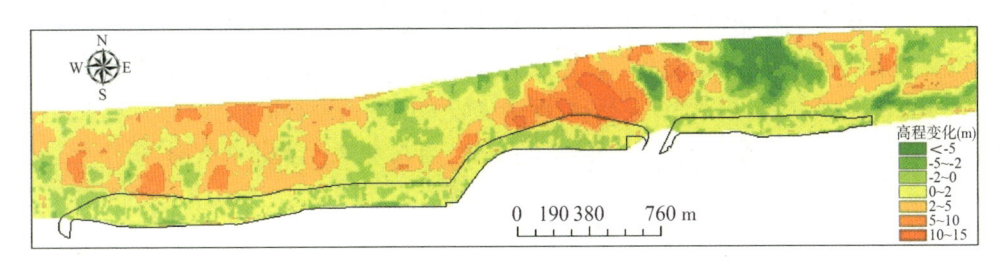

（c）2018 年 6 月—2019 年 8 月

图 7.31　近期老海坝二期工程区附近河床冲淤分布图

河床有所冲刷。由此可见，二期工程实施后 2016—2019 年抛石区河床有冲有淤，以微淤为主，抛石区外侧河床年际间冲淤变化幅度大于抛石区，海力 1 号和 0 号码头前沿抛石区外侧河床易冲易淤，冲淤往复，河床总体保持稳定。

由图 7.32 可知，与施工完成后的地形相比，2015 年 12 月—2016 年 7 月抛石区域水下地形持续淤积，累积淤积量保持在 60 万 m³ 左右，2015 年 5 月，累积淤积量高达 100 万 m³ 以上，平均淤积厚度在 1.5~3.5 m 之间，2015 年 7 月—2016 年 5 月基本保持 0.4 m/月的淤积速率。2016 年 7 月平均淤积厚度有所减小，由 2016 年 5 月的 3.4 m 减小到 2.4 m，但仍与 2016 年 3 月基本持平。监测时段内累积冲刷量总体较低，最大累积冲刷量不超过 20 万 m³，且波动变化幅度较小。2016 年 7 月累积冲刷量最大，约 14 万 m³，仅为累积淤积量的 1/5。监测时段内平均冲刷厚度比较稳定，保持在 0.7 m 左右。抛石护岸工程施工完成后，抛石区地形总体以淤积为主，以 2015 年 7 月的水下地形为基准，以后各次监测时段的净淤积量始终大于 45 万 m³。以上分析表明，抛石护岸工程实施后，护岸区域的水下地形淤积较为明显，平均淤积厚度增长较快，平均冲刷厚度基本保持不变，并且不超过 1 m，由此可见，水下抛石护岸的防护效果较好。施工完成后至 2016 年汛期到

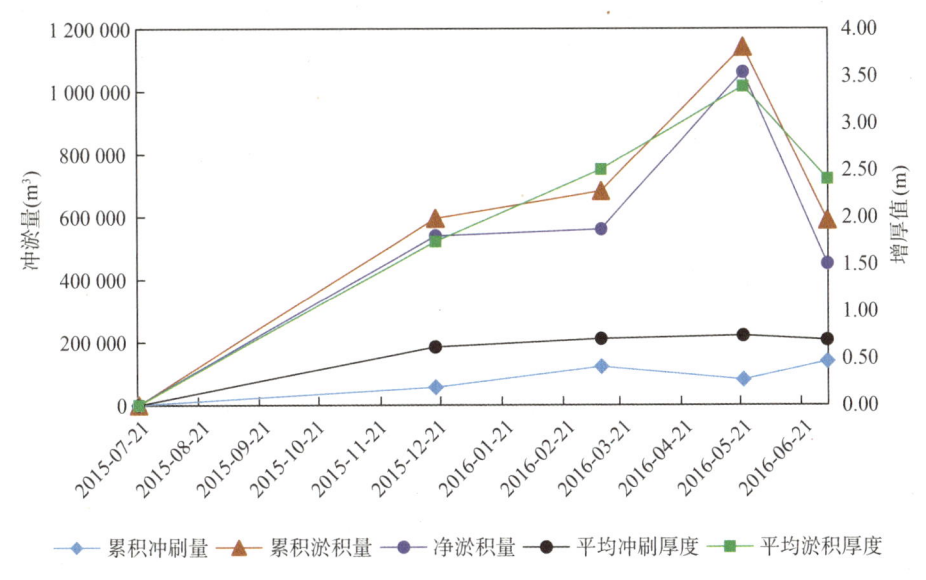

图 7.32　抛石区水下地形累积冲淤量及冲淤厚度变化图

来之前,抛石护岸工程附近的水下地形总体呈淤积趋势,并且相对平均淤积厚度也逐渐增加,说明中水及枯水期,护岸段河床开始回淤,将在已抛的块石上覆盖一层泥沙。2016年汛期,在大洪水条件下,相对平均淤积厚度减少较为剧烈,相对冲刷厚度有所增加,但是变化较小,不超过设计抛石厚度2.5 m。由此可知,当来水来沙量非常大时,护岸上层泥沙更容易起动,同时由于前期的淤积,抛石被泥沙覆盖,造成抛石区阻力减小,因此抛石区整体的冲淤变化量较大,但从相邻两期抛石区的多波束扫描点云图可知,处于下层的抛石护岸本身的变化较小。总体上来看,与抛石护岸实施前的实测地形相比,工程后各个时期的地形呈现明显的淤积状态,抛石护岸防护效果较好。

7.5.4 影响因素分析

为了分析老海坝河段南岸岸坡至深槽的河床冲淤变化,根据主流顶冲区域,将研究河段分为一干河—九龙港、九龙港—十一圩港、十一圩港—十二圩港三段,一干河—九龙港河段冲淤计算区域长约2.76 km,平均宽约600 m;九龙港—十一圩港段河床冲淤计算区域长度约为2.8 km,平均宽度约为580 m;十一圩港—十二圩港以下计算区域长度约为3.08 km,平均宽度约为460 m,各段不同等深线范围内河床冲淤量变化见图7.33,冲淤量为正表示淤积,为负表示冲刷(下同)。

(a) 一干河—九龙港段

(b) 九龙港—十一圩港段

(c) 十一圩港—十二圩港段

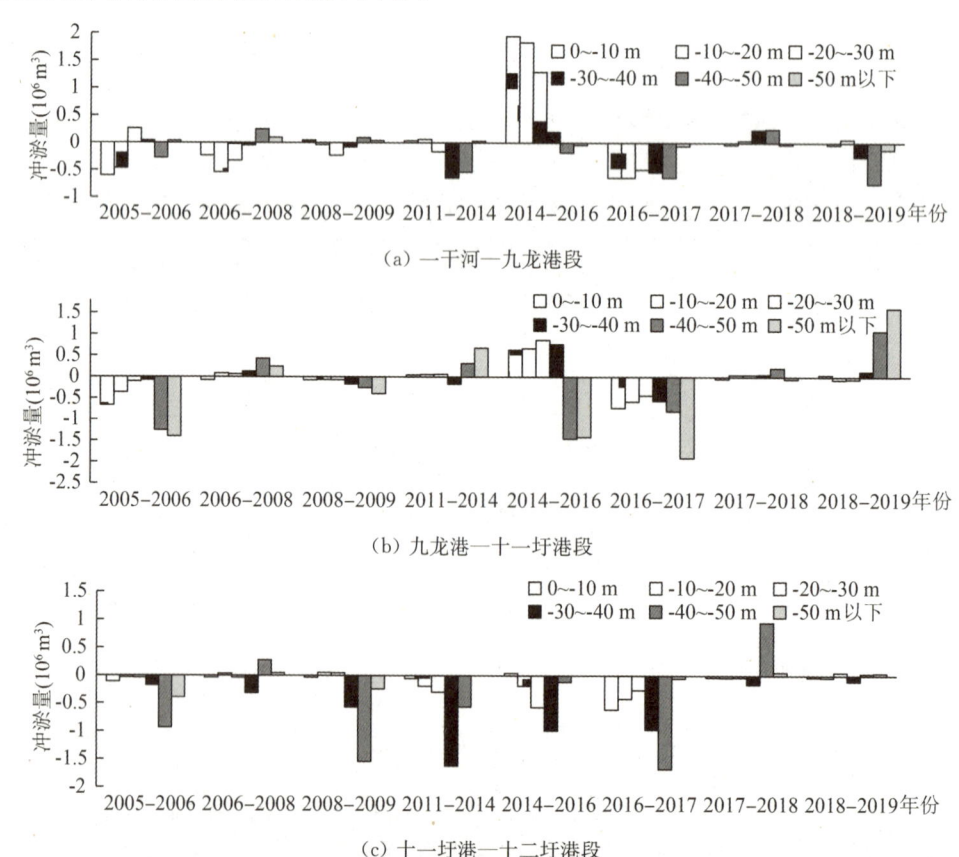

图7.33 分区域不同高程区间的河床冲淤量

2005—2014年,一干河—九龙港段处于小幅微冲状态,平均年冲刷方量约76万 m^3,2014—2016年0～-30 m等深线范围内河床淤积明显,总计淤积方量达525万 m^3,这可能与老海坝节点综合整治工程水下抛石有关,因为水下抛石不仅可以直接造成河床容积的减小,而且抛石层的存在会使岸坡附近的河床糙率明显增加,更容易引起泥沙的落淤。2016—2019年-30 m以下深槽的冲淤幅度有所增大。从各等深线范围内河床冲淤方量可以看出,一干河—九龙港段河床由以近岸岸坡冲淤变化为主逐渐转为以深槽冲淤变化为主,可见岸坡抗冲刷能力提高后,由于深槽抗冲能力相对较弱,该段河槽演变会继续向窄深型发展。九龙港—十一圩港段除在2014—2016年和2016—2017年岸坡冲淤变化较明显以外,其他年份主要以深槽冲淤变化为主,岸滩冲淤变化总体较小。2016年和2017年深槽连续大幅冲刷,2017年仅-50 m以下深槽冲刷量即接近200万 m^3。2017—2018年河床较为稳定,2019年-40 m以下深槽均明显淤积,淤积量约270万 m^3。可见九龙港—十一圩港段深槽易冲易淤,深槽较不稳定。十一圩港—十二圩港段2005—2017年以-30～-50 m深槽的持续剧烈冲淤变化为主,2018—2019年河床冲淤态势发生显著变化,冲刷幅度明显减小,-40 m以下深槽出现明显回淤。综上所述,老海坝河段近年来以深槽冲淤变化为主,岸坡冲淤变化幅度相对较小,其中一干河—九龙港深槽冲刷幅度相对较小,九龙港以下深槽冲刷较为明显,九龙港—十一圩港段深槽不稳、冲淤变化幅度最大。根据以上分析结果可知,老海坝抛石护岸工程的实施,改变了不同等深线区间内河床的冲淤变化幅度,可能引起河床冲淤态势的改变,因此应持续关注人类活动对河段演变的影响。

在河床演变分析中,常根据实测资料拟合河槽冲淤与上游来水来沙条件之间的经验关系。但由于涉及的水沙特征参数较多,进行冲淤预测难度较大。张为等指出马卡维耶夫法计算的造床流量同时考虑了流量的输沙能力和持续时间对河床塑造作用的影响,因此考虑将上游来水来沙条件简化为造床流量指标,分析2005—2019年老海坝河段深槽冲淤与上游大通站造床流量的关系,如图7.34所示。老海坝河段-30 m以下深槽冲淤与大通站造床流量呈负相关关系,线性相关系数为-0.8。这表明老海坝河段深槽冲淤与大通站造床流量相关性较大,随着大通站造床流量的增大,老海坝河段深槽冲刷量也呈现增大趋势。并且由于老海坝河段处于浏海沙水道凹岸,河岸抗冲刷能力较差,河段断面主要

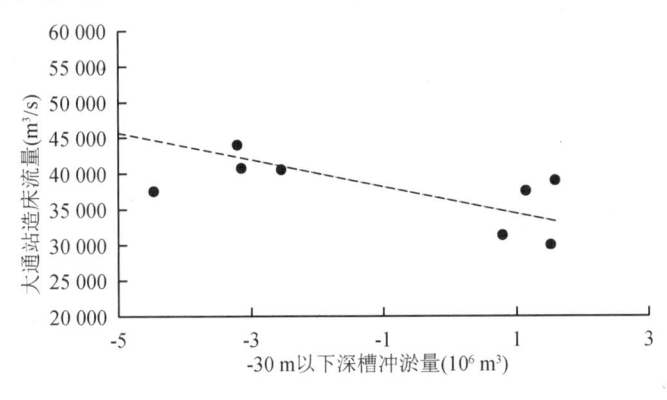

图7.34 深槽冲淤与大通站造床流量关系

为偏向南岸的"V"形断面,因此在弯道水流离心力作用下,河床仍将在较长时间内处于冲刷状态。因此应持续关注该段的河床冲淤变化,加强河势监测。

7.6 抛石护岸影响综合评价模型

筛选抛石护岸工程对河道演变的影响因素,通过建立相应的综合评价指标体系,计算指标权重并分析评价不同工程对河道演变的影响程度,结合具体工程进行河道演变的影响成因分析。

7.6.1 评价方案的设计

1. 河道演变影响评价的概念、原则和途径

（1）评价的概念

河道演变影响评价可以简单理解为对一些涉河工程对河流及河势演变的影响趋势进行定量评价。目前,大江大河上有各种工程,包括跨河大桥、围堤、采砂、抛石等,许多学者针对某一工程对河流河势或河床的影响进行详细评价,但普遍缺乏对河道演变的影响的综合评价。河道演变综合评价的对象是水沙特性和河床演变的变化趋势,通过研究河势演变的规律,从而为河道的综合治理提供理论性的指导和建设性的意见。

（2）评价的原则

一般来说,河道上的水利工程相对整个河道较为微观,其对河道演变的影响在短时间内不易得知,因此要求评价须兼顾主观因素及客观因素,且以具体指标为主,具体评价时应遵循以下原则：

① 代表性与全面性相结合

工程对河道的影响是多重的、复杂的,有直接的、间接的,有微观的、宏观的,若仅采用其中某一方面的影响因素,必然会降低评价结果的准确度,若对所有因素都一一概括,则会大大加大工作量,且对结果影响较小。因此,要在所有的指标中选取合适数量的指标建立一个能准确反映结果的评价指标,才能既简单又明确地进行评价。

② 现状与趋势相结合

河道演变是一个动态变化的过程,其现有状况是长期在各种因素影响下的综合反应结果。只有综合考虑现状影响程度和长期演变趋势这两个方面,才能真实反映出其对河道演变的影响。

③ 可操作性

反映河道变化的因素诸多,包括河道水流动力轴线的位置、走向,河湾、岸线和沙洲等的变化以及河床冲淤情况。但这些指标在具体实践中难以测量且测量难度大,可操作性不高。因此,本着可操作性原则,在具体实践中,要选择更容易获取、测量和评价的指标。

（3）评价的途径

水动力会影响泥沙的运动,从而影响河道演变,河床的变化反过来又会影响水动力的变化,二者相互作用,互相渗透,因此对河道演变的评价必然离不开对水动力的评价。对

河道演变影响综合评价的研究途径主要涉及河流水动力特性的影响、泥沙特性的影响以及河道演变的影响3个方面。

① 水动力特性：是指河道内水流的各种属性，包括流速、流向、水位、潮流等反映水流运动的属性。

② 泥沙特性：是指河道内泥沙的运动特性，如泥沙种类、比例、含沙量、输沙量、泥沙的运动等。

③ 河道演变：反映河道变化的因素诸多，包括河道水流动力轴线的位置、走向以及河湾、岸线和沙洲等的变化，河床冲淤的变化。

2. 河道演变影响评价的理论基础及研究内容

(1) 河道演变影响评价的理论基础

影响河道演变的主要因素可概括为进口边界条件、河床周界条件、出口边界条件。其中进口边界条件主要包括上游来水来沙量的变化过程，河段上游的来沙量、来沙组成及其变化过程，以及上游河段与本河段进口的衔接方式。河床周界条件泛指河流所在地区的地理、地质条件，包括河道比降、河谷宽度、组成河底河岸的岩层质地等，不能把河床的形态简单地理解为平面几何形态或者纵剖面形态，也不能简单地理解为河床的组成。出口边界条件主要是出口断面的侵蚀基点条件，它可以是各种能控制出口断面高程的水面，包括河面、湖面、海面，还可以是能限制河流纵向发展的各种岩层基面，在以上出口断面控制条件下的河段上游的水面线和床面线都要受到此点高程的制约。影响河道演变的这三个因素有主有从，三个因素互相制约、相互联系，但上游来水来沙条件是最主要的条件，因为其集中反映了河流作为输水输沙通道而存在的必要条件，而且其影响了另外两个条件的连锁变化。进口边界和出口边界的变化引发了河段内水动力和泥沙特性的变化，从而引发河床演变趋势的变化。

尽管影响河道演变的原因有很多，但从根本上来讲，河段内输沙不平衡是引起河道演变的根本原因。如果进入某一河段的沙量大于从该河段流出的沙量，则河床将会淤积抬高；相反，河床则会被冲刷和侵蚀而降低。正因为如此，上游来水来沙量的变化使得河段内河床不断地冲淤变化。

(2) 河道演变影响评价的研究内容

根据河势演变的理论而确定的河势演变影响评价主要包括水动力特性、泥沙特性和河床冲淤变化。其中水动力特性和泥沙特性的变化是原因，河床冲淤变化是结果，而其又反过来影响水动力特性和泥沙特性的变化。故河道演变影响评价的主要内容应为水动力和泥沙特性的变化方面的评价，次要内容为河床冲淤变化的评价。

3. 老海坝河段河道演变影响评价方案设计

根据研究区的实际情况以及数据的可获取性，本着与代表性和全面性相结合、可操作性、现状和趋势相结合的原则，以河道演变规律为理论基础，将河道演变影响作为主要评价内容，对老海坝河段抛石护岸工程对河道演变的影响进行综合评价。

(1) 评价对象

老海坝河段抛石护岸工程对河道演变的综合影响。

(2) 评价方法

首先设置不同的护岸工程工况并模拟其对水动力泥沙特性的影响，其次根据其影响的不同程度提取指标值，最后利用综合分析法确定评价指标并根据主成分分析法确定各评价指标的权重。

(3) 评价指标的选取及评价指标体系的构建

① 评价指标的选取原则

评价指标的选择是否符合客观实际情况、是否科学合理，是保证河道演变影响综合评价结果正确指导生产实践的关键。因此，评价指标的选取要遵循科学性、合理性、代表性和可执行性的原则。

② 评价指标的选取

在影响河床演变的众多因素中，上游来水来沙条件是最主要的，它也是决定河段内水动力泥沙特性的关键因素。因此，水动力泥沙特性是主要的评价指标。流速和流向是反映水动力特性的最重要的指标，这两个指标可充分反映水动力特性的变化情况。模型可模拟出不同深度下的流速，因此，底层流速、中层流速和表层流速可作为水动力特性的评价指标。

根据实测资料，河流中泥沙输运的形式主要为悬移质，在平原河流中，悬移质泥沙数量一般是推移质的几十倍甚至更多。河流中泥沙含量的多少与流量存在着密切的关系，能够反映河道流量变化的因素有水流流速、流向、水位，这些指标是评价河势演变影响的有效指标。河段内泥沙含量的多少也会影响着河道输沙的平衡性，从而影响河床演变，因此悬移质泥沙含量可作为另一重要指标。最后，河床冲淤变化最能直观反映河道演变影响的趋势，因此河床冲淤变化可作为河道演变影响综合评价的重要指标。

本书的评价对象是抛石工程对河道演变的影响，因此上述指标在工程实施前后的变化值即可反映工程对河道演变的影响程度。基于以上评价指标建立的河道演变影响评价指标体系如图 7.35 所示。

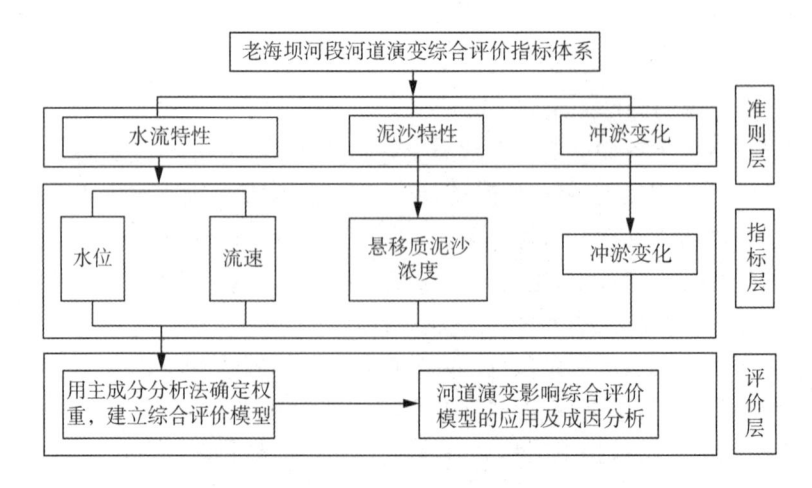

图 7.35　评价指标体系图

7.6.2 综合评价模型的建立

1. 数据归一化处理

数据标准化的目的在于消除各个指标的性质、取值范围、单位等方面的差异，使数据间具备可比性。数据标准化的方法是归一化处理，可使不同的指标处于同一尺度和标准下。为了使各个指标反映出工程对其的影响，用工程前后的指标变化值和工程前某指标值的比值即变化百分比来反映其影响程度。又因各个指标在不同情况下存在正负的变化，故对各个指标取绝对值，即工程对该指标的影响程度。公式如下

$$X_i = \left| \frac{X_h - X_q}{X_q} \right| \times 100\% \tag{7.37}$$

式中：X_i 为第 i 个指标的值；X_q 和 X_h 分别为工程前、后该指标具体值。数值的大小代表影响程度。

2. 确定评价因子权重

河道演变影响程度是各种因素的综合作用下的结果，不同因素对结果的影响程度不同，而权重法是评价这些贡献差异性的一种有效方法，其相比主观赋权法，人为干预少，具备较强的客观性。

运用 SPSS 软件的主成分分析法对各指标因子进行主成分分析，根据所得到的主因子的特征向量即可计算得到各个因子的贡献率和累积贡献率。计算公式分别为

$$a_i = \frac{\lambda_i}{\sum_{i=1}^{m} \lambda_i} (i = 1, 2, \cdots, 6) \tag{7.38}$$

$$b_i = \frac{\sum_{i=1}^{k} \lambda_i}{\sum_{i=1}^{m} \lambda_i} (i = 1, 2, \cdots, 6) \tag{7.39}$$

式中：a_i 和 b_i 分别为各主因子的贡献率和累积贡献率；λ_i 为各因子的特征值；i 为评价指标个数；m 为主成分总个数；k 为主因子个数。

为了分析不同的工程方案对河道演变的影响，根据工程可能对河道演变产生影响的因素，分别设计工程方案 1~6（详细设计方案将在 7.6.3.1 节中介绍）。以工程方案 1 为例，方案中各个因子下的主成分的特征值、贡献率和累积贡献率如表 7.8 所示。

根据主成分个数的提取原则，一般取累积贡献率达 85%~95% 或特征值大于 1 所对应的第 1、第 2……第 $k(k<m)$ 个因子为主因子，由表 7.8 可知，方案 1 前 3 个主因子的特征值均大于 1，因此可确定工程方案 1 的主因子数为 3。

据此，分别计算工程方案 1~6 中各个主成分的特征值、贡献率和累积贡献率，如表 7.9 所示。设 X_1、X_2、X_3、X_4、X_5 和 X_6 分别代表水位、底层流速、中层流速、表层流速、悬沙浓度、冲淤变化等评价指标，可得到各评价指标对各因子的贡献系数，见表 7.10。

表7.8 方案1中各成分的特征值、贡献率和累积贡献率

主因子	特征值	贡献率(%)	累积贡献率(%)
1	3.113	51.89	51.89
2	1.025	17.08	68.97
3	1.001	16.69	85.66
4	0.652	10.87	96.53
5	0.178	2.96	99.49
6	0.031	0.51	100.00

表7.9 方案1~6中各成分的特征值、贡献率和累积贡献率

方案	特征值 主因子1	特征值 主因子2	特征值 主因子3	贡献率(%) 主因子1	贡献率(%) 主因子2	贡献率(%) 主因子3	累积贡献率(%) 主因子1	累积贡献率(%) 主因子2	累积贡献率(%) 主因子3
方案1	3.113	1.025	1.001	51.89	17.08	16.69	51.89	68.97	85.66
方案2	2.785	1.050	—	46.42	17.51	—	46.42	63.93	—
方案3	2.187	1.258	—	36.45	20.96	—	36.45	57.41	—
方案4	1.352	1.042	—	22.54	17.37	—	22.54	39.91	—
方案5	2.079	1.122	1.009	34.65	18.70	16.82	34.65	53.35	70.17
方案6	2.127	1.650	—	35.45	27.51	—	35.45	62.96	—

表7.10 方案1~6中各评价指标对各主因子的贡献系数

方案	主因子	水位(X_1)	底层流速(X_2)	中层流速(X_3)	表层流速(X_4)	悬沙浓度(X_5)	冲淤变化(X_6)
方案1	F_1	0.645	0.924	0.980	−0.937	−0.077	0.027
	F_2	−0.237	0.108	−0.056	0.075	0.970	0.084
	F_3	0.082	−0.034	−0.026	−0.029	−0.059	0.994
方案2	F_1	−0.822	−0.130	0.952	0.952	0.529	−0.025
	F_2	0.003	0.661	0.002	−0.001	0.202	0.757
方案3	F_1	0.508	−0.084	0.969	0.969	−0.208	0.041
	F_2	0.091	0.798	0.091	0.091	0.766	0.094
方案4	F_1	−0.417	0.279	−0.175	0.728	0.735	0.014
	F_2	0.563	0.519	−0.395	−0.005	0.023	0.547
方案5	F_1	0.109	0.367	0.940	0.936	0.414	0.039
	F_2	0.818	0.167	−0.203	−0.215	0.576	0.071
	F_3	−0.133	−0.211	−0.001	0.001	0.131	0.964
方案6	F_1	0.341	0.441	0.886	0.882	0.503	0.007
	F_2	0.868	−0.248	−0.335	−0.324	0.786	0.018

由表 7.10 可知,方案 1 的 3 个主因子 F_1、F_2、F_3 可分别表示为:

$$F_1 = 0.645X_1 + 0.924X_2 + 0.980X_3 - 0.937X_4 - 0.077X_5 + 0.027X_6 \quad (7.40)$$

$$F_2 = -0.237X_1 + 0.108X_2 - 0.056X_3 + 0.075X_4 + 0.970X_5 + 0.084X_6 \quad (7.41)$$

$$F_3 = 0.082X_1 - 0.034X_2 - 0.026X_3 - 0.029X_4 - 0.059X_5 + 0.994X_6 \quad (7.42)$$

由式 7.40、7.41 和 7.42 可知,工程方案 1 在第一、二和三主成分中起主要作用的分别是第三、第五和第六个指标,因此可粗略地认为工程方案中第一和第二主成分分别反映了中层流速、悬沙浓度和冲淤变化这三个因素在反映河道演变综合评价中的重要性。方案 1~6 中各评价指标的公因子方差如表 7.11 所示。

表 7.11 方案 1~6 中各评价指标的公因子方差

方案	评价因子的公因子方差					
	水位 (X_1)	底层流速 (X_2)	中层流速 (X_3)	表层流速 (X_4)	悬沙浓度 (X_5)	冲淤变化 (X_6)
方案 1	0.478	0.867	0.963	0.884	0.951	0.996
方案 2	0.675	0.453	0.906	0.907	0.320	0.574
方案 3	0.266	0.644	0.947	0.947	0.630	0.011
方案 4	0.491	0.347	0.187	0.530	0.541	0.299
方案 5	0.669	0.207	0.925	0.923	0.520	0.937
方案 6	0.870	0.256	0.897	0.882	0.871	0.000

在确定主因子的基础上,根据因子矩阵计算各评价指标的公因子方差。计算公式为

$$H_i = \sum_{i=1}^{m} \lambda_{ik}^2 \quad (i = 1, 2, \cdots, 7; k = 1, 2, 3) \quad (7.43)$$

式中:H_i 为各个评价指标的公因子方差;m 为主成分总个数,$m=2$;λ_i 为各主因子的特征值;i 为评价指标个数;k 为主成分数。

根据上式即可计算出各评价指标的公因子方差,进而对各个指标的公因子方差进行归一化处理,见式 7.44,得到各个指标的权重,见表 7.12。

$$W_i = \frac{H_i}{\sum_{i=1}^{6} H_i} \quad (i = 1, 2, \cdots, 6) \quad (7.44)$$

由表 7.12 可知,除方案 4 外,中层流速(X_3)和表层流速(X_4)相关指标的权重均占据最重要或者次要位置。冲淤变化(X_6)在所有因素中所占权重最小,平均权重仅 11.6%。平均权重较重要的 3 个指标分别为表层流速(X_4)、中层流速(X_3)和悬沙浓度(X_5)。因此,影响河道演变的因素和离河床最近的底层流速关联并不大,反而表层流速对其影响较大。

表 7.12　方案 1~6 中各评价指标的河道演变影响综合评价指标权重系数

方案	水位 (X_1)	底层流速 (X_2)	中层流速 (X_3)	表层流速 (X_4)	悬沙浓度 (X_5)	冲淤变化 (X_6)
方案 1	0.093	0.169	0.187	0.172	0.185	0.194
方案 2	0.176	0.118	0.236	0.236	0.084	0.150
方案 3	0.077	0.187	0.275	0.275	0.183	0.003
方案 4	0.205	0.145	0.078	0.221	0.226	0.125
方案 5	0.166	0.049	0.220	0.219	0.124	0.222
方案 6	0.230	0.068	0.238	0.234	0.231	0.000

表头第二行：评价因子的公因子方差

3. 河道演变影响综合评价模型的建立

为了综合反映并评价工程对河道演变的影响，引入河道演变影响综合评价系数（Comprehensive Index of River Evolution，CIRE）。该指数可综合反映工程对河道演变的影响程度。根据不同工程方案的权重系数，分别计算工程方案 1~6 的河道演变影响综合评价系数，进而通过该系数对不同工程方案进行河道演变影响评价分析。其模型公式如下

$$CIRE_{ij} = \sum_{i=1}^{6} P_{ij} \times W_{ij} \tag{7.45}$$

式中：$i=1,2,\cdots,6$，代表第 1 至第 6 个评价指标；$j=1,2,\cdots,6$，代表工程方案 1~6；W_{ij} 为工程方案 j 中第 i 个评价指标的权重。

7.6.3　综合评价模型的应用

1. 工程方案设计

上一小节已简单介绍工程方案设计的原则，根据工程可能对河道演变产生影响的因素，分别设计了 6 种不同的方案。由于数值模拟的局限，不可能将实际抛石护岸工程的特性完全概化入数学模型中，故需根据模型的特点选取既能反映工程的实际施工效果又能在模型中得以体现的因素并在模型中进行概化。

在实际施工过程中，往往是一些河势急剧的河段，抛入水下的石头不可能完全按照预先设计的路径在设计的位置落下，存在着各种各样的不确定性，抛石增厚值因此呈正态分布。此外，不同河段内不同河势情况下的设计抛石增厚值也不尽相同。而上述两个因素在 MIKE 3 数值模型中均可进行概化。

为此，可根据增厚值的随机分布情况及抛石增厚值来进行工程方案的设计。其中，抛石增厚值的随机分布情况采用空间分布不均匀度指数进行区分，指数越大意味着增厚值的分布越不均匀。工程方案 1~6 的具体情况见表 7.13。

表 7.13　工程方案 1~6 中施工区模拟地形方案

方案	数据来源
方案 1	工程实施后水下地形数据（其增厚值空间不均匀指数为 0.80）
方案 2	实测水下地形数据＋增厚值（空间不均匀指数为 0.78）
方案 3	实测水下地形数据＋增厚值（空间不均匀指数为 0.79）
方案 4	实测水下地形数据＋增厚值（空间不均匀指数为 0.82）
方案 5	实测水下地形数据＋抛石区增厚 1 m
方案 6	实测水下地形数据＋抛石区增厚 2 m

2. 综合分析

根据式 7.45 和表 7.12 即可计算出不同工程方案下的不同位置的河道演变影响综合评价系数。工程方案 1~6 的河道演变影响综合评价系数分布图见图 7.36（因篇幅原因，只显示模型区域中部）。

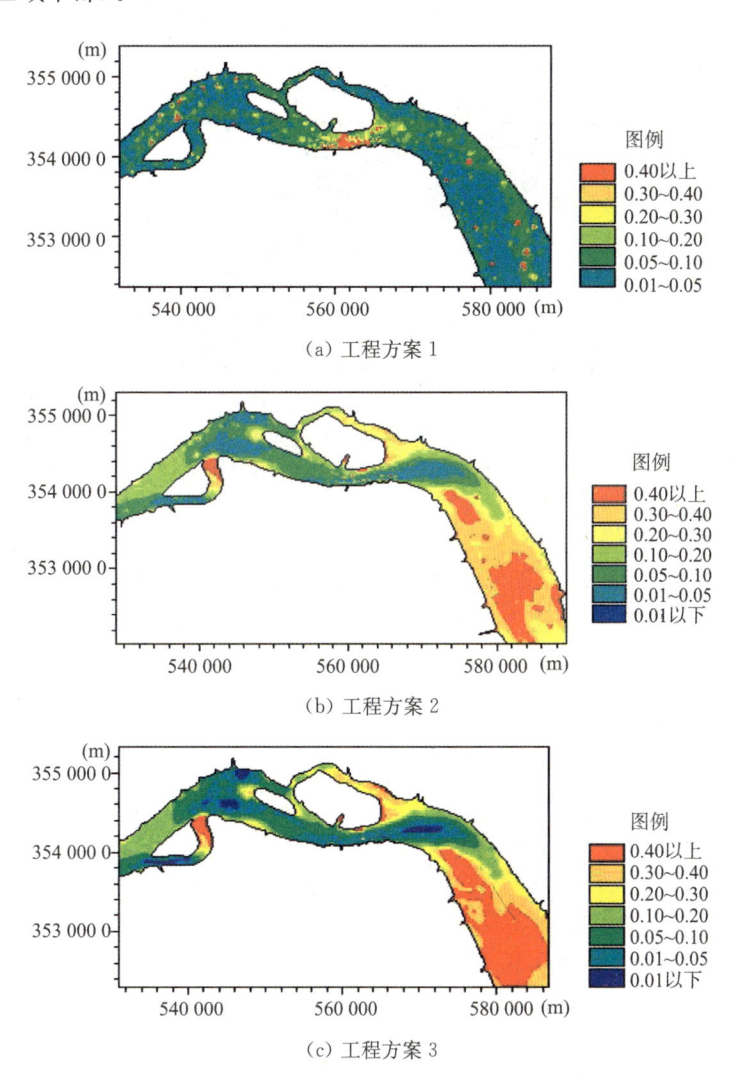

(a) 工程方案 1

(b) 工程方案 2

(c) 工程方案 3

(d) 工程方案 4

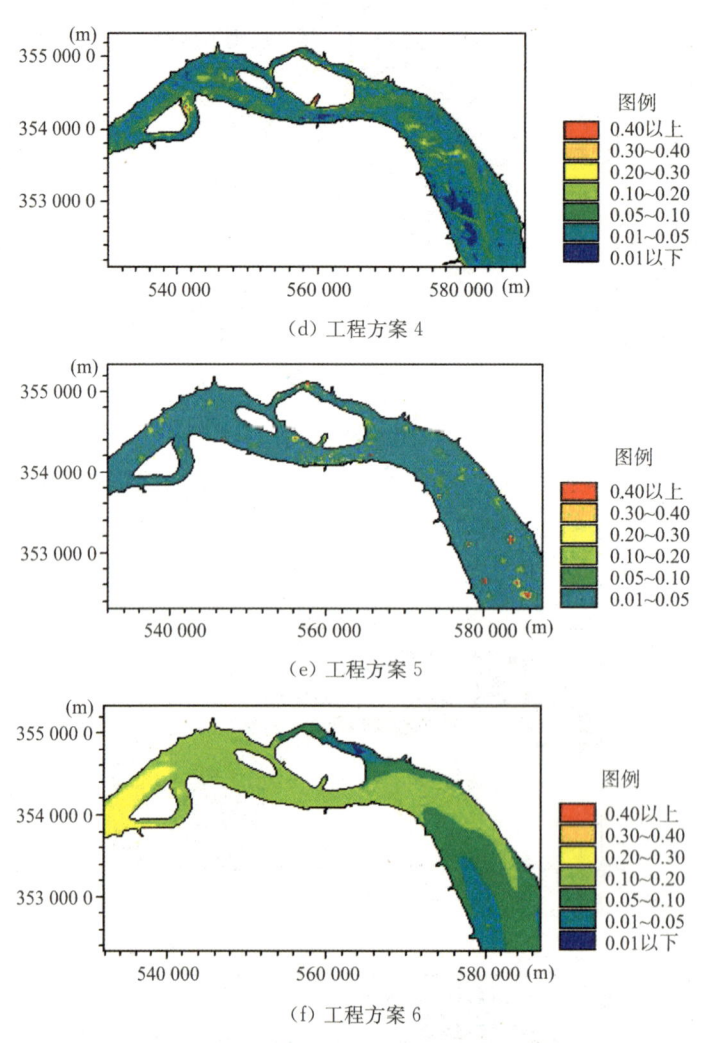

(e) 工程方案 5

(f) 工程方案 6

图 7.36　工程方案 1～6 河道演变影响综合系数分布图

从图 7.36 可以看出，不同工程方案下的河道演变影响的程度和分布状况呈现较大的差异，部分工程方案的影响程度及范围较小，而其他工程方案的影响程度大且范围广，这些都与不同的工程实施方案有关。根据图 7.36 和表 7.13 可知，不同的工程实施方案从整个模型尺度上来看，尺度较小，但其河道演变影响综合评价指数却存在较大的差异。工程方案 1 中，工程区即抛石区的指数大于 0.3，其他区域指数值分布在 0.01～0.1 之间，存在指数大于 0.3 的区域零散分布在整个模拟区，影响主要集中在工程区。工程方案 2 中，工程区附近的指数值较小，反而离工程区较远的通州沙水道、如皋左汊指数值较大；工程方案 3 中，其影响分布大小和范围与工程方案 2 一致；工程方案 4 中，其影响分布在整个模拟区域，除零散区域指数值在 0.01 以下或 0.4 以上外，其他区域的指数值均在 0.01～0.03 之间，影响偏小；工程方案 5 中，除工程区和零散区域指数值大于 0.01 外，其他区域的指数值均在 0.01～0.05 之间，影响较小；工程方案 6 中，大部分区域包括工程区的影响指数在 0.1～0.2 之间，影响偏小且分布较为均匀。

结合设计工程方案的原则可知，工程方案 1～4 的工程区抛石增厚值均为实际增厚值,不同点在于其空间分布不均匀度不同,而工程方案5~6的增厚值空间分布不均匀度相同而增厚值不同。因此,实际抛石工程方案增厚值分布越均匀,其影响范围愈小,影响区域分布越零散,对河势整体的演变程度影响也就越小。工程方案5和工程方案6的区别在于其增厚值的大小不同,因此,在抛石增厚情况完全一致的情况下,增厚值愈大,其影响的分布范围扩大至整个模拟区域尤其是工程区上游,而不仅是部分零散区域,河道演变影响指数也变大5~10倍。由此可见,实际抛石增厚值的分布不均匀度和增厚值是影响河道演变的重要的两个因素,在工程设计中应给予充分的考虑。

7.7 本章小结

针对长江下游老海坝河段的水沙动力过程,基于Delft3D软件建立了大通至长江口二维潮波模型以及老海坝河段局部动力地貌模型,简述了各模块耦合及所采用的控制方程、边界条件以及泥沙输移公式等,分别对潮位、流速、流向、含沙量以及冲淤演变过程计算进行验证。采用已验证的数学模型对工程前后的水流泥沙运动进行模拟计算,从河床平面形态变化、断面形态变化、冲淤变化及水流结构变化等多方面计算分析河势变化对抛石护岸的响应作用,并结合实测数据分析老海坝河段冲淤变化的主要影响因素。取得了如下研究成果和结论:

(1) 模型计算参数设置中,临界淤积切应力$\tau_{cr,D}$在模型中取1 000 N/m²,表示泥沙颗粒的沉降不断发生,临界冲刷切应力$\tau_{cr,E}$根据敏感性分析取0.35~0.55 N/m²,对于所有黏性沙,侵蚀速率M取5×10^{-5} kg/(m²·s),通过数模结果调试可知,过大或者过小的M值都使得河道的演变速率与实际情况有所偏差。

(2) 根据研究河段泥沙特性,将模型沙设置为三组黏性沙以及一组非黏性沙。模型每次计算前根据实测床沙级配进行每种泥沙组分的厚度取值,然后采用建立的网格模型进行插值形成初步的河床地形,在河床冲淤不进行更新的前提下,在实际地形及水流条件下进行30天的河床重组计算,河床泥沙级配将根据水流结构重新调整至平衡状态,从而获得每次模型的初始河床条件。

(3) 潮位、流速及流向验证结果表明,模型计算值与实测值误差较小,模型可以较好地模拟研究河段的水流条件。含沙量验证及冲淤验证结果表明,模型计算的悬沙浓度、冲淤位置以及冲淤幅度都与实测结果较为吻合,模型能够较好地反映河床的动力地貌过程。

(4) 采用已验证的数学模型对工程前后的水流泥沙运动进行模拟计算。水流计算结果表明:工程实施后,水位变幅总体在0.01 m以内,由于涨潮时,水流在径流和潮汐的共同作用下因抛石区地形拔高而产生的影响有些抵消作用,落憩时刻水位变化幅度略高于涨憩时刻水位变幅,落潮时,河道内水流受径流作用,呈现较为规律的水位变化情势;工程实施后,不论是涨急时刻还是落急时刻,流速变化主要集中于抛石工程区域,流速最大变幅在0.3 m/s左右,主要呈现抛石区流速减小、深槽流速增大的规律;工程的实施阻碍了浏海沙水道的水流,使得其分流比有所减小,如皋中汊和如皋左汊分流比增大,且涨潮流所受工程影响大于落潮时刻。

(5) 无工程计算一年后,冲刷较为严重区域集中于抛石工程区附近,最大冲深达

12 m,主要发生冲刷的原因是该处河道内深槽贴近南岸,且南岸属于凹岸,遭受水流顶冲较为严重。工程实施后,冲刷区域有所变化,抛石工程区逐渐发生淤积,在工程区外侧深槽内发生带状冲刷,最大冲刷区域仍然位于十一圩港附近,冲刷态势并未缓解。抛石工程实施后,−5 m 等深线不论是近岸还是离岸偏移量都有所减小,可见工程实施后岸坡处冲淤变化有所减小。工程实施一年后,−20 m 等深线最大变幅从 90 m 减小到 20 m 左右,抛石区内等深线移动幅度较抛石区外更小,河床平面形态更为稳定。

(6) 根据抛石护岸工程区的实测多波束数据,提取了水下抛石护岸工程实施后工程区河床的坡度、坡向等地形特征,结果表明工程区工程实施后岸坡没有出现明显的冲刷后退现象,说明抛石工程具有一定的防护效果。综合来看,老海坝节点综合整治工程实施后,工程河段河势总体基本稳定,抛石区附近河床冲淤变幅和冲刷强度有减小的趋势,表明工程的实施在一定程度上阻止了老海坝河段岸坡的进一步冲刷后退,具有一定的防冲促淤效果。河势演变影响因素分析结果表明,老海坝河段深槽冲刷幅度随着上游造床流量的增大呈现增大趋势,加之老海坝河段处于浏海沙水道凹岸,且河岸抗冲刷能力较差,在弯道水流离心力作用下,河床仍将在较长时间内处于冲刷状态。

(7) 通过建立研究区内河道演变影响综合评价模型对工程实施后对河道演变的影响进行定量评价,并进行综合分析,结果表明:①中层流速、表层流速和悬沙浓度是进行河道演变影响评价时的主要因素,水位、冲淤变化和底层流速是次要因素。②不同工程方案下的河道演变影响的程度和分布状况呈现较大的差异,部分工程方案的影响程度及范围较小,而其他工程方案的影响程度大且范围广,这些都与不同的工程实施方案有关。③当设计工程方案中的增厚值为随机生成时,其对河道演变的影响随着增厚值分布的不均匀度而变大,不仅体现在河道演变影响指数普遍增大,更表现为工程区上游和下游的部分区域的指数显著增大。而当设计工程方案的增厚值为固定值时,对河道演变的影响从仅分布在零散区域到分布在整个模拟区域,且影响指数增大 5~10 倍。

第8章 主要结论

本书针对长江下游径潮流河段防护工程抛投水下运动和实施效果关键技术开展研究,通过实测资料对长江下游径潮流河段的历史演变过程和水沙运动特征进行分析。通过引入质量-弹簧-阻尼系统建立抛投体入水至着床稳定全过程模型,探明了抛石水下运动规律。基于随机行走模型深入剖析了抛石空间分布及稳态条件下抛石输运演化机制。结合水沙动力地貌模型和实测数据,研究了河势变化对抛石的响应及其演变影响因素。最后,确定了检测曲面最佳点云密度为 5 m,解决了覆盖率、均匀度检测难题。主要研究成果如下:

(1) 基于长江下游老海坝河段水文及地形实测资料分析,阐明了研究河段水沙运动特征及河势演变特征。

① 老海坝河段河床床面泥沙中值粒径范围在 0.15~0.25 mm;悬沙中值粒径在 0.01 mm 左右,其中参与造床的床沙质粒径在 0.07 mm 以上的悬沙占总量不到 10%,研究河段主要以推移质造床为主。

② 对不同年份河道平面形态变化进行分析,结果表明,老海坝北侧-30 m 等深线局部向南侧小幅移动,北岸局部有所后退,深槽具有进一步向窄深方向发展的趋势。

③ 采用断面形心相对深度指标定量分析河段的断面变化特征可知,近年河槽冲淤变化最剧烈的位置是在九龙港至十一圩港段,一干河至九龙港段河槽相对稳定,并略有淤积,十一圩港以下虽有冲淤变化,但幅度不大。

④ 河床冲淤变化分析结果表明,老海坝抛石护岸工程的实施,改变了不同等深线区间内河床的冲淤变化幅度,加剧了深槽冲淤幅度,其中九龙港至十一圩港段深槽不稳、冲淤变化幅度最大,应采取防护措施维持河势稳定。

(2) 通过理论公式推导和现场抛石试验,并引入质量-弹簧-阻尼系统建立了抛石从入水到着床稳定全过程的计算模型,探明了抛石水下运动规律。

① 根据块石入水后的下落过程,分别给出了块石两个阶段的运动过程中块石水下漂

移距离以及着床稳定距离的计算公式。

② 开展抛石现场抛投试验,通过研发的一种高精度块石漂移路径获取装置得到了不同水深、不同流速、不同块石重量下的漂移路径。

③ 引入了质量-弹簧-阻尼系统,建立了抛石从入水到着床稳定全过程的计算模型,并与现场抛石试验结果进行对比分析,结果表明模型可以较好地模拟块石从入水到着床稳定的全过程。

④ 由计算结果可知,虽然接近床面时水流流速急剧减小,但是块石的流速减幅较慢,在着床时仍然有 0.8 倍的平均水流流速,随着流速分布指数的减小,块石速度从最大处减小的幅度也越慢,这就代表流速分布指数的减小使得块石着床时拥有更大的初始速度。

⑤ 基于高斯噪音的碰撞理论对群体块石漂移距离进行模拟计算,结果表明均匀块石的群抛落距略小于单块石落距,整体差别小于 10%,均匀群体抛投落距可用单块石落距代替,级配不同的群抛结果几乎相同,表明级配不同对群抛试验的落距影响较小。

(3) 通过连续时间随机行走模型以及生-灭马尔可夫系统深入剖析了不同河流输运条件及不同粒径抛石在河流中的空间分布规律及稳态条件下抛石粒子的输运机制。

① 抛石在河流中输运有极强的随机性,这种随机性使得常规的确定性方程无法准确地捕捉抛石的输运行为,连续时间随机行走模型基于统计学理论可以很好地预测抛石的输运行为。

② 抛石输运过程中不可能存在非整数颗粒的运动情况,这种离散性使用连续微分方程描述是不恰当的,只能在某种情况下近似,而生-灭马尔可夫系统可以通过蒙特卡罗方法对这种行为进行准确的描述。

③ 连续时间随机行走模型结果表明,模型对抛石预测的适宜性随选取区域的增加先减后增,这是因为抛石运动的随机性导致空间区域的大小对抛石整体运动有显著的影响,当区域足够大时抛石的随机性被整体的平均所抵消。

④ 连续时间随机行走模型表明在抛石工程后相当一段时间内,抛石输运主要由慢速输运状态支配,而基本不表现快速输运行为。

⑤ 生-灭马尔可夫模型说明抛石的输运行为在达到稳态之后表现为正常输运状态,其运动粒子的数目与河流的条件密切相关。

(4) 基于多波束测深系统全覆盖测量、精度高等优势,在水下抛石护岸工程质量监测中进行应用,得到了抛石区增厚空间分布及质量评定标准。

① 以抛石前后水下地形的变化量,即增厚值作为衡量抛石效果的指标。与采用传统单波束测深仪抽测断面无法全面反映区域的表面特征相比,通过抛石区整个平面内的增厚值对水下抛石质量进行评定,能够较全面地反映工程的实际运行情况。

② 通过对不同点云密度下抛石护岸工程效果进行分析,可知采样数据的点云密度一般不超过 5 m 时能够比较真实地反映实际的水下抛石分布情况。

③ 与目前长江水下平顺抛石质量评定标准中以断面增厚率评定抛石是否满足要求相比,采用空间点云对均匀度分析不仅可以提高检测的准确性,而且可以直观地显示出抛石区域增厚值的空间分布及合格点的分布情况,对进一步开展水下抛石补充工程具有指导意义。

④ 沉箱式抛石工艺的抛石测点合格率、断面平均增厚和断面相对增厚率均高于网兜散抛石工艺,在深水区抛石增厚控制方面,沉箱式抛石工艺表现较好,并且水深较浅时沉箱式抛石工艺抛石增厚相对较好。

⑤ 选取离差系数和克里斯琴森均匀系数作为抛石均匀度衡量指标,沉箱式抛石离差系数均低于网兜散抛石,克里斯琴森均匀系数均高于网兜散抛石,表明沉箱式抛石工艺的抛石均匀度高于网兜散抛石工艺。不同研究区同种工艺抛石均匀度也存在差异,沉箱式抛石工艺区域间的抛石均匀度相差较小,在抛石效果稳定性控制方面优于网兜散抛石工艺。

⑥ 工程检测断面抽取的随机性对工程质量评价的影响由工程欠抛面积的大小、欠抛区聚集与分布情况决定。当区域欠抛率≤25%或欠抛率≥50%时,检测断面抽取的随机性并未对其质量评价结论产生影响。

(5) 基于Delft3D软件建立了大通至长江口二维潮波模型以及老海坝河段局部动力地貌模型,研究了抛石护岸后河段水流条件及河床冲淤变化规律。

① 工程实施后,水位变幅总体在0.01 m以内,由于涨潮时,水流在径流和潮汐的共同作用下因抛石区地形拔高而产生的影响有些许抵消作用,落憩时刻水位变化幅度略高于涨憩时刻水位变幅,落潮时,河道内水流受径流作用,呈现较为规律的水位变化情势。

② 工程实施后,不论是涨急时刻还是落急时刻,流速变化主要集中于抛石工程区域,流速最大变幅在0.3 m/s左右,主要呈现抛石区流速减小、深槽流速增大的规律。

③ 工程的实施阻碍了浏海沙水道的水流,使得其分流比有所减小,如皋中汊和如皋左汊分流比增大,同时,涨潮流所受工程影响大于落潮时刻,特别是如皋中汊分流比变化最大,变幅达1.84%。

④ 由于研究河段深槽贴近南岸,且南岸属于凹岸,遭受水流顶冲较为严重,无工程情形下最大冲深达12 m,主要集中于抛石工程区。工程实施后,抛石工程区逐渐发生淤积,工程区外侧深槽内发生带状冲刷。

⑤ 抛石工程实施后,岸坡处冲淤变化有所减小。模型计算一年后,−20 m等深线最大变幅从90 m减小到20 m左右,抛石区内冲刷态势有所抑制,河床平面形态更为稳定,但抛石区外侧−40 m等深线仍向近岸侧偏移,河床的冲刷仍在发生。

⑥ 通过建立研究区内河道演变影响综合评价模型对工程实施后对河道演变的影响进行定量评价,并进行综合分析,结果表明:中层流速、表层流速和悬沙浓度是进行河道演变影响评价时的主要因素,水位、冲淤变化和底层流速是次要因素。不同工程方案下的河道演变影响的程度和分布状况呈现较大的差异,当设计工程方案中的增厚值为随机生成时,其对河道演变的影响随着增厚值分布的不均匀度而变大,而当设计工程方案的增厚值为固定值时,对河道演变的影响从仅分布在零散区域到分布在整个模拟区域,且影响指数增大5~10倍。

(6) 根据数模计算结果结合实测资料分析,探讨了抛石后老海坝险工段河床演变特征,并对其影响因素进行深入剖析。

① 根据抛石护岸工程区的实测多波束数据,提取了水下抛石护岸工程实施后工程区河床的坡度、坡向等地形特征,结果表明工程区工程实施后岸坡没有出现明显的冲刷后退

现象，说明抛石工程具有一定的防护效果。

② 综合来看，老海坝节点综合整治工程实施后，工程河段河势总体基本稳定，抛石区附近河床冲淤变幅和冲刷强度有减小的趋势，表明工程的实施在一定程度上阻止了老海坝河段岸坡的进一步冲刷后退，具有一定的防冲促淤效果。

③ 河势演变影响因素分析结果表明，-30 m 以下深槽冲淤与大通站造床流量呈负相关关系，线性相关系数为-0.8，老海坝河段深槽冲刷幅度随着上游造床流量的增大呈现增大趋势，加之老海坝河段处于浏海沙水道凹岸，且河岸抗冲刷能力较差，在弯道水流离心力作用下，河床仍将在较长时间内处于冲刷状态。

参考文献

[1] 中华人民共和国国家统计局. 中国统计年鉴 1997[M]. 北京：中国统计出版社，1997.

[2] 夏军强，邓珊珊. 冲积河流崩岸机理、数值模拟及预警技术研究进展[J]. 长江科学院院报，2021,38(11):1-10.

[3] 杜德军，夏云峰，徐华，等. 长江河口段节点控导作用及河势格局研究[J]. 人民长江，2018,49(14):1-5.

[4] 卢金友，朱勇辉，岳红艳，等. 长江中下游崩岸治理与河道整治技术[J]. 水利水电快报，2017,38(11):6-14.

[5] 夏军强，宗全利，许全喜，等. 下荆江二元结构河岸土体特性及崩岸机理[J]. 水科学进展，2013,24(6):810-820.

[6] 李金瑞. 长江抛石护岸工程无损探测技术应用研究[J]. 大坝与安全，2020(3):38-41.

[7] 余文畴，卢金友. 长江河道演变与治理[M]. 北京：中国水利水电出版社，2005.

[8] 李学海，唐祥甫，刘力中. 明渠截流抛投体稳定性研究[J]. 中国三峡建设，2002(10):26-27.

[9] 刘大明，陈忠儒. 河道截流工程的进展与研究[J]. 中国三峡建设，1997(2):26-27.

[10] 王帮兵，丁凯，田钢. 探地雷达多次覆盖技术在堤防隐患探测中的应用[J]. 水力发电，2006(10):102-105.

[11] 李先炳. 水下抛石施工质量控制及质量评定[J]. 人民长江，2002(8):35-36.

[12] 雷国刚，胡宁，徐林，等. 水下抛石护岸施工工艺和质量控制[J]. 江西水利科技，2010,36(4):281-284.

[13] 张光保. 褚家营巨型滑坡的高密度电法勘察及效果分析[J]. 地球物理学进展，2012,27(6):2716-2721.

[14] 余金煌，王强. 河湖水下抛石护岸工程质量无损检测技术研究[J]. 中国水利，2013

(22):66-67.

[15] 邹双朝,皮凌华,甘孝清,等. 基于水下多波束的长江堤防护岸工程监测技术研究[J]. 长江科学院院报,2013,30(1):93-98.

[16] Task Committee on Channel Stabilization Works, Committee on Regulation and Stabilization of Rivers. Channel stabilization of alluvial rivers: Progress report[J]. Journal of the Waterways and Harbors Division,1965,91(1):7-37.

[17] Coleman J M. Dynamic changes and processes in the Mississippi River delta[J]. Geological Society of America Bulletin,1988,100(7):999-1015.

[18] Goelz E. Improved sediment-management strategies for the sustainable development of German waterways[J]. IAHS Publication,2008,325:540-549.

[19] Severson J P, Nawrot J R, Eichholz M W. Shoreline stabilization using riprap breakwaters on a Midwestern reservoir[J]. Lake and Reservoir Management,2009,25(2):208-216.

[20] Froehlich D C, Benson C A. Sizing dumped rock riprap[J]. Journal of Hydraulic Engineering,1996,122(7):389-396.

[21] Hagerty D J, Parola A C. Seepage effects in some riprap revetments[J]. Journal of Hydraulic Engineering,2001,127(7):556-566.

[22] Das N, Wadadar S. Impact of bank material on channel characteristics: A case study from Tripura, North-east India[J]. Archives of Applied Science Research,2012,4(1):99-110.

[23] Wörman A. Riprap protection without filter layers[J]. Journal of Hydraulic Engineering,1989,115(12):1615-1630.

[24] Yalin M S. River mechanics[M]. Elsevier,2015.

[25] Lagasse P F. Riprap design criteria, recommended specifications, and quality control[M]. Transportation Research Board,2006.

[26] Lauchlan C S, Melville B W. Riprap protection at bridge piers[J]. Journal of Hydraulic Engineering,2001,127(5):412-418.

[27] Jafarnejad M, Pfister M, Bruhwiler E, et al. Probabilistic failure analysis of riprap as riverbank protection under flood uncertainties[J]. Stochastic Environmental Research and Risk Assessment,2017,31(7):1839-1851.

[28] 梁润. 河道截流的抛石抗冲稳定流速及稳定移距[J]. 武汉水利电力学院学报,1978(1):41-50.

[29] 姚仕明,梁兰,刘卫峰,等. 抛石移距规律初探[J]. 武汉水利电力大学学报,1997(6):25-28.

[30] 尹立生. 抛石位移计算的一种新方法[J]. 武汉大学学报(工学版),2004(2):13-16.

[31] 韩海骞,杨永楚,王卫标,等. 钱塘江河口闻家堰段护底抛石研究[J]. 泥沙研究,2002(2):29-35.

[32] 潘庆燊,余文畴,曾静贤. 抛石护岸工程的试验研究[J]. 泥沙研究,1981(1): 75-84.

[33] 詹义正,寇树萍. 球体的移距及稳定移距公式[J]. 武汉水利电力大学学报,1996 (2):85-90.

[34] 李小超,常留红,李凌,等. 水槽混合石料群抛试验[J]. 水利水电科技进展, 2017,37(6):76-80.

[35] 李小超,常留红,宋俊强,等. 复杂水流条件下抛石漂移距离的试验研究[J]. 水运工程,2017(6):1-8.

[36] 陈凯华,石崇,梁邦炎,等. 水下抛石基床动态形成过程数值模拟研究[J]. 科学技术与工程,2014,14(31):314-319.

[37] 张玮,杨松,许才广,等. 长江张家港老海坝段水动力及冲刷分析研究[J]. 水道港口,2016,37(2):147-153.

[38] 李寿千,牛文超,刘菁,等. 弱感潮河段抛石漂移距现场试验研究[J]. 水运工程, 2019(12):1-6.

[39] 李国繁,王松鹤,马忠民,等. 长管袋筑坝技术在河南黄河河道整治中的应用[J]. 人民黄河,2001(1):5-6.

[40] 龙跃桂. 砂枕护脚在内河航道整治护岸工程中的应用[J]. 水运工程,2003(8): 42-44.

[41] 刘若元,张剑. 预制袋装砂在洋山深水筑堤工程中的应用[J]. 水运工程,2007(6): 117-120.

[42] 姚飞,胡宁. 模袋砂软体排在长江铜陵河段护岸中的创新应用研究[J]. 中国水运(下半月刊),2011,11(2):135-136.

[43] 李晓兵. 抛枕补坡在航道整治护岸工程中的应用[J]. 中国水运(下半月),2012,12 (4):131-133.

[44] 李晶晶,于涛. 抛枕及质量控制技术在航道整治工程中的应用[J]. 中国水运,2014 (6):46-47.

[45] 周鸿,鲁彬,吴姚平. 砂枕抛投在荆江航道整治中的应用[J]. 水运工程,2015(8): 35-37.

[46] 张培生,黄昊,杨旋. 袋装砂抛填在仪征深水航道整治工程中的应用[J]. 中国水运(下半月),2016,16(8):257-258.

[47] 余竞,邹余,林君辉. 通长砂袋基础抛石斜坡堤在淤泥软基筑堤工程中的应用[J]. 水运工程,2017(11):156-160.

[48] 李铭华,严彬,朱相丞,等. 复杂流态下长江深槽岸坡沙袋防护设计与施工[J]. 水运工程,2020(10):198-202.

[49] 彭成山,孙东坡,刘凤莲,等. 长管袋沉降过程的分析与模拟[J]. 人民黄河,2001 (7):16-17.

[50] 孙东坡,彭成山,耿明全,等. 充沙长管袋抛掷沉降运动的力学研究[J]. 水利学报, 2002(1):35-39.

[51] 陶润礼,袁超哲,王健,等. 小型袋装砂抛填水下轨迹模拟与分析[J]. 中国港湾建设,2017,37(3):18-21.

[52] 许光祥,刘添宇,楼金仙,等. 流速垂线分布对抛石漂距的影响研究[J]. 泥沙研究,2021,46(5):20-27.

[53] 李艳红,范宝山,许韶华. 对悬移质含沙分布 Rouse 公式沿垂线积分的研究[J]. 东北水利水电,1999(8):23-24.

[54] 张红武. 挟沙水流流速的垂线分布公式[J]. 泥沙研究,1995(2):1-10.

[55] 惠遇甲. 长江黄河垂线流速和含沙量分布规律[J]. 水利学报,1996(2):11-17.

[56] 周家俞,陈立,叶小云,等. 泥沙影响流速分布规律的试验研究[J]. 水科学进展,2005(4):506-510.

[57] 刘春晶,李丹勋,王兴奎. 明渠均匀流的摩阻流速及流速分布[J]. 水利学报,2005(8):950-955.

[58] 胡云进,郜会彩,耿洛桑,等. 梯形断面明渠流速分布的研究[J]. 浙江大学学报(工学版),2009,43(6):1102-1106.

[59] 付刚才,李瑞杰,丰青,等. 挟沙水流的流速分布公式[J]. 江南大学学报(自然科学版),2013,12(4):436-440.

[60] 董啸天,李瑞杰,付刚才,等. 挟沙水流速度与含沙量垂向分布关系探讨[J]. 河海大学学报(自然科学版),2015,43(4):371-376.

[61] 陈健健. 大通水文站流速与悬移质含沙量垂线分布规律[J]. 科技风,2015(6):3-4.

[62] 王光谦. 水利科技前沿问题[J]. 河南水利与南水北调,2012(13):6-9.

[63] 褚忠信. 三峡水库一期蓄水对长江泥沙的影响[D]. 青岛:中国海洋大学,2006.

[64] 徐元,朱德军,孟震,等. 河床粗化过程中推移质输移特征试验研究[J]. 水科学进展,2018,29(3):339-347.

[65] 孟震. 推移质运动基本规律研究[D]. 北京:清华大学,2015.

[66] 孟震,陈槐,李丹勋,等. 推移质平衡输沙率公式研究[J]. 水利学报,2015,46(9):1080-1088.

[67] 张磊,钟德钰,王光谦,等. 基于动理学理论的推移质输沙公式[J]. 水科学进展,2013,24(5):692-698.

[68] 钟德钰,张磊,王光谦. 泥沙运动力学研究进展和前沿[J]. 水利水电科技进展,2015,35(5):52-58.

[69] 顾正萌,郭烈锦. 沙粒跃移运动的动理学模拟[J]. 工程热物理学报,2004(S1):79-82.

[70] Parker G,Paola C,Leclair S. Probabilistic Exner sediment continuity equation for mixtures with no active layer[J]. Journal of Hydraulic Engineering,2000,126(11):818-826.

[71] Sposini V,Chechkin A V,Seno F,et al. Random diffusivity from stochastic equations: Comparison of two models for Brownian yet non-Gaussian diffusion

[J]. New Journal of Physics,2018,20(4):043044.

[72] Kang K,Abdelfatah E,Pournik M. Nanoparticles transport in heterogeneous porous media using continuous time random walk approach[J]. Journal of Petroleum Science and Engineering,2019,177:544-557.

[73] Kirchner J W,Feng X H,Neal C. Fractal stream chemistry and its implications for contaminant transport in catchments[J]. Nature,2000,403(6769):524-527.

[74] Berkowitz B,Cortis A,Dentz M,et al. Modeling non-Fickian transport in geological formations as a continuous time random walk[J]. Reviews of Geophysics,2006,44(2).

[75] Metzler R,Klafter J. The random walk's guide to anomalous diffusion:A fractional dynamics approach[J]. Physics Reports,2000,339(1):1-77.

[76] Huang C S,Yang T,Yeh H D. Review of analytical models to stream depletion induced by pumping:Guide to model selection[J]. Journal of Hydrology,2018,561:277-285.

[77] Yamanaka S,Usuba H. Rethinking the dual Gaussian distribution model for predicting touch accuracy in on-screen-start pointing tasks[J]. Proceedings of the ACM on Human-Computer Interaction,2020,4(ISS):1-20.

[78] Wang Q,Li B,Chen X,et al. Random sampling local binary pattern encoding based on Gaussian distribution[J]. IEEE Signal Processing Letters,2017,24(9):1358-1362.

[79] Haubold H J,Mathai A M,Saxena R K. Mittag-Leffler functions and their applications[J]. Journal of Applied Mathematics,2011:1-51.

[80] Kilbas A A,Saigo M,Saxena R K. Generalized Mittag-Leffler function and generalized fractional calculus operators[J]. Integral Transforms and Special Functions,2004,15(1):31-49.

[81] Einstein H A. The bed-load function for sediment transportation in open channel flows[M]. US Government Printing Office,1950.

[82] Montroll E W,Weiss G H. Random walks on lattices. II[J]. Journal of Mathematical Physics,2004,6(2):167-181.

[83] Zallen R,Scher H. Percolation on a continuum and the localization-delocalization transition in amorphous semiconductors[J]. Physical Review B,1971,4(12):4471.

[84] 董庆亮,崔民勋,周君华,等. 多波束测深系统中凹凸变形地形的分析与处理[J]. 海洋测绘,2011,31(1):32-35.

[85] 谭良,全小龙,张黎明. 多波束测深系统及其在水下工程监测中的应用[J]. 全球定位系统,2009,34(1):38-42.

[86] 郑惊涛,雷国平,尹书冉,等. 东流水道航道整治二期工程整治思路及方案[J]. 水运工程,2014(12):96-101.

[87] 李明,胡春宏. 三峡工程运用后坝下游分汊型河道演变与调整机理研究[J]. 泥沙研究,2017,42(6):1-7.

[88] 姜果,鲁程鹏,王茂枚,等. 长江老海坝抛石护岸工程对河势的影响研究[J]. 泥沙研究,2018,43(5):27-32.

[89] Nistoran D G, Ionescu C, Pătru G, et al. One dimensional sediment transport model to assess channel changes along Olteniţa-Călăraşi reach of Danube River, Romania[J]. Energy Procedia, 2017, 112:67-74.

[90] Islam A, Guchhait S K. Analysing the influence of Farakka Barrage Project on channel dynamics and meander geometry of Bhagirathi river of West Bengal, India[J]. Arabian Journal of Geosciences, 2017, 10(11):1-18.

[91] 沙红良,詹新焕,叶爱玲. 扬中市太平洲左缘段河势变化及崩岸预警分析[J]. 江苏水利,2021(2):26-31.

[92] 董耀华. 2016洪水+长江中下游防洪与治河问题再探[J]. 长江科学院院报,2020,37(1):1-6.

[93] Najafzadeh M, Oliveto G. Riprap incipient motion for overtopping flows with machine learning models[J]. Journal of Hydroinformatics, 2020, 22(4):749-767.

[94] Najafzadeh M, Rezaie-Balf M, Tafarojnoruz A. Prediction of riprap stone size under overtopping flow using data-driven models[J]. International Journal of River Basin Management, 2018, 16(4):505-512.

[95] 周倩倩,杨胜发,邓懿. 王家滩航道整治方案数学模型研究[J]. 长江科学院院报,2015,32(2):1-4.

[96] Paiva R C, Collischonn W, Tucci C E. Large scale hydrologic and hydrodynamic modeling using limited data and a GIS based approach[J]. Journal of Hydrology, 2011, 406(3-4):170-181.

[97] Wierenga P J, Hills R G, Hudson D B. The Las Cruces trench site: Characterization, experimental results, and one-dimensional flow predictions[J]. Water Resources Research, 1991, 27(10):2695-2705.

[98] Pritchard W F, Davies P F, Derafshi Z, et al. Effects of wall shear stress and fluid recirculation on the localization of circulating monocytes in a three-dimensional flow model[J]. Journal of Biomechanics, 1995, 28(12):1459-1469.

[99] Lei X, Tian Y, Zhang Z, et al. Correction of pumping station parameters in a one-dimensional hydrodynamic model using the Ensemble Kalman filter[J]. Journal of Hydrology, 2018, 568:108-118.

[100] Zhou J, Bao W, Li Y, et al. The modified one-dimensional hydrodynamic model based on the Extended Chezy Formula[J]. Water, 2018, 10(12):1743.

[101] Yniguez A T, Maister J, Villanoy C L, et al. Insights into the dynamics of harmful algal blooms in a tropical estuary through an integrated hydrodynamic-pyrodinium-shellfish model[J]. Harmful Algae, 2018, 80:1-14.

[102] 赖锡军,姜加虎,黄群. 洞庭湖地区水系水动力耦合数值模型[J]. 海洋与湖沼, 2008,39(1):74-81.

[103] 侯精明,李桂伊,李国栋,等. 高效高精度水动力模型在洪水演进中的应用研究[J]. 水力发电学报,2018,37(2):96-107.

[104] 胡四一,谭维炎. 无结构网格上二维浅水流动的数值模拟[J]. 水科学进展,1995(1):1-9.

[105] 李禔来,徐学军,陈黎明,等. OpenMP 在水动力数学模型并行计算中的应用[J]. 海洋工程,2010,28(3):112-116.

[106] 李大鸣,付庆军,林毅,等. 河道三维错层的水流泥沙数学模型[J]. 天津大学学报,2008(7):769-776.

[107] 赵旭东. 基于 GPU 加速的三维水动力数值模型及应用研究[D]. 大连:大连理工大学,2017.

[108] 卢吉,余锡平. 河流海岸水动力学综合模型[J]. 清华大学学报(自然科学版),2009,49(6):820-824.

[109] Omara H, Elsayed S M, Abdeelaal G M, et al. Hydromorphological numerical model of the local scour process around bridge piers[J]. Arabian Journal for Science and Engineering,2019,44(5):4183-4199.

[110] Xu D, Wang D, Ji C N, et al. Numerical simulation of two-dimensional hydrodynamics and aquatic ecology of the Lower Reach of Nandujiang River in Hainan Island, China[J]. Research of Environmental Sciences,2017,30(2):214-223.

[111] Leys V. 3D flow and sediment transport modelling at the reversing falls-Saint John Harbour, New Brunswick[C]. IEEE Oceans,2007.

[112] Xiang S, Zhou W. Phosphorus forms and distribution in the sediments of Poyang Lake, China[J]. International Journal of Sediment Research,2011,26(2):230-238.

[113] Elzeir M, Hansen I S, Hay S. Predicting jellyfish outbreaks around Shetland using MIKE 3[J]. WIT Transactions on the Built Environment,2005,78.

[114] Rasmussen E B, Driscoll A H, Wu T S, et al. Nested hydrodynamic modeling using the MIKE 3 model[C]//The Eighth International Conference on Estuarine and Coastal Modeling,2004:949-968.

[115] Piotrowski T, Galeziewski C. Measurements of dust-air mixture minimum ignition energy with use of Mike-3 apparatus[J]. Przemysl Chemiczny,2000,79(7):239.

[116] 枚龙. 基于 MIKE 模型在内河航道整治中应用研究[D]. 重庆:重庆交通大学,2014.

[117] 詹杰民,马文韬,余凌晖,等. 基于动网格技术对泥沙输运和局部冲淤的数值模拟[J]. 水动力学研究与进展(A辑),2018,33(2):162-168.

[118] 徐国宾,赵丽莉. 准二维非恒定非均匀泥沙数学模型[J]. 天津大学学报,2008,41

(9):1041-1045.

[119] 张红艺,杨明,张俊华,等. 高含沙水库泥沙运动数学模型的研究及应用[J]. 水利学报,2001(11):20-25.

[120] 韩其为. 泥沙运动统计理论前沿研究成果[J]. 水利学报,2018,49(9):1040-1054.

[121] 马菲. 泥沙颗粒运动规律及非线性分析[D]. 天津:天津大学,2012.

[122] 刘高峰. 长江口水沙运动及三维泥沙模型研究[D]. 上海:华东师范大学,2010.

[123] 丁娟. Delft3D模型在内河航道环保疏浚中的应用研究[D]. 重庆:重庆交通大学,2015.

[124] 廖庚强. 基于Delft3D的柳河水动力与泥沙数值模拟研究[D]. 北京:清华大学,2013.

[125] 范翻平. 基于Delft3D模型的鄱阳湖水动力模拟研究[D]. 南昌:江西师范大学,2010.

[126] 冯淑琳,杨宇,袁晓渊,等. 基于MIKE模拟的水库分期建设运营下水沙演化状态分析[J]. 水电站机电技术,2020,43(10):60-65.

[127] 田中仁,张火明,管卫兵,等. 基于MIKE21模型的椒江口常态下泥沙输运研究[J]. 中国计量大学学报,2019,30(2):174-179.

[128] 陈雪峰,王桂萱. MIKE 21计算软件及其在长兴岛海域改造工程上的应用[J]. 大连大学学报,2007(6):93-98.

[129] 张志康. 基于FVCOM黄渤海主要浅水分潮的研究[D]. 上海:上海海洋大学,2020.

[130] 王鹏飞. 滨海地表水和地下水耦合模型的建立及应用[D]. 大连:大连理工大学,2015.

[131] 张振伟. 波生流垂向分布规律和模拟[D]. 大连:大连理工大学,2013.

[132] Lesser G R, Roelvink J A, van Kester J A T M, et al. Development and validation of a three-dimensional morphological model[J]. Coastal Engineering, 2004, 51(8-9):883-915.

[133] Elias E. Morphodynamics of texel inlet[M]. IOS Press, 2006.

[134] 丁凯,查恩来,周紧东,等. 应用地质雷达进行水下抛石探测的试验研究[C]//中国水利学会. 人水和谐及新疆水资源可持续利用——中国科协2005年学术年会论文集. 北京:水利学报,2005:568-573.

[135] 喻伟. 水下抛石护岸机械抛投施工控制与质量检测[J]. 人民长江,2008(16):35-37.

[136] 赵钢,王冬梅,黄俊友,等. 多波束与单波束测深技术在水下工程中的应用比较研究[J]. 长江科学院院报,2010,27(2):20-23.

[137] 钱海峰,葛俊,吴友斌,等. 长江南京河段护岸工程实施效果浅析[J]. 人民长江,2012,43(S2):109-110.

[138] 屈贵贤,王建,高正荣,等. 基于GIS的长江梅子洲头护岸工程对河势演变的影

响分析[J]. 长江流域资源与环境,2008(6):927-931.

[139] 刘曾美,覃光华,陈子燊,等. 感潮河段水位与上游洪水和河口潮位的关联性研究[J]. 水利学报,2013,44(11):1278-1285.

[140] 徐祎凡,栾震宇,陈炼钢,等. 基于实测水下地形数据的澄通河段冲淤时空分布特征[J]. 江苏水利,2020(12):35-38.

[141] 余文畴,张志林. 2002—2018年长江口基本河槽冲刷及形态调整演化趋势[J]. 长江科学院院报,2021,38(8):1-8.

[142] 姜宁林,陈永平,费锡安,等. 长江口澄通河段河势演变分析[J]. 水运工程,2011(12):106-111.

[143] Tietjens O G, Prandtl L. Applied hydro- and aeromechanics: based on lectures of L. Prandtl[M]. Courier Corporation,1957.

[144] 付辉,杨开林,王涛,等. 对数型流速分布公式的参数敏感性及取值[J]. 水利学报,2013,44(4):489-494.

[145] Li K, Darby A P. An experimental investigation into the use of a buffered impact damper[J]. Journal of Sound and Vibration,2006,291(3-5):844-860.

[146] Lee J, Yan J. Position control of double-side impact oscillator[J]. Mechanical Systems and Signal Processing,2007,21(2):1076-1083.

[147] Grubin C. On the theory of the acceleration damper[J]. Journal of Applied Mechanics,1956,23(3).

[148] Gugan D. Inelastic collision and the Hertz theory of impact[J]. American Journal of Physics,2000,68(10):920-924.

[149] Cochran A J. Development and use of one-dimensional models of a golf ball[J]. Journal of Sports Sciences,2002,20(8):635-641.

[150] Walton O R. Particle-dynamics calculations of shear flow[J]. Studies in Applied Mechanics,1983:327-338.

[151] Masri S F. Forced vibration of a class of non-linear two-degree-of-freedom oscillators[J]. International Journal of Non-Linear Mechanics,1972,7(6):663-674.

[152] 窦国仁. 河口海岸全沙模型相似理论[J]. 水利水运工程学报,2001(1):1-12.

[153] 王茂枚,李志鹏,赵钢,等. 抛石输运行为的连续时间随机行走模型应用[J]. 水道港口,2019,40(5):565-571.

[154] Binder K, Heermann D, Roelofs L, et al. Monte Carlo simulation in statistical physics[J]. Computers in Physics,1993,7(2):156-157.

[155] Li Z P, Sun H G, Zhang Y, et al. Continuous time random walk model for non-uniform bed-load transport with heavy-tailed hop distances and waiting times[J]. Journal of Hydrology,2019,578:124057.

[156] Li Z P, Sun H G, Sibatov R T. An investigation on continuous time random walk model for bedload transport[J]. Fractional Calculus and Applied Analysis,2019,22(6):1480-1501.

[157] Gardiner C W. Handbook of stochastic methods[M]. Berlin：Springer，1985.

[158] Gillespie D T. Exact stochastic simulation of coupled chemical reactions[J]. The Journal of Physical Chemistry，1977,81(25):2340-2361.

[159] Gillespie D T. A general method for numerically simulating the stochastic time evolution of coupled chemical reactions[J]. Journal of Computational Physics，1976,22(4):403-434.

[160] 窦臻,张增发. 长江平顺抛石护岸工程质量检验与评定研究[J]. 水利科技与经济，2011,17(4):86-88.

[161] 吴雅文,赵钢,王茂枚,等. 点云密度对水下抛石效果评价的影响[J]. 水电能源科学，2018,36(6):100-102.

[162] Braun M T，Converse P D，Oswald F L. The accuracy of dominance analysis as a metric to assess relative importance：The joint impact of sampling error variance and measurement unreliability[J]. Journal of Applied Psychology，2019,104(4):593.

[163] Mutilba U，Kortaberria G，Egaña F，et al. 3D measurement simulation and relative pointing error verification of the telescope mount assembly subsystem for the large synoptic survey telescope[J]. Sensors，2018,18(9):3023.

[164] 何光宇,董树锋. 基于测量不确定度的电力系统状态估计(一)结果评价[J]. 电力系统自动化，2009,33(19):21-24.

[165] Pouladi N，Moller A B，Tabatabai S，et al. Mapping soil organic matter contents at field level with Cubist，Random Forest and kriging[J]. Geoderma，2019,342:85-92.

[166] Oliver M A，Webster R. A tutorial guide to geostatistics：Computing and modelling variograms and kriging[J]. Catena，2014,113(2):56-69.

[167] Buttarazzi D，Pandolfo G，Porzio G C. A boxplot for circular data[J]. Biometrics，2018,74(4):1492-1501.

[168] 徐毅,王茂枚,朱昊,等. 多个采砂工程对长江下游局部河段河势影响[J]. 水利水电技术(中英文)，2021,52(6):117-129.

[169] Partheniades E. Erosion and deposition of cohesive soils[J]. Journal of the Hydraulics Division，1965,91(1):105-139.

[170] Maren D S，Winterwerp J C，Wang Z Y，et al. Suspended sediment dynamics and morphodynamics in the Yellow River，China[J]. Sedimentology，2009,56(3):785-806.

[171] Deltares. Delft3D-WAVE simulation of short-crested waves with SWAN[Z]. User Manual. Delft，Holanda，2014.

[172] Van Rijn L C. Unified view of sediment transport by currents and waves. II：Suspended transport[J]. Journal of Hydraulic Engineering，2007,133(6):668-689.

[173] De Vriend H J, Capobianco M, Chesher T, et al. Approaches to long-term modelling of coastal morphology: A review[J]. Coastal Engineering, 1993, 21(1): 225-269.

[174] Ranasinghe R, Swinkels C, Luijendijk A, et al. Morphodynamic upscaling with the MORFAC approach: Dependencies and sensitivities[J]. Coastal Engineering, 2011, 58(8): 806-811.

[175] Engquist B, Majda A. Absorbing boundary conditions for numerical simulation of waves[J]. Proceedings of the National Academy of Sciences, 1977, 74(5): 1765-1766.

[176] Engquist B, Majda A. Radiation boundary conditions for acoustic and elastic wave calculations[J]. Communications on Pure and Applied Mathematics, 1979, 32(3): 313-357.

[177] Winterwerp J C. Stratification effects by fine suspended sediment at low, medium, and very high concentrations[J]. Journal of Geophysical Research: Oceans, 2006, 111(C5).

[178] Van der Wegen M. Numerical modeling of the impact of sea level rise on tidal basin morphodynamics[J]. Journal of Geophysical Research: Earth Surface, 2013, 118(2): 447-460.

[179] 张为, 高宇, 许全喜, 等. 三峡水库运用后长江中下游造床流量变化及其影响因素[J]. 水科学进展, 2018, 29(3): 331-338.